DAS BIOLOGIEBUCH

DAS BIOLOGIEBUCH

Michael C. Gerald
& Gloria E. Gerald

*Vom Ursprung des Lebens zur Epigenetik,
250 Meilensteine in der Geschichte der Biologie*

Librero

Titel der Originalausgabe: *The Biology Book*

Postbus 72, 5330 AB Kerkdriel, Niederlande

Diese Ausgabe entstand in Zusammenarbeit mit Sterling Publishing Co., Inc.,
1166 Avenue of the Americas 17th Floor, New York, NY 10036

Für die deutsche Ausgabe:
Vitataal, Feerwerd
Übersetzung: Jeannette Berg, Rio Holländer/Vitataal
Layout: Elixyz Desk Top Publishing, Groningen

Printed in India

ISBN: 978-90-8998-604-7

*Dieses Buch widmen wir in Liebe und
Dankbarkeit unseren phantastischen Kindern
Marc Jonathan Gerald und Melissa. Ihre Leistungen
erfüllen uns mit tiefer Freude und Stolz.*

*Wir widmen dieses Buch als Erinnerung
auch meinem Bruder Steven Gerald und unseren
Eltern Tobias und Ruby Gerald sowie Hyman und
Esther Gruber für ihre Liebe, Inspiration und ihren Ansporn.*

Inhalt

Einleitung

Die erste Seite in der Geschichte der Biologie wurde zweifelsohne geschrieben, als unsere analphabetischen Vorfahren sich des Unterschieds zwischen lebenden Wesen und nicht-lebenden Objekten bewusst wurden. Später in Zeiten der Jagd und beim Sammeln von Nahrung wuchs – wenngleich zunächst nur oberflächlich – das Bewusstsein für die Parallelen und Unterschiede zwischen allen lebenden Organismen. Bei der Zubereitung der Tiere für die Mahlzeiten offenbarten sich die Unterschiede der internen Strukturen der Tiere. Es gibt jedoch kaum Grund zur Annahme, dass die Unterschiede zwischen den Tieren viel intellektuelle Neugier unter den Jägern hervorriefen. Im Leben unserer Vorfahren spielten übernatürliche Kräfte eine viel größere Rolle. Sie nämlich waren für die Existenz der Menschen entscheidend und belohnten sie mit Wohlergehen und Kindern. Diese Kräfte waren auch die strafende Instanz in Form von versiegenden Nahrungsquellen und quälenden Krankheiten. Die Menschen hofften, den Gang der Dinge mit Tier- und Menschenopfern beeinflussen zu können. Vor rund 12 000 Jahren bekamen Menschen ihre Umgebung besser unter Kontrolle: Der Anbau von Pflanzen begann, Tiere wurden gezähmt (vor allem Hunde) und zu Arbeitszwecken und zur Gesellschaft gehalten.

Die ersten „Biologen“ waren Heiler: Zauberdoktoren, Medizinmänner oder Schamanen. Sie waren die Experten der Krankheitsbekämpfung vor Ort. Ihre Therapie bestand aus Pflanzenmedizin, Gebeten und flehenden Litaneien in Richtung der übernatürlichen Kräfte in Kombination mit Heilverfahren, die sie in der Praxis und aus Erfahrung gelernt hatten. Aristoteles (384-322 v. Chr.) war einer der größten und frühesten Gelehrten, die lebende Wesen systematisch untersuchten. Er erforschte Tiere und Pflanzen sowie ihre Eigenschaften und kategorisierte sie anhand genauer Beobachtungen, Überlegungen und Interpretationen, ohne jegliche übernatürliche Erklärungen. Dieses Wissen veröffentlichte er in vier Büchern.

Im späten 16. Jhd. entdeckte Van Leeuwenhoek – ein ausgebildeter Tuchhändler und autodidaktischer Linsenschleifer und Mikroskopbauer, der mit den europäischen wissenschaftlichen Gesellschaften nur auf Niederländisch konversieren konnte – die bis dahin unbekannte mikroskopische Welt der Lebewesen, die weder Pflanze noch Tier waren. Schneider und Schwann gelang es in den 1830er Jahren mit einem Mikroskop, die Zelle als strukturelle und funktionelle Grundeinheit von Pflanzen und Tieren zu identifizieren – genauso wie das Atom die Grundeinheit der Chemie ist.

Vor dem 19. Jhd. konzentrierte sich die Erforschung lebender Wesen unter der Bezeichnung „Naturgeschichte“ vor allem auf die Vielfalt und Klassifizierung von

Pflanzen und Tieren sowie auf die Anatomie und Physiologie von Tieren. Diese Naturalisten erweiterten ihr Wissen (über die Welt) durch Beobachtungen, nicht durch Experimente. Im 19. Jhd. kam es in diesem Bereich mit der systematischen Erforschung lebender Wesen und den Beschreibungen zur Funktion lebender Organismen zu drastischen Veränderungen. Naturgeschichte hieß fortan Biologie. Biochemische Pioniere wie Claude Bernard setzten die Erkenntnisse der organischen Chemie bei der Erforschung der Chemie lebender Organismen ein. Seither wird diese Form der Forschung immer weiter verfeinert und auch heute noch eingesetzt.

Einige der wichtigsten Entdeckungen in der Biologie wurden zwischen 1859 und 1878 gemacht. 1859 veröffentlichte Charles Darwin seine These der natürlichen Selektion, die er als Grundlage für die Evolution ausmachte.

Die Evolution wurde das zentrale Thema der Biologie. Mit ihr können Einheit und Vielfalt aller lebenden Organismen erklärt werden. Mit dem Erscheinen von Darwins *Über die Entstehung der Arten durch natürliche Auslese* stand die Wissenschaft auf dem Kopf. Gregor Mendel, einem obskuren tschechischen Mönch, wurde dahingegen kaum Aufmerksamkeit gewidmet, als er die Ergebnisse seiner Forschung über die Länge von Erbsenpflanzen im Klostergarten veröffentlichte. Über drei Jahrzehnte später wurde Mendels Werk wiederentdeckt und diente als Grundlage für die neue wissenschaftliche Genetik sowie als Erklärung für Mutationen, die wiederum zu natürlicher Auslese führten. Diese Erklärung konnten Darwin und seine Anhänger nicht geben – die Evolutionstheorie hatte deutlich Mängel. Seit Urzeiten dachte der Mensch, dass lebende Wesen durch „Spontanzeugung" aus nicht-lebenden Quellen hervorgingen. Mit einem einfachen, eleganten Experiment bewies Louis Pasteur, dass lebende Wesen aus bereits bestehenden Lebensformen hervorgingen. Die Frage nach dem Ursprung des Lebens blieb jedoch unbeantwortet.

Zu den wichtigsten Studien des 20. und 21. Jhd. gehören die Forschungsarbeiten zur Rolle der individuellen Zellkomponenten und ihr besonderer Beitrag zur Zellfunktion. Die Entdeckung der DNA-Struktur von James Watson und Francis Crick im Jahr 1953 sorgte für eine Revolution in der biologischen Forschung und für ein bleibendes wissenschaftliches Interesse auch in der Bevölkerung. Weitere Forschungen konzentrierten sich auf die Art und Weise, in der Gene über die DNA als molekulare Grundlage für Erblichkeit funktionieren, die Eiweißsynthese regeln und unsere Gesundheit beeinflussen. DNA-Manipulation und Biotechnologie sind wichtige moderne Methoden zur Entwicklung und Anpassung neuer Medikamente.

Im Gegensatz zu Aristoteles' Streben, alles Wissen seiner Zeit in sich aufzunehmen, wurde das Biologiestudium im 19. Jhd. immer detaillierter, vielfältiger und spezialisierter. Es entstanden Unterdisziplinen und professionell ausgebildete

Spezialisten, die sich immer mehr für aktive Experimente interessierten. Ausbildungen und Fakultäten in den Bereichen Biologie, Zoologie und Botanik sind in Unterabteilungen für Biochemie, Molekular- und Zellbiologie, Anatomie und Physiologie, Mikrobiologie, Evolutionsbiologie, Genetik und Ökologie eingeteilt. Im *Biologiebuch* werden die Meilensteine jeder einzelnen Spezialdisziplin erörtert.

Mit dem *Biologiebuch* möchten wir auf lesbare und angenehme Weise die 250 wichtigsten Ereignisse in der Biologie beleuchten. Jedes Thema soll für alle Leser direkt verständlich sein und gleichzeitig auch neue Informationen und Einsichten für den wissenschaftlichen Kenner enthalten. In einigen Absätzen beschreiben wir das jeweilige Ereignis anhand wichtiger Hintergrundinformationen, ohne den Leser mit allzu technischen Details und Erklärungen zu langweilen. Es war unser Bestreben, alle Themen in chronologischer Reihenfolge wissenschaftlich unterlegt, zugänglich und attraktiv zu präsentieren. Es sind jeweils eigenständige Themen, die auch in willkürlicher Reihenfolge gelesen werden können. Wir verweisen sowohl auf andere, verwandte Themen als auch auf Quellen mit eingehenderen Informationen. Der Leser wird bemerken, dass Daten für das gleiche Ereignis durchaus voneinander abweichen können: Das liegt daran, dass die Experten sich nicht immer einig sind und auch darüber streiten, welcher Wissenschaftler denn nun für welchen Meilenstein geehrt werden muss.

Was hat uns bewogen, nur 250 Meilensteine auszusuchen, wenngleich wir wissen, dass die meisten akademischen Handbücher über 1000 Seiten dick sind? Ausgangpunkt war, dass jeder Meilenstein in seiner Zeit, jahrhundertelang oder sogar heute noch einen erheblichen wissenschaftlichen Fortschritt bedeuten musste. Einige dieser Meilensteine bauten auf vorhergehenden Entdeckungen auf und wurden von Zeitgenossen direkt akzeptiert. Anderen, revolutionäreren Entdeckungen, die mit den Worten von Wissenschaftsphilosoph Thomas Kuhn für einen „Paradigmenwechsel" sorgten und sich erheblich von der „gängigen" Wahrheit unterschieden, wurden Spott, Kritik und sogar regelrechte Feindschaft zuteil. Wissenschaftler sind gar nicht so weltoffen, wie ihr rationelles und objektives Selbstbild suggeriert. Im Laufe der Geschichte haben sie neue Ideen aus politischen, philosophischen, wirtschaftlichen oder religiösen Gründen nicht akzeptiert. Diese Ideen verstießen gegen die traditionellen, altmodischen und tiefen Überzeugungen. Manchmal war der Grund auch schlichte Dummheit. Beispielsweise mussten für Andreas Vesalius' Berichtigung von Galenos von Pergamons' nicht korrekter Beschreibung des menschlichen Körpers viele widerlegbare Beweise auf den Tisch kommen, bevor die Wissenschaft sie akzeptierte. Robert Kochs Demonstration, dass Bazillen – und sicher keine übernatürlichen Kräfte oder „schlechte Luft" – Infektionskrankheiten verursachten, war ebenfalls ein Sieg der Wissenschaft, der in der Medizin eine wahre Wende hervorrief.

Einige der größten Wissenschaftler aus unterschiedlichen Disziplinen der Biologiewissenschaft haben gigantische Entdeckungen gemacht. *Das Biologiebuch* bespricht sie und porträtiert diese interessanten Wissenschaftler. Beispielsweise den international gefeierten Physiologen und Nobelpreisträger Ivan Pawlow, der psychische Anreize mit der Verdauungsfunktion verband und trotz seiner ausgesprochen negativen Haltung gegenüber dem Kommunismus in den 1920er und 30er Jahren vom Sowjetregime toleriert wurde. Oder Otto Loewi, der überzeugende Beweise für die chemische Neurotransmission lieferte und seine Nobelpreisprämie dazu nutzte, sich aus dem von den Nazis besetzten Österreich freizukaufen. Und wir müssen natürlich auch zugeben, dass manche Meilensteine vor allem aufgrund ihrer interessanten Geschichte ins Buch aufgenommen wurden. Schließlich mögen wir alle auch ein bisschen Unterhaltung, oder?

Die Meilensteine im *Biologiebuch* illustrieren, was schon Isaac Newton sagte: „Wenn ich weiter geblickt habe, so deshalb, weil ich auf den Schultern von Riesen stehe." Wir versuchen, die Bedeutung der Entdeckung bzw. des Konzepts der Biologie aus historischer Perspektive zu erklären und den Einfluss aufzuzeigen, den diese Erkenntnisse auf die nächste Forschergeneration und unser heutiges Denken hatte. Wir hoffen, dass der Leser nach der Lektüre des *Biologiebuchs* die Welt um uns herum mit anderen Augen betrachtet und noch mehr wertschätzen kann.

Danksagung

Wir bedanken uns bei unserer Tochter Melissa Gerald. Ihr Rat als biologische Anthropologin war bei der Vorbereitung aller Aspekte dieses Buchs von großer Hilfe. Unser Sohn Marc Gerald hat uns bei Sterling Publishing vorgestellt und uns während des gesamten Projekts moralische und unschätzbare professionelle Unterstützung geboten. Wir bedanken uns bei Christina Gerald für ihre liebevolle Unterstützung beim Schreiben dieses Buchs. Dank geht auch an Jon Ivans für seine Themenvorschläge. Die ausgezeichnete Unterstützung der Redaktion und Produktionsabteilung von Sterling Publishing – vor allem von unserer Redakteurin Melanie Madden – und Scott Calamar von LightSpeed Publishing haben dieses Buch reifen lassen. Auch ihnen gilt unser Dank.

Der Ursprung des Lebens

Louis Pasteur (1822-1895), **J.B.S. Haldane** (1892-1964), **Alexander Oparin** (1894-1980)

Die fossilen Reste von Mikroorganismen beweisen, dass das Leben auf der Erde vermutlich vor 4,2 Milliarden Jahren entstanden ist. Aber wie? Die Vorstellung, dass Leben aus nicht-lebender Materie entsteht (Spontanzeugung) geht zurück aufs antike Griechenland. Erst 1859 führte Louis Pasteur Experimente durch, die die offensichtliche Unrichtigkeit dieses Konzepts bewiesen. In den 1920er Jahren tauchte es unter dem Namen „Abiogenese" wieder auf. Der russische Biochemiker Alexander Oparin und der britische Evolutionsbiologe J.B.S. Haldane behaupteten unabhängig voneinander, dass die Lebensbedingungen auf der Ur-Erde gänzlich anders als heute und günstig für chemische Reaktionen waren, die zur Synthese organischer Moleküle aus anorganischem Basismaterial führten. In der wissenschaftlichen Literatur gibt es dazu zahlreiche Theorien, von denen keine einzige allgemein anerkannt ist. Den meisten liegt die Oparin-Haldane-Theorie zu Grunde oder zumindest eine Variante davon.

Der Prozess von Abiogenese bzw. Autopoiesis, bei dem Leben durch die Selbstreproduktion nicht-lebender einfacher organischer Moleküle entsteht, ist in unterschiedliche Stadien eingeteilt: Kleine organische Moleküle, wie z. B. Aminosäuren und stickstoffhaltige Basen werden aus atmosphärischem Kohlendioxid und Stickstoff synthetisiert. Die dazu erforderliche Energie wird von Sonnenlicht geliefert. Diese kleinen organischen Moleküle bilden wiederum Makromoleküle (Eiweiß und Nukleinsäuren). Die Makromoleküle verbinden sich in Protozellen (Vesikel). Diese Vorläufer lebender Zellen sind von einer Membran umgeben, die den chemischen Inhalt schützt. Unter diesen Bedingungen können Reproduktion sowie energieproduzierende und energieverbrauchende chemische Reaktionen stattfinden. Im letzten Stadium entsteht eine selbstreproduzierende Ribonukleinsäure (RNA), die für die Eiweißsynthese notwendig ist und Enzymfunktionen ausführen kann, die für die RNA-Reproduktion erforderlich sind. Die besondere Chemie dieser neuen RNA-Moleküle macht deren Selbstreproduktion so erfolgreich und ermöglicht es, diese Eigenschaften an RNA-Tochtermoleküle weiterzugeben, Dabei handelt es sich vermutlich um die früheste Form natürlicher Selektion.

SIEHE AUCH: Prokaryoten (ca. 3,9 Milliarden Jahre v. Chr.), Eukaryoten (ca. 2 Milliarden Jahre v. Chr.), Stoffwechsel (1611), Widerlegung der Theorie der Spontanzeugung (1668), Fossilien und Evolution (1836), Darwins Theorie der natürlichen Selektion (1859), Enzyme (1878), Miller-Urey-Experiment (1953), Lebensdomänen (1990).

Die Frage nach dem Ursprung des Lebens hat Wissenschaftler und Philosophen Tausende von Jahren beschäftigt. Die Bedingungen auf unserem Planeten waren ungefähr eine Milliarde Jahre nach seiner Entstehung ganz anders und günstig für die Entstehung von einfachen organischen Molekülen aus Rohmaterial in der Uratmosphäre.

Letzter allgemeiner gemeinsamer Vorfahre

Charles Darwin (1809-1882)

Laut Darwins Evolutionstheorie stammt das Leben auf der Erde von einem gemeinsamen Vorfahren ab. In *Über die Entstehung der Arten* schrieb Darwin: „Darum schließe ich aus der Analogie, dass alle organischen Wesen, die jemals auf der Erde gelebt haben, von der einen gleichen Urform abstammen, in die das erste Leben eingehaucht wurde.“ Dieser letzte allgemeine gemeinsame Vorfahre („Last universal common ancestor“- LUCA) war nicht unbedingt das erste lebende Wesen, sondern eher der Vorfahre, von dem vor ungefähr 3,9 Milliarden Jahren alles andere Leben samt genetischer Merkmale abstammt, das es jetzt auf der Erde gibt. Es gibt drei Hauptzweige lebender Organismen: **Eukaryoten** – Pflanzen, Tiere, Protozoen und alle anderen Wesen, die einen Zellkern haben – sowie Bakterien und Archaeen. Das sind zwei Organismusarten ohne Zellkern.

Die Eigenschaften, anhand derer wir LUCA identifizieren können, haben sich als ungreifbar und kontrovers herausgestellt. Zunächst wurde angenommen, dass LUCA eine einfache Rohmasse sei. Inzwischen wird davon ausgegangen, dass diese grobe Vereinfachung nicht stimmt. 2010 wurde ein formeller Test eingeführt, um die allgemeinen Merkmale auszuwerten, denen ein LUCA-Kandidat entsprechen muss.

LUCA war ein einzelliger Organismus mit einer Lipidmembran, die die Zelle umgibt. Weitere Eigenschaften fallen in die Bereiche Genetik, Biochemie, Energiequelle und Reproduktion. Bei allen Lebensformen sind die genetischen Informationen in der **Desoxyribonukleinsäure (DNA)** codiert. Der genetische Code, mit dem die DNA in die Produktion von **Enzymen** und anderen Eiweißen umgesetzt wird, ist so gut wie identisch – von der Bakterie bis zum Menschen. Diese Umsetzung der genetischen Informationen unterstützt die LUCA-These und macht es viel weniger wahrscheinlich, dass sich das Leben aus verschiedenen Vorfahren entwickelt hat. Eine der großen Komplikationen bei der Identifizierung von LUCA ist der Genaustausch. Gene können von einem Organismus zum anderen überwechseln. Das erschwert es festzustellen, ob die Eigenschaften, die wir sehen, universell oder übertragen sind.

SIEHE AUCH: Der Ursprung des Lebens (ca. 4 Milliarden Jahre v. Chr.), Prokaryoten (ca. 3,9 Milliarden Jahre v. Chr.), Eukaryoten (ca. 2 Milliarden Jahre v. Chr.), Darwins Theorie der natürlichen Selektion (1859), Desoxyribonukleinsäure (DNA) (1869), Enzyme (1878), Miller-Urey-Experiment (1953).

Der „Baum des Lebens“ ist eine Anspielung auf unsere gemeinsame Abstammung und eine weltweite Metapher in Theologie und Mythologie. Diese Abbildung stammt aus dem Khanspalast von Shaki (ca.1797) und ist im Nationalmuseum von Aserbaidschan zu besichtigen.

Prokaryoten

Carl Woese (1928-2012), **George E. Fox** (geb. 1945)

Das Leben auf der Erde entwickelte sich vor etwa vier Milliarden Jahren, 600 Millionen Jahre nach der Entstehung der Erde. Prokaryoten sind die primitivsten und häufigsten Lebensformen. Ihr Überleben verdanken sie folgenden Faktoren: Die meisten Prokaryoten haben eine Zellwand, die die Zelle schützt und in Form hält. Viele können sich selbständig in Richtung Nährstoffe und Sauerstoff bewegen und giftige Reize meiden. Sie können sich durch Teilung ungeschlechtlich und daher schnell fortpflanzen und sich problemlos an ungünstige Umgebungsfaktoren anpassen.

Anhand der **Domänenklassifizierung** von Woese und Fox sind zwei der drei Domänen – Archaeen und Bakterien – prokaryotisch und ohne Membran, die den Kern und die Organellen umgibt: Strukturen (wie **Ribosomen** und Mitochondrien) mit spezifischen Funktionen innerhalb der Zelle. Das Innenleben einer prokaryotischen Zelle ist eine geleeartige Flüssigkeit (das Cytosol), in der subzelluläres Material gelöst ist. **Desoxyribonukleinsäure (DNA)** befindet sich im nukleoiden Teil des Cytosols.

Archaeen können sich auffallend gut an extreme Umgebungen anpassen, in denen nur wenige Lebensformen existieren können. Sie können dort überleben und sich sogar vermehren. Manche Archaeen, die so genannten Extremophilen, leben in heißen vulkanischen Quellen. Andere wiederum leben im Great Salk Lake in Utah, wo der Salzgehalt zehn Mal höher ist als im Meer.

Die meisten Prokaryoten sind Bakterien, von denen einige in mutualistischer Symbiose zu Tieren stehen. Bakterien sind im Allgemeinen bekannt als Krankheitserreger. Schätzungen gehen davon aus, dass die Hälfte aller menschlichen Krankheiten eine bakterielle Ursache hat. Unterm Mikroskop ist zu sehen, dass Bakterien unterschiedliche Formen annehmen können. Meistens sind sie stabförmig, rund oder spiralförmig. Anhand der chemischen Zusammensetzung ihrer Zellwand und ihrer Reaktion auf Farbstoff (**Gram-Färbung**) werden sie als grampositiv oder -negativ eingestuft. Dies hat in der klinischen Medizin wichtige Auswirkungen auf Diagnose und Behandlung von Infektionen mit **Antibiotika**.

SIEHE AUCH: Der Ursprung des Lebens (ca. 4 Milliarden Jahre v. Chr.), Eukaryoten (ca. 2 Milliarden Jahre v. Chr.), Van Leeuwenhoeks mikroskopische Welt (1674), Zelltheorie (1838), Darwins Theorie der natürlichen Selektion (1859), Desoxyribonukleinsäure (DNA) (1869), Gram-Färbung (1884), Krankheitskeime (1890), Probiotika (1907), Antibiotika (1928), Ribosomen (1955), Lebensdomänen (1990).

Prokaryoten sind die frühesten und häufigsten Organismen. Bakterien, eine der drei Lebensdomänen, sind die bekanntesten Prokaryoten. Sie haben eine Zellwand und treten in drei Hauptformen auf: stabförmig (siehe Abbildung), rund und spiralförmig.

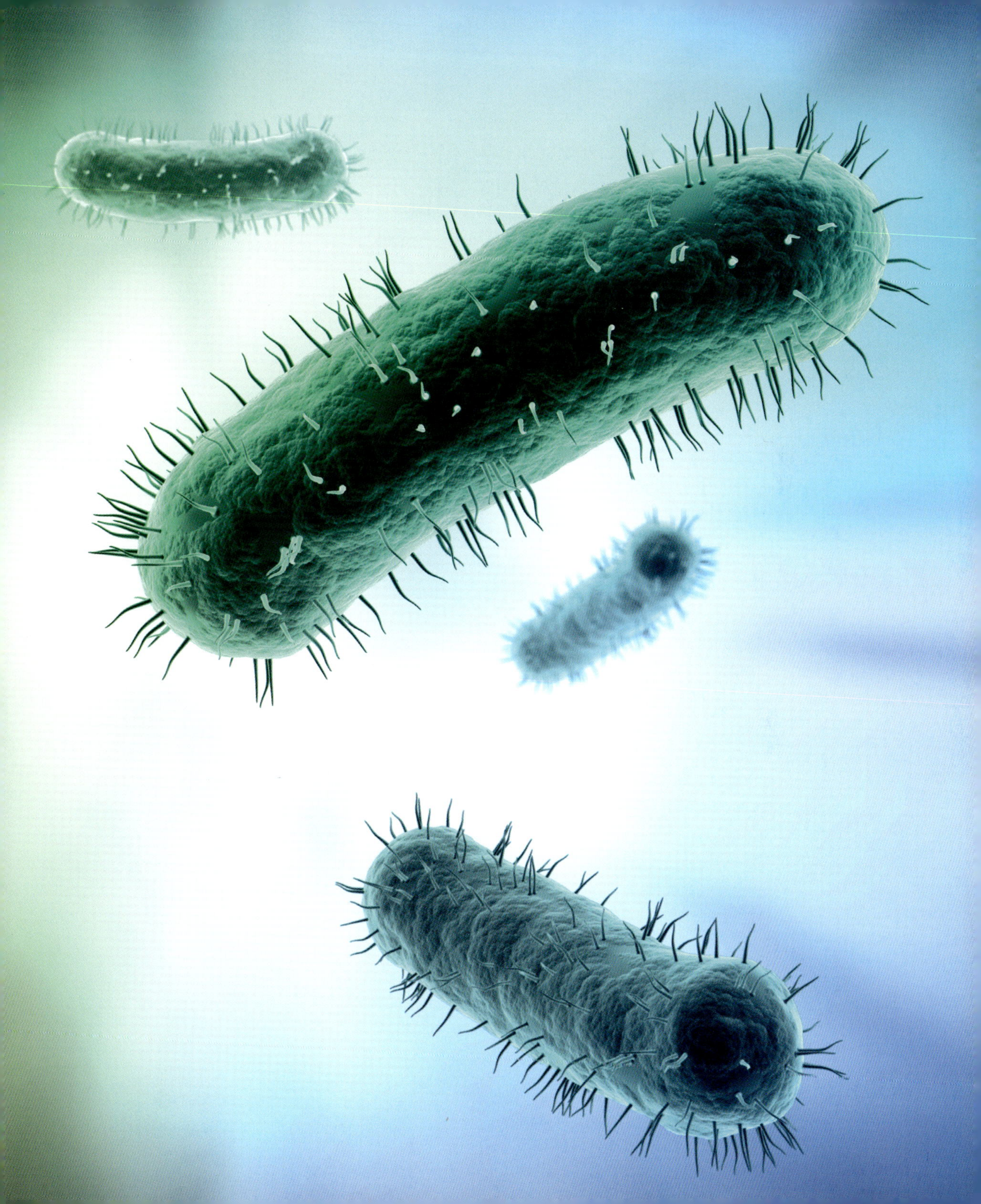

Algen

Die Grundlage der Nahrungskette. Algen variieren von ihrer Komplexität her zwischen einer einzigen und Millionen von Zellen, vom Umfang her von den kleinen *Mikromonas* mit 1 Mikrometer (eintausendstel Millimeter) bis hin zum Riesentang mit 60 Metern. Über die Photosynthese bilden Algen organische Nahrungsmoleküle aus Kohlendioxid und Wasser. Sie sind die Grundlage der Nahrungskette, von der das Leben im Wasser abhängt. Sauerstoff ist ein Nebenprodukt der Photosynthese und Algen produzieren 30-50 % des weltweiten Sauerstoffs, den Landtiere für die Atmung benötigen. Rohöl und Erdgas sind organische Produkte, die vor Jahrmillionen via Photosynthese von Algen erzeugt wurden.

Die Heterogenität der Algen behindert eine allgemein akzeptierte biologische Klassifizierung. Manche haben Merkmale von Protozoen und **Pilzen**, die sich vor über einer Milliarde Jahren von den Algen wegentwickelt haben. Als Gruppe sind Algen nicht eng miteinander verwandt. Sie haben keine einzige evolutionäre Verbindung. Ein erheblicher Anstieg des atmosphärischen Sauerstoffniveaus vor rund 2,3 Milliarden Jahren v. Chr. legt die Vermutung nahe, dass ihre Evolutionsgeschichte vor 2,5 Milliarden Jahren angefangen hat. Der Sauerstoffanstieg wurde wahrscheinlich durch die Photosynthese von Blaualgen (Cyanobakterien) verursacht. Rot- und Grünalgen entwickelten sich vor über einer Milliarde Jahren aus einem gemeinsamen Vorfahren. Der älteste Fund einer fossilierten Rotalge ist ungefähr 1,5 Milliarden Jahre alt. Aus der Abstammungslinie der Grünalgen entstanden auch **Landpflanzen**. Zahlreiche Biologen haben deshalb vorgeschlagen, die Grünalgen ins Pflanzenregister aufzunehmen.

Algen werden folgendermaßen eingeteilt: eukaryotisch (mit **Zellkern**), prokaryotisch (ohne Zellkern) oder ökologisch nach Biotop gruppiert. Seit 1830 wurden Algen in großen Farbgruppen klassifiziert (rot, grün, braun). Das jeweils zusätzliche photosynthetische Pigment maskiert das Grün des Chlorophylls. Es gibt 6000 bekannte Rotalgenarten, deren Farbtöne von der jeweiligen Meerestiefe abhängen. Sie kommen vor allem im warmen Küstengewässer tropischer Ozeane vor. Die meisten Rotalgen sind Mehrzeller. Die größten von ihnen werden als Seetang bezeichnet. Es gibt in der Chlorophytagruppe über 7000 Grünalgenarten, die vor allem in Süßwasser vorkommen.

SIEHE AUCH: Prokaryoten (ca. 3,9 Milliarden Jahre v. Chr.), Eukaryoten (ca. 2 Milliarden Jahre v. Chr.), Pilze (ca. 1,4 Milliarden Jahre v. Chr.), Landpflanzen (ca. 450 Millionen Jahre v. Chr.), Zellkern (1831), Photosynthese (1845), Nahrungsnetze (1927).

Das Leben hängt überwiegend von der Photosynthese von Algen ab. Durch diesen Prozess bilden sich organische Moleküle, von denen das Leben im Wasser und auch an Land abhängt. Als Nebenprodukt der Photosynthese wird Sauerstoff produziert, ohne den es kein Leben auf dem Land gibt.

ca. 2 Milliarden Jahre v. Chr.

Eukaryoten

Alle fortgeschrittenen Lebensformen haben eukaryotische Zellen. Vor 1,6 bis 2,1 Milliarden Jahren gab es die ersten Organismen mit solchen Zellen, die vermutlich durch Endosymbiose aus prokaryotischen Vorfahren entstanden sind. Eukaryotische Zellen sind zehn Mal so groß und organisatorisch komplexer als prokaryotische Zellen. Eukaryoten haben verblüffend unterschiedliche Formen und variieren von Amöben bis hin zu Walfischen, von Rotalgen bis hin zu Dinosauriern.

Der wichtigste Unterschied zwischen prokaryotischen und eukaryotischen Zelltypen ist das Fehlen einer Membran rund um den eukaryotischen Kern und andere intrazelluläre Organellen. Durch diese getrennten Kompartimente können die Organellen ihre spezifischen Aufgaben (Energieüberragung, Verdauung, Eiweißsynthese) wesentlich besser ausführen. Sie werden nicht von anderen, gleichzeitig in der Zelle stattfindenden Prozessen behindert. Die größte Organelle ist der **Zellkern**, darin als Chromosomen verpackte DNA mit genetischen Informationen. Eukaryotische Reproduktion verläuft über zwei Prozesse: Mitose – dabei teilt sich eine Zelle in zwei identische Tochterzellen. Meiose – ein Chromosomenpaar teilt sich und jede Zelle enthält die Hälfte der Chromosomen der Ursprungszelle.

Die Eukaryoten sind die dritte Lebensdomäne, die das Pilz-, Tier- und Pflanzenreich sowie das Protistenreich umfasst. Protisten sind bei weitem die vielfältigsten und zahlreichsten Eukaryoten. Eine Möglichkeit, diese Gruppen voneinander zu unterscheiden, ist die Art und Weise, wie sie ihren Nährstoffbedarf decken. Pflanzen produzieren über die Photosynthese ihre eigene Nahrung, Pilze nehmen gelöste Nährstoffe aus der Umgebung auf oder werden von Pflanzen mit Kohlenhydraten versorgt, Tiere verspeisen und verdauen andere Organismen. Protisten fallen hinsichtlich des Nahrungsbedarfs in keine dieser Gruppen. Algen sind pflanzlich, Schleimpilze ähneln Pilzen, Amöben sind eher „tierisch“. Die Klassifizierung und Evolutionsgeschichte der Protisten wurde in den vergangenen Jahren erneut untersucht. Genetische Analysen hatten ergeben, dass bestimmte Protisten Tieren und Pilzen verwandtschaftlich näher stehen als anderen Protisten.

SIEHE AUCH: Der Ursprung des Lebens (ca. 4 Milliarden Jahre v. Chr.), Prokaryoten (ca. 3,9 Milliarden Jahre v. Chr.), Algen (ca. 2,5 Milliarden Jahre v. Chr.), Pilze (ca. 1,4 Milliarden Jahre v. Chr.), Van Leeuwenhoeks mikroskopische Welt (1674), Zellkern (1831), Zelltheorie (1838), Darwins Theorie der natürlichen Selektion (1859), Meiose (1876), Mitose (1882), Gram-Färbung (1884), Krankheitskeime (1890), Endosymbiontentheorie (1967), Lebensdomänen (1990), Taxonomie von Protisten (2005).

Eukaryoten umfassen mehrzellige Pflanzen, Tiere und Pilze sowie einzellige Protisten.

Pilze

Abgesehen von den Hutpilze sind Pilze auf den ersten Blick keine wichtigen Lebensformen. Sie haben jedoch großen Einfluss auf uns. Pilze helfen bei Abbau und Recycling von totem und verwesendem Material in unserer Umgebung. Neben den essbaren Pilzen gibt es Pilze, die zur Reifung von Käse verwendet werden. Hefepilze werden zur Herstellung von Brot, alkoholischen Getränken und industriellen Chemikalien verwendet. Pilze sind außerdem die Quelle für die wichtigsten Medikamente: Penicillin und Cyclosporin, das Abstoßungsreaktionen bei Organtransplantationen vorbeugt. 30 % der 100 000 Schimmelpilzarten sind Parasiten oder Krankheitserreger. Ihr Lieblingsziel sind Pflanzen – sie haben Obsternten vernichtet und verursachen **Kastanienrindekrebs**, Ulmensterben und **Ergotismus**. Die Erreger sollen bei den Verdächtigen während der Hexenprozesse von Salem Halluzinationen hervorgerufen haben. Pilze verursachen Hautinfektionen (Fußpilz), Hefepilzinfektionen (Kandidose) und lebensbedrohliche systemische Infektionen.

Pilze wurden früher als Pflanzen klassifiziert. Sie wachsen in der Erde, sind sessil (festsitzend) und haben Zellwände. Aus molekularer Sicht sind sie eher mit Tieren und mit einem mindestens 1,4 Milliarden alten gemeinsamen einzelligen Vorfahren verwandt. Das älteste **Fossil** eines an Land lebenden Pilzes ist 460 Millionen Jahre alt.

Mit Ausnahme der Einzeller (z. B. Hefe) bestehen Pilze aus Hyphen (fadenförmige Pilzzellen), die ähnlich den externen Skeletten von Insekten mit Chitin-Zellwänden und nicht wie bei Pflanzen mit Zellulose umgeben sind. Hyphen verzweigen sich über dem Boden zu einem Myzel (geflochtenes Netzwerk), das Fruchtkörper mit Fortpflanzungseinheiten alias Sporen enthält.

Im Gegensatz zu Tieren, die Nahrung essen und Pflanzen, die Nahrung produzieren, beziehen Pilze ihre Nährstoffe auf verschiedenen Wegen: Als Heterotroph absorbieren sie die Nahrung aus der Umgebung. Als Saprophyt scheiden sie **Enzyme** aus, die große organische Moleküle in lebenden und toten Zellen (Baumstämme, Kadaver) in kleine Moleküle zerlegen, die sie absorbieren können. Als Parasit scheiden sie andere Enzyme aus, die Zellwände penetrieren, um Nährstoffe in ihre eigenen Zellen saugen zu können.

SIEHE AUCH: Eukaryoten (ca. 2 Milliarden Jahre v. Chr.), Ergotismus und Hexerei (1670), Enzyme (1878), Antibiotika (1928), Lebensdomänen (1990), Taxonomie von Protisten (2005), Kastanienrindenkrebs (2013).

Hefen gehören zu den Pilzen und finden bei der Herstellung von Brot und alkoholischen Getränken Verwendung. Werden dem Lab bestimmte Pilze hinzugefügt, bekommen die Käsesorten besondere Aromen und Strukturen.

Gliederfüßer

Gliederfüßer (*Arthropoden*) sind die erfolgreichsten Tiere der Erde. Sie bevölkern Land, Meer und Luft – vom höchsten Berg bis in die Tiefen der Meere, von den Polen bis in die Tropen. Drei Viertel aller lebenden und fossilen Tiere sind Gliederfüßer. Schätzungen gehen von derzeit einer Trillion (10^{18}) Arten aus, von denen über eine Million beschrieben sind. Es gibt viele weitere noch nicht identifizierte Arten in den tropischen Regenwäldern. Von der Größe her variieren sie von mikroskopischen Insekten und Schalentieren bis hin zu Riesenkrabben im Beringmeer. Sie haben Gliedmaßen bis zu 1,8 M und wiegen bis zu über 8 Kg.

Ursprung und Evolution der Gliederfüßer sind umstritten, da es von vielen der frühesten Vertreter keine Fossilien gibt. Es wird angenommen, dass sich alle Gliederfüßer vor 550-600 Millionen Jahren aus einem gemeinsamen Vorfahren, den Lobopoden, weiterentwickelt haben. Die Gelehrten streiten jedoch noch darüber, ob alle Gliederfüßer sich ein oder mehrere Male aus dem Seewurm weiterentwickelt haben. Die ältesten Fossilien sind über 530 Millionen Jahre alt und stammen von den inzwischen ausgestorbenen Trilobiten. Die ersten Landtiere vor 450 Millionen Jahren waren Tausendfüßer.

Die sehr artenreichen Gliederfüßern sind wirbellos und werden in fünf Hauptkategorien eingeteilt: Insekten, Spinnen, Skorpione, Schalentiere und Tausendfüßer. Sie alle sind wie der Mensch bilateralsymmetrisch. Ihre linke Körperhälfte ist das Spiegelbild der rechten Körperhälfte. Sie bestehen aus einer Cuticula und einem Exoskelett aus Chitin (einem Polysaccharid), das vor Austrocknung schützt und gleichzeitig als Ansatzfläche für die Bewegungsmuskeln dient. Insektenkörper sind segmentiert. Die Gliedmaßen sind miteinander verbunden, damit sich die Füße, Krallen und Mundteile bewegen können, obwohl der Körper von dem starren Exoskelett umhüllt ist. Die Anzahl der Körperteile hat sich weiter verringert. Sie haben spezialisiertere Funktionen bekommen: laufen oder schwimmen, füttern, verteidigen, sinnliche Wahrnehmung (besonders gut entwickelt) und Reproduktion.

SIEHE AUCH: Insekten (ca. 400 Millionen Jahre v. Chr.).

Drei Viertel aller lebenden und fossilen Tiere werden als Gliederfüßer klassifiziert, auch Schalentiere wie der Krebs. 1819 malte der damals 16jährige französische Künstler Adrien Taunay dieses Aquarell: Hawaiianischer Hummer.

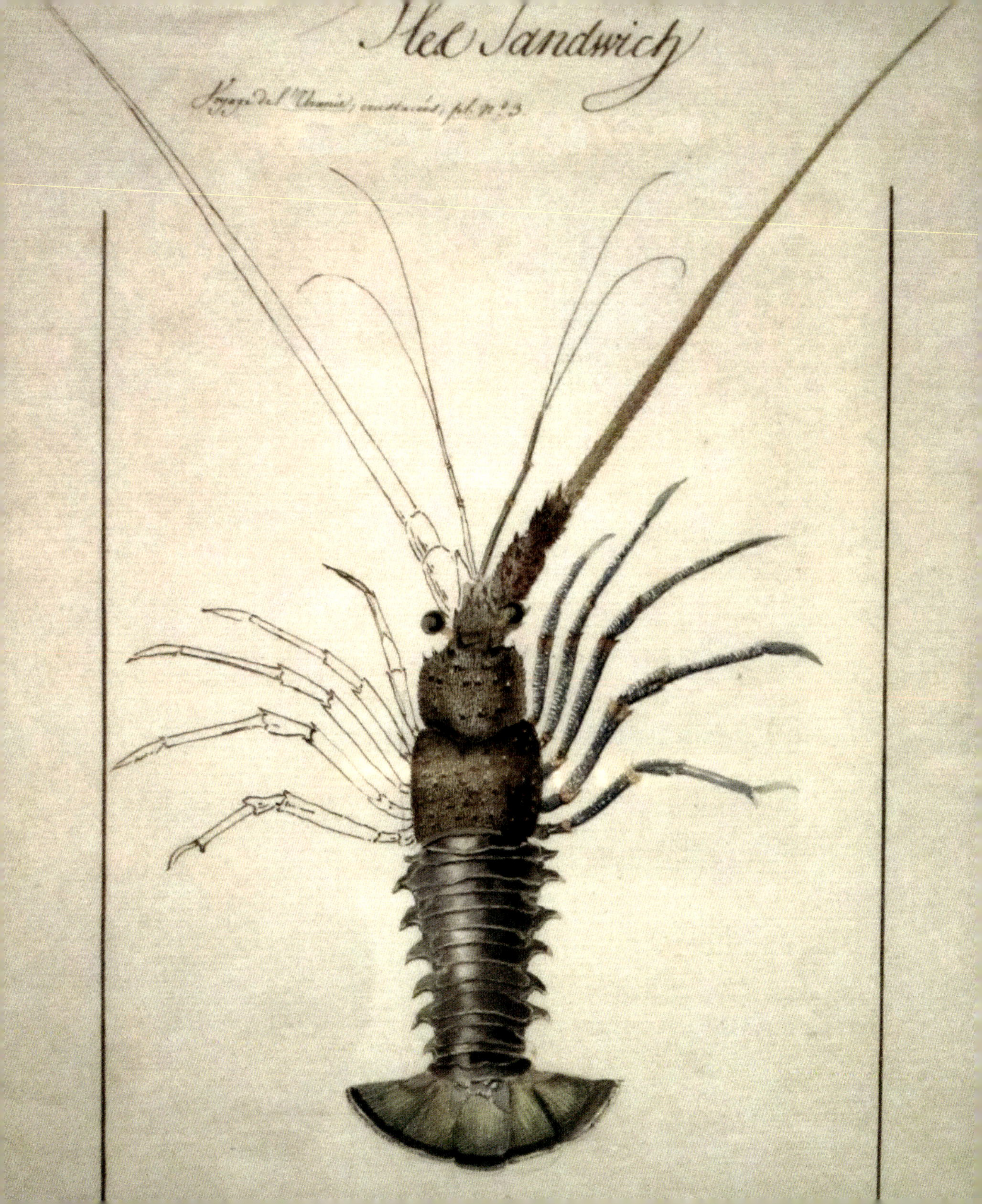
Isle Sandwich
Voyage de l'Uranie, crustacés, pl. N° 3

Medulla: das vitale Gehirn

Das Hirn wird in erster Linie zweifelsohne mit Denken, Argumentation und Gefühlswahrnehmung assoziiert. Diese Aktivitäten werden auf höchstem Niveau gesteuert. Wesentlich basaler sind die vitalen Funktionen, die für das Überleben eine entscheidende Rolle spielen. Sie werden von der Medulla oblongata reguliert. Es wird davon ausgegangen, dass sie der ursprünglichste Gehirnteil ist. Manche Experten betrachten die Medulla oblongata als wichtigsten Gehirnteil.

Tiere mit einem bilateralsymmetrischen Körper entstanden zum ersten Mal vor etwa 555-558 Millionen. Eines ihrer Merkmale war eine hohle Darmröhre, die vom Mund zum Anus verlief und einen Nervenstrang enthielt. Dabei handelt es sich um den Vorläufer des Rückenmarks. Vor über 500 Millionen Jahren entstanden die ersten Wirbeltiere, die den heutigen Schleimaalen geähnelt und drei anatomische Auswucherungen am Mund gehabt haben sollen. Dabei handelte es sich um das Vorder-, Mittel- und Hinterhirn.

Die Medulla ist eine Struktur im Hinterhirn und hat sich von der Oberseite des Rückenmarks aus entwickelt. Das ist der unterste und primitivste Teil des Gehirns. Die Medulla reguliert die lebenswichtigen Funktionen, die sich unabhängig von unserem Willen vollziehen: Atmung, Herzschlag und **Blutdruck**. Chemorezeptoren kontrollieren die Sauerstoff- und Kohlendioxidspiegel im Blut. Die Vernichtung dieses Hirnteils führt direkt zum Tod durch Atemnot und Erstickung. Barorezeptoren in der Aorta und der Halsschlagader spüren Veränderungen im Blutdruck der Schlagader auf und senden über Nervenimpulse Botschaften zum kardiovaskulären Zentrum in der Medulla. Dies erzeugt wiederum Veränderungen, die Blutdruck und Herzschlag auf normale Niveaus zurückbringen.

In der Medulla befinden sich einige Reflexzentren, die ohne Intervention mentaler Wissensprozesse direkt reagieren, wenn der Körper erbrechen, husten und schlucken muss. Dies ist auch der Weg, über den die Nerven das Gehirn verlassen und wieder hineinkommen. Außerdem werden hier die Botschaften zwischen Gehirn und Rückenmark weitergeleitet.

SIEHE AUCH: Fische (ca. 530 Millionen Jahre v. Chr.), Blutdruck (1733), Kommunikation des Nervensystems (1791), Neurondoktrine (1891).

Die Medulla ist die primitivste Nervenstruktur und reguliert die wesentlichen Funktionen: Atmung, Herzschlag und Reflexe (beispielsweise das Husten und Niesen). Dieses Poster des Büros für Kriegsinformationen aus dem Zweiten Weltkrieg ist eine Aufforderung an die amerikanischen Soldaten: Sie sollten beim Husten und Niesen die Hand vor den Mund halten und auf diese Weise die Verbreitung von Krankheitserregern verhindern.

COVER COUGHS
COVER SNEEZES
NEVER GIVE A GERM A BREAK!

Fische

Die frühesten Vorfahren der Wirbeltiere entstanden vor rund 550 Millionen Jahren im Meer. Später in der Periode des **Devon** (vor 417 bis 359 Millionen Jahren) fand eine bemerkenswerte Evolution der Fische statt. Sie sind heute artenreicher als alle anderen Wirbeltiere. Von den 52 000 Wirbeltierarten sind 32 000 Fische, die kollektiv und einfach als kiementragende Wirbeltiere ohne Gliedmaßen, Finger und Zehen kategorisiert werden können. Die Kieferlosen (Agnatha), die während der kambrischen Artenexplosion vor rund 530 Millionen Jahren entstanden, waren die ersten Fische. Sie waren kieferlos mit einem gepanzerten Kopf. Ihre runden Mundteile dienten dem Saugen oder der Nährstofffilterung. Neunaugen und Schleimaale sind ihre einzigen noch lebenden Nachkommen. Durch die Entwicklung der Kiefer, wie sie noch bei den heutigen Knorpelfischen und Echten Knochenfischen vorkommen, konnten sie eine breitere Nahrungspalette aufnehmen und aktive Jäger werden. Knorpelfische (Chondrichtyhes), zu denen die Rochen und Haie zählen, haben keine wirklichen Knochen. Stattdessen besitzen sie ein sehr leichtes, flexibles Knorpelskelett, das sie zu gewandten Raubtieren macht.

Es gibt 19 000 Arten von Echten Knochenfischen (Osteichthyes). Sie reichen von Aal und Seepferdchen bis hin zu Forelle und Thunfisch. Die meisten verfügen über eine Schwimmblase – ein mit Gas gefüllter Beutel, der es Fischen ermöglicht, in jeder gewünschten Tiefe mühelos zu schwimmen. Haie und Rochen haben keine Schwimmblase. Da sie schwerer sind als Wasser (wie alle anderen Fische auch), sinken sie. Sie können auf dem Meeresboden ruhen oder müssen sich ansonsten kontinuierlich bewegen, was viel Energie kostet. Wasser enthält nur einen Bruchteil des Sauerstoffgehalts der Luft. Multiple Kiemenpaare, durch die kontinuierlich Wasser strömt, sind besonders wirksam für die Aufnahme von Sauerstoff und den Ausstoß von Kohlendioxid. Kohlendioxid ist ein Endprodukt des Stoffwechsels.

Die Echten Knochenfische werden in zwei Kategorien eingeteilt. Die meisten gehören zu den Strahlenflossern und verdanken ihren Namen den knochenähnlichen Strahlen an ihren Flossen. Die übrigen sind Fleischflosser, mit den Quastenflossern (wie dem lebende Fossil Latimeria) als bekanntestem Beispiel; sie haben von Muskeln umhüllte Brust- und Bauchflossen. Diese Flossen dieser Quastenflosser evolvierten zu den Gliedmaßen der vierbeinigen Landtiere und des Menschen.

SIEHE AUCH: Devon (ca. 417 Millionen Jahre v. Chr.), Amphibien (ca. 360 Millionen Jahre v. Chr.), Paläontologie (1796), Quastenflosser: „Das lebende Fossil“ (1938).

Die primitivsten Fische, wie dieses Neunauge, waren kieferlos und nutzten ihr rundes Maul zur Nährstofffilterung. Neunaugen werden in den nordamerikanischen Großen Seen als exotisch eingestuft. Sie haben keine natürlichen Feinde und ernähren sich beispielsweise von Meeresforellen.

Landpflanzen

Aristoteles (384-322 v. Chr.), **Charles Darwin** (1809-1882)

Aristoteles war der erste, der die lebende Welt in Tiere und Pflanzen einteilte. Tiere bewegen sich, Pflanzen nicht. Es gibt zwischen 300 000 und 315 000 Landpflanzenarten (Embryophyta). Dazu gehören Bedecktsamer, Koniferen, Farne und Moose, nicht jedoch Algen und Pilze.

Alle Landpflanzen sind aus Grünalgen entstanden, namentlich aus der Gruppe der Charophyta, die vor 1,2 Millionen Jahren zum ersten Mal in Erscheinung traten. Viele Grünalgen leben an Teich- und Seerändern, die regelmäßig austrocknen. **Darwins Theorie der natürlichen Selektion** geht davon aus, dass sich die Algen, die über der Wasseroberfläche lebten, angepasst und das Absinken des Wassers überlebt haben. Solche frühen Landpflanzen – die vor rund 450 Millionen Jahren entstanden – profitierten von nährstoffreichen Böden sowie vom vermehrt zugänglichen Sonnenlicht und Kohlendioxid. Diese Bedingungen trugen zur Entstehung organischer Moleküle durch Photosynthese bei. Samenpflanzen (rund 85-90 % aller Landpflanzen) entstanden vor rund 360 Millionen Jahren. Ihnen folgten 140 Millionen Jahre später die Bedecktsamer. Die heutige Hauptgruppe der Gräser entstand vor rund 40 Millionen.

Grünpflanzen variieren im Umfang von kleinen krautigen Gewächsen bis hin zu riesigen Küstenmammutbäumen. Sie haben alle eukaryotische Zellen (mit Zellkern) und Zellwände aus Cellulose. Die Mehrheit bezieht ihre Energie durch Photosynthese. Die ersten Samenpflanzen waren die inzwischen längst ausgestorbenen Samenfarne. Samen bestehen aus einem Embryo – einem befruchteten Ei – und einem Nahrungsvorrat, der von einer Schutzschicht umgeben ist. Sie können nach der Absonderung von der Elternpflanze jahrelang inaktiv sein. Vor rund 12 000 Jahren begannen Menschen in vielen Teilen der Welt mit der Kultivierung wilder Samenpflanzen. Samenpflanzen sind nicht nur die Hauptquelle unserer Nahrung. Aus ihnen werden auch Brennstoff, Holz – kann von samenlosen Pflanzen nicht produziert werden – und Medikamente hergestellt. Samenlose Pflanzen (Farne, Moose, Lebermoose und Schachtelhalme) blühen nicht und keimen nicht aus Samen.

SIEHE AUCH: Algen (ca. 2,5 Milliarden Jahre v. Chr.), Eukaryoten (ca. 2 Milliarden Jahre v. Chr.), Wie sich Pflanzen vor Pflanzenfressern schützen (ca. 400 Millionen Jahre v. Chr.), Samen (ca. 350 Millionen Jahre v. Chr.), Nacktsamer (ca. 300 Millionen Jahre v. Chr.), Bedecktsamer (ca. 125 Millionen Jahre v. Chr.), Heilpflanzen (ca. 60 000 Jahre v. Chr.), Ackerbau (ca. 10 000 Jahre v. Chr.), Photosynthese (1845), Darwins Theorie der natürlichen Selektion (1859).

Da das hier abgebildete Moos nicht über ein Wassertransportsystem verfügt, braucht es zum Wachstum eine feuchte Umgebung und fließendes Wasser in der Nähe, um sich fortpflanzen zu können. Diese Dachpfannen halten in feuchtem Klima Feuchtigkeit fest und sind einfach ideal.

Devon

Adam Sedgwick (1785-1873), **Roderick Murchison** (1792-1871)

Das Devon erhielt seinen Namen 1839 von den Geologen Adam Sedgwick und Roderick Murchison nach der englischen Grafschaft Devon, wo das Gestein aus dieser Periode zum ersten Mal erforscht wurde. Im Devon von vor 417-359 Millionen Jahren kam es zu großen Veränderungen in der Pflanzen- und Fischwelt. Einige Fischarten kamen an Land. Die Weltmeere bedeckten 85 % der Erde und es gab zwei Superkontinente: Laurasia auf der nördlichen Halbkugel und Gondwana im Süden.

Die ersten **Landpflanzen** entstanden vor rund 450 Millionen Jahren. Die ältesten Gefäßpflanzen stammen aus der Anfangszeit des Devons. Im Gegensatz zu den damals vorherrschenden Gefäßpflanzen wie beispielsweise Lebermoos, Farne und Moose haben sie spezialisierte Leitbündel, in denen sie im Pflanzeninneren Wasser und Nährstoffe transportieren. In jener Zeit war die Vegetation einfach, beschränkte sich auf Ufer und bestand aus kleinen Pflanzen, die höchstens 1 Meter hoch waren. Durch Holz wurde die Achse stabiler. Bäume konnten in Richtung des offenen Sonnenlichts wachsen und an Zweigen und Blättern mehr Gewicht tragen. Bodenveränderungen förderten die Entwicklung von Wurzelsystemen. Vor rund 385 Millionen Jahren entstanden aus baumähnlichen Organismen die ersten Wälder.

Eine Revolution in der biotischen Welt. Während des Mitteldevons ging die Anzahl der kieferlosen Panzerfische zurück. Kieferfische – also sämtliche Knorpelfische und die Mehrzahl der bestehenden Fische – nahmen in Anzahl und Vielfalt zu und wurden die vorherrschenden Salz- und Süßwasserraubtiere. Aus diesem Grund wird diese Periode das „Zeitalter der Fische“ genannt. Aus den Kieferfischen und Quastenflossern entwickelten sich die ersten Vierfüßer, die aus dem Schlamm und dem Wasser kriechen konnten und sich von wirbellosen Landtieren ernährten.

Am Ende des Devons verschwanden gut 70 % der wirbellosen Lebewesen – vor allem im Salzwasser lebende Arten und einige Süßwasserarten. **Korallenriffe** verschwanden gänzlich. Die Schätzungen zur Dauer des Aussterbens während des Spätdevons variieren zwischen 500 000 und 25 Millionen Jahren. Wenngleich die Ursache unbekannt ist, gehört es zu den fünf großen Massensterben der biotischen Geschichte.

SIEHE AUCH: Fische (ca. 530 Millionen Jahre v. Chr.), Landpflanzen (ca. 450 Millionen Jahre v. Chr.), Amphibien (ca. 360 Millionen Jahre v. Chr.), Nacktsamer (ca. 300 Millionen Jahre v. Chr.), Korallenriffe (ca. 8000 Jahre v. Chr.), Paläontologie (1796), Fossilien und Evolution (1836), Kontinentalverschiebung (1912).

Auf dieser Abbildung aus Ernst Haeckels Kunstformen der Natur *(1904) werden Seeanemonen als Actinia klassifiziert: im Wasser lebende Raubtiere, die in den Korallenriffen des Devons lebten. Da die meisten Formen keine harten Teile haben, gibt es davon nur sehr selten Fossilien.*

Insekten

Edward O. Wilson (geb. 1929)

Die meisten Tiere sind Insekten. Es gibt rund eine Million beschriebene Arten. Wissenschaftler vermuten jedoch, dass noch sechs bis zehn Millionen weitere Arten auf ihre Entdeckung warten. Somit sind Insekten die größte Gruppe im Tierreich und zahlreicher als alle anderen tierischen Lebensformen zusammen. Als wirbellose Arthropoden sind sie in mindestens 30 Insektenordnungen eingeteilt, die alle über ein externes Skelett, drei Paar Füße, drei Körpersegmente (Kopf, Brustteil und Hinterleib), Fühler zur Erfassung von Geräuschen, Schwingungen und chemischen Signalstoffen (u.a. **Pheromone**) sowie speziell ausgeprägte Mundstücke für die Nahrungsaufnahme verfügen.

Insekten entstanden vor rund 400 Millionen Jahren. Das älteste bekannte Fossil ähnelt dem heutigen Silberfischchen. Es wurde auch ein vollständiger Körperabdruck eines fliegenden Insekts gefunden, das vor 300 Millionen Jahren gelebt haben soll. Insekten waren die ersten Tiere, die fliegen konnten und sind die einzigen wirbellosen Lebewesen mit dieser Fähigkeit. Das Fliegen bietet Insekten einen deutlichen Konkurrenzvorteil: Sie können vor Raubtieren fliehen, Nahrung und Partner finden und in andere Biotope überwechseln.

Für viele Insekten ist die Metamorphose ein integraler Teil ihres Lebenszyklus'. Dabei kann es sich um eine unvollständige Metamorphose handeln wie beispielsweise bei der Heuschrecke: Die jungen Nachkommen (Nymphen) sind bereits eine kleine Ausgabe der Erwachsenen. Der Schmetterling durchläuft von der Larve bis zum ausgewachsenen Tier eine vollständige Metamorphose mit vier gesonderten Stadien. Der amerikanische Biologe E.O. Wilson hat Ameisen und ihr Sozialverhalten erforscht. Die Ergebnisse präsentierte er als Co-Autor im Buch *The Ants* (1990). Die eusozialen Ameisen leben in Gruppen, kümmern sich kollektiv um den Nachwuchs, leben in übergreifenden Generationen und haben eine strikte Arbeitsteilung.

Insekten haben eine vielseitige Beziehung zu ihrer Umgebung. Menschen betrachten sie häufig als Ungeziefer, die Parasiten von anderen Tieren sind (z.B. Zecken), Krankheiten wie Malaria übertragen (Stechmücken) sowie Ernten und Bauwerke vernichten (Zikaden und Termiten). Sie bestäuben jedoch auch blühende Pflanzen, sind nützlich für die genetische Forschung und dienen Tieren als Nahrung.

SIEHE AUCH: Gliederfüßer (ca. 570 Millionen Jahre v. Chr.), Wie sich Pflanzen vor Pflanzenfressern schützen (ca. 400 Millionen Jahre v. Chr.), Bedecktsamer (ca. 125 Millionen Jahre v. Chr.), Paläontologie (1796), Bienentanz (1927), Pheromone (1959), Soziobiologie (1975).

Wenceslaus Hollar (1607-1677) war ein böhmischer Kupferstecher. Sein Werk umfasst ein breites Spektrum an Themen. Dazu gehörte auch diese Radierung: 41 Insekten *(1646).*

Wie sich Pflanzen vor Pflanzenfressern schützen

Fossilfunde belegen, dass **Insekten** vor rund 400 Millionen Jahren Pflanzenfresser waren. Die ersten Wirbeltiere an Land, die Amphibien, stammen aus der Zeit von vor 360 Millionen Jahren und ernährten sich zunächst von Fischen und Insekten. Später erweiterten sie ihr Menü um Pflanzen. Herbivoren sind Tiere, die sich anatomisch und physiologisch angepasst haben, um Pflanzen als Hauptnahrung verdauen zu können. Pflanzen sind reich an Kohlenhydraten. Um diesen Herbivoren abzuschrecken und das Überleben sowie die Fortpflanzung zu sichern, haben Pflanzen physische und chemische Abwehrmechanismen entwickelt, um Tiere zu täuschen, zu verwunden oder sogar zu töten. Im Laufe der Evolution optimierten jedoch nicht nur die Pflanzen ihre Abwehrmechanismen gegenüber den Herbivoren. Diese entwickelten ihrerseits Strategieren, um die Abwehr der Pflanzen zu überwinden und sie weiterhin fressen zu können.

Physische und mechanische Barrieren wie beispielsweise die Dornen an Rosen oder Kaktusstacheln sollen Herbivoren abschrecken oder verwunden. Trichome sind haarähnliche Strukturen, die Blätter und Stängel von Pflanzen bedecken und die meisten Herbivoren wirksam vertreiben. Einige Insekten haben jedoch auch hier Gegenmechanismen entwickelt. Wachs oder Harz dient der Veränderung der Struktur von Pflanzenteilen. Diese Stoffe erschweren auch die Aufnahme und Verdauung von Zellwänden.

Die chemischen Abwehrstoffe sind Nebenprodukte des Pflanzenstoffwechsels und sekundäre Metabolite, die nicht an den fundamentalen Funktionen von Wachstum, Entwicklung und Reproduktion beteiligt sind. Sie fördern mit ihrer abstoßenden oder giftigen Wirkung eher das langfristige Überleben der Pflanze. Zu diesen Wirkstoffen gehören Alkaloide und cyanogene Glycoside. Beide enthalten Stickstoff. Alkaloide sind Derivate des Aminosäurenstoffwechsels. Darunter fallen auch Kokain, Strychnin, Morphium und Nikotin. Nikotin wurde lange als Insektizid in der Landwirtschaft und im Gartenbau eingesetzt. Alkaloide verändern die Aktivität der **Enzyme** von Herbivoren, blockieren ihre Eiweißsynthese sowie DNA-Regenerierungsmechanismen und beeinflussen die Nervenfunktion. Beim Konsum von Pflanzen mit cyanogenen Glycosiden wird Wasserstoff cyanidfrei. Dieser Stoff unterbricht die Zellatmung des Herbivoren.

SIEHE AUCH: Landpflanzen (ca. 450 Millionen Jahre v. Chr.), Insekten (ca. 400 Millionen Jahre v. Chr.), Amphibien (ca. 360 Millionen Jahre v. Chr.), Stoffwechsel (1614), Stickstoffzyklus und Pflanzenchemie (1837), Koevolution (1873), Enzyme (1878), Mitochondrien und Zellatmung (1925).

Dornen, Nadeln und Stacheln sind Pflanzenstrukturen mit harten Spitzen zur Abschreckung von Herbivoren. In der Alltagssprache werden diese botanisch eindeutig definierten Fachbegriffe oft synonym gebraucht oder verwechselt. Die abgebildeten Rosen ‚dornen' sind botanisch korrekt Stacheln.

Amphibien

Vor rund 360 Millionen Jahren entwickelten sich bei den **Quastenflossern** Gliedmaßen mit Fingern und Zehen. Die Nachkommen dieser frühen Vierbeiner konnten das Wasser verlassen und damit möglicherweise einen Konkurrenzvorteil und Schutz vor Raubtieren erlangen. Sie konnten in der dichten Vegetation des Ufers selbst Beute suchen. Diese Vierbeiner entwickelten sich zu Amphibien („mit doppeltem Leben"), die sich sowohl im Wasser, als auch an Land zurechtfanden.

Es gibt 5000 bis 6000 Amphibienarten mit spezifischen Merkmalen. Sie sind in drei Gruppen eingeteilt: Salamander und Molche (Urodela = Schwanzlurche) haben lange Schwänze und zwei Paar Gliedmaßen. Schleichlurche, auch Blindwühlen genannt, haben keine Extremitäten (Apoda = fußlos) und sind so gut wie blind.

Etwa 90 % aller lebenden Amphibien fallen in die dritte Kategorie: Frösche und Kröten (Anura = schwanzlos), die vor der Reife im Wasser und als ausgewachsene Tiere in feuchten Biotopen an Land leben. Die Weibchen legen ihre Eier im Wasser. Dort werden sie extern von den Männchen befruchtet. Die Kaulquappe – das Larvenstadium des Frosches – hat Kiemen, mit denen sie Sauerstoff aus dem Wasser aufnimmt. Ferner hat sie einen langen Schwanz und ein laterales Sinnessystem zur Erfassung von Bewegung und Druckveränderungen im Wasser. Nach der Metamorphose entwickelt der Frosch muskulöse Hinterschenkel, einen großen Kopf und Augen, einige externe Trommelfelle und ein Verdauungssystem, das für die carnivore Ernährung geeignet ist. Der Austausch von Sauerstoff und Kohlendioxid erfolgt – wie bei allen Amphibien – über die Haut. Viele, wenngleich nicht alle Amphibien durchlaufen eine Metamorphose.

Ein Gradmesser für Biodiversität. Seit den 1980er Jahren wird ein alarmierender, weltweiter Rückgang der Amphibien und Frösche verzeichnet. Manche Arten sind bereits ausgestorben. Das ist eine große Bedrohung für die weltweite Biodiversität. Manche Amphibien ernähren sich von Algen oder Zooplankton. Andere jagen aktiv **Insekten**, von denen etliche für den Menschen gefährliche Krankheitserreger übertragen. Auf diese Weise wird das Risiko auf von Insekten übertragene Krankheiten reduziert. Sie sind selbst auch Nahrungsquelle für andere Wirbeltiere. Die Ursachen für den Rückgang sind nicht geklärt. Möglicherweise ist er eine Folge von Verschmutzung, Pilzinfektionen oder des Verschwindens bzw. der Veränderung von Biotopen.

SIEHE AUCH: Fische (ca. 530 Millionen Jahre v. Chr.), Insekten (ca. 400 Millionen Jahre v. Chr.), Wie sich Pflanzen vor Pflanzenfressern schützen (ca. 400 Millionen Jahre v. Chr.), Gasaustausch (1789), Schilddrüse und Metamorphose (1912), Nahrungsnetze (1927).

Der Rotaugenlaubfrosch lebt im mittelamerikanischen Regenwald. Wenn er gestört wird, springen seine runden roten Augen auf und er zeigt seine hellen Innenseiten. Der Frosch nutzt diesen Mechanismus, um Raubvögel oder Schlangen abzuschrecken und sich vor ihnen in Schutz zu bringen.

Samen

Die ersten Pflanzen waren Verwandte der heutigen Moose und Farne. Sie kamen vor rund 450 Millionen Jahren an Land und beherrschten über 100 Millionen Jahre lang die Pflanzenwelt. Diese frühen Farne waren samenlos und für ihre Fortpflanzung von Wasser abhängig. Der männliche Gamtophyt verbreitete Samenzellen, die zur Befruchtung des Eies durch ein wässriges Vlies schwimmen mussten. Daraus entstand eine Zygote. Samenpflanzen gehören heute zu den wichtigsten Organismen auf der Erde. Sie entstanden vor 350 Millionen Jahren und sind seither die dominanteste und bekannteste Pflanzenform. Durch Samen und Blütenstaub konnten Pflanzen an Land gedeihen und waren für die Fortpflanzung unabhängig vom Wasser. Sie konnten sich an Trockenheit und die schädliche UV-Strahlung des Sonnenlichts anpassen.

Samenlose Pflanzen produzieren nur eine Sporenart, aus der ein zweigeschlechtlicher Gametophyt entsteht. Im Laufe der Zeit entwickelten sich einige dieser Pflanzen zu Samenpflanzen, die zwei Sporenarten erzeugten: Mikrosporen, aus denen mehrere männliche Gametophyten hervorgingen sowie eine Megaspore, die einen weiblichen Gametophyt hervorbrachte. Der weibliche Gametophyt und die Schutzschicht bilden den unreifen Samen – eine so genannte Samenanlage. Der Blütenstaub besteht aus männlichen Gametophyten, deren Samenzellen von einer Schutzschicht umgeben sind. Sie sorgt dafür, dass die Samenzellen nicht austrocknen oder beschädigt werden und auch größere Entfernungen überwinden können, um ihre Gene zu verbreiten. Im Gegensatz zu Samenzellen von samenlosen Pflanzen, die sich selbst zur Eizelle bewegen müssen, werden diese Samen passiv von Luftströmungen mitgenommen.

Die Übertragung von Blütenstaub auf die Samenanlage wird Bestäubung genannt. Nach der Befruchtung der Eizelle durch eine Samenzelle, wächst in der Samenanlage ein Embryo, der sich zu einem Samen entwickelt. Samen bieten dem Embryo Schutz und Nahrung. Auf diese Weise kann er jahrzehntelang überleben, bis die Klimabedingungen für die Keimung günstig sind.

Es gibt bei Samenpflanzen zwei Hauptarten: Gymnospermae („**Nacktsamer**"), wie beispielsweise Koniferen, und Angiospermae („**Bedecktsamer**"), von denen es rund 250 000 Arten gibt. Das ist gut 90 % der Pflanzenwelt.

SIEHE AUCH: Landpflanzen (ca. 450 Millionen Jahre v. Chr.), Nacktsamer (ca. 300 Millionen Jahre v. Chr.), Bedecktsamer (ca. 125 Millionen Jahre v. Chr.), Beschädigung der Ozonschicht (1987).

Blütenstaub von Samenpflanzen transportiert männliche Samenzellen über große Entfernungen hinweg – auch unter ungünstigen Klimabedingungen –, um Samenanlagen zu befruchten. Die nebenstehenden Samen stammen vom Korallenbaum (Erythrina lysistemon)*, ein Mitglied der Familie der Hülsenfrüchtler. Dieser Baum wird in Parks und Gärten angepflanzt. Ihm werden magische und medizinische Eigenschaften zugeschrieben.*

Reptilien

Vor rund 320 Millionen Jahren entwickelten sich einige **Amphibien** weiter zu den ersten Reptilien – mit Lungen und muskulöseren Beinen. Sie legten Eier mit einer harten Schale, die für die Bedingungen an Land besser geeignet waren als die vom Wasser abhängigen Amphibien-Eier. Ihre Hochzeit erlebten die Reptilien während des Mesozoikums (Erdmittelalter) vor 250-66 Millionen Jahren. Diese Zeitalter wird nach den Reptilien benannt, weil sie damals die dominantesten und zahlreichsten Vertreter der Wirbeltiere waren. Danach überlebten nur Schildkröten, Krokodile, Schlangen und Eidechsen. 95 % der heute lebenden Reptilien sind Eidechsen.

Reptilien sind Amnioten: Vierbeiner, die an Land Eier legen, jedoch weder Vogel noch Säugetier sind. Sie haben Schuppen oder knochige Außenpanzer und sind ektotherm und somit für ihre Körpertemperatur von externen Quellen abhängig. Die ältesten Reptilienfossilien sind 315 Millionen Jahre alt, wurden in Nova Scotia gefunden und bestehen aus einer Reihe von Fußabdrucken eines eidechsenähnlichen, 20-30 cm großen Tieres. Zu den ersten Reptiliengruppen gehörten die Diapsida, die an beiden Seiten des Schädels Öffnungen hatten. Aus den Diapsida entwickelten sich die Lepidosauria (Schuppenechsen) und die Archosauria („saur" = Echse).

Zu den Lepidosauria gehören Eidechsen, Schlangen und Brückenechsen. Brückenechsen können einen Meter lang werden und kamen einst in vielen Ländern der Welt vor. Heute gibt es sie nur noch auf den Küsteninseln vor Neuseeland. Der beeindruckendste Lepidosaurier war der Mosasaurier – ein ausgestorbenes Wasserreptil, das 17,5 Meter lang werden konnte und einem Waran ähnelte.

Zwei prominente Archosaurier waren der Flugsaurier und der Dinosaurier. Der Flugsaurier („Pterodactylus") war das erste Wirbeltier, das fliegen konnte und mit einer Flügelspannweite von 12 Metern auch das größte. Die kleinste der 120 Flugsaurierarten war nicht größer als eine Maus. Die Knochen waren wie bei **Vögeln** hohl. Ihr extrem langer vierter Finger stützte einen Flügel, der anders konstruiert war als die Flügel von Fledermäusen und Vögeln. Flugsaurier entstanden vor rund 215 Millionen Jahren und bevölkerten 150 Millionen Jahre lang die Erde, bevor sie ausstarben.

SIEHE AUCH: Amphibien (ca. 360 Millionen Jahre v. Chr.), Dinosaurier (ca. 230 Millionen Jahre v. Chr.), Vögel (ca. 150 Millionen Jahre v. Chr.), Paläontologie (1796), Thermozeption (ca.1882).

Der Grüne Baumpython lebt in Neuguinea, Indonesien und auf der Cape York-Halbinsel in Nordaustralien. Er kann über 180 cm lang werden und schlingt seinen Körper mehrfach um einen Ast. Der Kopf liegt in der Mitte auf.

Nacktsamer

Wenn Bäume sprechen könnten. Einige der ältesten, größten und kompaktesten lebenden Organismen sind Nacktsamer. Sie kommen in Kalifornien häufig vor. Küstenmammutbäume (Sequoia) werden Tausende von Jahren alt. Der Methusalem (*Pinus longaeva*) ist mit seinen über 4 600 Jahren wahrscheinlich der weltweit älteste Baum. Küstenmammutbäume können bis zu 110 Meter hoch werden. Das größte bekannte Exemplar, der so genannte Stratosphere Giant, misst sogar 113 Meter. Aus Fossilfunden kann abgeleitet werden, dass der erste Nacktsamer vor rund 300 Millionen Jahren entstand, 50 Millionen Jahre nach den ersten Samenpflanzen. Sie boten Nahrung für die riesigen Dinosaurier. Die Nacktsamer wurden als dominanteste Vertreter der Pflanzen von den Bedecktsamern abgelöst. Sie entstanden vor 125 Millionen Jahren. Gleichwohl ist eine Gruppe der Nacktsamer – die Konferen – noch heute sehr dominant. Sie gedeihen in noch größeren Höhen und unter trockenen Bedingungen in den kälteren Klimabereichen Nordamerikas und im nördlichen Eurasien bis an die Grenze der arktischen Tundra.

Die Reproduktion erfolgt bei den Nacktsamern („Gymnospermen") über eine offene Samenanlage, die sich in den meisten Fällen auf den angepassten Blättern befindet, aus denen der Zapfen besteht. Die Samen von Bedecktsamern befinden sich hingegen in geschlossenen, reifen Fruchtknoten. Wie bei Spermatophyten (Samenpflanzen) üblich, hat der Pflanzenkörper von Nacktsamern einen Stamm, Wurzeln, Blätter und ein zweiwegiges Gefäßsystem: Das Xylem schickt Wasser und Mineralstoffe von den Wurzeln zu den Sprösslingen. Das Phloem transportiert das in den Blättern entstandene organische Material zu den nicht Photosynthese betreibenden Teilen der Pflanze.

Nacktsamer sind wirtschaftlich von großer Bedeutung. Das meiste Bauholz und Multiplex auf der nördlichen Halbkugel wird aus dem Stamm von Koniferen hergestellt (Tanne, Fichte und Douglasfichte) – das so genannte „Weichholz". Koniferen sind eine Quelle für essentielle Öle. Aus dem Harz dieser Bäume werden Terpentin, Resine, Methylalkohol und Balsam hergestellt. Aus einigen nacktsamigen Nicht-Koniferen werden auch Medikamente gewonnen: Das Epedrakraut wird in China beispielsweise seit Tausenden von Jahren bei Atemwegerkrankungen eingesetzt. Ginkgo biloba soll bei Alzheimer, Bluthochdruck und Menopausenbeschwerden helfen.

SIEHE AUCH: Landpflanzen (ca. 450 Millionen Jahre v. Chr.), Samen (ca. 350 Millionen Jahre v. Chr.), Dinosaurier (ca. 230 Millionen Jahre v. Chr.), Bedecktsamer (ca. 125 Millionen v. Chr.), Heilpflanzen (ca. 60 000 Jahre v. Chr.), Paläontologie (1796).

Uralte Koniferen wie diese im Gebirge des Inyo National Forest in der kalifornischen Sierra Nevada sind wahrscheinlich die ältesten lebenden Bäume. Ihr hohes Alter von Tausenden von Jahren ist Folge des kompakten, strapazierfähigen und harzhaltigen Holzes, das sie vor Insekten und Pilzbefall schützt.

Dinosaurier

William Buckland (1784-1856), **Richard Owen** (1804-1892)

Das Jura. Dinosaurier waren 135 Millionen Jahre lang die dominanten Landwirbeltiere. Das ist 235 Millionen Jahre her. William Buckland beschrieb 1824 in der wissenschaftlichen Literatur als erster ihre Fossilien. Richard Owen dachte sich 1842 den Namen „Dinosaurier" (fürchterliche Eidechse) aus. Es waren jedoch keine Eidechsen.

Dinosaurier fallen unter die **Reptilien**. Sie waren mit über 1000 Arten eine extrem artenreiche Gruppe. Dies macht es abgesehen vom Eierlegen und Nistverhalten unmöglich, eine sinnvolle, umfassende Liste der Unterscheidungsmerkmale zusammenzustellen. Es gab herbivore und carnivore Arten, manche standen aufrecht, andere liefen auf vier Beinen. Lange dachte man, dass Dinosaurier schwerfällige Wesen waren. Aktuelle Forschungen scheinen anzuweisen, dass manche dieser Tiere, wie der Velociraptor, sehr gelenkig und schnell waren. Auch lebten sie in sozialen Herden. Dinosaurier variierten im Umfang zwischen einer Taube und dem größten Landtier, das es je gegeben hat. Der herbivore Apatosaurier (Brontosaurier) hatte einen sehr langen Hals und einen ziemlich kleinen Kopf. Er hatte eine Länge von 23 Metern. Der bekannteste Dinosaurier war der Tyrannosaurus rex: ein zweibeiniger, 12 Meter langer Carnivor, der einen gemeinsamen Vorfahren mit den **Vögeln** hat.

Vögel stammen von einem Dinosaurier namens Archaeopteryx ab, der vor rund 150 Millionen Jahren lebte. 1861 wurden von ihm in Bayern erstmals fossile Überreste gefunden. Er ist vermutlich das *Missing Link*. Seine Fossilien lassen nicht auf Federn schließen. Seit den 1990er Jahren wurden jedoch auch gefiederte Dinosaurier entdeckt, was die Verwandtschaftsthese zu Vögeln weiter stützt.

Vor rund 66 Millionen Jahren starben alle nicht-fliegenden Dinosaurier aus – genauso wie 95 % aller übrigen Lebensformen auf der Erde. Über die Ursache wird heftig spekuliert. Ausgegangen wird von einem Meteoriteneinschlag, der die Atmosphäre vergiftete. Staub und Ruß ließen keine Sonnenstrahlen mehr durch. Pflanzen und Tiere starben. Die Dinosaurier sind zwar verschwunden, sie bleiben aber ein beliebtes Thema in Büchern und Filmen: *The lost world* (1925), *King Kong* (1933) und *Jurassic Park* (1993, 1995, 2001 & 2015).

SIEHE AUCH: Reptilien (ca. 320 Millionen Jahre v. Chr.), Vögel (ca. 150 Millionen Jahre v. Chr.), Paläontologie (1796).

Der Majungasaurier war ein zweibeiniger Dinosaurier, der vor rund 66-70 Millionen Jahren auf Madagaskar lebte. Mit einer Länge von 6 bis 7 Metern und einem Gewicht von gut 1100 kg waren diese Carnivoren die Alpha-Raubtiere ihrer Umgebung.

Säugetiere

Carl von Linné (1707-1778)

In den vergangenen 65 Millionen Jahren waren die Säugetiere die vorherrschenden Landtiere. Abgesehen von Insekten und Spinnen sind sie weltweit am meisten verbreitet. Jeder Lebensraum an Land und im Wasser wird von Säugetieren bevölkert. Ihren ökologischen Erfolg verdanken sie ihrer Fähigkeit, die eigene Körpertemperatur zu kontrollieren. Die 5500 bis 5700 Säugetierarten variieren im Umfang zwischen einer Schweinsnasenfledermaus (30-40 Millimeter) und dem größten lebenden Tier: dem über 30 Meter langen Blauwal.

Die ersten echten Säugetiere entstanden vor rund 200 Millionen Jahren und verteilten sich im Laufe von zig Millionen Jahren auf drei Gruppen: Kloakentiere sind eierlegende Ursäuger (z. B. das nur in Australien und Neu-Guinea vorkommende Schnabeltier). Kängurus und Opossums sind Beuteltiere und leben außer in Australien auch in Amerika. Ihre Jungen entwickeln sich außerhalb der Gebärmutter in einem Beutel weiter. 90 % aller Säugetiere sind Plazentatiere (Eutheria). Der Fötus wird in der Gebärmutter ausgetragen. Bei der Geburt ist er sehr weit entwickelt. 2013 wurde ein 160 Millionen Jahre altes, Spitzmaus-ähnliches, chinesisches Fossil entdeckt: das *Juramaia sinensis*, das möglicherweise das älteste Plazentasäugetier ist. Menschen fallen in der Gruppe der Plazentatiere unter die Primaten.

Säugetiere verfügen über einige besondere Merkmale, die andere Wirbeltiere nicht haben: z. B. über Milchdrüsen. Das sind sind modifizierte Schweißdrüsen, mit denen die Weibchen ihre Jungen mit Milch versorgen können. Milch ist die wichtigste Nahrungsquelle für den Nachwuchs. 1758 nannte Carl von Linné diese Tiere „Mammalia“ (lateinisch für „Brust“). Haare oder Fell schützen Säugetiere vor Kälte. Im Mittelohr befinden sich drei kleine Knochen, die Geräuschschwingungen in Nervenimpulse umsetzen. Der Unterkiefer des Säugetiers besteht an beiden Seiten aus nur einem Knochen. Weitere, wenngleich nicht einzigartige Merkmale sind die Warmblütigkeit (Endothermie) und spezialisierte, differenzierte Zähne, ein größeres Hirn und eine Muskelschicht, die Herz und Lungen von der Bauchhöhle trennt sowie ein effizientes Herz mit vier Kammern.

SIEHE AUCH: Primaten (ca. 65 Millionen Jahre v. Chr.), Plazenta (1651), Paläontologie (1796).

Dieses Poster aus dem Jahr 1937 macht Werbung fürs Stillen. Gestillt wurde bereits seit Urzeiten. Zwischen 1900 und 1960 geriet es durch negative soziale Auffassungen und große Beliebtheit von Kindernahrung aus der Mode. Inzwischen wird wieder häufiger gestillt. Experten empfehlen das Stillen mindestens für die ersten sechs Monate.

K.
WPA FEDERAL ART PROJELT
NURSE THE BABY
YOUR PROTECTION AGAINST TROUBLE
INFORM YOURSELF THROUGH THE HEALTH
BUREAU PUBLICATIONS
AND CONSULT YOUR DOCTOR

Vögel

Charles Darwin (1809-1882)

Es gibt rund 10 000 Arten lebender Vögel mit gemeinsamen Merkmalen: Sie haben Federn und Flügel, sind zweibeinig, warmblütig und legen Eier. Im Gegensatz zu so gut wie allen anderen Wirbeltieren können die meisten von ihnen fliegen. Das bietet Vögeln viele Vorteile. Die Flügel haben sie vor rund 150 Millionen Jahren vom geflügelten Archaeopteryx oder einem verwandten Theropoden (zweibeiniger Dinosaurier) geerbt. Das Fliegen ist nicht nur ihre wichtigste Fortbewegungsart, sondern ermöglicht auch Jagen, Fortpflanzung, Flucht vor Jägern an Land, Migration und den Vogelzug.

Zur Unterstützung des Fliegens haben Vögel eine Reihe besonderer Eigenschaften entwickelt. Ihr Körper ist stromlinienförmig, um der Luft möglichst wenig Widerstand zu bieten. Das Körpergewicht ist aufgrund hohler Knochen niedrig, unwichtige Knochen sind verschwunden oder angepasst. Vögel haben weder Zähne, noch eine Harnblase. Das Atmungssystem ist ihrem hohen Sauerstoffbedarf angepasst. Die wichtigsten Anpassungen sind Federn und Flügel. Die Flügel sind aus den Vorderbeinen entstanden. Format und Form der Flügel und Federn sind bei einigen Vogelarten aerodynamisch geworden – so können sie schneller fliegen und verbrauchen weniger Energie beim Schweben, Manövrieren und Aufsteigen in die Luft. Federn helfen nicht nur beim Fliegen, sondern isolieren bei Kälte und Feuchtigkeit, unterstützen die Körpertemperatur und dienen bei der Balz dazu, einen Partner zu finden.

Zu den auffälligsten Merkmalen der Vögel gehören Form und Umfang ihrer Schnäbel. Charles Darwin erforschte diesen Körperteil 1835 während seines Aufenthalts auf den Galapagos-Inseln. Seine Beobachtungen ergaben wesentliche Hinweise für die Formulierung seiner Evolutionstheorie durch natürliche Selektion. Darwin entdeckte, dass die Schnäbel einiger von ihm beobachteter Finken an die verfügbare spezifische Nahrung angepasst waren. Schnäbel werden vor allem zur Nahrungsaufnahme gebraucht. Die Vögel können damit auch picken, Beute töten, Gegenstände manipulieren, ihr Federkleid pflegen, Junge füttern und balzen.

SIEHE AUCH: Reptilien (ca. 320 Millionen Jahre v. Chr.), Dinosaurier (ca. 230 Millionen Jahre v. Chr.), Tierwanderungen (ca. 330 v. Chr.), Darwin und die Reise der *Beagle* (1831), Darwins Theorie der natürlichen Selektion (1859).

Der Gänsegeier ist ein Raubvogel mit einer Flügelspannweite von über 2,7 Metern. Er ernährt sich wie andere Altweltgeier von Kadavern. Der scharfe Geruchssinn der Neuweltgeier fehlt ihm.

Bedecktsamer

Bedecktsamer traten zum ersten Mal vor 125 Millionen Jahren in Erscheinung. 25 Millionen Jahre später bildeten sich infolge von Klimaveränderungen zahlreiche unterschiedliche Gruppen. Seither sind sie die dominantesten und bekanntesten Spermatophyten (Samenpflanzen). Es gibt Hinweise, dass sich Bedecktsamer nicht aus den primitiveren Nacktsamern (wie die immergrüne Konifere), sondern gesondert entwickelten. Bedecktsamer passen sich besser an als Nacktsamer und können auf ganz unterschiedlichen Böden sowie unter unterschiedlichsten Klimabedingungen wachsen. Verglichen mit Nacktsamern haben Bedecktsamer eine effizientere Fortpflanzungsmethode. Ihr Blütenstaub wird nicht ausnahmslos durch Wind übertragen. Vielmehr übernehmen sehr häufig **Insekten** oder andere Tiere die Bestäubung. Drei Viertel aller Bedecktsamer sind zweikeimblättrig: Nelken, Rosen, Tabak, Hülsenfrüchte, Kartoffeln, Getreide, Ahornbäume und Platanen.

Zu den Bedecktsamern gehören 90 % aller Pflanzen. Ihren 250 000 Arten sind nur die Insekten zahlenmäßig überlegen. Es gibt sie in einer breiten Skala an Formaten, Formen, Gerüchen und Anordnungen. Diese Merkmale zeugen von ihrer sehr speziellen Beziehung zu symbiotischen Bestäubern – ein klassischer Fall von Koevolution zweier verschiedener Organismen. Vom Wind bestäubte Blumen haben keine farbigen Teile.

Die Blüten von Bedecktsamern sind häufig nicht nur schön, sondern dienen als äußerst wirkungsvolle Fortpflanzungssysteme, die entweder männliche oder weibliche oder auch beide Geschlechtsorgane besitzen. Gameten werden in gesonderten Organen in der Blume produziert. Befruchtung und Entwicklung des Embryos erfolgen intern und geschützt vor den Launen des Wetters. Der Blütenstaub mit Samenzellen besteht aus Staubblättern. Der Blütenstaub (Pollen), der die Spermazellen enthält, wird von den Staubblättern gebildet. Die Eizellen werden vom Stempel produziert. Wenn Blütenstaub auf den Stempel gelangt, keimen die Pollen aus und bilden Pollenschläuche. Darin wandern die Samenzellen zu den Eizellen und befruchten diese. Um den Embryo herum wächst Gewebe. Es schwillt an, die Samen entwickeln sich zu Früchten. Genau wie Blütenstaub und Samen werden Früchte nicht nur vom Wind verbreitet, sondern auch von Tieren, die diese Früchte fressen. Die Samen werden verdaut und an anderen Orten mit den Exkrementen wieder ausgeschieden.

SIEHE AUCH: Landpflanzen (ca. 450 Millionen Jahre v. Chr.), Insekten (ca. 400 Millionen Jahre v. Chr.), Samen (ca. 350 Millionen Jahre v. Chr.), Nacktsamer (ca. 300 Millionen Jahre v. Chr.), Ökologische Interaktionen (1859).

Es gibt über 250 000 Arten Bedecktsamer (Angiospermen), von denen einige auf diesen zwei iranischen Tonfliesen aus der ersten Hälfte des 19. Jhd. abgebildet sind.

اوجی
فرمایش مشهدی لطفعلی خباز
ساختمان حاجی محمد حسین معمار
کارخانه استاد ابراهیم

Primaten

Es gibt keinen Konsens über die wissenschaftlichen Namen und Klassifizierung der rund 350 Primatenarten. Gänzlich umstritten ist, ob der Mensch gesondert klassifiziert oder zu den Hominidae (Menschenaffen) gezählt werden muss. In der einfachen und traditionellen Klassifizierung umfassen die Halbaffen (die frühesten Primaten) Lemuren, Loriartige und Koboldmakis. Zu den Anthropoidea (die „Eigentlichen Affen") zählen Affen, Menschenaffen, Gibbons, Orang-Utans, Gorillas, Schimpansen, Bonobos und Menschen. Biologen sind sich darüber einig, dass der Mensch nicht vom Affen abstammt, sondern von einem gemeinsamen Vorfahren, der vor 5 bis 8 Millionen Jahren lebte.

Das Alter von Fossilien unserer frühen Vorfahren wird auf 55 bis 85 Millionen Jahre geschätzt. Die meisten Forscher gehen von rund 65 Millionen Jahren aus. Diesen Vorläufern folgten vor 35 bis 55 Millionen Jahren Lemuren und Loriartige mit großen Augen und großem Hirn, kleinen Schnauzen und aufrechter Körperhaltung. Die ersten Affen entstanden vor 35 Millionen Jahren. Vor 10 bis 15 Millionen Jahren haben sich die Menschaffen aus den Altweltaffen entwickelt.

Primaten haben einige typische Merkmale, die sie in der Folge ihres Lebens in Bäumen entwickelt haben. Sie sind jedoch nicht nur den Primaten vorbehalten. Die meisten Primaten leben in den Subtropen und den tropischen Regenwäldern in Afrika, Asien und Amerika immer noch auf Bäumen. Hände und Füße von Primaten können greifen, haben besondere Nervenenden und somit einen größeren Tastsinn. Die Finger haben keine Klauen, sondern flache Nägel. Menschenaffen und einige Affenarten haben opponierbare Daumen, mit denen sie genau wie der Mensch Werkzeuge und sogar Tastaturen bedienen können. Die Augen blicken geradeaus und stehen nahe nebeneinander. Dadurch können sie Raum und Tiefe sehen. Das ist beim Schwingen durch die Bäume eine durchaus praktische Sache. Affen und Menschenaffen vertrauen dem Sehen mehr als dem Geruchssinn.

Zu den auffallendsten Merkmalen der Primaten zählen ihr stark ausgeprägtes Sozialverhalten und ihre gut entwickelten kognitiven Fähigkeiten. Von der Intelligenz her gilt folgende Reihenfolge: Neuweltaffen, Altweltaffen, Menschenaffen und dann kommt der Mensch. Primaten durchlaufen eine langsamere Entwicklung als andere Säugetiere und haben eine längere Jugend und Adoleszenz. Dies bietet ihnen mehr Zeit, von älteren Tieren zu lernen.

SIEHE AUCH: Säugetiere (ca. 200 Millionen Jahre v. Chr.), Neandertaler (ca. 350 000 v. Chr.), Anatomisch moderne Menschen (ca. 200 000 v. Chr.).

Mandrille beeindrucken durch ihre auffällige Gesichtsfärbung. Die Altweltaffen sind nahe Verwandte der Paviane. Sie leben vor allem im tropischen Regenwald sowie in den Wäldern und Savannen von Westafrika. In Gefangenschaft können sie 31 Jahre alt werden.

Amazonas-Regenwald

Die Biodiversität des Amazonas-Regenwalds ist einmalig auf der Welt: Ein Zehntel aller biologischen Arten lebt hier. Es ist die größte Ansammlung lebender Pflanzen und Tiere, die es gibt. Sie sind noch lange nicht alle erfasst und beschrieben. Sicher ist, dass es dort über eine Millionen Insektenarten, 40 000 Pflanzen, 2200 Fischarten sowie 2000 Vogel- und Säugetierarten gibt. Über 20 % der weltweiten Sauerstoffproduktion finden im Regenwald statt – er ist „die Lunge des Planeten".

Der Amazonas ist mit 6400 Kilometern der zweitlängste Fluss der Erde. Er beginnt in den Anden und mündet in den Atlantischen Ozean. Der Amazonas-Regenwald ist das Strömungsgebiet des Flusses und seiner 1100 Nebenflüsse. Er fließt durch neun Länder. 60 % des Flusses liegen in Brasilien. Dieses Flussbecken ist mit 7000 Quadratmetern das größte der Welt. Es gibt den Regenwald seit rund 55 Millionen Jahren. Seine Entstehung wird den starken jährlichen Regenfällen, der hohen Luftfeuchtigkeit und den hohen Durchschnittstemperaturen zugeschrieben.

Seit den 1960er Jahren wird die besondere Biodiversität des Regenwalds durch Abholzung bedroht. Erst in den ersten Jahren des neuen Jahrtausends hat sich das Tempo verlangsamt. Es wird davon ausgegangen, dass ein Fünftel des Regenwalds verloren gegangen ist. Seinen Platz nimmt nun Weide- und Ackerland ein.

Umweltschützer befürchten, dass der Verlust des Regenwalds weitreichende Folgen für alle lokalen Pflanzen und Tiere haben wird – auch auf Heilpflanzen, die seit Generationen von den einheimischen Medizinmännern verwendet werden. Außerdem nimmt der Regenwald riesige Mengen Kohlendioxid auf, die sich ansonsten anhäufen und zur weltweiten Erwärmung beitragen.

SIEHE AUCH: Landpflanzen (ca. 450 Millionen Jahre v. Chr.), Insekten (ca. 400 Millionen Jahre v. Chr.), Samen (ca. 350 Millionen Jahre v. Chr.), Nacktsamer (ca. 300 Millionen Jahre v. Chr.), Bedecktsamer (ca. 125 Millionen Jahre v. Chr.), Heilpflanzen (ca. 60 000 v. Chr.), Erwärmung der Erde (1896), Grüne Revolution (1945).

Der Baumsteigerfrosch lebt in Mittel- und Südamerika sowie im Amazonas-Regenwald. Viele dieser Frösche scheiden über die Haut ein Alkaloidgift ab, mit dem sie sich vor Raubtieren schützen. Einheimische Indianer präparieren damit die Pfeilspitzen für ihre Blasrohre.

Neandertaler

Philippe-Charles Schmerling (1790-1836)

Anhand von Rekonstruktionen in Museen, Buchillustrationen und Filmen haben wir uns die Neandertaler lange als vornüber gebeugte und unartikulierte Wilde vorgestellt, deren affenähnliche Gesichtszüge von Haaren bedeckt waren. Es gibt inzwischen immer mehr Hinweise, dass sie aufrecht gingen, sich über Sprache verständigten, Werkzeuge benutzen, ihre Toten begruben und einen Schädelumfang hatten, der mit unserem vergleichbar oder sogar größer war. Sie hatten nicht mehr Gesichtsbehaarung als der moderne Mensch. 2013 wurden 120 000 Jahre alte Überreste eines Neandertalers gefunden. Es wird angenommen, dass er zu Lebzeiten an Fibröser Dysplasie litt. Diese Krebsform kommt auch heute noch vor. Aktuelle Rekonstruktionen in Museen gehen von einem moderneren, europäischen Aussehen des Neandertalers aus – wenngleich mit einem größeren Schädel, fliehender Stirn, fehlendem Kinn, schwerem Knochenbau sowie viel kräftigeren Händen und Armen.

Bereits 1820 entdeckte Philippe-Charles Schmerling in einer Höhle im heutigen Belgien die ersten Fossilreste eines Neandertalers. Sie stammen von einem kleinen Kind. Dies wurde jedoch erst 1936 als solches erkannt. Das erste einem Menschen zugeordnete Fossil wurde 1856 im deutschen Neandertal gefunden. Seither kam es zu zahlreichen weiteren Funden in Westeuropa, dem Mittleren Osten und in Sibirien. Die Neandertaler lebten vor 600 000 bis 350 000 Jahren. Auf dem Höhepunkt der Population lebten in Europa 70 000 dieser menschlichen Vorfahren. Vor 30 000 bis 45 000 Jahren sind sie ausgestorben. Über die Ursache wird immer noch reichlich spekuliert – das gilt auch für das, was wir als „unser Wissen" über die Neandertaler bezeichnen.

DNA-Funde legen den Schluss nahe, dass Neandertaler und der **Homo sapiens** vor rund 450 000 Jahren aus einer gemeinsamen Stammform hervorgingen. Diskutiert wird auch, ob Neandertaler eine Art Untergruppe des Homo sapiens sind. Andere gehen davon aus, dass sie eine gesonderte Art sind. Tausende von Jahren lebten Neandertaler in der gleichen geographischen Region wie der moderne Mensch. Sie haben sich anscheinend auch mit ihnen vermischt. Rund 99,7 % der Neandertaler-DNA sind mit der des heutigen Menschen identisch. Europäer und Asiaten haben 1-4 % ihrer Gene von den Neandertalern.

SIEHE AUCH: Primaten (ca. 65 Millionen Jahre v. Chr.), Anatomisch moderne Menschen (ca. 200 000 v. Chr.), Fossilien und Evolution (1836), Älteste DNA und menschliche Evolution (2013).

1899 fand der kroatische Geologe, Paläontologe und Archäologe Dragutin Gorjanovic-Kramberger (1856-1936) über 800 Fossilien von Neandertalern im nordkroatischen Krapina. Diese Zeugen der Vergangenheit sind genau wie die nebenstehenden Skulpturen im Neandertalmuseum in Krapina ausgestellt.

Anatomisch moderne Menschen

Édouard Lartet (1801-1871)

Fossilfunde lassen den Schluss zu, dass vor 150 000 bis 200 000 Jahren einen Gruppe von Frühmenschen in Äthiopien lebte. Laut der vorherrschenden „Afrika-Theorie" kamen sie vor rund 50 000 Jahren nach Europa. Einige Wissenschaftler vertreten eine eher „multiregionale" Theorie: Der moderne Mensch entwickelte sich unabhängig in verschiedenen Teilen der Welt. Verglichen mit dem heutigen Mensch war er etwa gleich groß, hatte einen aufrechten Gang, einen viel robusteren Bau und einer weniger ausgeprägten Oberaugenwulst. Er sah uns sehr ähnlich und wird aus diesem Grund als Anatomisch Moderner Mensch (AMM) oder Frühmoderner Mensch bezeichnet.

Experten diskutieren noch darüber, ob der AMM erst seine anatomische Modernität entwickelte (vor rund 180 000 Jahren) und sich dann modernes Verhalten aneignete (Entwicklung einer modernen Sprache, abstraktes und symbolisches Denken sowie Herstellung komplexer Werkzeuge) oder ob sich Anatomie und modernes Verhalten gleichzeitig entwickelt haben. Die frühesten AMM in Westeuropa werden im Allgemeinen als Cro-Magnon-Menschen bezeichnet. Da sie sich nicht wesentlich von modernen Menschen unterschieden, haben Experten in den vergangenen Zwanzig Jahren die These vertreten, dass sie zu Unrecht als eigenständige Art betrachtet werden. Sie sollten eher als europäische Menschen der Frühmoderne bezeichnet werden. Der französische Geologe Édouard Lartet fand 1868 die ersten Skelettreste in einer Höhle, die nun nach ihm benannt ist. Spätere Funde deuten darauf hin, dass die Cro-Magnon-Menschen vor 45 000 bis 10 000 Jahren in Europa lebten.

Sie waren nomadische Jäger, webten Kleidung und hatten umfangreiche Rituale. Die Funde von Tier- und Menschenskulpturen zeigen, dass sie bereits Kunstgegenstände anfertigten. In Frankreich und Spanien wurden paläontologische Felszeichnungen gefunden. Die berühmteste Höhle mit rund 600 vielfarbigen Zeichnungen von Tieren und Symbolen aus der Zeit um 15 000 v. Chr. wurde 1940 im französischen Lascaux entdeckt. Es gibt Hinweise, dass die Cro-Magnon-Menschen mindestens 10 000 Jahre lang Zeitgenossen der älteren **Neandertaler** waren, bevor sie selbst auch ausstarben. Die Neandertaler verschwanden vor 30 000 Jahren.

SIEHE AUCH: Primaten (ca. 65 Millionen Jahre v. Chr.), Neandertaler (ca. 350 000 v. Chr.), Radiometrische Datierung (1907), Lucy (1974), Mitochondriale Eva (1987), Älteste DNA und menschliche Evolution (2013).

Dieser 13 000 Jahre alte Schädel eines Cro-Magnon-Menschen – möglicherweise Europas erster anatomisch moderner Mensch – stammt aus der Bichon-Höhle im Kanton Neuchâtel in der Westschweiz.

ca. 60 000 v. Chr.

Heilpflanzen

Auf der Suche nach Nahrung in neuen Umgebungen sammelten unsere frühesten Vorfahren Blätter, Beeren und Wurzeln von einheimischen Pflanzen und jagten die am Ort vorhandenen Tiere und Vögel. Dieses Sammeln verlief nach der Versuch-und-Irrtum-Methode: Manche Pflanzen stillten den Hunger, andere hatten unerwartete Wirkungen – gute wie schlechte. Kräuter verursachten ab einer bestimmte Menge Angstgefühle, ernsthafte Vergiftungserscheinungen oder sogar den Tod. Vielleicht galt auch hier: Weniger ist mehr und vor allem viel sicherer.

Auf der anderen Seite konnten Hungergefühle, Schmerzen, Fieber und Verstopfung gelindert werden oder ein Kraut konnte den Sammler so müde machen, dass er problemlos schlafen konnte. Das Auftragen von Blättern oder Fruchtsaft half bei juckendem Ausschlag. Im Laufe der Zeit stellte sich heraus, welche Blätter, Wurzeln, Samen, Beeren und Säfte in welcher Dosierung zu den gewünschten Wirkungen mit möglichst wenig Nebenwirkungen führten. Diese Erfahrung wurde an die nächste Generation weitergegeben. Weidenrinde bei Fieber und Schafgarbe zur Förderung der Transpiration sind nur einige Beispiele, die die lange Kultivierungsgeschichte von Pflanzen in Europa und China bezeugen. Spuren dieser Heilpflanzen wurden in der Höhle Shanidar IV gefunden - einem 60 000 Jahre alten Neandertalergrab im Norden Iraks. Bei Ötzi, der 1991 in Südtirol gefundenen 5000 Jahre alten Gletschermumie, wurde auch der für Menschen genießbare Birkenporling gefunden. Dieser Pilz hat eine laxierende Wirkung.

Die Weltgesundheitsorganisation schätzt, dass 75-80 % der Weltbevölkerung noch immer als Medizin ausschließlich oder zumindest teilweise Heilpflanzen verwenden. Heilpflanzen werden auch in der Alternativmedizin eingesetzt. Die wissenschaftliche Isolierung und Veredelung der aktiven Bestandteile von Pflanzen begann im 19. Jhd. Diese abgeleiteten chemischen Stoffe mit bekannter Zusammensetzung, Reinheit und Dosierung haben die Pflanzen in der westlichen Medizin größtenteils ersetzt. Viele wichtigen modernen Medikamente sind noch immer von Pflanzen abgeleitet: Morphium, Kodein, Aspirin (Schmerzen), Atropin (Augenuntersuchung), Digoxin (Herzinsuffizienz), Kinin (Malaria), Kokain (örtliche Betäubung), Warfarin (Gerinnungshemmer), Colchicin (Gicht) sowie Paclitaxel und Vinblastin (Krebs).

SIEHE AUCH: Landpflanzen (ca. 450 Millionen Jahre v. Chr.), Nacktsamer (ca. 300 000 Millionen Jahre v. Chr.), Amazonas-Regenwald (ca. 55 Millionen Jahre v. Chr.), Neandertaler (ca. 350 000 v. Chr.), Anatomisch moderne Menschen (ca. 200 000 v. Chr.), Ackerbau (ca. 10 000 v. Chr.), Mumifizierung (ca. 2600 v. Chr.).

1775 wurde der englische Arzt William Withering (1741-1799) gebeten, das komplexe Geheimrezept einer alten Frau aus Shropshire zu analysieren, das sie zur Behandlung von Wassersucht (Ansammlung von Körperflüssigkeit) verwendete. Withering identifizierte den Fingerhut (siehe Abbildung) als aktiven Bestandteil. Nach eingehender Forschung führte er zehn Jahre später eines der wichtigsten Medikamente der Medizingeschichte ein.

ca. 11 000 v. Chr.

Weizen: das tägliche Brot

Weizen war eins der ersten Gewächse, die im großen Stil angebaut und gelagert wurden. Er machte die Jäger und Sammler zu Bauern und war von wesentlicher Bedeutung für die Gründung der Stadtstaaten, aus denen später das babylonische und assyrische Reich entstanden. Weizen wuchs anfänglich in der Wildnis des fruchtbaren Halbmonds im Nahen Osten und in Südwestasien. Archäologische Funde belegen, dass der Ursprung des Weizens auf wilde Gräser (z. B. Zweikorn – *Triticum dicoccum*) zurückzuführen ist. Diese Weizenart wurde 11 000 v. Chr. als Nahrung im Irak gesammelt. Das Einkorn (*Triticum monococcum*) wurde zwischen 7800-7500 v. Chr. in Syrien angebaut. Weizen wurde vor 5000 v. Chr. im Nildelta angebaut, wo der alttestamentarische Josef im Jahr 1800 v. Chr. die Kornspeicher bewachte.

Weizen entstand als natürliche Hybride aus fremdbestäubtem Getreide. Tausende von Jahren haben Bauern und Züchter Getreide zur Optimierung der Qualität gekreuzt. Im 19. Jhd. konnten einfache genetische Stämme mit genau den gewünschten Eigenschaften selektiert werden. Mit steigendem Verständnis der **Mendelschen Regeln** wurden zwei Zuchtlinien miteinander gekreuzt. Durch Inzucht mehrerer aufeinander folgenden Generationen erhielt man schließlich die gewünschten optimalen Eigenschaften. Im 20. Jhd. wurden Hybride mit besonderen Eigenschaften entwickelt und gepflanzt: großes Korn, kurzer Stiel, resistent gegen Kälte, Insekten, Schimmelbakterien und Viruskrankheiten.

Seit einigen Jahrzehnten werden Bakterien zur Übertragung genetischer Informationen eingesetzt, um transgenen Weizen zu produzieren. Diese gentechnisch veränderte Organismen (GVO) sorgen für hohe Erträge, benötigen weniger Stickstoff und haben einen höheren Nährwert. 2012 wurde das vollständige Genom von Brotweizen entschlüsselt. Es enthält 96 000 Gene. Dies war ein wichtiger Schritt in der Entwicklung der Produktion von gentechnisch verändertem Weizen. Die gewünschten Eigenschaften können auf spezifischen Loci des Weizenchromosoms eingebracht werden.

Reis ist die Standardnahrung in Asien, Weizen gehört zum Standardmenü in Europa, Nordamerika und Westasien. Weizen ist das am meisten konsumierte Getreide der Welt. Der weltweite Weizenhandel ist größer als der Handel aller anderen Feldfrüchten zusammen.

SIEHE AUCH: Bedecktsamer (ca. 125 Millionen Jahre v. Chr.), Ackerbau (ca. 10 000 v. Chr.), Reisanbau (ca. 7000 v. Chr.), Künstliche Selektion (1760), Mendelsche Regeln (1866), Gentechnisch veränderte Nutzpflanzen (1982).

Dieser chinesische Bauer trägt getrocknete Weizenbündel auf seinen Schultern – genau wie seine Vorfahren vor Tausenden von Jahren.

ca. 10 000 v. Chr.

Ackerbau

Aus den kleinen Gruppen der Jäger und Sammler, die sich von Beeren und anderen essbaren Pflanzenteilen ernährten, entwickelte sich der Ackerbau als eine Art angewandte Biologie der Domestikation und Kultivierung von Gewächsen. Dieses aktive Eingreifen entstand zu verschiedenen Zeitpunkten, an verschiedenen Orten und je nach Umweltbedingungen in unterschiedlichem Umfang. Archäologische Funde verweisen auf den Ursprung gegen Ende der Eiszeit vor 14 500 bis 12 000 Jahren. Die ersten erfolgreichen Formen des Ackerbaus entstehen zeitgleich mit den großen Zivilisationen der Antike in den großen Flusstälern. Dort sorgten die alljährlichen Überschwemmungen nicht nur für Wasser, sondern auch für Schlamm als natürlichem Dünger. Zu den Geburtsstätten des Ackerbaus gehören der Fruchtbare Halbmond zwischen Euphrat und Tigris in Mesopotamien, der Nil in Ägypten, der Indus in Indien und der Gelbe Fluss in China.

Für die Umstellung auf den Ackerbau und seine Folgen gibt es unterschiedliche Erklärungen. Manche Experten behaupten, dass sie notwendig gewesen sei, um den steigenden Nahrungsbedarf der steigenden Bevölkerungszahl zu decken. Das war mit Beerensammeln und Jagen allein nicht mehr möglich. Es kann auch ganz anders sein, nämlich dass die Bevölkerung eines bestimmten Gebiets erst anstieg, nachdem stabile Nahrungsquellen erschlossen waren. Für beide Behauptungen gibt es Belege. In Amerika entstanden Dörfer erst nach dem Anbau von Feldfrüchten, in Europa geschah dies vor oder gleichzeitig mit den Fortschritten im Ackerbau.

Der Erfolg des Ackerbaus hing nicht nur von den Launen der Natur und günstigen Klimabedingungen ab, sondern auch davon, ob die frühen Bauern sich mit Bewässerung, Wechselwirtschaft und Düngerstoffen auskannten, die richtigen Pflanzen kultivierten und genau die Eigenschaften veredelten, die von großem Nutzen waren. Werkzeuge für das einfache Zusammenharken von wilder Nahrung wurden durch Pflug und von Tieren gezogene Werkzeuge ersetzt. Zu den ersten kultivierten Feldfrüchten gehören Roggen, **Weizen** und Feigen im Nahen Osten, Reis und Hirse in China, Weizen und Hülsenfrüchte im Indus-Tal, Mais, Kartoffeln, Tomaten, Paprika, Kürbis und Bohnen in Amerika, Weizen und Gerste in Europa.

SIEHE AUCH: Weizen: das tägliche Brot (ca. 11 000 v. Chr.), Domestikation von Tieren (ca. 10 000 v. Chr.), Reisanbau (ca. 7000 v. Chr.), Pflanzenkunde (ca. 320 v. Chr.), Künstliche Selektion (1760), Grüne Revolution (1945), Gentechnisch veränderte Nutzpflanzen (1982).

Der Bauernverband „National Grange of the Order of Patrons of Husbandry" wurde 1867 in den USA zur Förderung der Gemeinschaft und des Ackerbaus gegründet. Dieses Poster aus dem Jahr 1873 wirbt mit idyllischen Szenen aus dem Landleben für die Organisation. 1870 arbeiteten 70 bis 80 % der amerikanischen Bevölkerung im Ackerbau. 2008 waren es noch ganze 2 bis 3 %.

GIFT FOR THE GRANGERS.
FARMERS FIRESIDE
"I PAY FOR ALL!"
FAITH, HOPE,
CHARITY, FIDELITY.
IGNORANCE
SLOTH
P
H

Domestizierung von Tieren

Zahme Tiere entstanden anfangs aus Arten, die schon als Wildtiere in Sozialverbänden lebten und sich in Gefangenschaft fortpflanzen konnten. Dies ermöglichte genetische Modifikationen, die die für den Menschen günstige Eigenschaften verstärkten. Dabei ging es um Folgsamkeit, Gefügigkeit, die Fähigkeit mehr Fleisch, Wolle oder Pelz zu produzieren, die Eignung als Zugtier, Transportmittel, Ungezieferbekämpfer, Hilfe, Gesellschaftstier oder Tauschmittel.

Das bekannteste gezähmte Tier ist der Hund (*Canis lupus familiaris*). Er ist eine Unterart des Wolfes (*Canis lupis*), dessen älteste Fossilreste auf eine Abzweigung des Stammbaums vor 35 000 Jahre schließen lassen. Hunde waren die ersten domestizierten Tiere. Im Irak wurde ein 12 000 Jahre alter Kieferknochen gefunden. Auf ägyptischen Gemälden, assyrischen Skulpturen und römischen Mosaiken ist zu sehen, dass es sogar in der Antike bereits Hunde in allen Größen und Formen gab. Die ersten Hunde wurden von Jägern und Sammlern gezähmt. Sie dienten als Jagdhund, Hirtenhund, Bewachung, Zugtier, später als Nahrungsquelle und noch viel später als Polizei- und Armeehund, Blindenhund und treues Gesellschaftstier. Die Fédération Cynologique Internationale (FCI) geht inzwischen von 343 anerkannten Hunderassen aus, von denen die meisten erst ein paar hundert Jahre alt sind.

Vor rund 10 000 Jahren wurden in Südwestasien Schafe und Ziegen domestiziert. Während ihres Lebens sorgten sie für Dünger für die Feldfrüchte, nach dem Tod waren sie eine konstante Quelle für Fleisch, Leder und Wolle. Forscher haben lange nach Ursprung und Evolution des zahmen Pferds (*Equus ferus caballus*) gesucht, dessen wilde Vorfahren vor 160 000 Jahren lebten und inzwischen ausgestorben sind. Anhand archäologischer und genetischer Hinweise (Beißspuren auf Pferdezähnen, die an Stätten der uralten Botai-Kultur gefunden wurden) wurde 2012 geschlussfolgert, dass die Domestikation des Pferds vor rund 6000 Jahren auf der westlichen eurasischen Steppe (Kasachstan) stattfand. In dieser Phase wurden die Pferde regelmäßig mit wilden Exemplaren gekreuzt. Dies sorgte für Fleisch und Häute. Später spielten sie für Krieg, Transport und Sport eine wichtige Rolle.

SIEHE AUCH: Ackerbau (ca. 10 000 v. Chr.), Künstliche Selektion (1760), Fossilien und Evolution (1836), Darwins Theorie der natürlichen Selektion (1859).

Hunde stammen alle vom Wolf ab und waren die ersten gezähmten Tiere. Seit rund 12 000 Jahren sind sie dem Menschen Gehilfe und treuer Gefährte. Sie werden nach Funktionen eingeteilt: Gesellschaftshund, Wachhund, Jagdhund, Hirtenhund oder Arbeitshund.

Korallenriffe

Korallenriffe gehören mit ihren geschätzten 600 000 bis 9 Millionen Bewohnern zu den artenreichsten Ökosystemen der Erde. Neben Korallen leben in den Riffen auch Algen, Pilze, Schwämme, Weichtiere, Schalentiere, viele Fischarten und Meeresvögel. Korallenriffe sind buchstäblich der „Regenwald des Meeres".

Korallen gehören wie Seeanemonen, Quallen und Süßwasserpolypen zu den wirbellosen Nesseltieren. Sie sind sessil – nicht mobil, sondern sesshaft. Sie leben in Kolonien. Jedes Individuum ist ein Polyp, der Kalziumkarbonat ausscheidet. Dies ist die Grundlage für das Skelett der Kolonie. Eine lebende Kolonie produziert kontinuierlich Kalziumkarbonat und erweitert so ihren Umfang und ihre Struktur.

Korallen ernähren sich mit Hilfe ihrer Tentakel. Damit greifen sie kleine Fische und Plankton. Korallen unterhalten eine symbiotische Beziehung zu den Algen (Zooxanthellen), die in Korallenpolypen leben und **Photosynthese** betreiben. Die Algen sind Energie- und Nährstofflieferanten für die Korallen. Im Gegenzug bekommen sie Schutz und Licht, das für die Photosynthese erforderlich ist. Korallenriffe findet man in untiefen, klaren Gewässern, wo das Licht die Polypen erreichen kann sowie in tropischen und subtropischen Klimazonen. Wenngleich es Riffe bereits seit vielen hundert Millionen Jahren gibt (u.a. im Kambrium und im Devon) waren sie auch der Vernichtung ausgesetzt. Die meisten heutigen Riffe sind nicht älter 10 000 Jahre. Damals kam es zu einer Klimaerwärmung, das Eis schmolz, der Meeresspiegel stieg an und die Kontinentalplatten wurden überall überflutet.

Inzwischen bedrohen viele ökologische Probleme den Fortbestand der Korallenriffe. Natürliche Bedrohungen sind im Allgemeinen nur von kurzer Dauer. Viel schwerwiegender sind einige der vom Menschen verursachten Bedrohungen: Emissionen aus der Landwirtschaft und Industrie, Herbizide, Pestizide und Dünger, Verschmutzungen durch Abwässer und Giftstoffe, destruktive Fischereimethoden und der Korallenabbau. Schätzungen gehen davon aus, dass im Jahr 2030 rund 90 % der Riffe vom Aussterben bedroht sind. Um dies zu verhindern, müssen weitreichende Maßnahmen gegen den Klimawandel und den Anstieg des Meeresspiegels ergriffen werden. Beides sind Hauptverursacher von Korallenbleiche, Übersäuerung und Verschmutzung der Meere.

SIEHE AUCH: Algen (ca. 2,5 Milliarden Jahre v. Chr.), Pilze (ca. 1,4 Milliarden Jahre v. Chr.), Fische (ca. 530 Milliarden Jahre v. Chr.), Devon (ca. 417 Millionen Jahre v. Chr.), Amazonas-Regenwald (ca. 55 Millionen Jahre v. Chr.), Photosynthese (1845), Ökologische Interaktionen (1859), Erwärmung der Erde (1896), De-Extinktion (2013).

Einige Anemonenfische zwischen den Tentakeln einer Seeanemone in einem Korallengarten. Die symbiontischen Algen verleihen den Korallen ihre schönen Farben.

Reisanbau

Reis gehört zu den ältesten und wirtschaftlich wichtigsten Nahrungsgewächsen der Welt. Er ist der größte Kalorienlieferant für 3,3 Milliarden Asiaten und deckt 35 bis 80 % der gesamten Kalorienaufnahme. Reis ist zwar nahrhaft, als Hauptnahrungsquelle jedoch nicht ausreichend. Die weltweite Beliebtheit verdankt der Reis seinem guten Gedeihen – auf überschwemmten Flächen, in Wüsten und auf allen Kontinenten außer der Antarktis. China und Indien sind die größten reisproduzierenden und reiskonsumierenden Länder.

Vor etwa 12 000 bis 16 000 Jahren wurden Reiskörner zum ersten Mal von prähistorischen Menschen in feuchten, tropischen und subtropischen Gebieten gesammelt und gegessen. Wilde kultivierte Prototypen von Reis stammen von wilden Gräsern ab und gehören zur Familie der *Poaceae* (oder *Gramineae*). Aktuelle genetische Forschungen gehen davon aus, dass der Reisanbau vor 8200 bis 13 500 Jahren in China entstanden ist. Von China aus verbreitete sich die Kultivierung nach Indien und im Jahr 300 v. Chr. mit den Armeen Alexander des Großen nach Westasien und Griechenland. Die beliebtesten Sorten sind *Oryza sativa japonica* (asiatischer, am meisten vorkommender Reis) und *Oryza glaberrima indica* (afrikanischer Reis). Beide stammen vom gleichen Ursprung ab.

Reispflanzen haben eine Außenschicht, die das Reiskorn und die Frucht der Pflanze schützt. Für Naturreis wird die harte Schale (Spelze) vom Korn entfernt. Weißreis entsteht durch das Schleifen des Naturreis'. Dadurch werden die Silberhaut und der Keimling entfernt. Naturreis ist nahrhafter und enthält Eiweiße, Mineralstoffe und Thiamin (Vitamin B1). Weißreis dahingegen enthält vor allem Kohlenhydrate und kaum Thiamin. Beriberi entsteht durch Thiaminmangel. Diese Krankheit kommt unter asiatischen Völkern vor, die polierten Reis bevorzugen, da er länger haltbar ist. Außerdem wird er nicht mit Armut assoziiert. Verglichen mit anderem Getreide enthält Reis wenig Natrium und Fett sowie kein Cholesterin. Er ist darum sehr gesund.

SIEHE AUCH: Weizen: das tägliche Brot (ca. 11 000 v. Chr.), Ackerbau (ca. 10 000 v. Chr.), Pflanzenkunde (ca. 320 v. Chr.), Vitaminmangel und Beriberi (1912), Albumin aus Reis (2011).

Reis ist die weltweit bedeutendste Nahrungspflanze und der größte Kalorienlieferant der asiatischen Bevölkerung. Das Gewächs wird auf nassen Feldern angebaut, wie hier in Thailand. Reis kann aber auch in Wüsten gedeihen.

Mumifizierung

Herodot (484-425 v. Chr.)

Wissenschaftler haben sich schon immer für Mumien interessiert, um antike Kulturen und ihre Balsamierungstechnik besser zu verstehen. Die Faszination ergreift aber auch Nichtwissenschaftler. Das Publikum ist begeistert von klassischen Horrorfilmen wie *Die Mumie* (1932) mit Boris Karloff in der Hauptrolle. Mumien sind Menschen oder Tiere, deren Körper lange nach dem Tod bewusst oder auf natürlichem Wege konserviert wurden. Unter normalen Bedingungen verwest der Körper und es bleibt nur das Skelett übrig. Ein warmes, feuchtes Klima beschleunigt diesen Prozess. Er kann durch Chemikalien verzögert werden, die dem Körper Feuchtigkeit entziehen. Auch eine extrem kalte, trockene oder sauerstoffarme Umgebung ist dazu geeignet.

Im alten Ägypten wurden solche Bedingungen bewusst geschaffen. Mumifizierung war gleichbedeutend mit der Vorbereitung des Toten auf das Jenseits und wurde mit ausgesprochen fortschrittlichen Techniken durchgeführt. Wissenschaftler haben sie bisher noch immer nicht ganz ergründet. Die ersten bewussten Mumifizierungen stammen aus der Zeit um 2600 v. Chr. und die am besten erhaltenen Exemplare stammen aus dem Neuen Reich (1570-1075 v. Chr.). Die erste eingehende Beschreibung steht in Herodots *Historien*, in denen er das Entfernen des Gehirns und aller inneren Organe – außer dem Herzen – beschreibt. Das Herz wurde als Zentrum des Wesens und mit Gewürzen gefüllt. Zur Entfernung von Flüssigkeit wurde Natron verwendet. Dies beschleunigte das Austrocknen des Körpers und beugte der Verwesung vor. Der Körper trocknete 70 Tage lang. Danach wurde er zum Schutz in Leinentücher und Leinwand gewickelt. Aus religiösen Gründen wurden auch Tiere mumifiziert: heilige Stiere, Katzen, Vögel und Krokodile.

Beispiele natürlicher Mumien wurden auf der ganzen Welt gefunden: im Gletschereis, in trockenen Wüsten und sauerstoffarmen Mooren. Zu den berühmtesten und am besten konservierten zählt Ötzi, die Gletschermumie, die 1991 an der italienisch-österreichischen Grenze in den Alpen gefunden wurde. Als er starb, war der Mann etwa 45 Jahre alt. Er lebte in der Zeit um 3300 v. Chr. Die bekanntesten modernen Mumien sind Vladimir Lenin (gestorben 1924) und Eva Peron (gestorben 1952).

Für die alten Ägypter war die Konservierung des Körpers nach dem Tod ein integraler Bestandteil ihrer Religion. Dies war wichtig für ein gutes Leben im Jenseits und ein Statussymbol für die Reichen. Zu den Zeichen des Reichtums gehörten auch riesige Grabkammern und Balsamierungsverfahren.

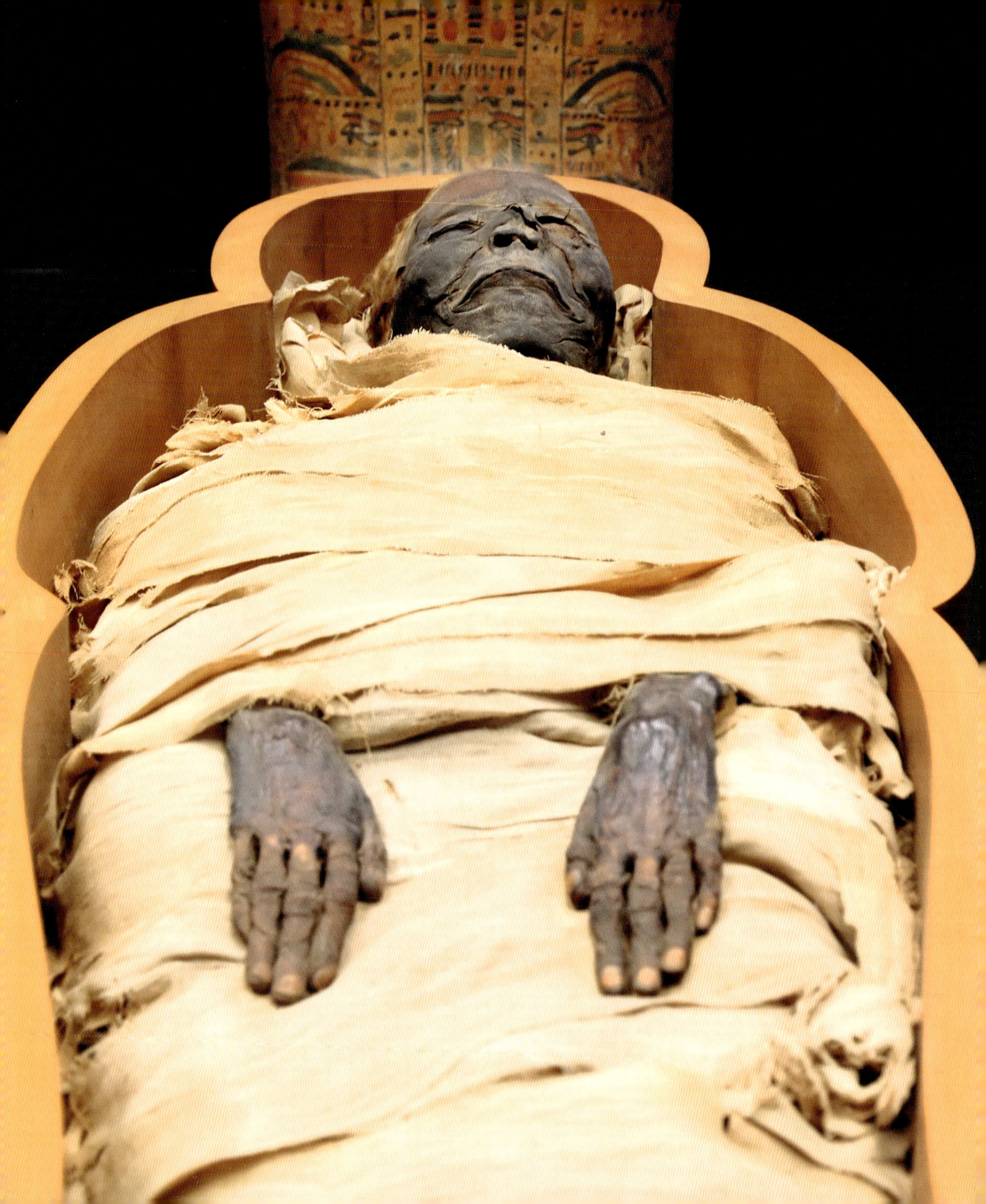

Tierische Navigation

Paul Julius Reuter (1816-1899)

Buckelwale legen jedes Jahr 25 000 Kilometer zurück. Sie tummeln sich im Sommer in den Polgewässern. Im Winter paaren sie sich in tropischen und subtropischen Gebieten, wo sie 12 Monate später auch ihre Jungen zur Welt bringen. Bei solchen Entfernungen ist ein inneres Navigationssystem unentbehrlich. Dieses System wurde an der zahmen Brieftaube am eingehendsten erforscht. Dieser Vogel stammt von der Felsentaube (*Columba livia*) ab.

Die ausgezeichneten Navigationsfähigkeiten der Brieftauben sind seit Jahrtausenden bekannt. Um 2350 v. Chr. befahl König Sargon von Akkad (im heutigen Irak) allen Botschaftern, Brieftauben mitzunehmen, die bei Gefahr zum König zurückgeschickt werden konnten. Im 8. Jhd. v. Chr. meldeten Brieftauben den Athenern, wer die Olympiasieger waren. Danach wurden sie wichtige Kuriere in Kriegszeiten. 1815 brachten sie die Nachricht vom Sieg des Herzogs von Wellington bei Waterloo. Auch wurden sie für ihre Dienste während des Zweiten Weltkriegs ausgezeichnet. In den 1850er Jahren setzte Paul Julius Reuter – Gründer der Reuters News Agency – Brieftauben zur Nachrichtenverbreitung ein. So konnte er schneller als seine Konkurrenten Profit aus Börsenberichten schlagen.

Brieftauben können bis zu einer Entfernung von 1800 Kilometern den Weg zurück zu ihrem Schlag finden. Noch beeindruckender ist es, wie sie von Orten zurückfliegen, an denen sie zuvor noch nie gewesen sind. Forscher haben anhand von Karten- und Kompassmodellen Theorien zum „heimischen Instinkt" der Tiere aufgestellt. Der Kompass ist ein Orientierungsmechanismus, der sich der Position der Sonne bedient.

Die „Karte" ist ein sehr spekulatives Thema. Sie soll die Position des Vogels zum Standort des Taubenschlags feststellen. Visuelle Hinweise (Erkennungspunkte oder Besonderheiten auf dem Land) sind nur dann nützlich, wenn sich Vögel (und einige Insektenarten) in heimischer Nähe aufhalten. Vögel werden von Sonne, Mond und Sternen geleitet. Sie können auch bei Bewölkung navigieren. Das ist allerdings beschwerlicher. Brieftauben bedienen sich eines niederfrequenten Infraschalls unter 20 Hz – weit unter der menschlichen Hörschwelle. Elefanten nutzen einen solchen Infraschall für die Kommunikation auf weiten Strecken. Die Forschung hat sich auch in die Magnetorezeption vertieft, bei der Brieftauben das erdmagnetische Feld erfassen und diesem folgen. Magnetitteilchen (Eisenoxid) im Schnabel- oder Augenbereich machen dies möglich.

SIEHE AUCH: Tierwanderungen (ca. 330 v. Chr.).

Erwachsene Lachse verbringen ein bis fünf Jahre im offenen Meer. Dann kehren sie zur Paarung zu den Süßwasserströmen ihrer Geburt zurück. Lachse nutzen ihren scharfen Geruchssinn und ihr Erinnerungsvermögen als Navigationshilfe.

ca. 400 v. Chr.

Humoralpathologie – die Vier Säfte

Hippokrates (ca. 460-ca. 370 v. Chr.), **Galenos von Pergamon** (ca. 130-ca. 200), **Avicenna** (980-1037)

Über zwei Jahrtausende lang waren Mediziner im Westen und im Orient davon überzeugt, dass das Gleichgewicht der vier Körpersäfte („Humores") unser körperliches und geistiges Wohlbefinden beeinflusst. Dieses Konzept stammt aus dem alten Ägypten und Mesopotamien. Im 4. Jhd. v. Chr. arbeitete Hippokrates es systematisch für die medizinische Praxis aus. Gesundheit war das Ergebnis des richtigen Gleichgewichts dieser Säfte – Blut, Schleim, schwarze und gelbe Galle – und ein Mangel oder Überschuss hatte Krankheit zur Folge.

Diese Idee ersetzte den allgemein herrschenden Glauben, der Krankheiten übernatürlichen, bösen Geistern zuschrieb. Die Theorie wurde im Laufe der Jahrhunderte sehr populär. Für die Griechen und Römer (unter dem Einfluss von Galenos von Pergamon) bildete sie die Grundlage für die medizinische Behandlung. Galenos vertrat den Standpunkt, dass der Überschuss eines dieser Säfte die Ursache der Temperamente waren: sanguinisch (Blut), phlegmatisch (Schleim), melancholisch (schwarze Galle) und cholerisch (gelbe Galle). Von der Antike aus verbreitete sich die Theorie mit entsprechenden Anpassungen in den folgenden Jahrhunderten in die muslimische Welt, nach China, Indien und Westeuropa. In seinem *Kanon der Medizin* (1025) ging der berühmte persische Wissenschaftler Avicenna auf den Einfluss dieses Ungleichgewichts auf Temperament und Krankheit ein. Im Elisabethanischen Zeitalter glaubte man, dass das Gleichgewicht der Körpersäfte vom Blutkreislauf abhing. Darum wurden Nahrung, Bewegung, Kleidung und sogar Badegewohnheiten entsprechend angepasst. Baden wurde als schädlich betrachtet – vor allem für Männer, weniger für Frauen.

In der westeuropäischen „Heroischen Medizin" wurde der Versuch unternommen, das Gleichgewicht der Körpersäfte durch drastisches Eingreifen wieder herzustellen. Dazu zählten Erbrechen und Aderlass. Es wird vermutet, dass George Washingtons Tod 1799 unbeabsichtigt beschleunigt wurde. Ärzte hatten ihm die Hälfte seines Bluts abgezapft. Weniger drastische Eingriffe umfassten den Einsatz von Wärme, Kälte, Feuchtigkeit oder Trockenheit. Die Viersäftelehre beherrschte bis ins 19. Jhd. hinein das Denken über Wohlbefinden und Medizin. Danach flossen moderne Theorien auf Grundlage von Zellpathologie und biologische bzw. bakterielle Ursachen ins Denken ein.

SIEHE AUCH: Die wissenschaftliche Methode (1620), Zelltheorie (1838), Krankheitskeime (1890).

In der Antike wurde Melancholie als Folge eines Überschusses an „schwarzer Galle" betrachtet. Es wurde davon ausgegangen, dass die Planeten das Gleichgewicht der Körpersäfte wieder herstellen konnten. Dieses bleiverglaste Fenster aus den südlichen Niederlanden (ca. 1530) trägt den Titel: „Der Planet Saturn vertreibt einen Mönch mit Schweinekopf oder Zeit verjagt Melancholie."

saturne
melācolique

ca. 330 v. Chr.

Aristoteles' *Historia animalium*

Aristoteles (384-322 v. Chr.), **Theophrastos** (372-287 v. Chr.), **Carl von Linné** (1707-1778), **Richard Owen** (1804-1892)

Aristoteles war einer der einflussreichsten historischen Persönlichkeiten und seine Beiträge umfassen die gesamte Skala der menschlichen Erfahrung. Zudem entdeckte er völlig neue Studienbereiche und wurde etwa zwei Jahrtausende lang fast religiös verehrt. Sein Werk über lebende Organismen wurde als unumstößlich angesehen. Geboren wurde er 384 v. Chr. in Stagira in Nordgriechenland als Sohn des Hofarztes der Königsfamilie. Nach dem Studium der Medizin war er Schüler von Plato und Lehrer Alexanders des Großen. 335 v. Chr. gründete er die peripatetische Schule in Athen, deren Rektor er bis 323 v. Chr. war, als sein Schüler Theophrastos, der Vater der **Pflanzenkunde**, seine Nachfolge antrat.

Eines der Studiengebiete, die Aristoteles schuf, war die Biologie, der er ein Drittel seines überlieferten Werks widmete. Viele seiner Ansichten stellten sich als richtig heraus. Manche waren jedoch falsch, insbesondere die über den menschlichen Körper. Er führte die **wissenschaftliche Methode** ein, nach der Forschung auf Basis von Beobachtungen und Experimenten stattfand, um daraus Erklärungen abzuleiten. Er beschrieb über 500 Tierarten, unter anderem auffällig exakt die wirbellosen Meerestiere. Er untersuchte diverse Entwicklungsstadien von befruchteten Eiern und formulierte die Epigenese-Theorie: Organe entwickeln sich in einer bestimmten Reihenfolge. Er differenzierte zwischen homologen und analogen Körperteilen, womit er Richard Owen mehr als 20 Jahrhunderte voraus war.

In seiner monumentalen *Historia animalium* klassifizierte er als erster Tiere in Gruppen anhand ihrer physiologischen Ähnlichkeiten und Unterschiede. Er teilte sie in Tiere mit Blut (Wirbeltiere) und Tiere ohne Blut (Wirbellose) ein. Er verglich Organe von verschiedenen lebenden Organismen und sah, wie sie sich nach ihrem Habitat unterschieden. Seine große „Leiter des Lebens" klassifizierte lebende Organismen in elf Niveaus, auf Grundlage ihres Perfektionsgrades bei ihrer Geburt und der Art ihrer Seele. Menschen standen an der Spitze, Pflanzen ganz unten. Diese eine Hierarchie der Natur wurde erst im 18. Jhd. von Carl von Linné verbessert.

SIEHE AUCH: Pflanzenkunde (ca. 320 v. Chr.), Die wissenschaftliche Methode (1620), Linnésche Klassifizierung der Arten (1735), Theorien der Keimung (1759), Homologie oder Analogie (1843), Embryogenese (1924), Phylogenetische Systematik (1950), Domänen des Lebens (1990).

Es gab kaum ein Forschungsgebiet, das Aristoteles nicht erkundete. Diese Münze von 5 Drachmen aus dem Jahr 1990 zeigt sein Porträt. Die Drachme war bis 2002 die offizielle Währungseinheit von Griechenland, bis sie durch den Euro ersetzt wurde.

ΑΡΙΣΤΟΤΕΛΗΣ

Tierwanderungen

Aristoteles (384-322 v. Chr.)

Eines der ersten Phänomene, die das Interesse der alten Griechen weckte und auf die auch in der Bibel Hinweise stehen, war der Vogelzug. Aristoteles versuchte als einer der ersten zu verstehen, weshalb Pelikane, Gänse, Schwäne und Tauben im Winter verschwanden. Als Erklärung für das saisonbedingte Verschwinden und die Rückkehr mancher Vögel gab er jedoch die Transmutation der Arten an: die saisonale Veränderung einer Vogelart in eine andere. Rotschwänze und Gartengrasmücken sollten sich im Winter in Rotkehlchen und Mönchsgrasmücken verwandeln.

Heute wissen wir, dass alle großen Tierarten je nach Saison in Gegenden mit günstigerem Klima ziehen, um mehr Nahrung, Wasser oder Schutz finden zu können oder um sich zu paaren. Der Monarchfalter reist 3200 Kilometer von Südkanada nach Zentralmexiko. Lachse laichen im Süßwasser ab, leben als erwachsene Fische im Meer und kehren zurück zu ihrem Geburtsort, um dort erneut abzulaichen bevor sie sterben. Die Migration von Heuschrecken ist legendär, wie die Geschichten in der Bibel und in Pearl Bucks *Die gute Erde* zeigen. Sie fressen Felder kahl und verursachen Hungersnöte. Wenn die Population zu groß und zu gierig wird (Heuschrecken fressen täglich ihr eigenes Gewicht an Pflanzen), migrieren manche Exemplare in nahrungsreichere Gebiete. Das bekannteste Beispiel von Migrationsverhalten sind Zugvögel, die ihre nördlichen Paarungsgebiete verlassen und beim herannahenden Winter in den Süden ziehen.

Bei ihren Wanderungen nutzen Tiere verschiedene Navigationstechniken, um ihr Ziel zu erreichen. Sie können sich an Landmarken orientieren, oder die Position der Sonne, Dufthinweise auf Basis von atmosphärischen Gerüchen, niederfrequenten Ultraschall oder Magnetrezeption (dem Aufspüren von Magnetfeldern) verwenden. Man ist der Ansicht, dass eine genetische Komponente beim Migrationsverhalten vorliegt, aber verstanden wird dies noch nicht. Zugvögel mit hohleren Knochen (also weniger Gewicht), runderen Flügeln, einem anderen Herzschlag und niedrigerem Energieverbrauch, sodass sie Flüge mit effizienterem Energieverbrauch durchhalten, sind bei der natürlichen Selektion im Vorteil.

SIEHE AUCH: Tierische Navigation (ca. 2350 v. Chr.), Darwins Theorie der natürlichen Selektion (1859), Fortbewegung bei Tieren (1899).

Wanderheuschrecken sind migrierende Arten aus der Familie der Feldheuschrecken. Ihre Wanderung folgt einer Zunahme ihrer Population, für die zu wenig Nahrung vorhanden ist. Sie können Tausende von Kilometern reisen, bevor sie landen, um zu fressen und vertilgen pro Tag ihr eigenes Gewicht an Pflanzen.

ca. 320 v. Chr.

Pflanzenkunde

Aristoteles (384-322 v. Chr.), **Theophrastos** (372-287 v. Chr.)

Was Aristoteles' Schriften für die Zoologie bedeuteten, waren die von Theophrastos für die Pflanzenkunde. Theophrastos' Interesse für Pflanzen umfasste ihren Einsatz als Nahrungs- oder Arzneimittel. Seine beiden um 320 v. Chr. entstandenen Bücher bildeten die ersten wissenschaftlichen und systematischen Studien und die bedeutendste Quelle botanischen Wissens von der Antike bis ins Mittelalter. Papst Nikolaus V. ließ die griechischen Werke in der Vatikanbibliothek ab 1450 ins Lateinische übersetzen, und die von Theophrastos 1483.

Theophrastos wurde auf der Insel Lesbos geboren. Er war Schüler und später Freund von Aristoteles in dessen peripatetischen Schule in Athen. Als Aristoteles 322 v. Chr. Athen verlassen musste, hinterließ er Theophrastos sein Werk. Dieser wurde auch zu seinem Nachfolger ernannt, eine Position, die er 35 Jahre lang mit viel Erfolg bekleidete.

Theophrastos unterhielt einen Garten mit etwa 2000 Pflanzen. Möglicherweise war das der erste botanische Garten der Welt. Sein Interesse galt 500 bis 550 kultivierten Pflanzen, die er in Ländern sammelte, die an den Atlantik und das Mittelmeer grenzten (heute kennen wir über 300 000 Pflanzen). Seine persönlichen Beobachtungen und Sammlungen wurden um Proben und Beschreibungen von in Griechenland unbekannten Pflanzen ergänzt, die Alexander der Große auf seinen Expeditionen in Asien gesammelt hatte: unter anderem Baumwoll-, Pfeffer- und Zimtpflanzen und den Ficus benghalensis.

Der Vater der Pflanzenkunde. Theophrastos' *De historia plantarum* richtete sich auf die Klassifizierung und Beschreibung von Pflanzen und unterteilte das Pflanzenreich in blühende (Bedecktsamer) und nicht-blühende Pflanzen (Nacktsamer). In *De causis plantarum* untersuchte er Physiologie, Wachstum und Kultivierung von Pflanzen. Letzteres bildete die Grundlage für den Gartenbau. Zusammen enthalten diese Werke die meisten Aspekte der Pflanzenkunde: Pflanzenbeschreibung und -klassifizierung (Bäume, Sträucher, Unterholz, Kräuter) und Pflanzenverbreitung, -zucht, -keimung und -kultivierung. Außerdem beobachtete er wiederholt, dass verschiedene Pflanzen an unterschiedlichen Standorten durch Umgebungseinflüsse florieren, ein Grundthema in der Ökologie.

SIEHE AUCH: Weizen: das tägliche Brot (ca. 11 000 v. Chr.), Ackerbau (ca. 10 000 v. Chr.), Reisanbau (ca. 7000 v. Chr.), Aristoteles' *Historia animalium* (ca. 330 v. Chr.).

Vor etwa 2500 Jahren richtete Theophrastos den ersten botanischen Garten ein, in dem etwa 2000 Pflanzen wuchsen.

Plinius' *Naturalis historia*

Aristoteles (384-322 v. Chr.), **Theophrastos** (371-287 v. Chr.), **Plinius der Ältere** (23-79), **Georges-Louis Leclerc, Comte de Buffon** (1707-1788)

Vorlesungen über „Naturkunde" fehlen im Allgemeinen in den heutigen Universitätslehrplänen, aber viele große Städte überall auf der Welt haben Naturkunde-Museen, die oft im 19. Jhd. gegründet wurden. In jener Zeit wurde die Wissenschaft spezialisierter und experimenteller ausgeübt, wurden Forscher professionell ausgebildet und handelte es sich nicht länger um wohlhabende Amateure. Was Naturkunde ist, wurde ebenfalls strenger eingegrenzt als in dem monumentalen Werk von Plinius dem Älteren aus dem Jahr 77.

Was Einfluss betrifft, stand Plinius der Ältere – ein römischer Rechtsanwalt, Heeres- und Marineoffizier und Naturforscher – möglicherweise nur Aristoteles nach. Die 37 Bücher seiner *Naturalis historia* mussten alle bekannten Informationen über die Natur enthalten und basierten auf den Schriften der renommiertesten Autoritäten. Plinius sammelte zoologische Fakten von Aristoteles und auf Pflanzen bezogenes Material von Theophrastos. Er schrieb auch Bücher über Astronomie, Geografie, Geologie, Mineralogie und Landbau.

Plinius' Werk, mit seiner breit angelegten Vorgehensweise von systematisch geordnetem Material, spezifischen Hinweisen auf die Hunderte zu Rate gezogenen Quellen und Autoren und einem Inhaltsregister diente als Prototyp für spätere Enzyklopädien. Obwohl das Werk Fakten und Fiktion, Folklore, Magie und Aberglauben vermischte, blieb es bis zum Ende des 15. Jhd. die unangefochtene Quelle der Naturkunde. Viel genauer und beschränkt auf das Tier- und Mineralienreich war die 36-teilige *Histoire naturelle*, geschrieben von 1749 bis 1788 vom französischen Naturforscher Georges-Louis Leclerc, Comte de Buffon.

Im 19. Jhd. wurden Naturstudien in „Naturphilosophie" (Physik und Astronomie) und „Naturkunde" unterteilt und klassifiziert, die die Biologie (Zoologie und Pflanzenkunde) und die geologischen Wissenschaften umfasste. Heute gibt es keine allgemein anerkannte Definition der Naturkunde, in der Regel jedoch verweist sie auf die Studie von Pflanzen und Tieren in ihrer natürlichen Umgebung, mit einem Nachdruck auf Beobachtung und Beschreibung anstatt Experimenten.

SIEHE AUCH: Aristoteles' *Historia animalium* (330 v. Chr.), Pflanzenkunde (ca. 320 v. Chr.).

Dieses Standbild von Plinius dem Älteren (Gaius Plinius Secundus) befindet sich an der Fassade des Doms zu Como, seinem Geburtsort.

ca. 180

Das Skelettsystem

Galenos von Pergamon (ca. 130-ca. 200), **Andreas Vesalius** (1514-1564)

Die früheste systematische Beschreibung des Skelettsystems erschien (ca. 180) im Werk von Galenos von Pergamon, das bis ins 16. Jhd. als unangefochtene Grundlage für den Anatomieunterricht galt. Galenos von Pergamon besprach die schützende und stützende Rolle, bemerkte, dass Knochen aus einem hohlen Mark bestehen und meinte aufgrund der Farbe, dass sie sich aus Sperma zusammensetzen. Aufgrund seiner Obduktionen von menschlichen Leichen (und nicht der Affen von Galenos von Pergamon) korrigierte Andreas Vesalius in seinem klassischen Werk *De humani corporis fabrica* (1543) die vielen falschen Beschreibungen von Galenos von Pergamon. Um das 18. Jhd. war das menschliche Skelettsystem korrekt beschrieben.

Tiere haben Exo- oder Endoskelette. Exoskelette, wie Panzer, schützen das weiche Gewebe des Trägers vor Raubtieren, stützen es und dienen als Anker für die Bewegungsmuskeln. Zudem können Exoskelette als Sinnesorgane fungieren und eine Rolle bei Nahrung und Eliminierung spielen. Bei Landtieren bieten sie Schutz vor Austrocknung. Die meisten panzerbildenden Organismen erschienen während des Kambriums (vor 542-488 Mio. Jahren), als sich die chemische Zusammensetzung des Meeres plötzlich änderte. Das Baumaterial von Exoskeletten unterscheidet sich je Art: Bei Insekten, Spinnen und Schalentieren enthalten sie Chitin, ein Polysaccharid, das mit Zellulose vergleichbar ist. Bei Schalentieren verleiht Kalziumkarbonat den Schalen Härte und Stärke, während bei mikroskopischen Kieselalgen Kiesel (Siliziumdioxid) das Schwimm-/Sinkgleichgewicht beeinflusst. Wenn das steife Exoskelett zu klein wird, bildet sich ein neues unter dem alten, das dann abgestoßen wird.

Endoskelette sind härter als Exoskelette und ermöglichen das Wachstum von größeren Tieren. Sie fungieren als Stützen – vor allem bei Schwämmen und Seesternen, die andernfalls formlos wären. Sie schützen und helfen den Bewegungsmuskeln. Skelettsysteme von Wirbeltieren bestehen aus Knochen und Knorpel. Bei Säugetieren speichern die Knochen des Endoskeletts Kalzium, und das Knochenmark ist der Ort der Produktion von roten und weißen Blutkörperchen. Chemisch betrachtet besteht Knochen aus kalziumhaltigem Hydroxylapatit (zur Steifigkeit) und Kollagen, einem elastischen Eiweiß. Erwachsene Menschen haben 206-208 Knochen, und Neugeborene schätzungsweise 270-350 Knochen.

SIEHE AUCH: Insekten (ca. 400 Millionen Jahre v. Chr.), Da Vincis menschliche Anatomie (1489), Vesalius' *De humani corporis fabrica* (1543), Blutzellen (1658).

Foto aus dem Jahr 1857 eines Menschen- sowie eines Affenskeletts und Reginald Southey (1835-1899), ein englischer Arzt und lebenslanger Freund des Fotografen Charles Lutwidge Dodson, alias Lewis Carroll (1832-1898).

1242

Lungenzirkulation

Galenos von Pergamon (ca.130-ca. 200), **Ibn al-Nafis** (1213-1288), **Michel Servet** (ca.1511-1553), **Realdo Colombo** (1516-1559), **William Harvey** (1578-1657), **Marcello Malpighi** (1628-1694)

Der griechisch-römische Arzt Galenos von Pergamon wusste, dass Blut über Blutgefäße transportiert wird, dass hellrotes Blut durch die Schlagadern fließt und dunkles Blut durch Venen, und dass diese gesonderte Funktionen hatten. Seine irrige Idee, dass Blut durch die Wand der rechten Herzkammer in die linke fließt, in der es Luft aufnimmt und anschließend weiter durch den ganzen Körper strömt, wurde fast 1000 Jahre lang unterrichtet.

1242 beschrieb der syrische Arzt Ibn an-Nafis als erster korrekt den kleinen Blutkreislauf in seinem Buch *Kommentar zum Kanon von Avicenna*. Er sagte, dass sich zwischen den beiden Herzkammern keine Poren befänden und auch keine direkten Wege verliefen. Er meinte, dass Blut zu den Lungen floss, wo es sich mit Luft „vermischte" und dann zur linken Seite des Herzens floss, von wo aus es sich im Körper verteilte. Er sagte ebenfalls die Existenz von Poren zwischen Lungenschlagader und Lungenader voraus, was sich vier Jahrhunderte später als richtig herausstellte, als der italienische Mikroskopbauer Marcello Malpighi erstmals Haargefäße sichtbar machte.

Der spanische Theologe und Arzt Michel Servet war der erste Europäer, der den kleinen Blutkreislauf korrekt in seiner *Christianismi restitutio* (1553) beschrieb. Da es sich um ein theologisches Werk handelte, wurde es in der Wissenschaft größtenteils ignoriert. Es gibt heute noch drei Exemplare. 1553 glaubte man, das letzte Exemplar zusammen mit seinem Autor auf dem Scheiterhaufen von Genf im Auftrag von Calvin aufgrund von Servets „ketzerischen" Schriften und der Leugnung der Dreifaltigkeit sowie der Verwerfung der Kindstaufe verbrannt zu haben.

Realdo Colombo, ein italienischer Anatom, der mit Michelangelo zusammenarbeitete, machte wichtige anatomische Entdeckungen. Die Wichtigste war in den 1550er Jahren die des kleinen Blutkreislaufs. Er sagte, dass sauerstoffarmes Blut vom Herz zur Lunge fließt, wo es sich mit Luft vermischt und anschließend zum Herz zurückströmt. Diese Entdeckung war besonders wertvoll für William Harvey, der 1628 den Blutkreislauf in seiner *De motu cordis* beschrieb.

SIEHE AUCH: Vesalius' De humani corporis fabrica (1543), Harveys *De motu cordis* (1628), Blutzellen (1658).

1553 wurde der spanische Arzt und Theologe Michel Servet bei lebendigem Leib auf dem Scheiterhaufen verbrannt – zusammen mit seinen eigenen Büchern. Dazu gehörten sein „ketzerisches" Werk Christianismi restitutio, *das eine frühe und korrekte Beschreibung des kleinen Blutkreislaufs enthielt.*

1489

Da Vincis menschliche Anatomie

Galenos von Pergamon (ca.130-ca. 200), **Leonardo da Vinci** (1452-1519)

Leonardo da Vinci war ein echter Homo universalis, ein wahres Genie und zudem ein Pionier in der Anatomie. Sein Werk weist eine Exaktheit auf, die von den modernsten Techniken bestätigt wird, weshalb es bis heute untersucht wird. Studien der menschlichen Anatomie waren im Jahrtausend nach Galenos von Pergamon wenig vorangekommen, der – anders als Da Vinci – nicht mit menschlichen Leichen arbeiten konnte. Vor Da Vinci beschränkten sich Abbildungen des menschlichen Körpers auf seine äußerliche Erscheinung, ohne Einzelheiten der internen Funktionen, die zwar in Worten, nicht jedoch in Bildern beschrieben wurden.

Da Vinci durfte in seinem Geburtsort Florenz über Leichen verfügen. Ab 1489 sezierte er innerhalb von 20 Jahren etwa 20 bis 30 Leichen – manche waren in gutem Zustand, andere von Krankheit gezeichnet oder missgebildet. Er legte ein Anatomiebuch mit Zeichnungen aus mehreren Perspektiven und den exakten Verhältnissen aller Körperteile an. Hand und Bein bildete er beispielsweise in acht bis zehn Schichten ab, mit allen Blutgefäßen, Muskeln, Bändern, Nerven und Knochen.

Nach exakten Studien zeichnete er verschiedene Gesichtsausdrücke, um das gesamte Spektrum an menschlichen Gefühlen auszudrücken, und diese sind auch auf seinen berühmten Gemälden zu sehen. Seine Zeichnung eines Fötus in der Gebärmutter, korrekt verbunden mit der Nabelschnur, ist vielgerühmt, aber seine Skizzen des weiblichen Fortpflanzungssystems enthalten fehlerhafte Darstellungen. Weil er mit seinen Zeichnungen und Skizzen nicht zufrieden war, versuchte er den menschlichen Körper besser zu verstehen. Dazu erstellte er physische und mechanische Modelle, um die Funktion von Körperteilen zu simulieren, z. B. Herzklappen, und er verwendete diese Modelle auch für seine Zeichnungen.

Da Vinci meinte, dass sein Werk für Mediziner nützlich sein könnte und wollte seine anatomischen Zeichnungen als Abhandlung über die menschliche Anatomie veröffentlichen. Als er jedoch 1519 starb, gingen diese Schriften zwischen seinem Privatbesitz verloren. Nachdem sie Jahrzehnte lang durch viele Hände gegangen waren, tauchten sie Ende des 17. Jhd. in der British Royal Collection auf, wo sie sich heute immer noch befinden.

SIEHE AUCH: Vesalius' *De humani corporis fabrica* (1543), Plazenta (1651).

Der Vitruvianische Mensch *(ca. 1490) ist eine Federzeichnung von Da Vinci nach den vom römischen Architekten Vitruvius (1. Jhd. v. Chr.) formulierten und idealisierten Proportionen: Der menschliche Körper könne am besten in perfekten Kreisen und Vierecken dargestellt werden.*

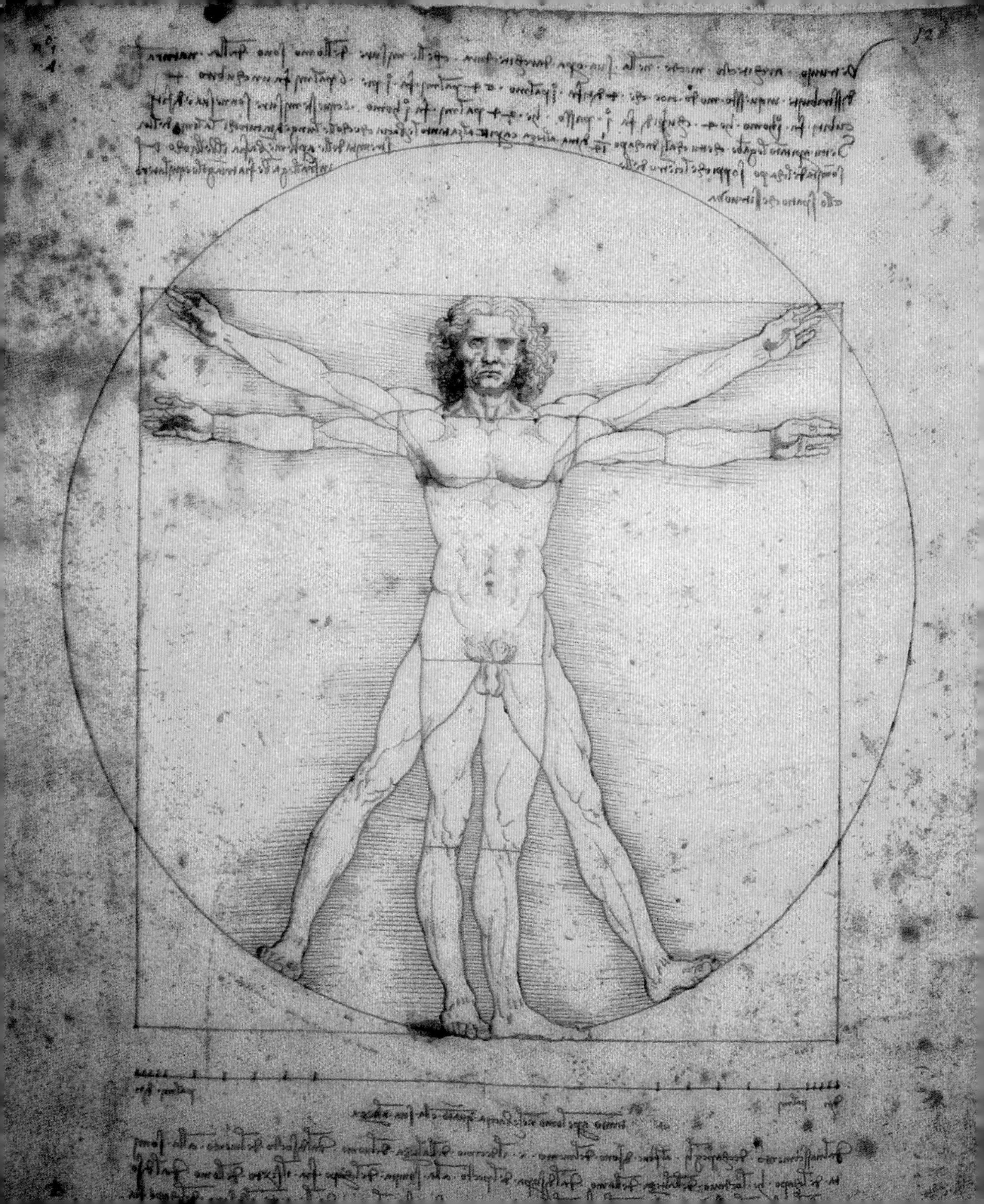

1521

Hörsinn

Berengario da Carpi (1460-1530), **Giulio Casserio** (1552-1616), **Heinrich Rinne** (1819-1868), **Hermann von Helmholtz** (1821-1894)

Im 16. Jhd. untersuchte und identifizierte eine Gruppe von bemerkenswerten Anatomen die Strukturen des Innenohrs. Berengario da Carpi beschrieb in seinem Buch *Commentaria* (1521) die Gehörknöchelchen (kleine Knochen im Mittelohr) und Giulio Casserio verglich diese Knöchelchen bei verschiedenen Tieren. Heinrich Rinne beschrieb den Weiterleitungsprozess zwischen dem Trommelfell und den Knöchelchen und verwendete eine Stimmgabel, um Ursachen von Taubheit zu unterscheiden (1855). Hermann von Helmholtz beschrieb die Wahrnehmung von Geräuschen und Tönen (1863).

Im Unterschied zum Geruchs- und Geschmackssinn basiert Hören im Wesentlich auf mechanischen Prozessen. Ein Gegenstand produziert Töne, wenn er vibriert, meistens in Luft oder im Wasser. Ein Ton, der sich als Welle fortpflanzt, wird durch seine Frequenz gekennzeichnet (Zyklen/Sekunde oder Hertz (Hz)). Er wird als Tonhöhe und durch Amplitude wahrgenommen: dem Umfang der Welle als Volumen.

Beim Hörprozess werden Schallwellen als Fluktuationen im Luftdruck wahrgenommen, die anschließend in Signale umgesetzt werden, die vom Gehirn interpretiert werden. Das Außenohr fängt Schallwellen auf und schickt den Ton an das Trommelfell, die Grenze zwischen Außen- und Mittelohr. Der Ton kommt im Gehörgang an und bringt das Trommelfell zum Schwingen. Dieser Luftdruck wird von den Gehörknöchelchen im Mittelohr verstärkt, die über eine Öffnung in der Hörschnecke gegen die Flüssigkeit im Innenohr drücken.

Die Hörschnecke setzt Schalldruckwellen in elektrische Reize um, die an das Gehirn gesendet werden. Die Hörschnecke besteht aus drei spiralförmigen Röhrchen (daher der Name), die durch Membrane getrennt und mit Haarzellen bedeckt sind. Wenn die Haarzellen durch Schall gekrümmt werden, werden sie gereizt und senden Signale an das Gehirn. Die Hörschnecke unterscheidet durch Vibrationen in den Membranen zwischen Tonhöhen und Intensität des Geräuschs. Am Eingang der Hörschnecke wird insbesondere auf hohe Frequenzen reagiert, die entgegengesetzte Richtung reagiert auf niedrige Frequenzen. Laute Geräusche bringen die Membran stärker zum Vibrieren als niederfrequente Töne.

SIEHE AUCH: Geschmackssinn (1974), Geruchssinn (1991).

Die Hörschnecke, eine spiralförmige Höhle im Innenohr, enthält für das Gehör wesentliche Nervenenden. Die Form erinnert stark an die spiralförmige Muschel der Gartenschnecke (Helix aspersa, *nebenstehend*).

1543

Vesalius *De humani corporis fabrica*

Galenos von Pergamon (ca. 130-ca. 200), **Jan Stephan van Calcar** (1499-1546), **Andreas Vesalius** (1514-1564)

Anatomiekenntnis ist die Grundlage jeder medizinischen Ausbildung und wird als unabdingbar für die Diagnose und Behandlung von Krankheiten betrachtet, ist jedoch auch essentiell für Bildhauer und Maler. Als der flämische Anatom Andreas Vesalius Professor an der Universität Padua wurde, ein renommiertes Zentrum des Medizinstudiums im 16. Jhd., basierten die Anatomiestunden auf dem fast 1500 Jahre alten Werk von Galenos von Pergamon. Diesen klassischen Vorlesungen folgte eine von einem Feldscher durchgeführte Sezierung unter der Leitung eines Dozenten. Vesalius brach mit dieser Tradition und sezierte die Leichen selbst. Seine Studenten standen dabei am Seziertisch. Aber was Vesalius sah, passte nicht immer zu den uralten Beschreibungen von Galenos von Pergamon.

Galenos von Pergamon, dem renommiertesten Arzt des Altertums und Arzt des Gladiators von Pergamon, standen viele menschliche Körper zur Verfügung. Da jedoch das Sezieren von Menschen im antiken Rom verboten war, basierte Galenos von Pergamon seine anatomischen Zeichnungen auf Berberaffen, da diese den Menschen ausreichend ähnlich seien.

Im Alter von 28 Jahren veröffentlichte Vesalius seine erste Ausgabe von *De humani corporis fabrica* (1543), ein Werk, das die komplette Struktur des menschlichen Körpers darstellte, mit ersten detaillierten Bildern von internen Organen. Die 200 Holzschnitte waren lehrreich, korrekt und korrigierten die Fehler von Galenos von Pergamon. Als Perfektionist bestand Vesalius darauf, dass die Zeichnungen auch ästhetisch attraktiv sein sollten. Das endgültige Werk war daher eine Koproduktion des Sezierers und eines Illustrators, bei dem es sich wahrscheinlich um Jan Stephan van Calcar handelt, einen Schüler von Tizian.

Vesalius meinte, sein Buch sei nicht nur für Ärzte und Anatomen nützlich, sondern auch für Künstler. Nach anfänglichem Widerstand gegen seine Korrekturen des Werks von Galenos von Pergamon brachte das Buch Vesalius Ruhm und Reichtum. Es wird heute als eines der berühmtesten Bücher der Medizin und Wissenschaft betrachtet. Von den etwa 500 Originalexemplaren sind heute noch 130 erhalten. 1564 ertrank Vesalius bei einem Schiffsunglück im Ionischen Meer nahe der griechischen Insel Zakynthos.

SIEHE AUCH: Das Skelettsystem (ca. 180), Da Vincis menschliche Anatomie (1489).

Titelseite von Vesalius' De humani corporis fabrica, *das erste komplette, detaillierte und korrekte Buch über die menschliche Anatomie.*

ANDREAE VESALII
BRVXELLENSIS, SCHOLAE
medicorum Patauinæ professoris, de
Humani corporis fabrica
Libri septem.
CVM CAESAREAE
Maiest. Galliarum Regis, ac Senatus Veneti gra-
tia & priuilegio, ut in diplomatis eorundem continetur.

1611

Tabak

John Rolfe (1585-1622), **James Bonsack** (1859-1924)

Lange bevor die ersten Europäer in der Neuen Welt landeten, kultivierten und rauchten Indianer Tabak bei religiösen Zeremonien und verwendeten ihn zur Behandlung zahlreicher Qualen. Plantagen in Mexiko datieren von 1600-1400 v. Chr. Die Spanier führten den Tabak 1518 in Europa ein, aber es war John Rolfe, ein früher englischer Siedler, der 1611 in der Kolonie Virginia als erster erfolgreich Tabak anpflanzte und als gewinnbringende Feldfrucht exportierte. Vor dem 20. Jhd. wurde Tabak vor allem gekaut, geschnupft oder in Pfeifen und Zigarren geraucht. 1883 wurden Zigaretten mit der Hand gedreht, vier Stück pro Minute. Im gleichen Jahr erfand James Bonsack die automatische Zigarettenrollmaschine, die 200 Stück pro Minute drehte, wodurch die Preise stark sanken. In den darauffolgenden Jahrzehnten begann der Aufstieg der riesigen amerikanischen Zigarettenindustrie.

Tabak wird aus den Blättern von Vertretern der Pflanzengattung Nicotiana hergestellt, die – ebenso wie Kartoffeln, Tomaten, Auberginen, Paprikas und Petunien – zur Familie der Nachtschattengewächse gehören. Nach der Ernte werden die Blätter getrocknet, gebündelt und fermentiert und anschließend mit anderen Sorten N. *tobaccum* vermischt, um unterschiedliche Geschmacksrichtungen zu bekommen. Der Zigarettenkonsum in den USA pro Kopf der Bevölkerung stieg von 54 im Jahr 1900 auf 4345 im Jahr 1963! Ein Jahr später verkündete der amerikanische Gesundheitsrat, dass Rauchen der Gesundheit schadet.

Rauchen beeinflusst fast jedes Körperorgan. Es gibt unwiderlegbare Beweise, dass Rauchen das Risiko auf Herz- und Gefäßkrankheiten, Lungenerkrankungen und eine Reihe von Krebserkrankungen erhöht. Die Weltgesundheitsorganisation hat das Rauchen zur weltweit wichtigsten Ursache von abwendbaren Sterbefällen ausgerufen.

Die meisten Raucher kennen diese Gefahren, hören jedoch nicht mit dem Rauchen auf. Sie sind süchtig nach Nikotin, einem natürlichen, verhaltensbeeinflussenden Stoff in den Pflanzenblättern. In den 1970er Jahren entwickelte der große Zigarettenfabrikant Brown & Williamson Y-1, eine Kreuzung zwischen N. *tobaccum* und N. *rustica*, die anstelle von 3,2-3,5 % Nikotin 6,5 % enthielt. Von 1991 bis 1999 verwendeten sie Y-1 für ihre Zigaretten.

SIEHE AUCH: Heilpflanzen (ca. 60 000 v. Chr.), Weizen: das tägliche Brot (ca. 11 000 v. Chr.), Ackerbau (ca. 10 000 v. Chr.), Reisanbau (ca. 7000 v. Chr.), Künstliche Selektion (1760), Gentechnisch veränderte Nutzpflanzen (1982).

Nach der Ernte werden Tabakblätter getrocknet und fermentiert und bekommen so ihren typischen Geschmack und Duft. Tabak kann auf verschiedene Arten getrocknet werden, von einigen Tagen bis hin zu einigen Wochen lang. Die Behandlung im Heißlufttrockenschuppen dauert eine Woche und erbringt moderate bis hohe Nikotinkonzentrationen.

1914

Stoffwechsel

Santorio Santorio (1561-1636), **Hans Krebs** (1900-1981)

30 Jahre lang wog sich Santorio Santorio, der italienische Physiologe, Arzt und Erfinder des medizinischen Thermometers, sorgfältig vor und nach verschiedenen Tätigkeiten, wie Essen, Trinken, Fasten, Stuhlgang, Schlafen und Sex. Die Ergebnisse veröffentlichte er in *Ars de statica medicina* (1614), in der er das erste kontrollierte Experiment einer Quantifizierung in der medizinischen Praxis beschrieb. Santorio entdeckte, dass das Gewicht seiner Fäkalien und seines Harns leichter war als die Nahrung, die er aufgenommen hatte. Er schrieb den Unterschied der „unmerklichen Transpiration" zu. Das war die Geburtsstunde der Stoffwechselforschung.

Eine der wesentlichen Eigenschaften aller lebenden Wesen ist ihr Einsatz von Energie, um Aktivitäten zu entfalten. Das Wort „Stoffwechsel" steht für alle chemischen Reaktionen in lebenden Wesen, die Energie generieren oder verbrauchen und sind in anabole und katabole Reaktionen unterteilt. Anabole Reaktionen verwenden Energie zur Biosynthese (Produktion) größerer organischer Moleküle und für Zellwachstum und -differenzierung. Umgekehrt sind katabole Reaktionen am Abbau dieser Moleküle beteiligt, um Energie zu produzieren. Chemische Reaktionen werden in Reaktionswegen organisiert, bei denen ein Stoff in einer feststehenden Reihenfolge in einen oder mehrere andere umgesetzt wird. Diese Reaktionen werden von Enzymen katalysiert. Bei den Reaktionswegen sind Kohlenhydrate, Fette, Eiweiße und Nukleinsäuren beteiligt. Die Art der Stoffe bei diesen Wegen weist bei vielen Arten starke Ähnlichkeit auf – von Mikroben bis hin zum Menschen.

Die Forschung von Hans Krebs in den 1930er Jahren lieferte die Grundlage für unser Verständnis von Reaktionswegen. Krebs war ein deutscher Arzt und Biochemiker, der den Harnstoffzyklus entdeckte, den Reaktionsweg, bei dem Organismen Ammoniak aus dem Körper in den weniger giftigen Harnstoff umsetzen. Nachdem die Nazis ihm die Arbeit unmöglich gemacht hatten, emigrierte er nach England. Dort machte er 1937 seine wichtigste Entdeckung: die Identifizierung des Citratzyklus (Krebs-Zyklus), eine Reihe von chemischen Reaktionen, die alle anaeroben Organismen verwenden, um Energie aus Kohlenhydraten, Eiweißen und Fetten zu gewinnen. Dafür bekam er 1953 den Nobelpreis für Physiologie oder Medizin.

SIEHE AUCH: Wie sich Pflanzen vor Pflanzenfressern schützen (ca. 400 Millionen Jahre v. Chr.), Enzyme (1878), Erbliche Stoffwechselkrankheiten (1923).

Adenosintriphosphat (ATP) ist der molekulare Träger für die Übertragung von Energie in Zellen und bildet die bedeutendste Energiequelle für Stoffwechselreaktionen der meisten Organismen. Dies ist eine dreidimensionale Darstellung von ATP.

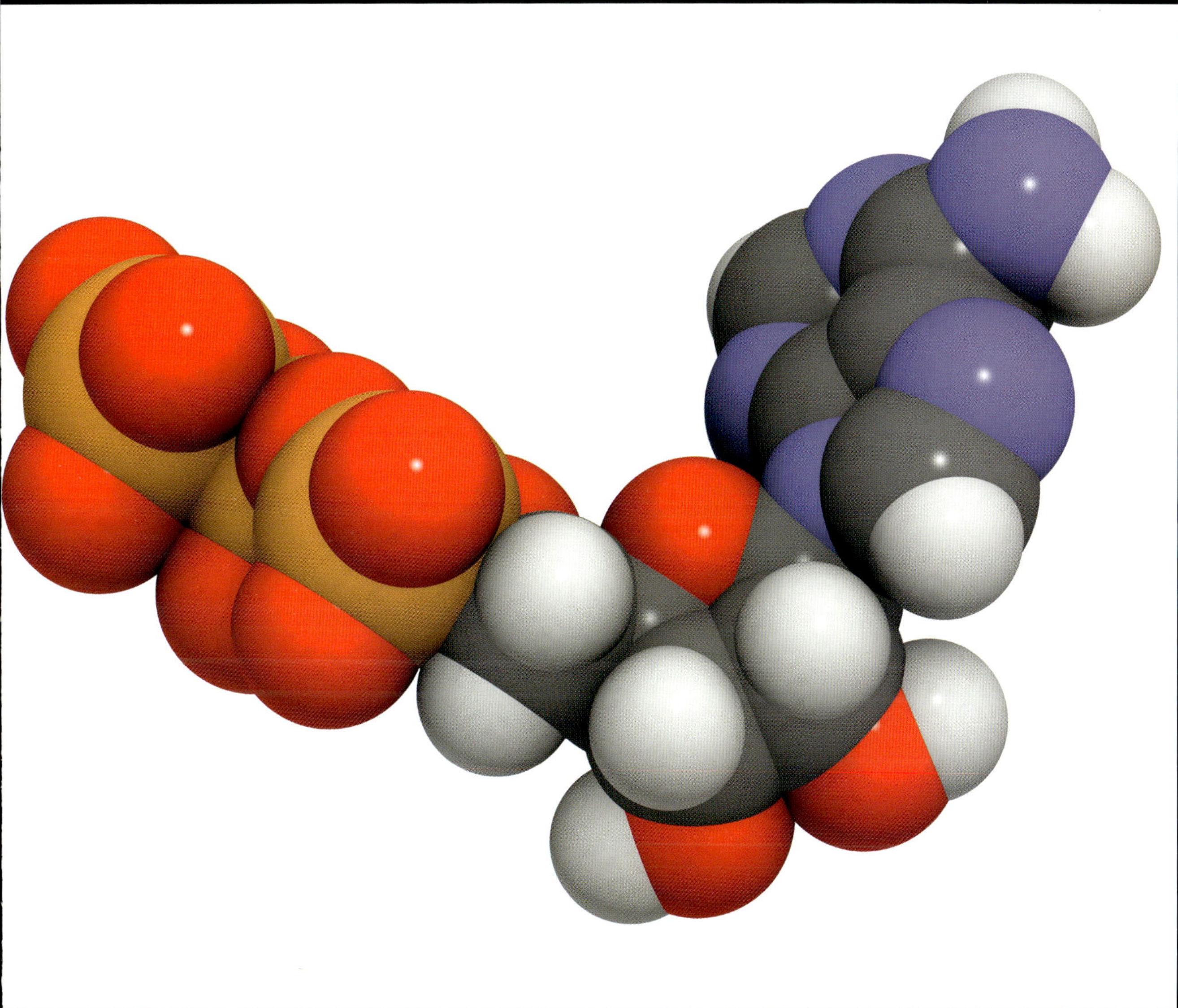

1620

Die wissenschaftliche Methode

Aristoteles (384-322 v. Chr.), **Francis Bacon** (1561-1626), **Galileo Galilei** (1564-1642), **Claude Bernard** (1813-1878), **Louis Pasteur** (1822-1895)

Die Formulierung der wissenschaftlichen Methode entwickelte sich im Laufe der Jahrhunderte auf Basis der Beiträge vieler Gelehrter. Einer davon, Aristoteles, führte die logische Deduktion ein, bei der man zuerst eine Theorie oder Hypothese formuliert und diese dann prüft. Ein weiterer war Francis Bacon, der Vater der modernen wissenschaftlichen Methode, der 1620 sein *Novum organum scientiarum* schrieb, in dem er die induktive Begründung als Grundlage für wissenschaftliches Denken vorschlug, wobei Beobachtungen zur Formulierung einer allgemeinen Theorie oder Hypothese führten. Galilei plädierte für das Experiment anstelle von metaphysischen Erklärungen. Mitte des 19. Jhd. verwendete Louis Pasteur auf elegante Weise die wissenschaftliche Methode, um die Theorie der Spontanzeugung zu entkräften.

1865 schrieb der große Wissenschaftler Claude Bernard *Introduction à l'étude de la medicine experimentale*, das er personalisierte, indem er seine eigenen Gedanken und Experimente verwendete. In diesem Klassiker untersuchte er die Bedeutung von Wissenschaftlern, die der Gesellschaft neue Erkenntnisse brachten. Außerdem analysiert er, was eine gute wissenschaftliche Theorie ist. Schließlich beschäftigte er sich mit der Bedeutung von Beobachtung im Vergleich zu Vertrauen auf historische Autoritäten und Quellen, induktives und deduktives Begründen sowie Ursache und Folge.

Wenn manche Nichtwissenschaftler z. B. an die Evolutionstheorie denken, verwenden sie den Begriff „Theorie" so, als ob es sich um eine unbewiesene Idee oder lauter Spekulation handelte. Für Wissenschaftler steht der Begriff „Theorie" jedoch für ein Modell oder ein Prinzip, das geprüft und bestätigt ist sowie ein natürliches Phänomen erklärt oder voraussagt. Die wissenschaftliche Methode ist eine Vorgehensweise, um Phänomene zu untersuchen und Kenntnisse zu erwerben. Sie verläuft schrittweise und basiert auf der Entwicklung und Prüfung einer Hypothese, die eine bestehende Beobachtung erklärt. Die Testergebnisse werden objektiv ausgewertet, wonach die Theorie angenommen, verworfen oder angepasst wird. Eine Theorie ist breiter und allgemeiner als eine Hypothese und basiert auf dem experimentellen Nachweis, der sich wiederum auf einige Hypothesen stützt, die unabhängig von einander geprüft werden können.

SIEHE AUCH: Widerlegung der Theorie der Spontanzeugung (1668), Darwins Theorie der natürlichen Selektion (1859).

In seinem Werk Novum organum *(1620) schlug Francis Bacon eine wissenschaftliche Untersuchungsmethode auf Grundlage des induktiven Denkens vor. Diese Methode war als Korrektur zum aristotelischen deduktiven Denken gedacht, bei der spezifische Fakten aus einer Generalisierung deduziert werden.*

1628

Harveys *De motu cordis*

Galenos von Pergamon (ca. 130-ca. 200),**William Harvey** (1578-1657), **Marcello Malpighi** (1628-1694)

1628 veröffentlichte William Harvey sein Werk *De motu cordis et sanguinis* („Über die Bewegung des Herzens und des Blutes"), in dem er erklärte, dass das Blut vom Herzen in eine Richtung über ein geschlossenes System von den Schlagadern zu den Venen gepumpt wird und dann zum Herzen zurückkehrt. Er gründete diese Theorie nicht auf Spekulationen, sondern auf Sektionen und physiologische Experimente mit verschiedenen Arten von lebenden und toten Tieren und Menschen. Ein wichtiges Element war seine Beobachtung, dass das Blut durch die Klappen in der Ader nur in eine Richtung fließen konnte, und zwar zum Herzen hin.

Weshalb zögerte Harvey so lange mit der Veröffentlichung dieses Konzepts, das voll und ganz von experimentellem Beweis gestützt wurde und das er 1616, also Jahre zuvor, bereits bei seiner Lumleian-Vorlesung besprochen hatte? Seine Erklärung widersprach der seit 1400 Jahren verbreiteten Lehre von Galenos von Pergamon, die als Dogma von renommierten Wissenschaftlern anerkannt wurde. Laut Galenos von Pergamon entstand Blut in der Leber. Dann floss es zwischen den beiden Herzkammern durch unsichtbare Poren hindurch und wurde als Nährstoff von den Organen konsumiert. Blut wurde in dem gleichen Tempo verbraucht wie produziert. Auf Basis seiner Daten und Analysen bestimmte Harvey jedoch, dass dies mathematisch unmöglich war.

Harvey war der anerkannte Hofarzt von König James I. und dessen Sohn König Charles I., die ihn beide ermutigten und in seinen Forschungen unterstützten. Mit dem Angriff auf die Autorität von Galenos von Pergamon sorgte das 70 Seiten starke *De motu cordis* bis 20 Jahre nach seinem Erscheinen für Kontroversen und Anfeindungen. Ein ungelöstes Problem om Harveys Erklärung war die Frage, wie Blut von den Schlagadern zu den Adern floss. Er sprach von der Existenz von Haargefäßen, die 1661 von Marcello Malpighi tatsächlich nachgewiesen wurden. *De motu cordis* wird heute als die Basis für unser Verständnis des Herz- und Gefäßsystems und als eine der wichtigsten Veröffentlichungen in der Geschichte der Biologie und Medizin betrachtet. Als „Vater der modernen Physiologie" war Harvey der erste, der einfache Beobachtungen um experimentelle Methodologie und Quantifizierung ergänzte.

SIEHE AUCH: Lungenzirkulation (1242), Da Vincis menschliche Anatomie (1489), Die wissenschaftliche Methode (1620), Plazenta (1651).

Im Laufe seiner medizinischen Praxis untersuchte William Harvey (rechts) vier der Hexerei beschuldigte Frauen. Trotz des gesellschaftlichen Drucks, Beweise für ihrer Schuld – etwa verdächtige Körpermerkmale – zu finden, legte er eine Erklärung ab, die zu ihrem Freispruch führte.

1637

Descartes mechanisches Weltbild

William Harvey (1578-1657), **René Descartes** (1596-1650)

René Descartes ist vor allem durch sein philosophisches Werk und seine Beiträge zur Mathematik bekannt. Er hatte jedoch auch großen Einfluss auf die biologische Theoriebildung. Als „Pionier der modernen Philosophie“ sagte er, dass die Eichpunkte der Wahrheit Individuen seien, und nicht die Kirche. Berühmt machte ihn vor allem sein Ausspruch „Ich denke, also bin ich“. Gemäß Familientradition wurde er zum Rechtsanwalt ausgebildet (ein Beruf, den er nie ausübte), aber als junger Student war seine wahre Leidenschaft die Mathematik. Er dachte sich das kartesische Koordinatensystem aus, womit ein Punkt im Raum in einigen Zahlen ausgedrückt werden kann. Er entwickelte die analytische Geometrie, die Algebra und Geometrie miteinander verbinden konnte und Newton und Leibniz in den 1660er Jahren als Grundlage für die Formulierung der Integralrechnung diente.

1628 verwendete William Harvey mechanische Analogien zur Beschreibung des Blutkreislaufs, was Descartes zu seiner mechanischen Philosophie inspiriert haben soll. Die mathematische und mechanische Herangehensweise beeinflusste auch Descartes' Idee der Biologie, die viele physiologische Studien im 19. und 20. Jhd. dominierte. In seinem *Discours de la méthode* (1637) versuchte Descartes alles in der Natur, außer dem menschlichen Geist, in Begriffen der Mechanik, Mathematik, Materie und Bewegung zu erklären. Die einzigen Realitäten waren jene, die man messen konnte: Größe, Form, Position, Dauer und Länge. Alles andere, einschließlich der Sinne, war subjektiv und existierte nur im Geist des Individuums. Der Körper eines Organismus war, genau wie das Universum, eine Maschine, die Teile, Anordnungen und Bewegungen enthielt, um zu gehen, zu essen, zu atmen und alle anderen Funktionen zu verrichten.

Descartes erkannte den Unterschied zwischen lebenden und nicht-lebenden Wesen. Tiere jedoch betrachtete er als Maschinen, weil sie, im Gegensatz zu Menschen, keine Seele hatten, die für einen Intellekt, einen Willen und bewusste Erfahrungen sorgte. Tiere haben keine Sprache und keine Vernunft. Er identifizierte die Zirbeldrüse in der Mitte des Gehirns als den „Sitz der Seele“, die über die Nerven den Körper lenkte.

SIEHE AUCH: Harveys *De motu cordis* (1628), Zirkadiane Rhythmen (1729), Hypothalamus-Hypophysen-Nebennierenrinden-Achse (1968).

Mit Ausnahme des menschlichen Geistes versuchte Descartes alles in der Natur in mechanischen Begriffen zu erklären, einschließlich der Tiere, die er mit Robotern oder komplexen Maschinen verglich.

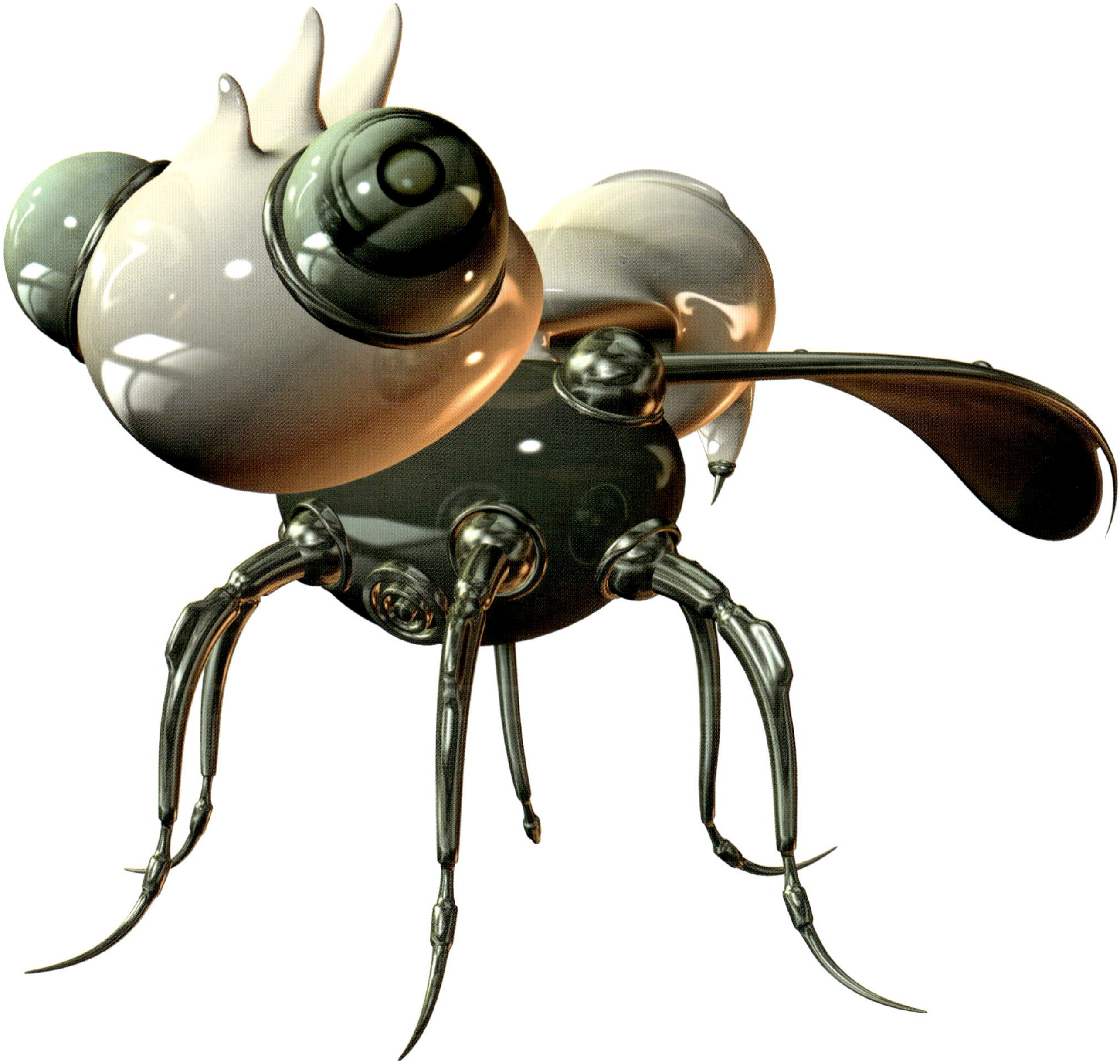

1651

Die Plazenta

Aristoteles (384-322 v. Chr.), **Galenos von Pergamon** (ca. 130-ca. 200), **Leonardo da Vinci** (1452-1519),**William Harvey** (1578-1657)

Das Interesse am Mysterium, der Bedeutung und den Funktionen der Plazenta geht bis auf antike Quellen und Gelehrte zurück und besteht noch heute. Eine ägyptische Skulptur der königlichen Plazenta mit einer Nabelschnur steht für die „Seele" oder den „geheimen Helfer" des Pharao. Man meinte, dass der Erfolg des Königreichs von der Gesundheit und dem Erhalt der Seele des Fürsten abhängig war. Das Alte Testament nennt die Plazenta das „Lebensbündel" und die „externe Seele". Die Plazenta (Lateinisch für „flacher Kuchen") weckte auch das Interesse von Aristoteles und Galenos von Pergamon, den größten Gelehrten in der Antike. Um 340 v. Chr. begann Aristoteles mit der Erforschung und Benennung der Membranen rund um den Fötus, aber die Unterschiede zwischen den untersuchten Tierarten führten zu manchen inkorrekten Schlussfolgerungen, die über 1000 Jahre lang übernommen wurden.

Um 1510 zeichnete der geniale Leonardo da Vinci die menschliche Anatomie, einschließlich des Fötus'. Er zeichnete auch die Gebärmutter mit Blutgefäßen, fetalen Membranen und Nabelschnur. Und er erklärte, dass fetale Blutgefäße nicht zur Mutter weiterführten, was von der Antike bis ins 18. Jhd. ein andauerndes Thema für Spekulationen war. In seinem medizinischen Klassiker *De motu cordis* (1628) lieferte William Harvey das Fundament für unser modernes Verständnis der Physiologie des Herz- und Gefäßsystems.

1651 breitete Harvey seine Forschungen aus zu einer detaillierten Studie des fetalen Blutkreislaufs und der Beziehung zur Mutter. Er stellte zudem eine einfache Frage: Wie kann ein Fötus viele Monate in der Gebärmutter leben und atmen, stirbt jedoch schnell nach der Geburt, wenn er nicht atmen kann? Da Mutter und Fötus getrennte Systeme haben, meinte er, dass die fetale Nahrung und Luft vom Fruchtwasser rund um den Fötus geliefert würden. Heute wissen wir, dass der plazentale Blutkreislauf ab der vierten Woche bis zur Geburt Nährstoffe, Sauerstoff und Abfallstoffe zwischen Embryo, Fötus (nach der neunten Woche) und der Mutter transportiert.

SIEHE AUCH: Da Vincis menschliche Anatomie (1489), Harveys *De motu cordis* (1628), Eierstöcke und weibliche Fortpflanzung (1900), Progesteron (1929).

Dieser Kupferstich aus dem Dictionnaire populaire de médicine usuelle *(1885) von Dr. Paul Labarthe zeigt einen Fötus kurz vor der Geburt.*

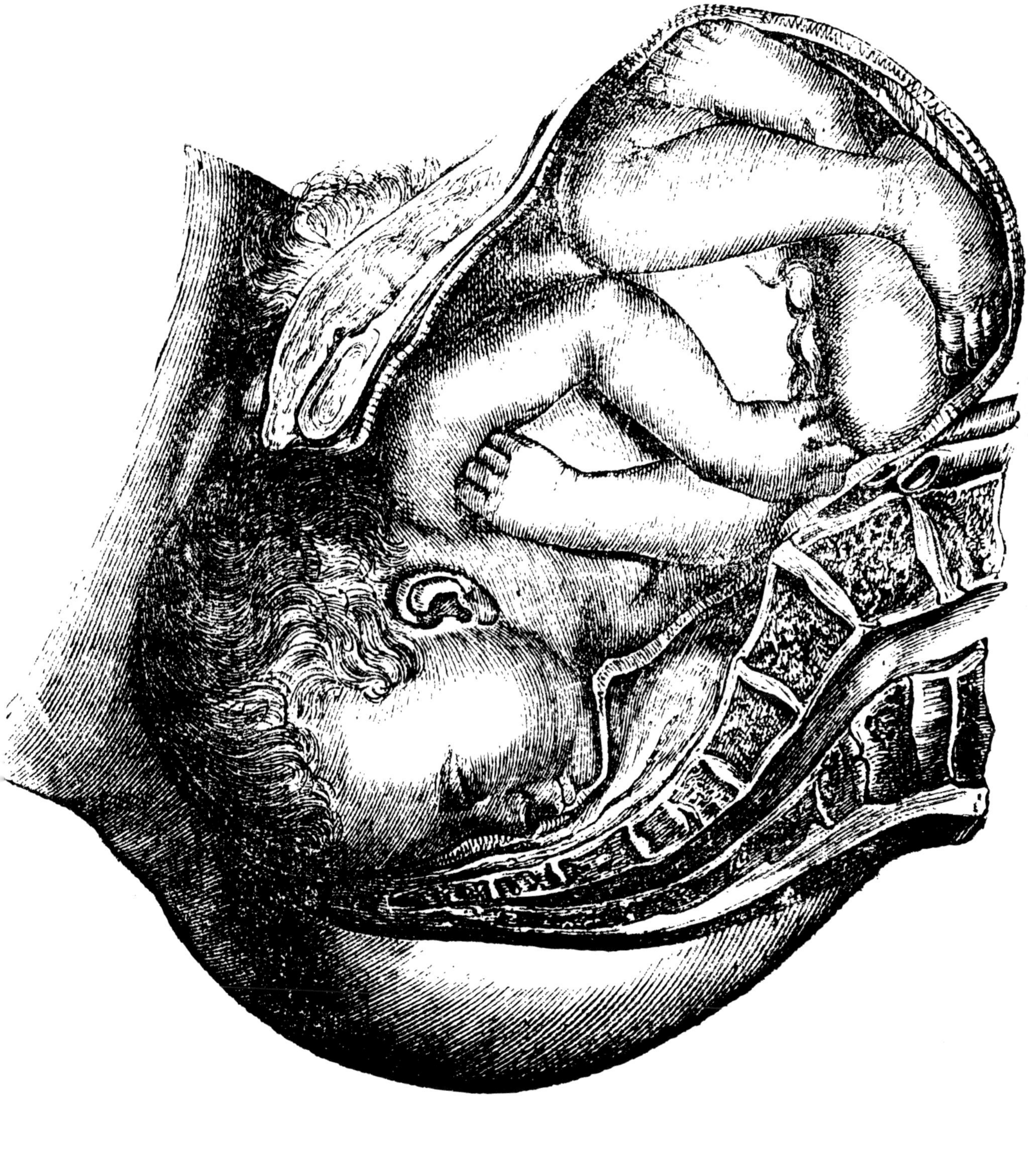

1652

Lymphatisches System

Thomas Bartholin (1616-1680), **Olof Rudbeck der Ältere** (1630-1702)

Wer der Entdecker des lymphatischen Systems ist, ist umstritten, fest steht jedoch, dass beide Kandidaten Skandinavier waren und aus ehrwürdigen akademischen Familien stammten. Vater und Sohn von Thomas Bartholin waren, genau wie er, Anatome an der Universität Kopenhagen. Nachdem sein Bruder mitgeteilt hatte, dass man bei Hunden einen Milchbrustgang (Ductus thoracicus) entdeckt hatte, suchte Bartholin in den Leichen von zwei Kriminellen danach. 1652 verkündete er, dass er das lymphatische System beim Menschen entdeckt hatte und umschrieb es als getrennt und unabhängig.

Bartholins Anspruch als Entdecker wurde von Olof (auch Olaus genannt) Rudbeck dem Älteren angefochten, der eine steile Karriere als Wissenschaftler und Arzt gemacht hatte. Rudbeck präsentierte seine Entdeckung des lymphatischen Systems 1652 am Hof von Königin Christina von Schweden, veröffentlichte sie aber erst ein Jahr später und auf jeden Fall nach Bartholin.

Rudbeck war ebenfalls ein historischer Sprachwissenschaftler mit einer mehr als blühenden Phantasie. Von 1679 bis zu seinem Tod 1702 arbeitete er an einem vierteiligen und 3000 Seiten starken Werk, genannt *Atlantica*. Damit wollte er beweisen, dass Schweden Atlantis war, die legendäre, 300 v. Chr. von Plato beschriebene Insel, und dass Schwedisch die Sprache Adams war und der Ursprung von Latein und Hebräisch. Seine Theorien wurden in Skandinavien, in einer Zeit, in der Schweden eine europäische Großmacht war, kritisiert und sogar verspottet.

Das lymphatische System ist ein Netz aus Organen und Lymphknoten, -kanälen und -gefäßen, die Lymphflüssigkeit produzieren und aus Gewebe entfernen und ins Blut schicken. Der Milchbrustgang, das wichtigste lymphatische System im Körper, sammelt und kanalisiert Lymphflüssigkeit aus dem unteren Teil des Körpers. Lymphflüssigkeit ist eine milchige Flüssigkeit, die Lymphozyten enthält, ein wichtiger Bestandteil des Abwehrsystems, und Chylus, das aus Lymphflüssigkeit und Fett besteht. Das lymphatische System schützt den Körper vor Infektionen und dämmt die Ausbreitung von Tumoren ein. Es sammelt und entfernt außerdem interstitielle Flüssigkeit rund um Zellen.

SIEHE AUCH: Angeborene Abwehr (1882), Erworbene Abwehr (1897).

Ein Ölgemälde von 1661 von Königin Christina von Schweden (1626-1689), vom niederländischen Künstler Abraham Wuchters (1610-1682). Christina, eine äußerst vielseitige und berühmte Frau wurde 1633 Königin, war mit Descartes befreundet, weigerte sich zu heiraten, dankte 1654 ab, wurde Katholikin und verbrachte den größten restlichen Teil ihres Lebens in Rom.

1658

Blutzellen

Antoni van Leeuwenhoek (1632-1723), **Jan Swammerdam** (1637-1680), **Gabriel Andral** (1797-1876), **Alfred Donné** (1801-1878), **Paul Ehrlich** (1854-1915)

Blut spielt bereits seit der Antike eine zentrale Rolle in Religionen, Mythen und der Medizin und symbolisiert Mut und Opferbereitschaft. In vielen Kulturen herrscht heute noch die Überzeugung, dass Blut ein Symbol für Familienverwandtschaft ist, das ein Stammesband und natürliches Band bildet. Für die alten Griechen war Blut die essentielle Lebensnahrung, das Zentrum des Lebens selbst, die Seele. Der Tod war definitiv und unwiderruflich, wenn Blut fehlte. Ausnahmen waren die unsterblichen Götter und Dämonen, die ohne Blut leben konnten. Die Griechen erbrachten in der Regel keine Blutopfer, anders als etwa die Angelsachsen und die Normannen, die glaubten, dass Blut die Kraft seiner Quelle übertrug.

Die Bedeutung von Blut spielt auch in anderen Kulturen und Zeiten eine Rolle. Die Schriften des Judentums und des Islams verbieten den Konsum von Blut, während in der katholischen Tradition Wein als Symbol für Jesu Blut gesehen wird. In manchen ostasiatischen Kulturen ist Nasenbluten bei einem Mann ein Zeichen für sexuelles Verlangen. Japaner teilen Charaktereigenschaften nach Blutgruppen ein. Der Horrorautor Bram Stoker wurde möglicherweise von der blutsaugenden Vampirfledermaus inspiriert, als er 1897 seinen Roman *Dracula* schrieb.

Wissenschaftler haben entdeckt, dass Blut Nährstoffe und Sauerstoff zu Zellen transportiert und Abfallstoffe abführt, damit sie ausgeschieden werden. Jan Swammerdam, ein niederländischer Biologe, sah 1658 als erster rote Blutkörperchen unter einem Mikroskop. Antoni van Leeuwenhoek beschrieb ihre Form und Größe und illustrierte sie 1695. Um 1840 beschrieb der französische Medizinprofessor Gabriel Andral weiße Blutkörperchen. Er war ebenfalls Pionier in der Blutchemie und Hämatologie, die klinische und analytische Medizin vereint. Einige Jahre später beobachtete der französische Arzt Alfred Donné das erste Blutkörperchen. Und schließlich dachte sich Paul Ehrlich 1879 eine Färbemethode zur Differentialteilung von weißen Blutkörperchen aus – eine seiner vielen wissenschaftlichen Leistungen.

SIEHE AUCH: Van Leeuwenhoeks mikroskopische Welt (1674), Hämoglobin und Hämocyanin (1866), Blutgruppen(1901), Blutgerinnung (1905).

Bram Stokers Dracula *(1897), die von blutsaugenden Vampirfledermäusen inspiriert wurde, spielt sich im rumänischen Transsylvanien ab, wo 2007 dieses Souvenir verkauft wurde.*

1668

Widerlegung der Theorie der Spontanzeugung

Aristoteles (384-322 v. Chr.), **Francesco Redi** (1626-1697), **Lazzaro Spallanzani** (1729-1799), **Louis Pasteur** (1822-1895)

In seinem vor über 2000 Jahren geschriebenen Buch *Historia animalium* sagt Aristoteles, dass manche Organismen aus vergleichbaren Organismen hervorgehen, aber dass andere, wie Insekten, spontan aus faulender Erde oder Pflanzen entstehen. In jedem Frühjahr beobachtete man im Altertum, dass der Nil über seine Ufer trat und Schlamm und Frösche zurückließ, die es in Trockenzeiten nicht gab. In Shakespeares *Antonius und Cleopatra* lesen wir, dass Krokodile und Schlangen aus dem Schlamm des Nils entstehen. Die Idee, dass lebende Wesen aus totem, unbeseeltem Material hervorgehen können – Aristoteles' „Spontanzeugung" – blieb bis ins 17. Jhd. unangefochten. Schließlich konnte man selbst sehen, wie sich Maden auf faulendem Fleisch bildeten.

1668 dachte sich der italienische Arzt und Dichter Francesco Redi ein Experiment aus, das die Richtigkeit der Spontanzeugung und die Bildung von Maden aus faulendem Fleisch auf die Probe stellte. Redi legte Fleisch in drei große Töpfe, die er einige Tage wegstellte. Im offenen Topf gelangten Fliegen an das Fleisch und konnten dort Eier ablegen. Im versiegelten Topf wurden keine Fliegen oder Maden gefunden. Der dritte Topf war abgedeckt mit Gaze, sodass die Fliegen zwar nicht ans Fleisch kamen, sie jedoch ihre Eier ablegen konnten, aus denen die Maden schlüpften.

Ein Jahrhundert später kochte der italienische Priester und Biologe Lazzaro Spallanzani Bouillon in einem versiegelten Fass und ließ die Luft daraus entweichen. Er sah keinen einzigen lebenden Organismus entstehen, aber die Frage blieb, ob Luft eine wesentliche Voraussetzung für die Spontanzeugung war.

1859 sponserte die französische Akademie der Wissenschaften einen Wettstreit für das beste Experiment, das definitiv die Existenz der Spontanzeugung beweisen oder verwerfen sollte. Louis Pasteur gewann, indem er gekochte Fleischbouillon in eine Flasche tat, deren Hals wie bei einem Schwan gebogen war – mit der Öffnung nach unten. Dadurch konnte zwar Luft in die Flasche gelangen, wurde aber der Eingang für Mikroben gesperrt. Es entstand kein Bakterienwachstum in der Flasche und das Konzept der Spontanzeugung wurde für immer verworfen.

SIEHE AUCH: Der Ursprung des Lebens (ca. 4 Milliarden Jahre v. Chr.), Aristoteles' *Historia animalium* (ca. 330 v. Chr.), Zelltheorie (1838), Keimtheorie der Krankheit (1890), Miller-Urey-Experiment (1953).

Louis Pasteur, ein französischer Mikrobiologe und Chemiker, machte wichtige Entdeckungen zu Krankheitskeimen, Impfungen und Gärungen und erfand die später nach ihm benannte Pasteuerisierung zur Abtötung von Keimen.

1669

Phosphorzyklus

Hennig Brand (ca. 1630-ca. 1692), **Carl Wilhelm Scheele** (1742-1786), **Johan Gottlieb Gahn** (1745-1818)

Phosphor was das erste Element, das nach der Antike entdeckt wurde. 1669 suchte der deutsche Alchemist Hennig Brand nach dem „Stein der Weisen", der einfache Materialien – z. B. Blei – in Gold oder Silber verwandeln konnte. Er kochte Urin ein und erhielt einen festen Phosphor, der einen bleichgrünen Glanz ausstrahlte. 100 Jahre später gewann der schwedische Chemiker und Metallurge Johan Gottlieb Gahn Phosphor aus in Knochen enthaltenem Kalziumphosphat, was bis in die 1840er Jahre die wichtigste Quelle bleiben sollte. Etwa zur gleichen Zeit entdeckte ein anderer Schwede, der Pharmazeut Carl Wilhelm Scheele, eine Methode zur Massenproduktion von Phosphor, wodurch Schweden einer der wichtigsten Hersteller von Streichhölzern wurde.

Phosphor ist für Lebewesen von wesentlicher Bedeutung. Es ist ein Bestandteil sowohl der **Desoxyribonukleinsäure (DNA)** und der Ribonukleinsäure (RNA) als auch des Adenosintriphosphats (ATP), das eine Rolle bei der Energieübertragung spielt. In Kombination mit Fetten bildet es Phospholipide, der Kern von Zellmembranen. Kalziumphosphat verleiht Knochen und Zähnen Festigkeit. Von allen Elementen aus der **Biosphäre** ist Phosphor das Seltenste. Viel natürliches Phosphor befindet sich als Phosphat (Phosphor + Sauerstoff) in Gestein und Sediment, aus dem es durch Erosion und Bergbau freigesetzt und ins Meer gespült wird. Ein Mangel an Phosphor verzögert oder verhindert das Wachstum von Algen, hat unkontrollierte Massenvermehrungen zur Folge.

Mitte des 20. Jhd. fügte man Reinigungsmitteln und Düngemitteln Phosphate hinzu, was große negative Auswirkungen auf das natürliche Gleichgewicht des Phosphatzyklus' hatte. Phosphateinträge in Oberflächengewässer kann Algenblüten verursachen: eine schnell wachsende, kompakte Algenpopulation. Wenn **Algen** sterben, werden sie von Bakterien gefressen, ein Prozess, der dem Wasser große Mengen Sauerstoff entzieht und den Tod von Fischen und Wasserorganismen verursacht. Durch Ableitungen aus Wasserkläranlagen gelangen ebenfalls Phosphate ins Wasser. In der EU ist der Einsatz von Phosphaten in Waschmitteln seit 2013 verboten.

SIEHE AUCH: Prokaryoten (ca. 3,9 Milliarden Jahre v. Chr.), Algen (ca. 2,5 Milliarden Jahre v. Chr.), Landpflanzen (ca. 450 Millionen Jahre v. Chr.), Korallenriffe (ca. 8000 v. Chr.), Desoxyribonukleinsäure (1869), Biosphäre (1875), Energiehaushalt (1960), *Der stumme Frühling* (1962).

„Die Hand an der Wiege kann auch die Achse schaukeln lassen." Dieses Foto von 1942 zeigt eine Frau, die für Kriegszwecke Gussformen herstellt. In beiden Weltkriegen wurden mit weißem Phosphor Brandbomben hergestellt.

1670

Ergotismus und Hexerei

Louis-René Tulasne (1815-1885)

Am 20. Januar 1692 standen drei junge Mädchen in Salem, Massachusetts, wegen Hexerei vor Gericht. Grund für die Anklage waren ihre gotteslästerlichen Ausrufe, Zuckungen und tranceähnliche Zustände. Der örtliche Arzt wertete dies als Zeichen dafür, dass die Kinder verhext waren. Die Armen wurden verurteilt. Zwei von ihnen wurden gehängt, eines entging seiner Strafe, indem es im Gefängnis starb. Am Ende des Jahres waren 20 Personen verurteilt und als Hexen exekutiert worden. Hexenprozesse waren nicht auf Salem beschränkt: Zwischen 1450 und 1750 wurden in Europa etwa 40 000 bis 60 000 Menschen als Hexen verurteilt. Die letzte bekannte europäische Hexe wurde 1793 in Polen verbrannt. In dieser Periode hielt man in Europa und den USA in allen Aspekten des Lebens übernatürliche Einflüsse für Ursachen von Krankheit und Unglück.

Viele Gelehrte schrieben die Symptome der Mädchen und vieler anderer Beschuldigten dem Ergotismus zu, der von mit dem Pilz *Claviceps purpurea* angegriffenen Roggen und anderen Getreiden verursacht wird. Wenn die Sporen dieses Pilzes die Getreidepflanze infizieren, bildet sich ein so genanntes Mutterkorn. Die Infektion ähnelt in ihrem Verlauf der Bestäubung, bei der das Pollenkorn der Eizelle entgegenwächst. In den kalten und feuchten Perioden im frühen Frühling werden Roggen und getreideähnliches Mutterkorn geerntet und zusammen gemahlen. Roggen war das Standardgetreide für die Armen. Mutterkornvergiftung kommt nicht nur beim Menschen vor, sondern auch bei Tieren, insbesondere bei grasendem Vieh.

Ergotismus war weit verbreitet in Frankreich, wo die Klimaverhältnisse für das Wachstum von Mutterkorn günstig sind. 944 starben in Südfrankreich 40 000 Menschen daran. Die ersten Symptome sind Zuckungen und das Absterben von Gewebe. Die verminderte Durchblutung der Extremitäten verursacht extrem brennende Schmerzen und kann zum Absterben und schließlich zum Verlust von Gliedmaßen führen. 1670 entdeckte der französische Arzt Thuillier, dass Ergotismus keine Infektionskrankheit ist, sondern die Folge des Konsums von infiziertem Roggen. Der französische Mykologe Louis Tulasne fand 1853 den Lebenszyklus von Mutterkorn heraus. Alkaloide aus Mutterkorn finden medizinischen Einsatz gegen Migräne, um Wehen auszulösen und Blutverlust nach einer Geburt einzuschränken.

SIEHE AUCH: Pilze (ca. 1,4 Milliarden Jahre v. Chr.), Heilpflanzen (ca. 60 000 v. Chr.), Ackerbau (ca. 10 000 v. Chr.).

Hexensabbat *(1798), ein Gemälde von Francisco Goya (1746-1828), stellt den Teufel als Bock dar.*

1674

Van Leeuwenhoeks mikroskopische Welt

Antoni van Leeuwenhoek (1632-1723), **Robert Hooke** (1635-1703)

1674 entdeckte Antoni van Leeuwenhoek eine vorher unbekannte Welt mit Billionen von Bewohnern. Er sah einzellige Organismen, die er *animalcules* nannte. Obwohl er einer der berühmtesten Biologen und heute als Vater der Mikrobiologie gilt, hatte er nur eine bescheidene Ausbildung genossen und beherrschte er nur eine Sprache, Niederländisch. Er schrieb nie ein Buch oder einen wissenschaftlichen Artikel.

Van Leeuwenhoek wurde in Delft geboren und verbrachte dort auch fast sein ganzes Leben. Er war ein Zeitgenosse von Johannes Vermeer. Er verdiente sein Brot als Tuchhändler, doch seine wahre Liebe galt seinem Hobby: Linsen schleifen. Er soll sich von Robert Hookes Buch *Micrographia* (1665) inspiriert haben lassen, in dem dieser das Mikroskop und seinen Einsatz anpries. Hooke sah als erster mikroskopische Strukturen in Korken, die er „Zellen" nannte.

Ab 1673, im Alter von 40 Jahren, und in den darauffolgenden 50 Jahren bis zu seinem Tod, korrespondierte Van Leeuwenhoek mit der Royal Society in London. Er schrieb Hunderte von Briefen in gewöhnlichem Niederländisch über seine mikroskopischen Beobachtungen. Dazu gehörten Protisten (1674) und Bakterien (1676), aber auch Haargefäße, Muskelfasern, Pflanzengewebe und Spermazellen zahlreicher Arten. Diese sehr genauen Beobachtungen waren dank seiner Fertigkeiten im Schleifen von Linsen möglich, mit denen er glasklare, bis zu 275-fache Vergrößerungen des Präparats erreichte. Frühere Mikroskope kamen nicht weiter als 20- bis 30-fache Vergrößerungen des Originals. In seinem Leben fertigte Van Leeuwenhoek mit der Hand 400 bis 500 Linsen und etwa 25 Mikroskope, wobei er seine Techniken jedoch immer geheim hielt.

Der Einsatz von Linsen zur Vergrößerung datiert bis in die Zeit der alten Assyrer und Römer zurück. Das erste zusammengesetzte Mikroskop mit mehr als einer Linse wurde um 1590 erfunden. Das war das bedeutendste Werkzeug, das Hooke und spätere Biologen bis ins 20. Jhd. verwendeten. Moderne Lichtmikroskope können 1000- bis 2000-fach vergrößern, aber die **Elektronenmikroskope**, die heute in der Biologie eingesetzt werden, vergrößern bis zu zwei Millionen Mal.

SIEHE AUCH: Spermatozoen (1677), Zellkern (1831), Zelltheorie (1838), Elektronenmikroskop (1931).

Eine Briefmarke von 1982 aus der Transkei, Südafrika. Sie zeigt den Naturforscher Antoni van Leeuwenhoek, der einzellige Organismen beobachtete und beschrieb.

Antonie van Leeuwenhoek 1632-1723
father of the microscope
20c
TRANSKEI
C2.4 1982

1677

Spermatozoen

Antoni van Leeuwenhoek (1632-1723), **Lazzaro Spallanzani** (1729-1799), **Oscar Hertwig** (1849-1922)

Im 17. und 18. Jhd. war eine der größten wissenschaftlichen Fragen mit einem philosophischen und religiösen Unterton die der Fortpflanzung, insbesondere die des Menschen. Einige glaubten, dass Nachkommen aus einem Ei hervorgingen, andere meinten aus Sperma. Die Art von Sperma bei der Befruchtung des Eis wurde als ätherisch betrachtet und abwechselnd als Geist, Dampf oder Duft beschrieben, aber nicht als etwas Physisches. 1677 untersuchte der Mikroskopbauer Antoni van Leeuwenhoek Sperma von verschiedenen Tierarten und sein eigenes, nicht durch sündige „Selbstbefriedigung", sondern aus dem ehelichen Koitus erhaltenes. Er entdeckte viele Spermatozoen, die er noch nicht sofort mit der Befruchtung assoziierte. 1683 kam er jedoch zu der Schlussfolgerung, dass „der Mensch nicht aus einem Ei kommt, sondern aus einem mikroskopischen Tierchen in männlichem Samen" und dass Teile des Eis auf die Spermatozoen übertragen werden.

Der italienische Priester und Biologe Lazzaro Spallanzani hing der Präformationstheorie an, die beinhaltete, dass alle lebenden Wesen am Anfang von Gott geschaffen und im ersten weiblichen Mitglied der Art eingekapselt waren. Das neue Individuum im Ei war präformiert und breitete sich unter Einfluss von Sperma aus. 1768 beschrieb Spallanzani als erster, dass sowohl der feste Teil des Spermas als auch das Ei wesentlich waren für die Fortpflanzung, aber er erkannte noch nicht die Rolle der Spermatozoen in diesem Prozess.

In den 1870er Jahren gab es zwei Ansichten über die Befruchtung: Die Spermatozoen machten Kontakt mit dem Ei und regten über mechanische Vibration seine Entwicklung an. Oder die Spermatozoen penetrierten das Ei physisch und mischten ihre chemischen Bestandteile mit dem Eidotter.1876 untersuchte der deutsche Embryologe Oscar Hertwig dieses Problem bei einem Seeigel-Ei, weil es durchsichtig ist, ein klar getrenntes Dotter und keine Membran hat. Er sah unter seinem Mikroskop, dass die Spermatozoen das Ei penetrierten und sich dort mit seinem Kern vermischten. Hertwig beobachtete zudem, dass jeweils nur ein Spermatozoon erforderlich war, um ein Ei zu befruchten und dass sofort danach eine Membranbarriere gebildet wurde, die anderen Samenzellen das Eindringen unmöglich machte.

SIEHE AUCH: Van Leeuwenhoeks mikroskopische Welt (1674), Theorien der Keimung (1759), Keimblatttheorie (1828), Meiose (1876).

Mitte des 18. Jhd. behauptete Spallanzani, dass alle Menschen in der ersten Frau (Eva) eingekapselt waren und sich unter Einfluss von Sperma ausbreiteten. Dieses Standbild von Eva und der Schlange *(1913) des belgischen Bildhauers Albert Desenfans (1845-1938) steht im Josaphatpark in Brüssel.*

1717

Miasmentheorie

Giovanni Maria Lancisi (1654-1720), **William Farr** (1807-1883), **John Snow** (1813-1858), **Florence Nightingale** (1820-1910), **Robert Koch** (1843-1910)

Es gibt zwar in allen griechischen Schriften Hinweise darauf, aber die Miasmentheorie der Infektionskrankheiten entstand im Mittelalter und erfreute sich bis Ende des 19. Jhd. der Anerkennung in Europa, Indien und China. Nach dieser Theorie drangen Dampf, Nebel oder giftige Luft aus faulendem organischen Material (Miasmata) in den Körper ein und verursachten dort Krankheiten wie Cholera, Beulenpest, Typhus, Tuberkulose und Malaria (= „schlechte Luft"). Während der Pestepidemien in Europa trugen Pestmeister, die ihre Patienten besuchten, eine Brille, Schutzkleidung und eine mit Gewürzen gefüllte Kappe mit einem langen Schnabel, um den Geruch von verfaulendem Fleisch zu bekämpfen. Um schädliche Dämpfe zu eliminieren, wurden Kloakenabwässer weit außerhalb der Stadt entsorgt und Sümpfe trockengelegt.

In seiner *De noxiis paludum effluviis* („Über die giftigen Dämpfe von Sümpfen") von 1717 beschrieb der italienische Epidemiologe und Arzt des Papstes, Giovanni Lancisi, die Beziehung zwischen Mücken und der Verbreitung von Malaria und erklärte sie mit der Miasmentheorie. Anfang der 1850er Jahre wurde London von einer Cholerapandemie heimgesucht, die sich in den nicht kanalisierten, schmutzigen Stadtteilen entlang des Ufers der Themse konzentrierte, wo die Armen wohnten. Der medizinisch geschulte William Farr, Hauptassistent bei der Londoner Volkszählung von 1851, schrieb die Choleraübertragung giftiger Luft zu. Unterstützt wurde er dabei von Florence Nightingale, Gesellschaftsreformerin und Mutter des modernen Gesundheitswesens, die sich für saubere Krankenhäuser einsetzte. Arzt und Epidemiologe John Snow kannte zwar die Ursache für Cholera nicht (die Keimtheorie war noch nicht formuliert), er verwarf jedoch die Miasmentheorie. Snow verglich verschiedene Fälle miteinander und konnte schließlich überzeugend eine verschmutzte Wasserquelle als Ursache des Cholera-Ausbruchs von 1854 in Soho nachweisen.

Die Anhänger der Miasmentheorie wurden immer weniger, als der deutsche Arzt Robert Koch 1882 das Cholerabakterium entdeckte und die Keimtheorie formulierte (1890). Obwohl die Miasmentheorie verworfen wurde, sorgte sie dafür, dass der Volksgesundheit und dem Bau von Wasserreinigungsanlagen sowie der Trockenlegung von Sümpfen zur Malariabekämpfung mehr Aufmerksamkeit gewidmet wurde.

SIEHE AUCH: Keimtheorie der Krankheit (1890), Endotoxine (1892), Malaria verursachender Parasit (1898).

Abbildung eines Pestmeisters in einem Buch aus dem Jahr 1721, veröffentlicht von Jean-Jacques Manget (1652-1742), einem Arzt und Schriftsteller aus Genf.

Habit des Medecins, et autres personnes
qui visitent les Pestiferés, Il est de
marroquin de leuant, le masque a les yeux
de cristal, et un long néz rempli de parfums

1729

Zirkadiane Rhythmen

Jean-Jacques d'Ortous de Mairan (1678-1771), **Jürgen Aschoff** (1913-1998), **Colin Pittendrigh** (1918-1996)

1729 merkte der französische Wissenschaftler Jean-Jacques d'Ortous de Mairan, dass Mimosen ihre Blätter im Verlauf von 24 Stunden nach einem festen Schema öffnen und schließen, auch, wenn sie im Dunkeln stehen. Dies war die erste wissenschaftliche Beschreibung der zirkadianer Rhythmus (ZR). Dieser tägliche Licht-Dunkelzyklus (Zirkadian: „rings um den Tag") dauert circa 24 Stunden. ZR steuert periodische biologische Veränderungen und ist endogen, auch wenn keine Umgebungsreize vorliegen. Eine Synchronisierung eines Organismus mit der externen und internen Umgebung ist wesentlich für das Wohlbefinden und sogar Überleben des Organismus.

ZR beschränkt sich nicht auf Pflanzen. Er wurde von Colin Pittendrigh in den 1950er Jahren bei Taufliegen untersucht, und von Jürgen Aschoff bei Menschen, aber auch bei Pilzen, Tieren und Blaualgen. ZR ist wichtig für den Schlaf-Wach-Rhythmus, für die Nahrungsmuster aller Tiere und wird von subtileren Mustern begleitet, bei denen Änderungen in der Gen- und Gehirnwellenaktivität, der Hormonproduktion und -ausschüttung und der Zellregenerierung eine Rolle spielen. Eine Störung des ZR hat negative Folgen für die Gesundheit, was sich z. B. in Müdigkeit, Desorientierung und Schlaflosigkeit bei einem Jetlag äußert.

Bei Säugetieren befindet sich die zirkadiane Hauptuhr im Suprachiasmatikus im Hypothalamus. Informationen über einfallendes Licht werden von diesem Nukleus verarbeitet und von der Netzhaut zur Epiphyse (Zirbeldrüse) transportiert. Die Epiphyse steuert die Produktion und Ausschüttung des Hormons Melatonin, die nachst am stärksten ist und tagsüber abnimmt. Die molekulare Basis für ZR bildet eine Art innerer Uhr aus Genen, deren Aktivität sich in regelmäßigen Zeitabständen ändert und so die Körperfunktionen regelt.

Auf vergleichbare Weise wie bei Tieren, zeigen Pflanzen ohne Umgebungssignale wie Änderungen in Licht, Temperatur oder Flüssigkeit, ebenfalls zirkadiane Fluktuationen. Sie sind sowohl bei photosynthetischen Aktivitäten als auch bei Blattbewegungen, Öffnen der Blumen, Keimung, Wachstum und Enzymaktivität zu beobachten. Auch hier scheint sich die Basis für ZR um Genaktivität zu drehen.

SIEHE AUCH: Regeneration (1744), Phototropismus (1880), Sekretin: das erste Hormon (1902), Schilddrüse und Metamorphose (1912), Insulin (1921), REM-Schlaf (1953), Hypothalamus-Hypophysen-Nebennierenrinden-Achse (1968).

Die erste dokumentierte Beobachtung der zirkadianen Uhr stammt aus dem Jahr 1729, als ein französischer Wissenschaftler sah, dass Mimosen ihre Blätter in einem 24-Stunden-Rhythmus öffnen und schließen.

1733

Blutdruck

William Harvey (1578-1657), **Stephen Hales** (1677-1761)

Stephen Hales war ein Geistlicher, der seine ersten Entdeckungen im Alter von über 50 Jahren machte und anschließend eine wichtige Rolle in der englischen Wissenschaft spielte. Ein Belüftungssystem für Schiffe und Gefängnisse hielt er selbst für sein wichtigstes Werk, aber er machte auch bedeutende Entdeckungen in der Pflanzenphysiologie.

Bei der Untersuchung des Saftflusses in einem Zweig musste Hales diesen Fluss zum Stillstand bringen, um die Pflanze nicht zu beschädigen. Er band ein Stück von einer Blase über den Schnitt und stellte fest, dass die Kraft des fließenden Saftes die Blase anschwellen ließ. Er machte das gleiche zur Messung des Blutdrucks und entwickelte die Beobachtungen von William Harvey weiter. Bei seinen Pionierstudien des Herzens im ersten Jahrzehnt des 17. Jhd. meldete Harvey, dass Blut pulsierend aus einer durchgeschnittenen Schlagader floss, ebenso wie unter rhythmischem Druck.

Hales erste Versuchsobjekte waren Pferde. Er band ein lebendes Pferd, auf dem Rücken liegen, an einem Scheunentor fest. Dann legte er ein Kupferrohr in die Lendenschlagader, und verband dieses über ein Luftröhrchen einer Gans mit einem zweieinhalb Meter langen Glasrohr. Als er den abgebundenen Teil rund um die Schlagader löste, stieg das Blut über zwei Meter hoch. Danach untersuchte er die Variablen, die den Blutdruck kontrollierten und beeinflussten, wie das Volumen, das das Herz pro Minute pumpt, und die Fähigkeit von Blut, durch die kleinsten Blutgefäße zu fließen (peripherer Widerstand). Hales errechnete das Herzminutenvolumen durch Multiplikation des Herzschlagvolumens mit der Herzfrequenz. Variationen beim peripheren Widerstand untersuchte er durch Injektionen diverser Substanzen, wie Brandy und Salzlösungen, in einem isolierten Herzen. Die Unterschiede schrieb er dem Durchmesser der Haargefäße zu. Seine Ergebnisse beschrieb er 1733 in seinem *Haemastaticks*.

Hales interessierte sich vor allem für Pflanzen, und er wandte seine Beobachtungen an Tieren auf Pflanzen an. Er sah insbesondere Analogien zwischen der Pflanzen- und der Tierwelt, wie die Rolle von Saft in Pflanzen und die von Blut in Tieren.

SIEHE AUCH: Harveys *De motu cordis* (1628).

Menschliches Herz- und Gefäßsystem, mit Herz, Schlagadern und Venen.

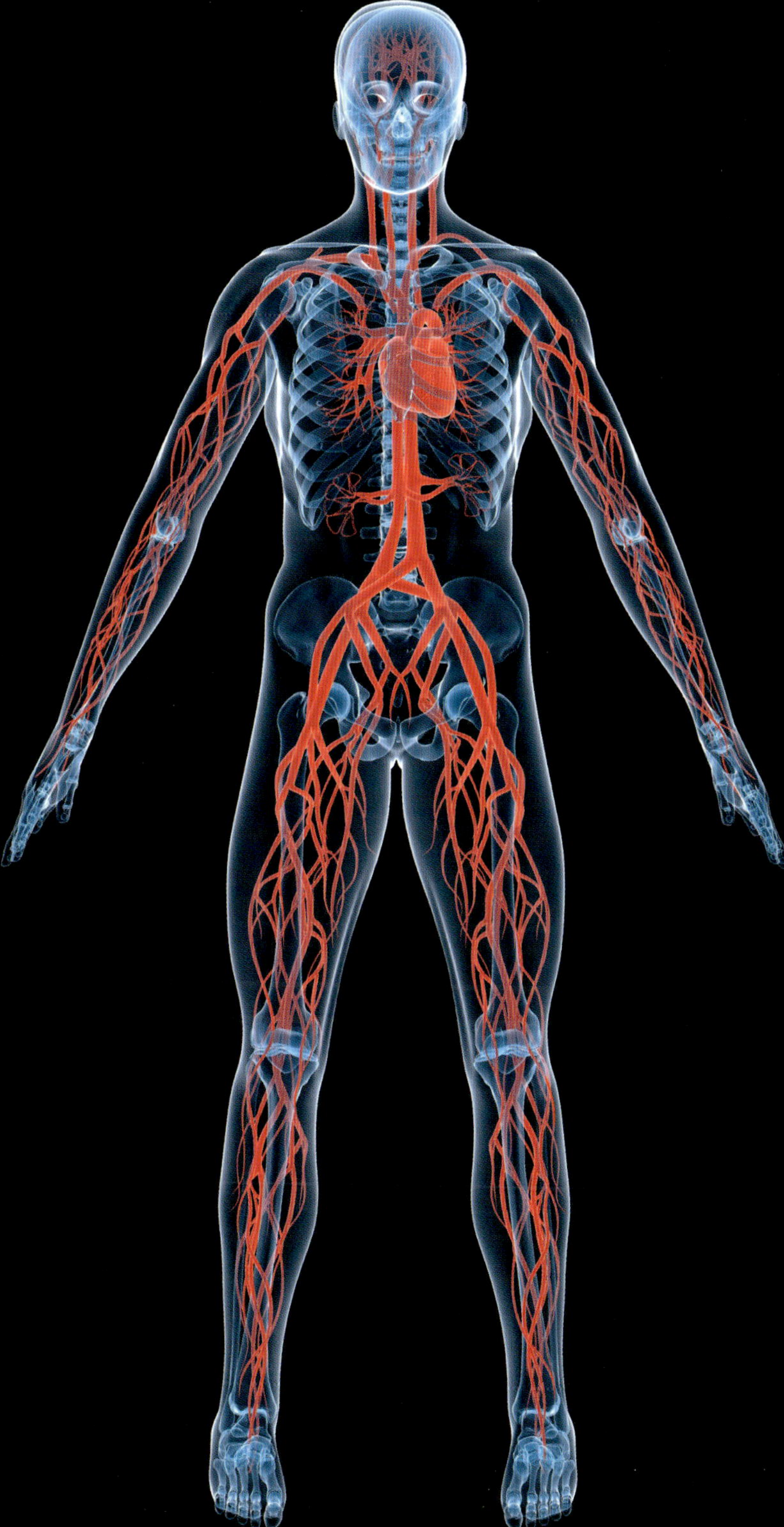

1735

Linnésche Klassifizierung der Arten

Aristoteles (384-322 v. Chr.), **Theophrastos** (372-287 v. Chr.), **Carl von Linné** (1707-1778), **Charles Darwin** (1809-1882)

Was haben Silberlöwen, Berglöwen, Pumas und Kuguars gemein? Es sind nur vier der mehr als ein Dutzend Namen, die man in den USA für das gleiche Tier verwendet, den *Felis concolor*. In der Natur benennen wir Pflanzen und Vögel meistens mit ihrem alltäglichen Namen, der jedoch irreführend sein kann. Silberfische und Walfische sind weder miteinander noch mit Fischen verwandt.

Die Klassifizierung von Lebewesen geht bis ins Altertum zurück. Aristoteles teilte die Tiere nach Art ihrer Fortpflanzungsmethoden ein, während Theophrastos Pflanzen nach ihrem Einsatz und ihrer Kultivierungsmethode unterschied. In der ersten Ausgabe seiner *Systema naturae* (1735) führte der schwedische Botaniker Carl von Linné eine neue Art der Taxonomie ein. Zuerst dachte er sich für jedes Tier und jede Pflanze einen zweiteiligen lateinischen Namen aus: Der erste Teil stand für die Gattung, der zweite für die Art. Durch diese binominale Nomenklatur erhielt jeder Organismus seinen eigenen Namen. Dieses System gilt bis heute. Die Gattung *Canis* umfasst z. B. die eng verwandten Hunde, Wölfe, Kojoten und Schakale, wobei jedes Mitglied einen eigenen Artnamen hat. Carl von Linné entwickelte außerdem eine hierarchische Klassifizierung, wobei höhere „Kategorien" die aufeinanderfolgenden Gruppen auf niedrigeren Kategorien umfassten. Verwandte Gattungen sind in Familien eingeteilt: *Canis* und *Vulpes* (Füchse) bilden zusammen die *Canidae*. Die höchste und umfassendste Kategorie war das Reich. Linné ließ nur zwei Reiche zu: das der Tiere und das der Pflanzen.

Linnés Klassifizierung teilte Organismen auf Basis ihrer äußeren Merkmale in verschiedene Kategorien ein und setzte natürliche Beziehungen voraus. Dies fußte auf der damals herrschenden biblischen Interpretation, dass Pflanzen und Tiere in der Form geschaffen worden waren, in der sie heute vorkamen. Ein Jahrhundert später wies Darwin überzeugend nach, dass zwei bestehende Tiere oder Pflanzen einen gemeinsamen Vorfahren haben und ausgestorbene Organismen Vorfahren heutiger Tiere oder Pflanzen sein können. Heutige Klassifizierungen basieren auf **phylogenetischer Systematik**, wobei sowohl bestehende als ausgestorbene Organismen und ihre Beziehungen aufgenommen sind.

SIEHE AUCH: Aristoteles' *Historia animalium* (ca. 330 v. Chr.), Pflanzenkunde (ca. 320 v. Chr.), Darwins Theorie der natürlichen Selektion (1859), Rekapitulationstheorie (1866), Phylogenetische Systematik (1950), Domänen des Lebens (1990), Taxonomie von Protisten (2005).

Abbildung der 24 Klassen der pflanzlichen Fortpflanzungssysteme gemäß Carl von Linné, aus Methodus plantarum sexualis *(1736), ein Werk von Georg Dionysius Ehret (1708-1770), einem deutschen Botaniker, der vor allem für seine botanischen Illustrationen bekannt ist.*

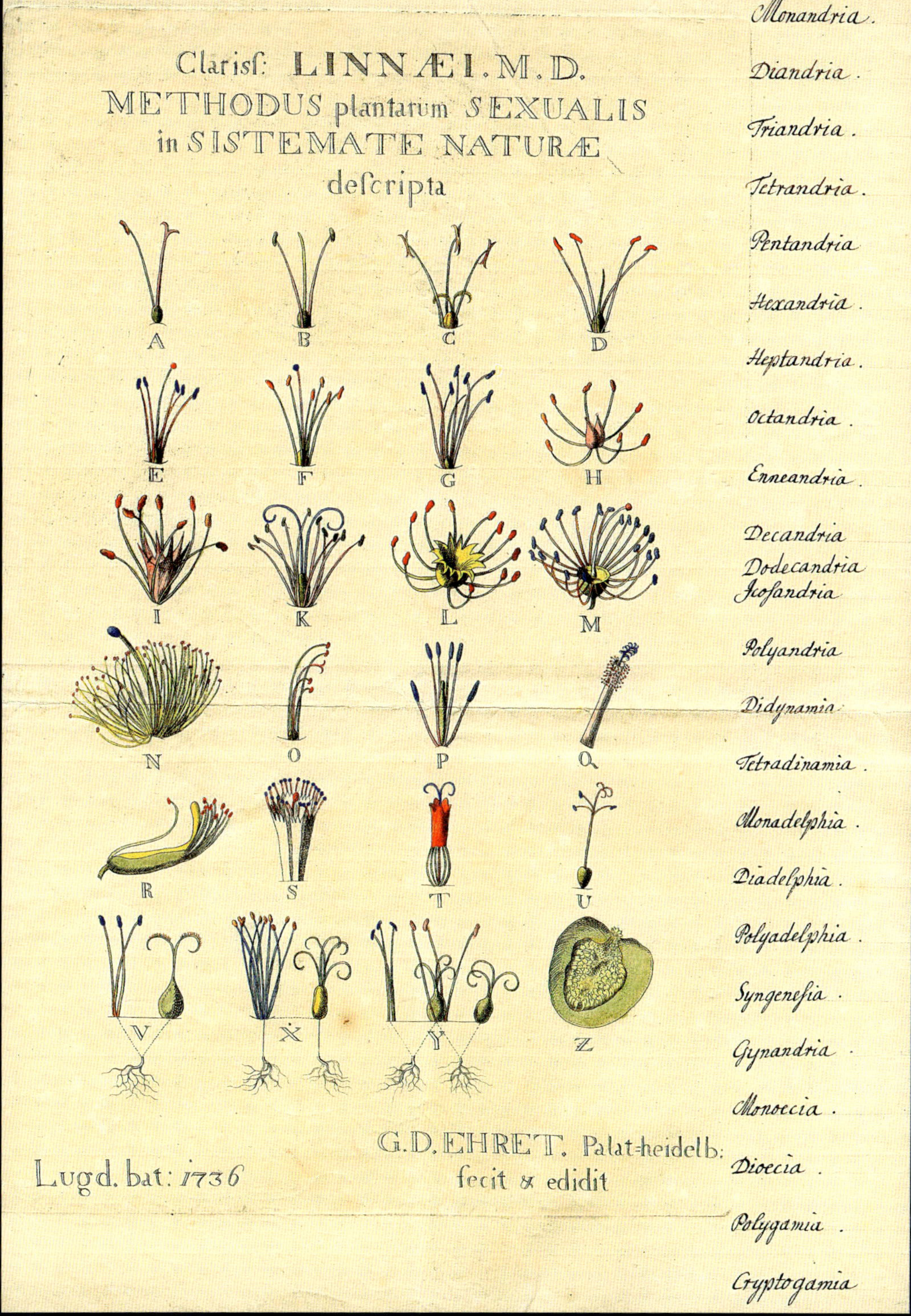
Clariss: LINNÆI. M. D.
METHODUS plantarum SEXUALIS
in SISTEMATE NATURÆ
descripta
A
B
C
D
E
F
G
H
I
K
L
M
N
O
P
Q
R
S
T
U
V
X
Y
Z
Lugd. bat: 1736
G.D. EHRET. Palat=heidelb:
fecit & edidit
Monandria.
Diandria.
Triandria.
Tetrandria.
Pentandria
Hexandria.
Heptandria.
Octandria.
Enneandria.
Decandria
Dodecandria
Icosandria
Polyandria
Didynamia
Tetradinamia.
Monadelphia.
Diadelphia.
Polyadelphia.
Syngenesia.
Gynandria.
Monoecia.
Dioecia.
Polygamia.
Cryptogamia

ca. 1741

Gehirnflüssigkeit

Hippokrates (ca. 460-ca. 370 v. Chr.), **Galenos von Pergamon** (ca. 130-ca. 200), **Emanuel Swedenborg** (1688-1772), **Domenico Cotugno** (1736-1822)

Die Existenz von „Wasser“ rund um das Gehirn wurde erstmals von Hippokrates entdeckt und von Galenos von Pergamon mit „Entleerungsflüssigkeit“ in der Hirnhöhle bezeichnet. In den darauffolgenden 16 Jahrhunderten befasste sich die Wissenschaft nicht mehr mit Gehirnflüssigkeit.

Mitte des 18. Jhd. weckte sie jedoch erneut das Interesse, und zwar von Emanuel Swedenborg, einem schwedischen Wissenschaftler, Metallurgen, Theologen und Mystiker. Nach seinem Studium und einer Rundreise durch Europa kehrte er 1715 zurück nach Schweden. Dort arbeitete er zwei Jahrzehnte lang an wissenschaftlichen und technischen Projekten. Nach eigenen Angaben war er kein experimenteller Wissenschaftler, sondern machte sich lieber Gedanken über „bereits entdeckte Fakten und die Erforschung ihrer Ursachen“. Dazu gehörten auch Ideen über das Nervensystem, insbesondere das Gehirn. In einem Manuskript von 1741-1744 (dessen Übersetzung erst 1887 erschien) verwies er auf die Gehirnflüssigkeit als „geistreichen Saft“ und „sehr begabten Saft“, der von der Oberseite des vierten Ventrikels zur Medulla oblongata und ins Rückenmark verteilt wird. Im Alter von 53 Jahren erlebte er ein spirituelles Erwachen und befasste sich den Rest seines Lebens mit theologischen Fragen. Sein bekanntestes Werk ist das Buch von 1758 über das Jenseits *De coelo et de inferno* („Über Himmel und Hölle“).

Domenico Cotugno, ein italienischer Arzt und Anatomieprofessor an der Universität Neapel, beschrieb als erster die Zirkulation von Gehirnflüssigkeit anhand der Autopsie von Kadavern, bei denen er Strom entdeckte. Ihm zu Ehren wird Gehirnflüssigkeit auch *liquor cotunni* genannt. Die Flüssigkeit wird in einem zentralen Teil des Gehirns, dem Plexus chorioides, gebildet. Sie führt Nährstoffe zu Gehirn und Rückenmark hin und Abfallstoffe ab. Eine andere wichtige Funktion ist die des Stoßdämpfers, der den Kopf bei plötzlichen Stößen oder Schlägen schützt, indem er verhindert, dass Gehirn und Schädel sich berühren. Dieses Kissen schützt nicht nur vor Gehirnschäden bei Autounfällen und Sportverletzungen. Gehirnflüssigkeit hat auch Tragfähigkeit und stützt das Gewicht des Gehirns.

Eine wichtige Funktion der Gehirnflüssigkeit ist die des Stoßdämpfers, der das Gehirn bei plötzlichen Stößen oder Schlägen auf den Kopf schützt.

1744

Regeneration

Aristoteles (384-322 v. Chr.), **Antoni van Leeuwenhoek** (1632-1723), **Abraham Trembley** (1710-1784), **Charles Bonnet** (1720-1793)

Geschichten über Regeneration finden sich bereits in der griechischen Mythologie. Als Strafe für den Diebstahl des Feuers lässt Zeus Prometheus an einem Fels festketten, wo ein Adler täglich von seiner Leber frisst. Die Leber wächst wieder nach und das Ritual wiederholt sich. Die zweite der zwölf Arbeiten des Herakles erzählt vom Töten der Hydra von Lerna, aber jedes Mal, wenn ihr ein Kopf abgeschlagen wird, wachsen zwei an seiner Stelle nach. Weniger dramatisch sind die Beobachtungen von regenerierenden Eidechsenschwänzen in den Schriften des griechischen Gelehrten Aristoteles.

Bis ins 18. Jhd. gaben sich Biologen in der Regel zufrieden mit der Beobachtung und Katalogisierung der Natur. Der Schweizer Abraham Trembley war möglicherweise der erste Biologe, der Organismen manipulierte, um die Folgen zu beobachten. Als Privatlehrer in einer reichen Familie entdeckte Trembley Polypen (*Hydra viridissima*) in einem Teich. Ihn faszinierte die Beobachtung, dass sich die Zahl der Arme je Individuum unterschied. Als er einen Polypen zweiteilte, regenerierten beide Teile zu zwei vollständigen Individuen. Wenn er sie in mehrere Stücke schnitt, entstanden mehrere Individuen. Nachdem er einen siebenköpfigen Polypen geschaffen hatte, nannte er ihn Hydra, nach dem griechischen Mythologiewesen. Als er zwei Individuen vereinigte, entstand ein gemischtes Individuum. 1744 veröffentlichte er seine Befunde. Trembley dachte anfänglich, dass Polypen Pflanzen seien. Als er jedoch ihre Bewegungen sah, änderte er seine Meinung. Als er erstmals diese fremden Wesen entdeckte, kannte er die Beschreibungen von Antoni van Leeuwenhoek von 1702-1703 als „Animalcules" nicht.

Trembleys Befunde wurden von einem Großteil der wissenschaftlichen Gemeinschaft gepriesen, jedoch nicht überall akzeptiert. Die Fähigkeit der geteilten Hydra, sich zu einer vollständigen Kopie zu regenerieren, stand im Widerspruch zur vorherrschenden Idee der Präformation: dass der Embryo sich aus bereits bestehenden Teilen zusammensetzt. Einer der ersten Zweifler war Trembleys Neffe Charles Bonnet, ebenfalls ein schweizerischer Naturwissenschaftler. Aber Bonnet war überzeugt, als er 1745 eine vergleichbare Regeneration bei Würmern beobachtete.

SIEHE AUCH: Van Leeuwenhoeks mikroskopische Welt (1674), Zelltheorie (1838), Embryogenese (1924).

Die Hydra war ein mythisches Tier mit legendärer Regenerationsfähigkeit. Herakles und die Hydra *(ca. 1475) ist ein Gemälde des italienischen Malers und Bildhauers Antonio del Pollaiolo (ca. 1429-1498).*

1759

Theorien der Keimung

Aristoteles (384-322 v. Chr.),**William Harvey** (1578-1657), **Casper Friedrich Wolff** (1733-1794)

Die Entwicklung des Embryos blieb zwei Jahrtausende lang ein Diskussionsthema – von der Zeit des Aristoteles bis ins 18. Jhd. Aristoteles schlug zwei Möglichkeiten vor: Präformation und Epigenese, die beide prominente Befürworter hatten.

Präformation basierte auf der biblischen Interpretation der Schöpfung. Bei der Empfängnis hatte der Embryo bereits alle Organe, die zu klein waren, um sie zu sehen und die sich in der Eizelle oder im Samen befanden. Erst bei der Entwicklung würde jedes Körperteil heranwachsen. Im 17. Jhd. meinte man zudem, dass die präformierten Keime aller Pflanzen und Tiere aus den ursprünglichen Eltern jeder Art (wie Adam und Eva) hervorgingen und somit keine neuen Lebewesen hinzukamen. Präformation war die vorherrschende Meinung von etwa 1675 bis Ende des 18. Jhd.

Aristoteles bevorzugte die Epigenese: Jedes Individuum begann komplett neu als undifferenzierte Masse im Ei und differenzierte sich und wuchs nach und nach heran, wobei das Sperma die Form oder Seele einbrachte, die diesen Entwicklungsprozess steuerte. Diese Idee wurde von William Harvey unterstützt, fand aber im 17. Jhd. dennoch wenig Beifall.

Der deutsche Physiologe und Embryologe Casper Friedrich Wolff nahm die Theorie der Epigenese erneut auf und wurde ihr bedeutendster Befürworter. Bei der mikroskopischen Untersuchung eines Kükenembryos fand er keine Hinweise auf eine präformierte Miniatur, die sich vergrößerte. Allerdings sah er kontinuierliches Wachstum und eine fortschreitende Entwicklung beim Küken. In seiner Doktorarbeit *Theoria generationis* behauptete Wolff, dass Organe zu Beginn des Entwicklungsprozesses nicht existieren, sondern sich aus undifferenzierter Materie über eine Reihe von Zwischenschritten entwickeln. Zur Unterstützung seiner Idee demonstrierte er auch, dass eine Pflanzenwurzel, trotz ihres differenzierten Gewebes, eine neue Pflanze bilden kann, sogar, wenn der Stiel und die Blätter entfernt wurden. Wolffs starke Befürwortung der Epigenese und Abweisung der Präformation nährten nur die Kontroverse über seine Theorie in der wissenschaftlichen Gemeinschaft und schadeten seiner Karriere. Später wurden seine Ideen allerdings bestätigt und dienten 1828 als Basis für die **Keimblatttheorie**.

SIEHE AUCH: Spermatozoen (1677), Keimblatttheorie (1828), Embryogenese (1924).

Ein neun Wochen alter Embryo (sieben Wochen nach dem Eisprung) bei einer Bauchhöhlenschwangerschaft. In der Frauenheilkunde datiert man den Beginn der Schwangerschaft auf den ersten Tag der letzten Menstruation, etwa zwei Wochen vor dem Eisprung.

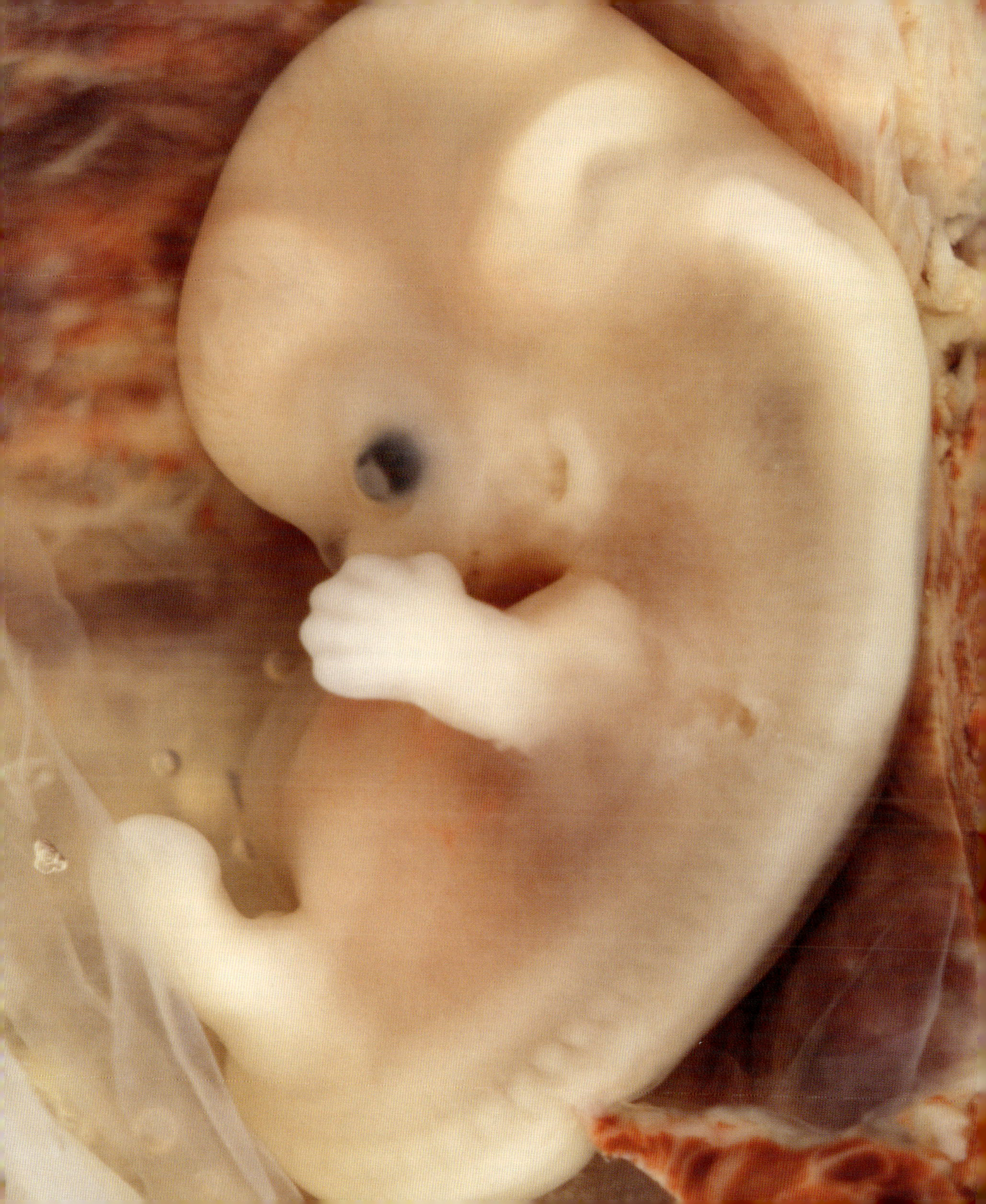

1760

Künstliche Selektion (Selektive Züchtung)

Abu Raihan Biruni (973-1048), **Robert Bakewell** (1725-1795), **Charles Darwin** (1809-1882)

Ein fundamentaler Baustein für Darwins Vorstellung seiner **Theorie der natürlichen Selektion** war die künstliche Selektion und er zitierte insbesondere aus dem Pionierwerk von Robert Bakewell auf diesem Gebiet. Darwin behauptete, dass die vielen domestizierten Tiere und Pflanzen durch das absichtliche Kreuzen von Individuen mit günstigen Merkmalen entstanden waren.

Diese künstliche Selektion wurde bereits vor 2000 von den Römern praktiziert und wurde im 11. Jhd. von dem persischen Gelehrten Abu Raihan Biruni beschrieben. Bakewell, eine Persönlichkeit in der britischen agrarischen Revolution, führte sie jedoch auf wissenschaftlicher Basis ein. Er kam aus einer Familie englischer Pachtbauern und reiste in seiner Jugend durch Europa, um Landbaumethoden zu lernen. Nach dem Tod seines Vaters 1760 übernahm er den Bauernhof, führte neue Zuchttechniken ein und verwandelte das Grasland durch Düngung und Bewässerung in fruchtbare Rinderweiden. Anschließend widmete er seine Aufmerksamkeit der Viehzucht und produzierte über künstliche Selektion die New Leicester-Schafrasse. Diese große Rasse mit einer feinen Knochenstruktur und langer, glänzender Wolle wurde nach Nordamerika und Australien exportiert. Das Erbe von Bakewell besteht nicht sosehr aus den neuen Rassen selbst, sondern aus den Methoden zu ihrer Züchtung.

Gewünschte Eigenschaften sind spezifisch für die zu züchtende Rasse. Die individuellen Mitglieder der Art werden für eine Hybride mit dieser Eigenschaft gekreuzt. Pflanzen werden meistens gekreuzt, um höhere Erträge, schnelleres Wachstum, Widerstand gegen Krankheiten und ungünstige Klimaverhältnisse zu erzielen. Bei Hühnern kann es sich um die Qualität und Größe der Eier sowie Fleisch und Produktion von Küken handeln, die sich erfolgreich fortpflanzen können. Die Aquakultur von Fischen und Schalentieren hat ihr Potenzial noch nicht ganz ausgeschöpft. Zu den Zielen gehören größeres Wachstum und Überlebenschancen, gute Fleischqualität und Resistenz gegen Krankheiten, und bei Schalentieren auch Format und Farbe der Schale.

SIEHE AUCH: Weizen: das tägliche Brot (ca. 11 000 v. Chr.), Ackerbau (ca. 10 000 v. Chr.), Domestifizierung von Tieren (ca. 10 000 v. Chr.), Reisanbau (ca. 7000 v. Chr.), Darwins Theorie der natürlichen Selektion (1859), Mendelsche Regeln (1866), Gentechnisch veränderte Nutzpflanzen (1982).

Ein preisgekrönter Stier wird bei einer Landwirtschaftsausstellung in Schottland in den Ring geführt, wo er möglicherweise wieder eine Schleife bekommt.

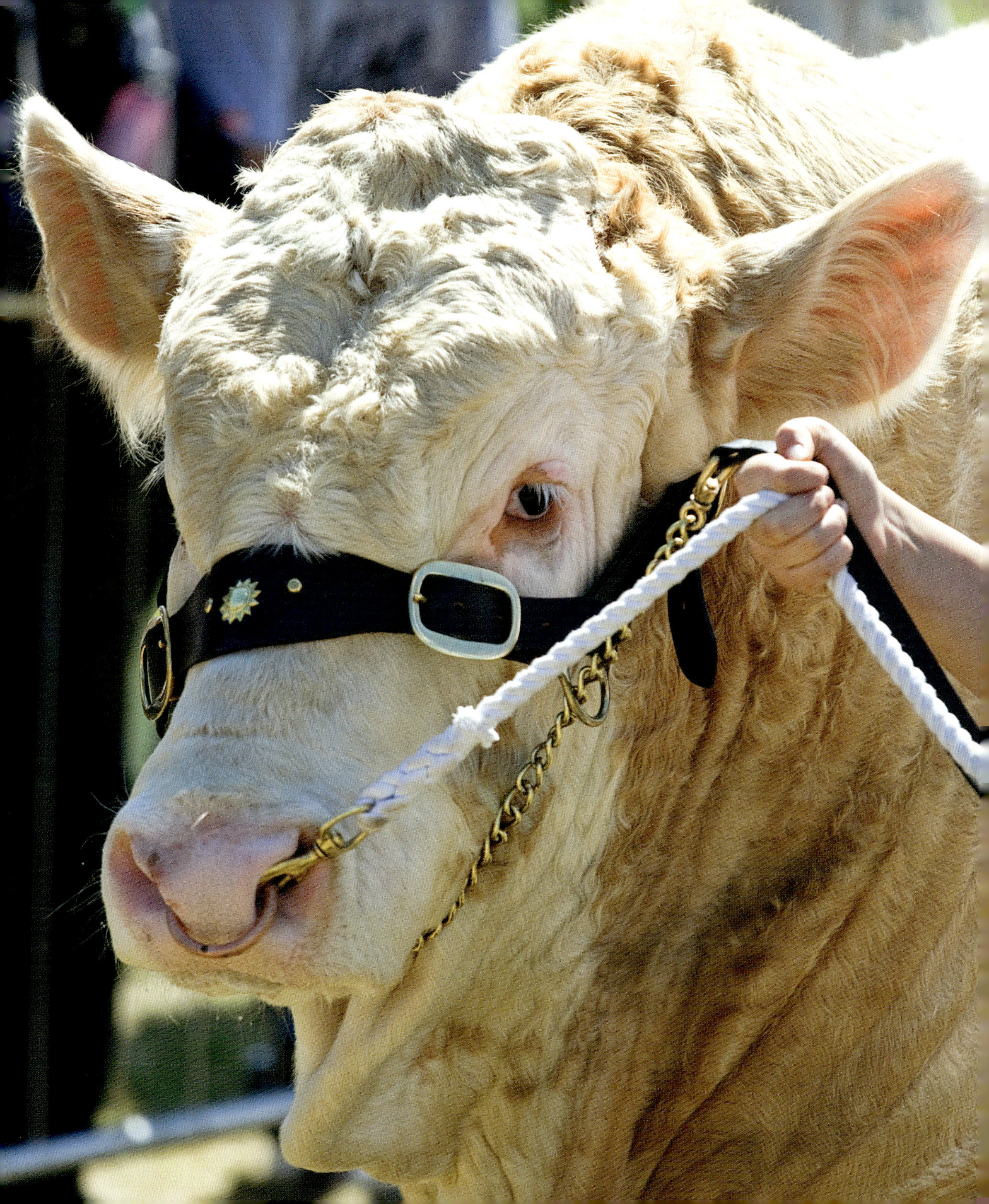

1786

Tierische Elektrizität

Luigi Galvani (1737-1798), **Alessandro Volta** (1745-1827), **Giovanni Aldini** (1762-1834)

Man kann sich den Schrecken vorstellen, den Luigi Galvani 1786 bekam, als er sah, wie sich ein totes Froschbein kräftig zusammenzog. Galvani hatte solche Kontraktionen schon zahllose Male gesehen, da er bereits seit einem Jahrzehnt Versuche mit Elektrizität durchführte, um physiologische Reaktionen von Fröschen zu beobachten. An diesem Tag benutzte sein Assistent jedoch ein Metallskalpell, um den bloßliegenden Nerv eines Beins zu berühren, das bei einem vorigen Versuch benutzt worden war. Bei einem nächsten Versuch sah Galvani, dass bei der Berührung von zwei verschiedenen Metallen mit einem Nerv oder Muskel ein elektrischer Strom erzeugt wurde und der Muskel sich zusammenzog.

Galvani, ein italienischer Arzt, Anatom und Physiologe, war ein anerkanntes Mitglied der medizinischen Fakultät der Universität Bologna. Aus seinen Experimenten schlussfolgerte er, dass Nerven eine elektrische Flüssigkeit enthielten, ähnlich der Elektrizität, und er nannte sie die „tierische Elektrizität". Er meinte, dass ein elektrisches Feld im Gehirn erzeugt wurde, das für die Kontraktionen verantwortlich war. Die anfängliche Begeisterung des Physikprofessors Alessandro Volta für Galvanis tierische Elektrizität schlug zunächst in Skepsis und schließlich in vollständige Ablehnung um. Volta lehrte an der Universität Pavia, akzeptierte die Ergebnisse, aber verwarf die Idee der tierischen Elektrizität (zu Recht). Seine Erklärung war, dass bei Berührung zweier Metalle ein Strom erzeugt wird. Er nannte diese Metallelektrizität „Galvanismus".

Beide Männer beeinflussten die zukünftige Wissenschaft und Literatur. Galvani war Pionier auf dem Gebiet der Elektrophysiologie und Bioelektrizität, die sich mit den elektrischen Eigenschaften von lebenden Zellen befassen. Voltas Studien führten zu einer Voltasäule, einer frühen Batterie. Der Begriff *Galvanisieren* und die elektrische Einheit *Volt* sind nach ihnen benannt. Ein treuer Anhänger Galvanis war sein Neffe Giovanni Aldini, ein Physikprofessor. Aldini führte die Versuche seines Onkels fort und demonstrierte 1803 die elektrische Reizung eines Körperteils eines verstorbenen Kriminellen. Es ist nicht bekannt, ob Mary Shelley hiervon wusste, aber es wird gemunkelt, dass ihr *Frankenstein* (1818) von Aldinis Versuch zur menschlichen Reanimierung inspiriert war.

SIEHE AUCH: Kommunikation des Nervensystems (1791), Aktionspotenzial (1939).

Eine Illustration von Dr. Frankensteins (namenlosem) Monster in der Ausgabe von 1831. Das Monster wurde durch einen starken elektrischen Strom zum Leben erweckt.

T. Holst, del. W. Chevalier, sculp.

FRANKENSTEIN.

"By the glimmer of the half-extinguished light, I saw the dull, yellow eye of the creature open; it breathed hard, and a convulsive motion agitated its limbs.
*** I rushed out of the room."

Page 43.

1789

Gasaustausch

Antoine-Laurent Lavoisier (1743-1794)

1789 demonstrierte der französische Edelmann und Chemiker Antoine Lavoisier die Bedeutung von Sauerstoff und Kohlendioxid bei der Atmung, eine Leistung, die diesen Pionier der modernen Chemie 1794 übrigens nicht vor der Guillotine rettete. Einzelheiten über die Rolle dieser Gase beim Stoffwechsel von energiereichen Gemischen wie Kohlenhydraten und Fetten und die chemischen Reaktionen bei der Zellatmung wurden im 20. Jhd. deutlich.

Bei allen lebenden Organismen – von einzelligen Bakterien bis hin zu den Säugern – besteht die Atmung aus einem Gasaustausch, wobei Gase in entgegengesetzter Richtung durch eine Atmungsoberfläche zwischen externer Umgebung und dem Innerem des Organismus strömen. Durch die Atmung strömt Sauerstoff ein und Kohlendioxid, das Endprodukt des Stoffwechsels, aus. Der Austausch über eine Atmungsoberfläche erfolgt über Diffusion, wobei Gase von Regionen mit höherer Konzentration in niedrigere Konzentrationen abfließen. Die Art des Prozesses ist vergleichbar, nur die Atmungsoberfläche unterscheidet sich jeweils.

In einzelligen Organismen wie Bakterien passieren Gase mühelos die Zellmembran, während das bei **Amphibien** über die Haut erfolgt. Auf der Körperoberfläche von Insekten befinden sich Atemöffnungen, die mit Tracheen oder Atemröhren verbunden sind. **Fische** nehmen in Wasser gelösten Sauerstoff auf. Das Wasser fließt durch ihre Kiemen, die reich an Haargefäßen sind und eine große Oberfläche für den Gasaustausch bereitstellen. Während der Sauerstoff in eine Richtung durch die Kiemen fließt, strömt das verbrauchte Blut in die andere Richtung und leitet das Kohlendioxid ab. Bei Säugern werden sowohl Sauerstoff als auch Kohlendioxid über das Blut im Körper transportiert. Der Gasaustausch erfolgt über die Lungenbläschen, einer Atmungsoberfläche von der Größe eines Tennisplatzes.

Bei Pflanzen wird bei der **Photosynthese** (im Licht) Kohlendioxid aufgenommen und Sauerstoff abgegeben. Bei der Atmung (im Dunkeln) gelangt Sauerstoff in die Pflanze und wird Kohlendioxid freigesetzt. Gase diffundieren durch die Spaltöffnungen auf der Blattunterseite und über das Mesophyll, die Atmungsoberfläche im Blattinneren.

SIEHE AUCH: Fische (ca. 530 Millionen Jahre v. Chr.), Amphibien (ca. 360 Millionen Jahre v. Chr.), Stoffwechsel (1614), Photosynthese (1845), Enzyme (1878), Mitochondrien und Zellatmung (1925), Energiehaushalt (1960).

Der Gasaustausch von Sauerstoff und Kohlendioxid über die Kiemen bei einem Goldfisch.

1791

Kommunikation des Nervensystems

Luigi Galvani (1737-1798), **Julius Bernstein** (1839-1917)

Die ersten Tiere lebten auf dem Meeresgrund und filterten Nahrungsteilchen aus dem Wasser – genau wie die heutigen Schwämme es tun. Diese Lebensformen erlaubten keine Veränderungen in ihrer Umgebung, die sie deshalb auch nicht wahrnahmen, sodass sogar ein rudimentäres Nervensystem überflüssig war. Im Laufe der Zeit entstanden diffus verbreitete Nervenvernetzungen in quallenartigen Tieren, die chemische Stoffe wahrnehmen, berühren und orten konnten, auf die sie mit ihrem gesamten Körper, jedoch ohne besondere räumliche Differenzierung reagierten.

Vor etwa 550 Mio. Jahren sollen die Urbilateralia erschienen sein. Sie waren bilateral und hatten sowohl die Sinnesorgane als das Nervengewebe an der Vorderseite und waren mit einem Nervenstamm verbunden, der mit anderen Körperteilen kommunizieren konnte. Alle Wirbeltiere, Würmer und Insekten sollen von diesem gemeinsamen Vorfahren abstammen, von dem niemals fossile Reste gefunden wurden. In den folgenden Hunderten von Millionen Jahren entwickelte das Nervensystem der Nachkommen sich so, dass sie Körperfunktionen koordinieren und auf Veränderungen in ihrer Umgebung und in ihrem Körper reagieren konnten.

Die alten Griechen wussten, dass das Gehirn die Muskeln beeinflusst und dachten, dass Informationen von Nerven vom beseelten Geist geleitet würden (*spiritus animalis*). Mitte des 18. Jhd. befasste man sich mit der **tierischen Elektrizität**. Auf Basis von Versuchen mit Fröschen lieferte der italienische Arzt und Physiker Luigi Galvani den Beweis, dass ein elektrischer Strom in Nerven für Muskelkontraktionen verantwortlich war. Der deutsche Physiologe Julius Bernstein erkannte 1902, dass dieser Strom in Nervenzellen (Neuronen) auf Spannungsunterschieden innerhalb und außerhalb der Zellen infolge einer ungleichen Verteilung von geladenen Teilchen basierte.

Gemäß der **Neuronendoktrin** ist jedes Neuron eine gesonderte Einheit, die von den benachbarten Neuronen und Muskeln durch Synapsen, physische Spalten, getrennt ist. Während elektrische Impulse die Fernkommunikation im Neuron ermöglichen, übermitteln chemische **Neurotransmitter** Nachrichten über die kurzen Entfernungen der Synapsen. Die Ausschüttung eines Neurotransmitters ist die Folge von elektrischen Reizen und überbringt die Nachricht an einen Nerv oder Muskel.

SIEHE AUCH: Medulla: das vitale Gehirn (ca. 530 Millionen Jahre v. Chr.), Tierische Elektrizität (1786), Neuronendoktrin (1891), Neurotransmitter (1920), Aktionspotenzial (1939).

Illustration einer Übertragung von Nachrichten über eine Synapse (Spalt) zwischen zwei Neuronen, die durch chemische Neurotransmitter vermittelt werden.

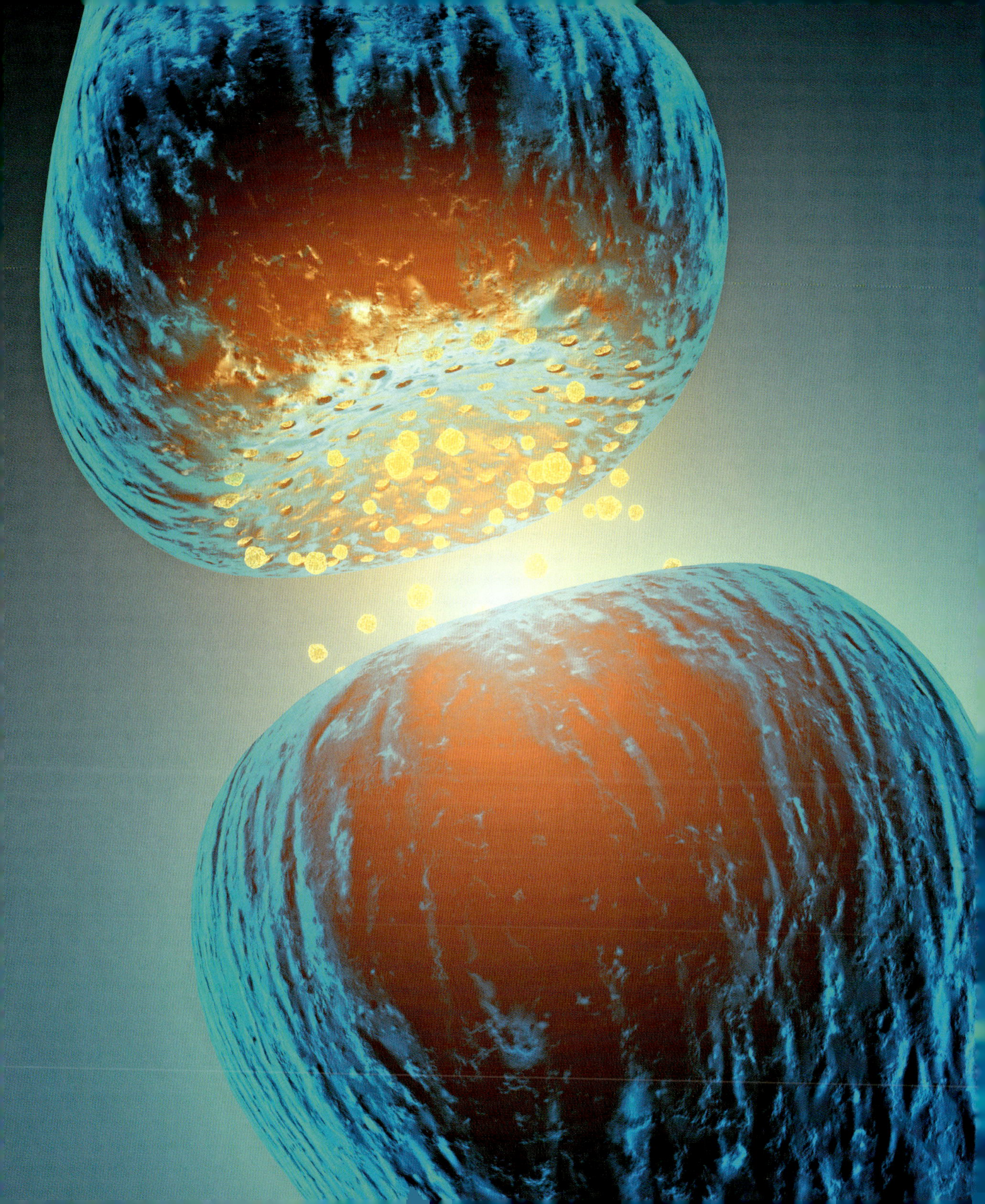

1796

Paläontologie

Xenophanes (ca. 570 v. Chr.-ca. 478 v. Chr.), **Shen Kuo** (1031-1095), **Georges Cuvier** (1769-1832), **Charles Lyell** (1797-1875), **Charles Darwin** (1809-1882)

Paläontologie ist das Studium der Fossilien: Reste von uralten Lebensformen, deren Abdrücke in Gestein konserviert sind. Fossilien wurden auch dazu verwendet, die Existenz von Drachen, der Sintflut und anderer Katastrophen sowie Darwins Evolutionstheorie nachzuweisen. Auf Basis seiner Untersuchung von fossilen Muscheln behauptete der antike griechische Philosoph Xenophanes, dass das Festland, auf dem sie gefunden wurden, einst unter dem Meeresspiegel lag. Shen Kuo, ein chinesischer Naturalwissenschaftler aus dem 11. Jhd., äußerte eine Theorie der Klimawandlung aufgrund von versteinertem Bambus.

Im 18. Jhd. wurden Fossilien erstmals aktiv gesammelt und klassifiziert. Gegen Ende dieses Jahrhunderts erkannte der französische Biologe Georges Cuvier, dass Fossilien Reste früherer Lebensformen waren. Fossilien wurden nun nach der Reihenfolge ihrer Schichten (Strata) eingeteilt, in denen sie gefunden wurden (Sedimentgestein). Cuvier sah, dass die Fossilien der älteren Strata weniger den heutigen Lebensformen ähnelten als jene der jüngeren, und dass manche Arten ausstarben und neue erschienen. 1796 entdeckte Cuvier auf Basis von fossilen Skelettresten, dass afrikanische und indische Elefanten verschiedene Arten waren und das Mammut von beiden abwich. Er schlussfolgerte ebenfalls, dass vor den **Säugetieren** bereits große **Reptilien** gelebt hatten, in Anbetracht der Strata, in denen sich ihre Fossilien befanden.

Cuvier widersetzte sich den prädarwinistischen Evolutionstheorien und behauptete konform mit der biblischen Sintflut, dass ein einziges Ereignis alles Leben ausgelöscht hatte, wonach es durch die heutigen Lebensformen ersetzt worden war. In seinen dreiteiligen *Principles of geology* (1830-1833) bestritt der schottische ehemalige Rechtsanwalt und Geologe Charles Lyell diese Sichtweise und überzeugte sein Publikum vom Uniformitätsprinzip: Veränderungen auf der Erde verliefen gemäß eines natürlichen, nicht wahrnehmbaren, schrittweisen Prozesses. Dieses Konzept hatte großen Einfluss auf Darwin, der zahlreiche Fossilien auf seiner Reise mit der *Beagle* sammelte und nach den Texten von Lyell die Evolution als biologischen Uniformitarianismus begriff, der sich über Generationen hinweg zog, aber zu langsam war, um wahrgenommen zu werden.

SIEHE AUCH: Darwin und die Reise mit der *Beagle* (1831), Fossilien und Evolution (1836), Darwins Theorie der natürlichen Selektion (1859).

Dieser versteinerte Zahn eines Makrelenhais wurde in einer Miozänklippe am Potomac-Fluss im Westmoreland State Park in Virginia gefunden. Das Miozän begann vor etwa 23 Mio. Jahren und endete vor etwa 5 Mio. Jahren.

1798

Bevölkerungswachstum und Nahrungsversorgung

William Godwin (1756-1836), **Thomas Malthus** (1766-1834), **Charles Darwin** (1809-1882), **Alfred Russel Wallace** (1823-1913)

Am Ende des 18. Jhd. sahen englische Reformer wie William Goodwin und seine Utopisten-Kollegen eine fast unbeschränkte Verbesserung des gesellschaftlichen Lebens voraus, wobei Bevölkerungswachstum für mehr Arbeiter sorgte und somit für mehr nationalen und individuellen Reichtum und eine höhere Lebensqualität. Kritische Stimmen prophezeiten jedoch die grimmigen Folgen eines zügellosen Bevölkerungswachstums. 1798 erschien ein Essay, in dem vorausgesagt wurde, dass ein solches Wachstum, vor allem der niedrigeren Gesellschaftsschichten, die vorhandene Nahrungsmittelversorgung um die Mitte des 19. Jhd. erschöpfen würde.

Der Autor von „An essay on the principle of population" war der 32jährige englische Politik-Wirtschaftler und Demograph Thomas Malthus. Er war von allen Bevölkerungsaspekten, einschließlich Geburts- und Todesraten und das Alter, an dem Eheschließungen und Fortpflanzung stattfanden, fasziniert. Während die Nahrungsversorgung linear stieg (1, 2, 3, 4, 5...), sah Malthus voraus, dass die Bevölkerung sich exponentiell ausdehnte (2, 4, 8, 16, 32...). Das würde, wenn man es nicht unter Kontrolle brächte, kurzfristig zu Armut und Hungersnot führen. Er schlug „präventives Bremsen" vor: Geburtenkontrolle, Heiraten im späteren Alter, Verhütung und Entsagung. Andernfalls würden „zwangsläufige Bremsen", wie Krankheiten, Kriege, Katastrophen und Hungersnöte die Sterbeziffern erhöhen. Wie stark sein Essay beachtet wurde, zeigte seine 6. (und letzte) Ausgabe 1826. Doch glücklicherweise sollten sich seine Prophezeiungen nicht bewahrheiten, denn er hatte das Herannahen der Agrarrevolution übersehen.

Malthus beeinflusste jedoch sowohl Darwin als Alfred Russel Wallace bei ihren Theorien der natürlichen Selektion, die etwa 20 Jahre später erschienen. Darwin gab in seiner Autobiographie zu, dass er Malthus' Konzepte von Menschen auf die Natur übertragen hatte. Er sah ein, dass alle lebenden Arten sich von Natur aus fortpflanzten und dass in einer feindlichen Umgebung nur manche Arten und Individuen ein Merkmal besitzen, das ihnen einen selektiven Vorteil bietet, um zu überleben und dieses Merkmal an ihre Nachkommen weiterzugeben.

SIEHE AUCH: Darwins Theorie der natürlichen Selektion (1859), Einflussfaktoren auf das Bevölkerungswachstum (1935), Grüne Revolution (1945).

Die Schlagzeile in der Illustrated London News *(1877) zu diesem Bild aus der Zeit der großen Hungersnot von 1876-1878 lautete: „Die Hungersnot in Indien: Einwohner warten auf Hilfe in Bangalore."*

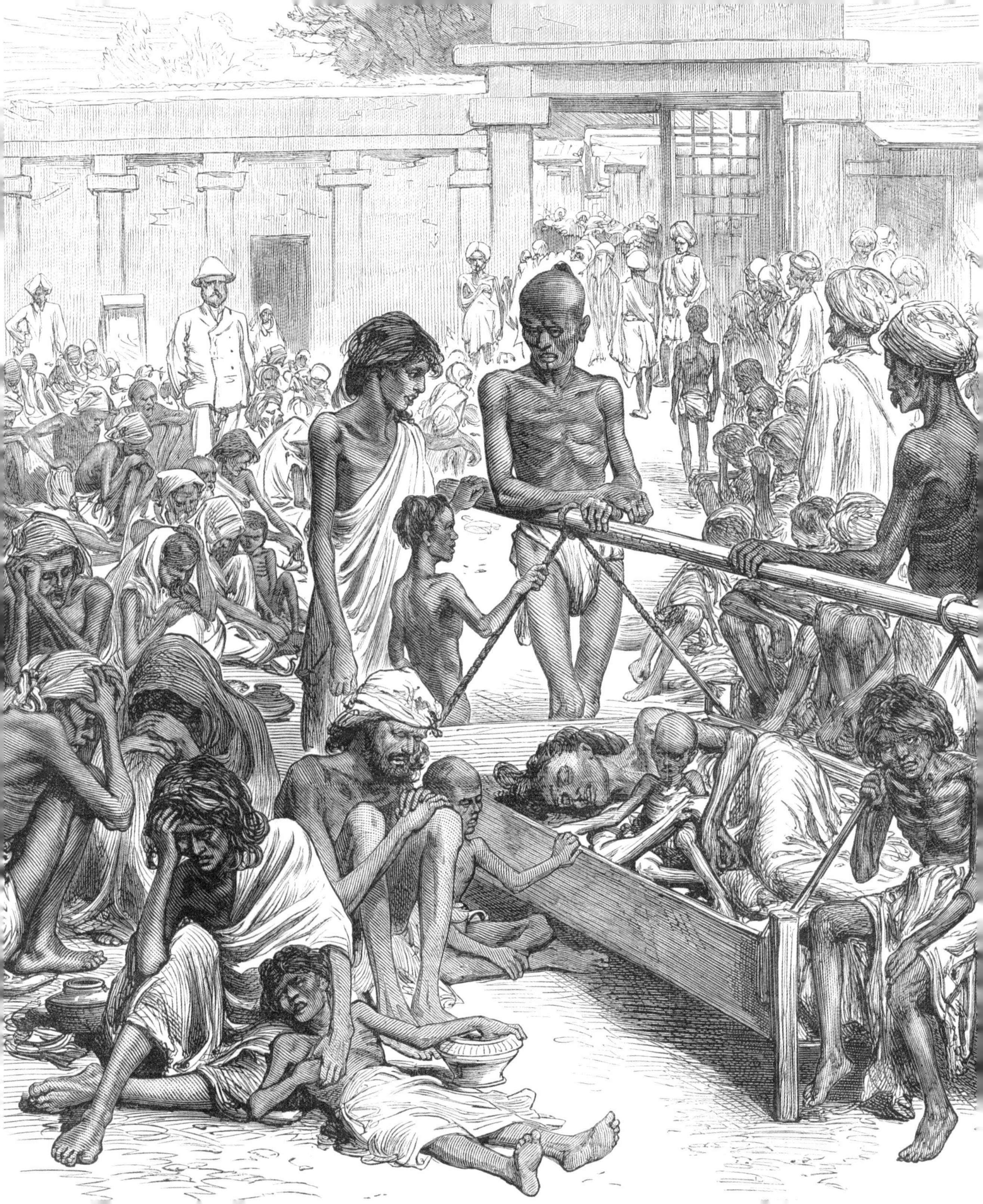

1809

Erblichkeit nach Lamarck

Erasmus Darwin (1731-1802), **Jean-Baptiste Lamarck** (1744-1829)

Seit den alten Griechen bis ins frühchristliche Zeitalter konnten Evolutionskonzepte öffentlich diskutiert werden. Dieser Dialog endete im Mittelalter und wurde von dem katholischen Dogma ersetzt, dass sämtliche Lebewesen seit ihrer Schöpfung in unveränderter Form existierten. Mit der Entdeckung von Fossilien im 18. Jhd. begannen einige Naturwissenschaftler sich zu fragen, ob Lebensformen tatsächlich seit der Schöpfung konstant geblieben oder eher evolviert waren.

Obwohl die Vorstellung von der Vererbung erworbener Eigenschaften unlösbar mit Lamarck verbunden ist, befassten sich schon die alten Griechen damit und im 18. Jhd. insbesondere Erasmus Darwin, der Großvater von Charles Darwin. In seiner zweiteiligen *Zoonomia* (1794-96) beschrieb er das Alter der Erde in Jahrmillionen, während der irische Bischof Ussher 1654 noch ausgerechnet hatte, dass die Schöpfung 4004 v. Chr. stattgefunden hatte.

Jean-Baptiste Lamarck war Soldat im französischen Heer, ein geschätzter Botaniker und alleiniger Experte für Wirbellose. In seinem Werk, *Philosophie zoologique* (1809), legte er dar, dass lebende Wesen nicht bei einer Reihe von Katastrophen und Neuschöpfungen evolvieren, sondern sich nach und nach verändern. Je nachdem, wie sich die Umgebung veränderte, mussten sich Organismen ebenfalls verändern, um zu überleben. Wenn ein Körperteil dabei öfter benutzt würde als vorher, würde er im Laufe des Lebens wachsen oder kräftiger werden und diese Eigenschaft würde an die Nachkommen weitervererbt. Wenn z. B. eine Giraffe ihren Hals streckte, um an höhere Blätter heranzukommen, würde ihr Hals länger. Ihre Nachkommen erbten dann diesen langen Hals und je öfter dieses Strecken erfolgte, desto länger würde der Hals im Laufe der Generationen. So sollen Wattvögel längere Beine bekommen haben, weil sie diese streckten, um ihren Körper über Wasser zu halten. Weniger oft benutzte Körperteile würden zu Rudimenten oder verschwänden gänzlich. Deshalb hätten Schlangen keine Beine.

Lange vor seinem Tod wurde Lamarcks Theorie von der religiösen und wissenschaftlichen Gemeinschaft kritisiert und verworfen. Er starb blind, arm und scheinbar vergessen. Kürzlich wurde der Lamarckismus im Rahmen der **Epigenetik** neu untersucht, die erforscht, wie Umgebungsfaktoren die Genexpression von Eigenschaften beeinflussen.

SIEHE AUCH: Paläontologie (1796), Fossilien und Evolution (1836), Darwins Theorie der natürlichen Selektion (1859), Keimplasmatheorie (1883), Epigenetik (2012).

Lamarck nutzte die Giraffe als ultimatives Beispiel für erworbene Eigenschaften, die von einer Generation auf die nächste übergehen. Er meinte, dass ihr langer Hals daraus resultierte, dass ihre Vorfahren ihn immer weiter ausgestreckt hätten, um die höchsten Blätter zu erreichen.

1828

Keimblatttheorie

Karl Ernst von Baer (1792-1876), **Christian Heinrich Pander** (1794-1865), **Robert Remak** (1815-1865), **Hans Spemann** (1869-1941)

Casper Friedrich Wolff lieferte Hinweise für die Epigenesetheorie, gemäß der jedes Individuum nach der Empfängnis als undifferenzierte Masse im Ei beginnt, sich nach und nach differenziert und wächst. Wolffs Theorie (1759) wurde von der wissenschaftlichen Welt nahezu ignoriert, aber im nächsten Jahrhundert wurde sie wieder aufgegriffen und diente als Grundlage für die Keimblatttheorie.

1815 besuchte der in Estland geborene Karl Ernst von Baer die Universität von Würzburg, wo er das neue Studiengebiet der Embryologie kennenlernte. Sein Anatomieprofessor ermutigte ihn, die Entwicklung von Kükenembryos zu untersuchen. Weil er zu arm war, Eier zu kaufen oder einen Assistenten anzuheuern, um die Brutmaschinen zu beobachten, übertrug er das Projekt seinem reicheren Freund Christian Heinrich Pander, der drei separate Bereiche im Embryo identifizierte.

Von Baer erweiterte Panders Befunde 1828 und wies nach, dass sich in allen Embryos von Wirbeltieren drei Keimschichten befinden. 1842 lieferte der polnisch-deutsche Embryologe Robert Remak den mikroskopischen Beweis für diese Schichten oder „Blätter" und gab ihnen einen Namen. Das Ektoderm (äußere Schicht) entwickelt sich zu Haut und Nerven. Aus dem Endoderm (innere Schicht) entstehen das Verdauungssystem und die Lunge. Aus dem Mesoderm zwischen diesen beiden Schichten gehen Blut, Herz, Nieren, Geschlechtsdrüsen, Knochen und Bindegewebe hervor. Anschließend entdeckte man, dass alle Wirbeltiere eine bilaterale Symmetrie aufweisen und drei Keimblätter haben, dass Tiere mit einer radialen Symmetrie (Hydra und Seeanemone) nur zwei Blätter haben und nur der Schwamm lediglich eines hat.

Von Baer stellte weitere Embryologieprinzipien auf: Allgemeine Merkmale einer großen Gruppe erscheinen eher als die spezialisierten Merkmale einer kleineren Gruppe. Alle Wirbeltiere beginnen mit der Haut, die sich bei Fischen und Reptilien zu Schuppen differenziert, bei Vögeln zu Federn und bei Säugetieren zu Haaren und Fell. Die 1924 von Hans Spemann entdeckte Embryogenese erklärt, wie Gruppen von Zellen Gewebe und Organe bilden.

SIEHE AUCH: Theorien der Keimung (1759), Embryogenese (1924), Induzierte pluripotente Stammzellen (2006).

Eier wie dieses einwöchige Hühnerei werden durchleuchtet, um die Entwicklung des Embryos und seiner Blutgefäße zu beobachten. Dies erfolgt in einer dunklen Kammer mit dem Ei auf einer Lichtquelle.

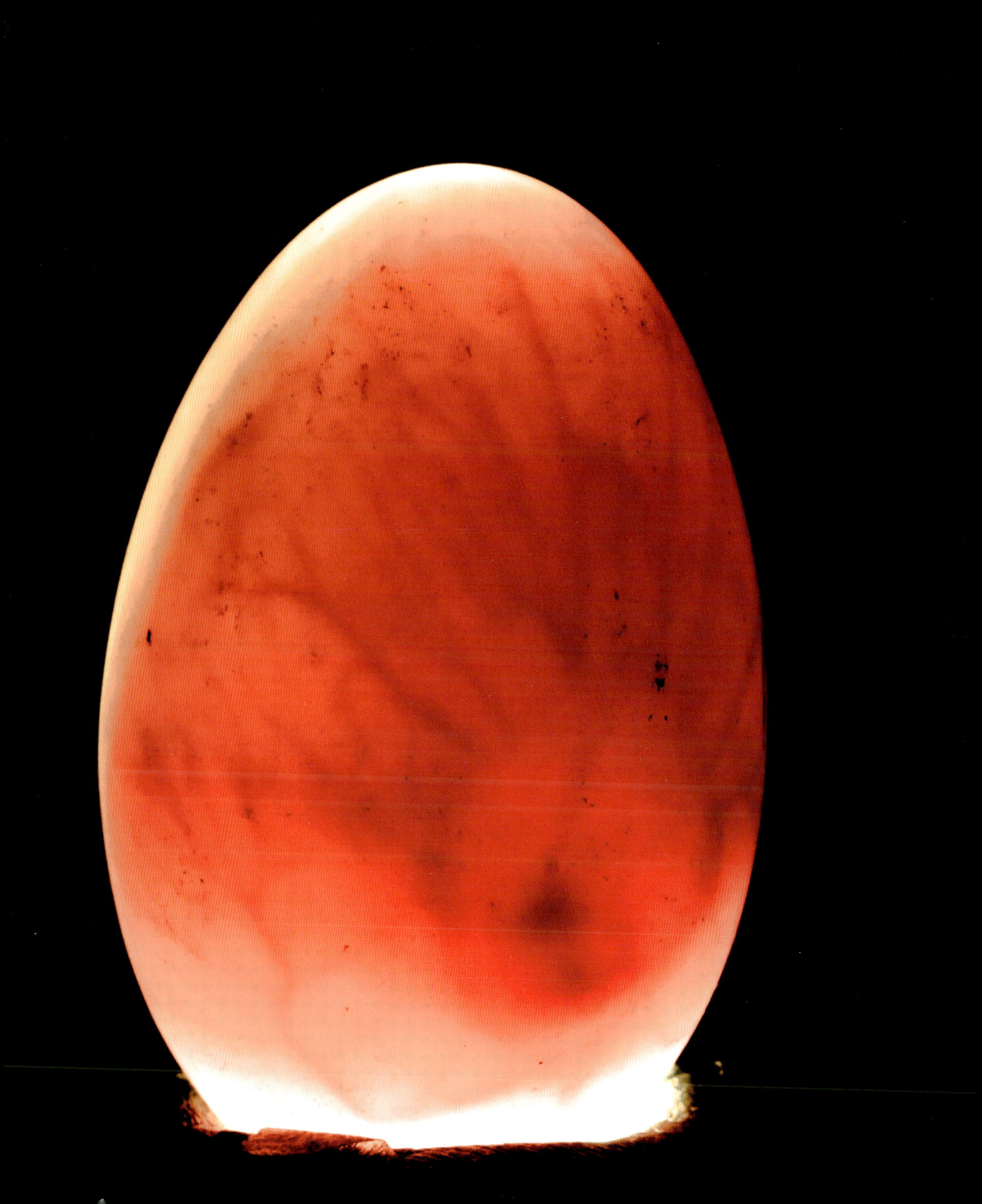

1831

Zellkern

Antoni van Leeuwenhoek (1632-1723), **Franz Bauer** (1758-1840), **Robert Brown** (1773-1858), **Matthias Schleiden** (1804-1881), **Oscar Hertwig** (1849-1922), **Albert Einstein** (1879-1955)

In den 1670er Jahren entdeckte der Mikroskopbauer Antoni van Leeuwenhoek als erster eine zuvor unbekannte Welt sah, zu der Muskelfasern, Bakterien, Samenzellen und der Kern in der roten **Blutzelle** von Lachsen gehörte. Der nächste Bericht über einen Zellkern stammt aus dem Jahr 1802 vom österreichischen Mikroskopbauer und botanischen Zeichner Franz Bauer. Dennoch schreibt man die Entdeckung in der Regel dem schottischen Botaniker Robert Brown zu. Bei der Beobachtung der (obere Hautschicht) einer Orchidee und bemerkte dabei einen undurchsichtigen Fleck, der auch in einem Frühstadium der Pollenbildung vorhanden war. Er nannte diesen Fleck „Nukleus". Brown beschrieb ihn zuerst seinen Kollegen bei einem Treffen der Linnean Society of London 1831 und veröffentlichte seine Befunde zwei Jahre später. Brown und Bauer dachten, dass der Nukleus eine einzigartige Zellstruktur für Einkeimblättrige war. 1838 erkannte der deutsche Botaniker Matthias Schleiden, Mitentdecker der Zelltheorie, erstmals die Verbindung zwischen Nukleus und Zellteilung. 1877 demonstrierte Oscar Hertwig ihre Rolle bei der Befruchtung des Eis.

Der Nukleus, oder Kern, ist das größte Organell in der Zelle, enthält in Chromosomen verpackte **Desoxyribonukleinsäure (DNA)** und regelt Zellstoffwechsel, Zellteilung, Genexpression und Eiweißsynthese. Die doppelte Kernmembran um den Kern, die diesen vom Rest der Zelle trennt, geht in das endoplasmatische Retikulum über, wo die Eiweißsynthese stattfindet.

Zum Zeitpunkt dieser Entdeckung war Brown ein renommierter Botaniker. Zu einem früheren Zeitpunkt in seiner Karriere (1801-1805) sammelte er 3400 Pflanzen in Australien, wovon er 1200 beschrieb. 1827 berichtete er über mikroskopische Pollenkörner (und später andere Teilchen), die sich ständig und willkürlich durch Flüssigkeit oder Gas bewegten und miteinander kollidierten. Die Erklärung für diese „Brownsche Bewegung" gab 1905 Albert Einstein: Sie wird durch unsichtbare Flüssigkeits- oder Gasmoleküle verursacht, die auf die sichtbaren Pollenkörner prallen.

SIEHE AUCH: Stoffwechsel (1614), Blutzellen (1658), Van Leeuwenhoeks mikroskopische Welt (1674), Spermatozoen (1677), Zelltheorie (1838), Desoxyribonukleinsäure (DNA) (1869), Gene auf Chromosomen (1910), DNA als Träger genetischer Informationen (1944), Ribosomen (1955), Zellzyklus-Kontrollpunkte (1970).

Dreidimensionale Darstellung des Inneren einer tierischen Zelle. Der Kern ist das große, runde Organell in der Mitte.

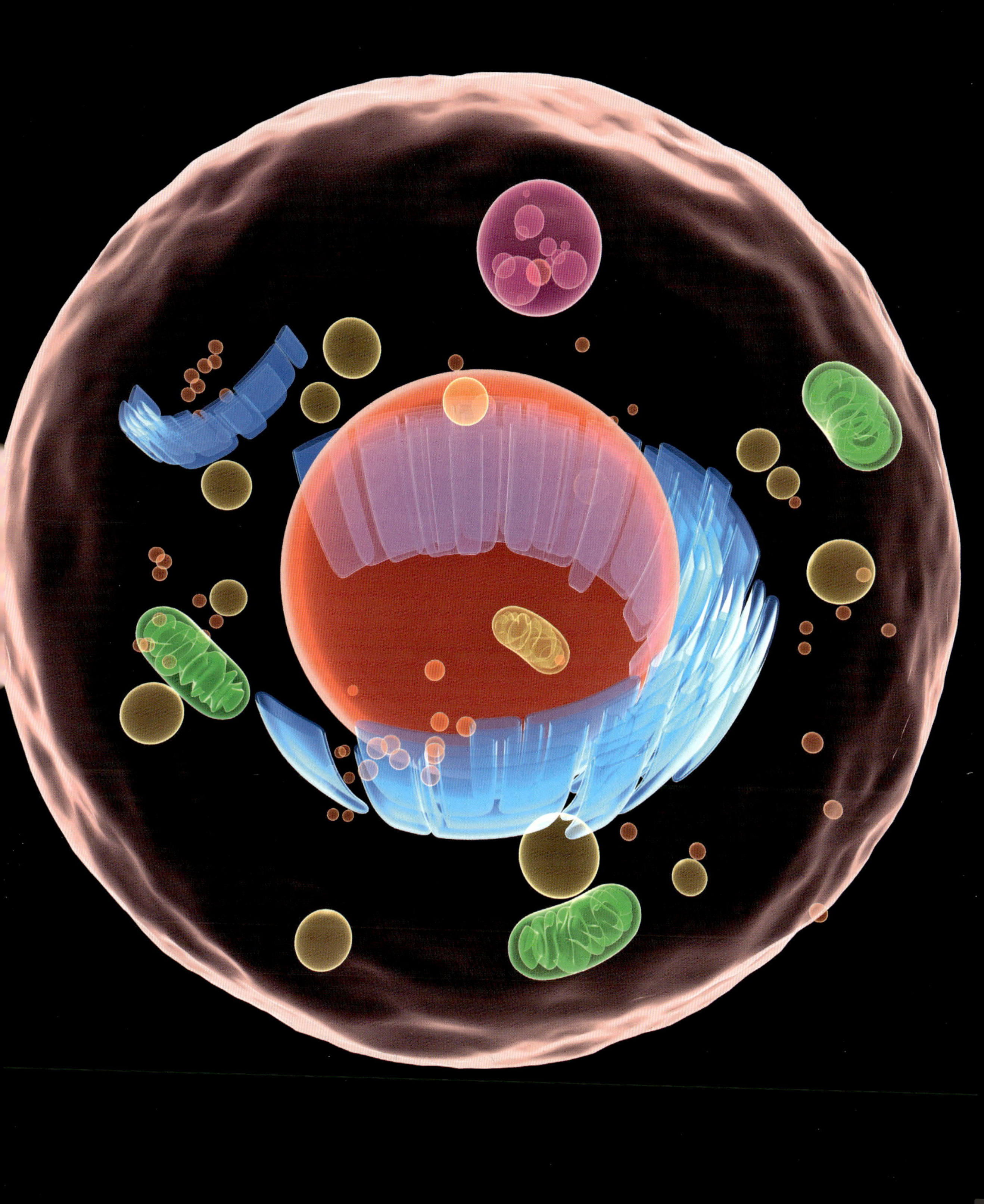

1831

Darwin und die Reise mit der *Beagle*

Charles Darwin (1809-1882)

Vor 1859 wies wenig darauf hin, dass Charles Darwin einst zu den wichtigsten Biologen gehören oder seine *Entstehung der Arten* (1859) eines der wichtigsten wissenschaftlichen Werke werden sollte. Sein Vater war ein finanziell und gesellschaftlich erfolgreicher Arzt, seine Mutter war die Tochter von Josiah Wedgwood, Gründer der gleichnamigen Keramikfabrik. Großvater Erasmus Darwin war im 18. Jhd. ein herausragender Intellektueller. Charles Darwin fiel während seines Medizinstudiums und seiner Professur in Cambridge nicht wirklich auf. Er verbrachte seine Zeit mit Naturstudien und Jagen.

Kapitän FitzRoy suchte einen „netten Passagier", der biologische Proben auf einer fünf Jahre dauernden Weltreise mit der HMS *Beagle* sammeln und archivieren konnte. Auf der Reise sollte vor allem die südamerikanische Küstenlinie vermessen werden. Der 22jährige Darwin wurde für diese unbesoldete Stelle wegen seines großen Interesses an den Naturwissenschaften ausgewählt, aber auch, weil er dem nur vier Jahre älteren Kapitän als standesgemäße Gesellschaft dienen konnte. Als Darwin 1831 abreiste, teilte er noch den Glauben der meisten Europäer an die göttliche Schöpfung der Welt und die unveränderliche Natur ihrer Bewohner.

Wenn er nicht seekrank war, beobachtete und sammelte Darwin eifrig Tiere, marine Wirbellose, Insekten und Fossilien von ausgestorbenen Tieren. Er erlebte ebenfalls ein Erdbeben in Chile. Der eindrucksvollste Teil seiner Reise waren die fünf Wochen auf den Galapagos-Inseln, zehn vulkanische Inseln, 1000 km westlich von Ecuador. Er fing dort unter anderem vier Spottdrosseln auf vier Inseln und sah, dass alle anders waren. Er fing auch 14 Finken, deren Schnäbel alle unterschiedliche Formate und Formen hatten. Als Darwin 1836 nach England zurückkam, war er bereits ein anerkannter Naturforscher. Sein Ruf wurde noch durch seine Vorlesungen, Artikel sowie ein beliebtes Werk mit dem Titel *Journal of researches* (umbenannt in *Die Fahrt der Beagle*) verstärkt.

SIEHE AUCH: Fossilien und Evolution (1836), Darwins Theorie der natürlichen Selektion (1859), Kontinentaldrift (1912).

Topographische und bathymetrische Karte der Galapagos-Inseln, westlich von Ecuador, wo Darwin 14 Finken mit Schnäbeln in verschiedenen Größen und Formen fand - eine Beobachtung, die sich als Baustein für seine Theorie der natürlichen Selektion herausstellen sollte (1859).

Galápagos Islands
PACIFIC OCEAN
Isabela Island
(Albermarle) Alternate Name
Peak
Provincial Capital
Cantonal Capital
Village
Airport
COSTA RICA
PANAMA
PACIFIC OCEAN
COLOMBIA
QUITO
ECUADOR
PERU
Darwin (Culpepper)
Wolf (Wenman) 253 m
Pinta (Abington) 777 m
Cabo Chalmers
Cabo Ibbetson
Canal de Pinta
Marchena (Bindloe) 340 m
Punta Mejía
Punta Montalvo
Punta Espejo
Punta Calle
Genovesa (Tower) 75 m
Bahía Darwin (Darwin Bay)
El Barranco
Canal de Marchena
Redonda
Equator
Punta Albemarle
Punta Flores
Ecuador >790 m
Wolf 1 707 m
Cabo Berkeley
Cabo Marshall
Punta Vicente Roca
Bahía de Bancos (Banks Bay)
Punta Tortuga
Tagus Cove
Punta Espinosa
Darwin 1 330 m
Punta García
Cabo Douglas
Fernandina (Marlborough)
La Cumbre 1 476 m
Cabo Hammond
Canal Bolívar
Bahía Urbina (Urbina Bay)
Alcedo 1 130 m
Punta Mangle
Bahía Isabel (Elizabeth Bay)
Istmo Perry
Punta Moreno
Isabela (Albemarle)
Sierra Negra 1 124 m
Chico
Punta Cristóbal
Caleta Iguana
Cerro Azul 1 640 m
Azufre
Puerto Villamil
Bahía Villamil
Cabo Rosa
Tortuga (Brattle)
San Salvador (Santiago / James)
Albany
Bahía James (James Bay)
Cerro Pelado 907 m
Punta Baquerizo
Bahía Sullivan
Bartolomé
Bainbridge
Sombrero Chino
Canal Isabela
Cabo Nepean
Rábida (Jervis) 367 m
Punta Albany
Canal de San Salvador
Seymour Norte (North Seymour)
Mosquera
Daphne Mayor
Baltra (South Seymour)
Punta Carrión
Cerro Dragón
Bahía Conway (Conway Bay)
Eden
Bahía Cartago
Bahía Ballena (Ballena Bay)
Cabo Barrington
Pinzón (Duncan) 458 m
Canal de Pinzón
Plaza Sur
Santa Cruz (Indefatigable)
Los Gemelos
Cerro Crocker 864 m
Punta Rocafuerte
Cabo Woodford
Cuatro Hermanos (Crossman)
Bahía Tortuga (Tortuga Bay)
Punta Núñez
Caamaño
Puerto Isidro Ayora
Canal de Santa Cruz
Santa Fé (Barrington)
Canal de Santa Fé
San Cristóbal (Chatham)
Bahía de Hobbs
Punta Valdizán
Punta Pitt
Cerro Brujo
León-Dormido-Felsen (Kicker Rock)
Bahía d'Esteban
Lobos
Cerro Tijeretas
Bahía Rosa Blanca
Puerto Baquerizo Moreno
Cerro San Joaquín 730 m
Punta Sur
Punta Wreck
Punta Veintimilla
Hancock Bank
McGowen Reef
Punta Cormorant
Bahía Post Office (Post Office Bay)
Campión (Champion)
Enderby
Puerto Velasco Ibarra
Floreana (Santa María / Charles)
Punta Ayora
Caldwell
Gardner
Cerro Pajas 640 m
Punta Sur
Cerro Alieri
Española (Hood)
Gardner
Bahía Gardner (Gardner Bay)
Punta Suárez
Punta Cevallos
(km)
(mi)
Projection: UTM (WGS84 Datum)

Das Anatomiegesetz von 1832

Robert Knox (1791-1862), **William Burke** (1792-1829)

William Burke und William Hare wurden 1828 verhaftet, aber sie hatten großen Einfluss auf den Fortschritt in der Anatomielehre. Bis 1832 mangelte es den Medizin- und Anatomieausbildungen in England und Schottland an ihrem wichtigsten Anschauungsmaterial: Leichen zum Sezieren. Trotz kirchlicher Proteste, dass es einen intakten Körper braucht, um in den Himmel zu kommen, verabschiedete das Parlament 1751 den *Murder Act*. Arztschulen bekamen einen Körper pro Jahr zu Sezierzwecken, wobei es sich um verurteilte Mörder handeln musste, die hingerichtet werden solten und danach zur Präparation freigegeben wurden. Dieser Nachschub war jedoch ausgesprochen unzureichend.

1810 wurde die Anatomy Society gegründet. Die Begründer waren fast ausschließlich Anatome, Chirurgen und Physiologen aus den reichen Oberschichten. Sie schlugen vor, dass sie die nicht eingeforderten Leichen der Armen aus den Zuchthäusern bekommen. Darauf kam es seitens der Armen zu so viel Protesten, dass der Vorschlag abgewiesen wurde. Um ihren Bedarf dennoch decken zu können, kauften Anatome schließlich Körper bei Leichenräubern, ohne nach ihrer Herkunft zu fragen. Der Raub von Leichen nahm so überhand, dass Familienmitglieder am Grab ihrer toten Geliebten Wache hielten, aus Angst vor Totengräbern.

Burke und Hare dachten sich eine einfachere und direktere Methode aus, um an Leichen kommen. In Edinburgh ermordeten sie 16 Menschen, die sie an Dr. Robert Knox verkauften, ein sehr respektierter Chirurg und Anatom und, so die Berichte, der beliebteste Privatdozent für Anatomie dieser Stadt. Nachdem sie verhaftet worden waren, bekam Hare die Möglichkeit, als Kronzeuge gegen seinen Komplizen auszusagen, im Austausch gegen Aufhebung der Strafverfolgung. Burke wurde zum Tod durch den Strang und Sektion verurteilt. Sein Schädel ist heute im Anatomiemuseum der Universität von Edinburgh zu sehen. Bei seinem Geständnis schwor Burke, dass Knox nicht wusste, woher die Leichen stammten, aber obwohl er nicht belangt wurde, endete Knox' blühende Karriere in Edinburgh abrupt. Die Aufregung rund um die Morde führte 1832 zur Verabschiedung des *Anatomy Act*: Er ermöglichte es Ärzten und Medizinstudenten, Leichen zu erwerben und zu untersuchen, die legal gespendet oder ihnen behördlich zugewiesen worden waren.

SIEHE AUCH: Da Vincis menschliche Anatomie (1489), Vesalius' *De humani corporis fabrica* (1543).

Dieses Gemälde von Leichenräubern hängt im Old Crown Inn in Penicuik, Schottland – eine Herberge, die Burke und Hare regelmäßig besuchten.

R.I.P.

1833

Menschliche Verdauung

William Beaumont (1785-1853), **Alexis St. Martin** (1802-1880)

1822 bekam Alexis St. Martin, ein 19jähriger Frankokanadier, der für die American Fur Company per Kanu Pelze transportierte, aus Versehen aus kurzer Entfernung eine Ladung Schrot in den Bauch geschossen. Er wurde von William Beaumont, einem amerikanischen Militärarzt von Fort Mackinac auf der Insel Mackinac behandelt. Dieser Ort war Schauplatz vieler Gefechte um die Kontrolle über die Great Lakes im Krieg von 1812.

Beaumont behandelte die Wunden. Es gab wenig Hoffnung, dass sein Patient die nächsten 36 Stunden überleben würde. St. Martin schaffte es, hatte aber in seinem Magen eine fingergroße Fistel und eine Öffnung, die von selbst nie heilen konnte. Beaumont, der nach einer zweijährigen Ausbildung in Medizin praktizieren durfte (was in jener Zeit nicht ungewöhnlich war), sah in St. Martins Fistel eine einzigartige Chance, erstmals das menschliche Verdauungssystem im Magen zu beobachten und zu erforschen.

Er begann mit seinen Versuchen einige Jahre nach dem Unfall. Für ein Experiment wurden Stücke von Nahrung an einer Leine in die Öffnung im Magen gehängt, um den Verdauungsvorgang zu beobachten. Es wurden Proben von Magensäure genommen, anhand derer Beaumont zu der Schlussfolgerung kam, dass chemische Prozesse (und keine mechanischen Faktoren) für die Aufspaltung von Nahrung in Nährstoffe ursächlich waren. 1833 veröffentlichte er die Ergebnisse von etwa 240 Experimenten mit St. Martin in seinem 280 Seiten starken *Experiments and observations on the gastric juice and the physiology of digestion.*

Arzt und Patient sahen sich 1833 zum letzten Mal. Beaumont starb 1853 mit 67 Jahren, nachdem er beim Verlassen des Hauses auf einer Eisplatte ausrutschte und sich eine schwere Kopfverletzung zuzog. St. Martin dahingegen lebte noch 58 Jahre nach seinem Unfall und wurde sogar zehn Jahre älter als sein Arzt, obwohl er in seinen letzten Jahren ein schwerer Trinker war. Man darf sich fragen, ob Beaumont seinem Patienten absichlich eine einfache Operation zur Behandlung der Fistel vorenthalten hatte, um an ihm seine Experimente fortsetzen zu können.

SIEHE AUCH: Enzyme (1878), Assoziatives Lernen (1897), Sekretin: das erste Hormon (1902).

Schematische Darstellung der Anatomie des menschlichen Magens anhand eines Räderwerks. Die Zahnräder verdauen Nahrung und Magensäfte.

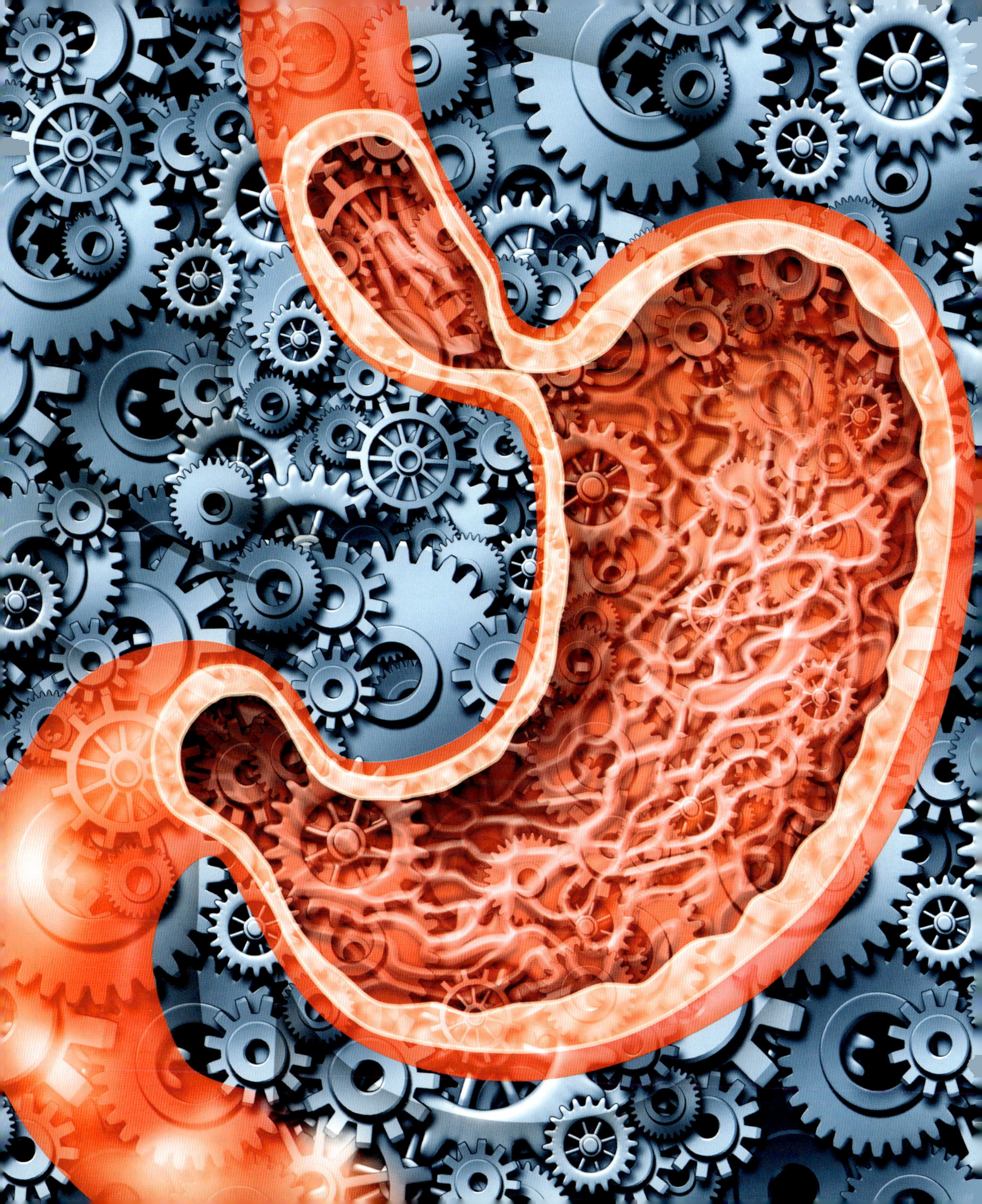

1836

Fossilien und Evolution

Georges Cuvier (1769-1832), **Richard Owen** (1804-1892), **Charles Darwin** (1809-1882)

Fossilierte Skeletteile, die man vor dem 19. Jhd. entdeckt hatte, unterschieden sich sehr drastisch in ihrer Form. Das Fehlen von Zwischen- und Übergangsformen galt weithin als Bestätigung des Kreativismus und der Vorstellung, dass Tierarten niemals ausgestorben waren. Als Cuvier 1796 fossile Säugetierskelette untersuchte, verwarf er das Evolutionskonzept. Aber fossile Skelette bildeten ausgerechnet einen der Ecksteine für Darwins Formulierung der Evolutionstheorie.

Der große französische Naturwissenschaftler und Zoologe Georges Cuvier kombinierte bei seinem Vergleich von fossilen Säugetierresten mit ihren lebenden Gegenstücken seine Kenntnis der **Paläontologie** mit seiner Expertise in Anatomie. 1796 schrieb er zwei Artikel, in denen er lebende Elefanten mit Mammuts verglich und den Leopard mit dem in Paraguay gefundenen ausgestorbenen Megatherium verglich. Seine Befunde und viele der geologischen Merkmale der Erde konnten seiner Ansicht nach am besten mit einer Reihe von Katastrophen verglichen werden, bei denen jedes Mal Tierarten ausstarben und neue Schöpfungen entstanden. Er war ein großer Befürworter des Katastrophentheorie und stand der Evolution äußerst kritisch gegenüber.

Auf seiner Reise mit der *Beagle* in den 1830er Jahren landete Darwin in Patagonien, wo er Fossilien von Mastodonten, Megatherien, Pferden und großen, dem Gürteltier ähnlichen Glyptodonten fand. In England ging er mit seinen Fossilien und seinen detaillierten Aufzeichnungen zum Anatom Richard Owen. Dieser meinte, dass diese Fossilien enger mit den lebenden Säugetieren in Südamerika verwandt waren als mit anderswo vorkommenden Tieren. Später verwarf er **Darwins Theorie der natürlichen Selektion**. In seiner *Entstehung der Arten* (1859) wies Darwin auf die Bedeutung dieser Fossilien und erkannte an, dass „missing links" bzw. die Übergangsformen zwischen fossilen und lebenden Formen möglicherweise niemals gefunden werden würden, dass aber dennoch starke Hinweise für seine Evolutionstheorie vorlagen. 2012 wurden 314 von Darwin und seinen Kollegen gesammelte Platten mit Fossilien in einer Ecke des British Geological Survey entdeckt, die schon über 150 Jahre als verloren galten.

SIEHE AUCH: Devon (ca. 417 Millionen Jahre v. Chr.), Paläontologie (1796), Darwin und die Reise mit der *Beagle* (1831), Darwins Theorie der natürlichen Selektion (1859), Radiometrische Datierung (1907), Kontinentaldrift (1912), De-Extinktion (2013).

Die in den 1790er Jahren entdeckten fossilen Reste von ausgestorbenen Säugern untergruben die Idee, dass lebende Organismen seit der Schöpfung unverändert geblieben waren. Dies ist ein Ammonit, ein ausgestorbenes Meeresweichtier. Der Name basiert auf dem Gott Amon, der mit Widderhörnern dargestellt wurde.

1837

Stickstoffzyklus und Pflanzenchemie

Jean-Baptiste Boussingault (1802-1887), **Hermann Hellriegel** (1831-1895), **Martinus Beijerinck** (1851-1931)

Stickstoff wurde 1772 entdeckt. Das Gas bildet 78 % unserer Atmosphäre – vier Mal mehr als Sauerstoff – und ist ein essentieller Bestandteil von Aminosäuren, Eiweißen und Nukleinsäuren. Durch eine Reihe von wechselseitigen vorteilhaften Beziehungen wird Stickstoff in faulendem pflanzlichem und tierischem Material als lösliche Pflanzennahrung verfügbar und dann in Gasform wieder an die Atmosphäre abgegeben.

Dass Stickstoff von Pflanzen und Tieren umgesetzt werden muss (für den Gebrauch fixiert), entdeckte der französische Landbauchemiker Jean-Baptiste Boussingault. Von 1834 bis 1876 errichtete er auf seinem Bauernhof im Elsass die weltweit erste agrarische Station für chemische Feldforschung. Boussingault beobachtete den Zyklus von Stickstoff zwischen Pflanzen, Tieren und der physischen Umgebung und untersuchte auch verwandte Phänomene wie Düngung, Wechselwirtschaft, Pflanzen- und Tierfixierung von Stickstoff, Ammoniak in Regenwasser und Salpeterbildung.

1837 entkräftete Boussingault die weit verbreitete Idee, dass Pflanzen direkt Stickstoff aus der Luft aufnahmen. Er wies nach, dass sie das in Form von Nitraten aus dem Boden taten. Im nächsten Jahr entdeckte er, dass Stickstoff für Pflanzen und Tiere unentbehrlich war und sowohl herbivore wie karnivore Tiere ihren Stickstoff aus Pflanzen beziehen. Seine chemischen Befunde legten die Grundlage für unser heutiges Verständnis des Stickstoffzyklus'.

1888 entdeckten der deutsche Landbauchemiker Hermann Hellriegel und der niederländische Botaniker und Mikrobiologe Martinus Beijerinck unabhängig voneinander den Mechanismus, mit dem Hülsenfrüchte mithilfe von Mikroben Stickstoff (N_2) in Ammoniak (NH_3), Nitrate (NO_3) und Nitrite (NO_2) umsetzen. Symbiotische, stickstofffixierende Bakterien, wie *Rhizobien*, in Hülsenfrüchten (Sojabohnen, Alfalfa, Kudzu, Erbsen, Bohnen und Erdnüssen) dringen in die Haarwurzeln von Pflanzen ein, vermehren sich und regen die Bildung von Wurzelknöllchen. In diesen Knöllchen setzen die Bakterien Stickstoff in Nitrate um, die für das Wachstum der Pflanze verwendet werden. Wenn die Pflanze stirbt, wird der vormals fixierte Stickstoff frei verfügbar für andere Pflanzen und düngt den Boden.

SIEHE AUCH: Prokaryoten (ca. 3,9 Milliarden Jahre v. Chr.), Landpflanzen (ca. 450 Millionen Jahre v. Chr.), Ackerbau (ca. 10 000 v. Chr.), Nahrung für Pflanzen (1840), Ökologische Interaktionen (1859).

Dieses Poster aus dem Zweiten Weltkrieg wirbt für die Ernte von Hülsenfrüchten, die eine gute Nährstoffquelle sind und atmosphärischen Stickstoff verwenden, um die Erde zu düngen.

HARVEST
LEGUME
& GRASS
SEED
FOR YOUR USE AND THE NATION'S NEED

1838

Zelltheorie

Antoni van Leeuwenhoek (1632-1723), **Robert Hooke** (1635-1703), **Matthias Schleiden** (1804-1881), **Theodor Schwann** (1810-1882), **Rudolf Virchow** (1821-1902)

Die Bedeutung der Zelltheorie in der Biologie wird manchmal mit der der Atomtheorie in der Chemie und Physik verglichen. Genau wie das Atom die Basiseinheit von Materie ist, ist die Zelle die des Lebens. Beide sind die fundamentalsten Prinzipien in ihren jeweiligen Disziplinen. Die Grundlage für die Zelltheorie wurde 1665 gelegt, als Robert Hooke die Zelle in einem Stück Korken entdeckte. Ein Jahrzehnt später sah Antoni van Leeuwenhoek lebende Einzeller unter einem Mikroskop mit seinen handgefertigten Linsen, die etwa 275-fach vergrößern konnten. Es dauerte noch 160 Jahre, bevor zwei befreundete deutsche Forscher namens Schleiden und Schwann ihre Aufzeichnungen über Zellforschung austauschten.

1838 stellte der Botaniker Matthias Schleiden die These auf, dass jedes Strukturelement von Pflanzen aus Zellen besteht. Im Jahr darauf zog der Zoologe Theodor Schwann eine vergleichbare Schlussfolgerung für Tiere. Ihre ursprüngliche Zelltheorie bestand aus drei Regeln: Alle lebenden Organismen bestehen aus Zellen. Die Zelle ist die Basiseinheit der Struktur und Funktion in allen lebenden Organismen. Alle Zellen gehen aus bestehenden Zellen hervor (1855 von Rudolf Virchow ergänzt).

Diese drei Regeln gelten immer noch, wurden jedoch erweitert und verfeinert: Zellen enthalten erbliche Informationen (DNA), die bei der Teilung einer Zelle auf ihre Tochterzellen übergehen. Die chemische Zusammensetzung aller Zellen einer bestimmten Art ist im Grunde gleich. Der Energiefluss (**Stoffwechsel** und Biochemie) erfolgt in den Zellen.

Anders als Schleiden erkundeten Schwann und Virchow weiterhin die Grenzen der Wissenschaft und der Medizin. Schwann entdeckte die Scheide rund um Nervenfasern (Schwannzellen), isolierte Pepsin, ein Magen**enzym**, das Eiweiß abbaut und dachte sich den Begriff „Metabolismus" für den Stoffwechsel aus. Virchow war bahnbrechend in der Pathologie. Er befürwortete den Einsatz des Mikroskops und standardisierter Autopsieverfahren. Er war ebenfalls der Vater der Gesellschaftsmedizin, in der untersucht wird, wie gesellschaftliche und wirtschaftliche Faktoren Krankheit und Gesundheit beeinflussen.

SIEHE AUCH: Stoffwechsel (1614), Van Leeuwenhoeks mikroskopische Welt (1674), Widerlegung der Theorie der Spontanzeugung (1668), Meiose (1876), Enzyme (1878), Mitochondrien und Zellatmung (1925), DNA als Träger genetischer Informationen (1944).

Durch Beobachtung von einzelligen Organismen unter einem Mikroskop – hier ein grampositives Bakterium Bacillus *– konnten Wissenschaftler die Struktur der Zelle entdecken, die fundamentale Einheit des Lebens.*

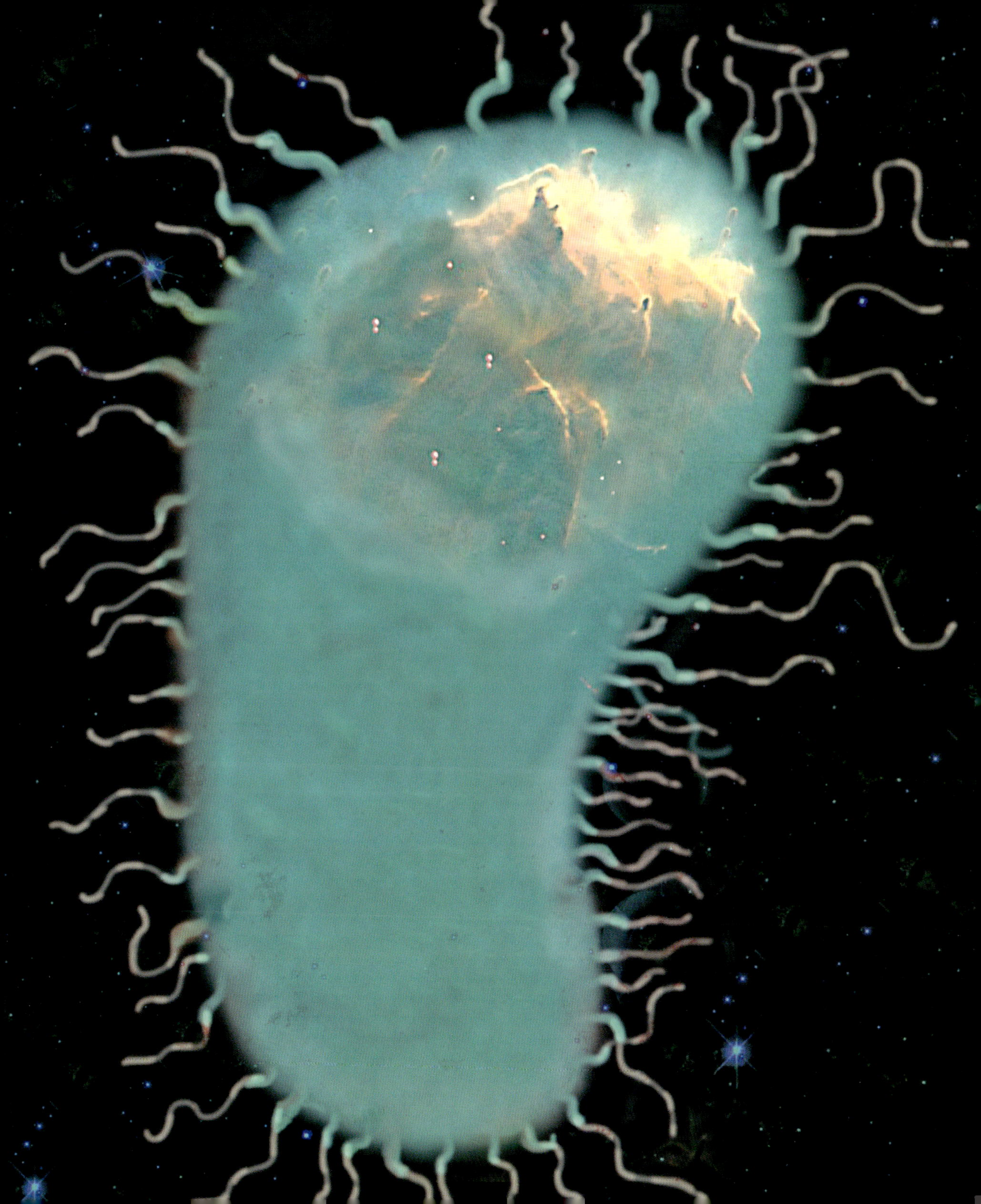

1840

Nahrung für Pflanzen

John Woodward (1665-1728), **Nicolas-Théodore de Saussure** (1767-1845), **Justus von Liebig** (1803-1873), **Julius von Sachs** (1832-1897)

1699 demonstrierte der englische Naturfoscher John Woodward, dass grüne Minze in Wasser mit unterschiedlichen Reinheitsgraden am besten in trübem Wasser mit Blatterde florierte. Er schlussfolgerte, dass Pflanzen nicht aus Wasser gebildet wurden (wie Aristoteles dachte), sondern aus „Teilchen" in der Erde. Als der schweizerische Chemiker und Pflanzenphysiologe Nicolas-Théodore de Saussure 1804 Woordwards „Teilchen" näher analysierte, sah er, dass die Zunahme von Pflanzenmasse nicht nur an der Aufnahme von Wasser, sondern auch von Kohlendioxid lag. Diese Entdeckung war einer der Schlüssel, die einige Jahrzehnte später zum Verständnis der **Photosynthese** führte.

Der deutsche Chemiker Justus von Liebig verglich das Pflanzenwachstum, nachdem der Boden mit Mineralstoffen angereichert worden war. 1840 formulierte er das „Gesetz des Minimums", das besagt, dass Pflanzenwachstum nicht durch die Erhöhung der Gesamtmenge an üppig vorhandenen Nährstoffen bestimmt wird, sondern im Gegenteil von der spärlichsten Quelle, die den begrenzenden Faktor für sein Wachstum bildet. Er entdeckte, dass Pflanzen Kohlenstoff, Wasserstoff und Sauerstoff aus Luft und Wasser zum Wachsen brauchen, aber auch Phosphor, Kalium und Stickstoff, also Elemente, die sich in den Mineralien in der Erde befinden.

Der zweifelsohne wichtigste Pflanzenphysiologe in der zweiten Hälfte des 19. Jhd. war der deutsche Botaniker Julius von Sachs. Er entdeckte um 1860, dass sechs Mineralelemente – Stickstoff, Phosphor, Kalium, Calcium, Magnesium und Schwefel – die Makronährstoffe sind, die die Pflanze in relativ großen Mengen benötigt und die als Bausteine für die Pflanzenstruktur dienen. 1923 wurden weitere acht essentielle Elemente als Mikronährstoffe identifiziert, die in sehr geringen Mengen ausreichen.

Es ist bekannt, dass Pflanzen auch anorganische Elemente als Nahrung verwenden, die durch Erosion von Gesteinsmineralien und faulendem organischen Material, Tieren und Mikroben gebildet werden. Manche davon sind essentiell, das heißt, dass die Pflanze bei ihrem Nichtvorhandensein ihren Lebenszyklus nicht vollenden kann und andere Elemente sie nicht ersetzen können. Wieder andere Mineralien sind nützlich und spielen vor allem eine Rolle bei den nicht essentiellen Pflanzenfunktionen.

SIEHE AUCH: Phosphorzyklus (1669), Stickstoffzyklus und Pflanzenchemie (1837), Photosynthese (1845), Phototropismus (1880).

Heimkehr vom Feld *(1849), Gemälde des deutschen Künstlers Friedrich Eduard Meyerheim (1808-1879).*

1842

Urinbildung

William Bowman (1816-1892), **Carl Ludwig** (1816-1895)

Die Wahrung des Gleichgewichts zwischen Flüssigkeitsaufnahme und Flüssigkeitsverlust ist eine wesentliche Körperfunktion. Es wird größtenteils durch Volumen und Zusammensetzung des Urins bestimmt. Diese Zusammensetzung variiert und spiegelt den Wasserbedarf des Organismus wider. Süßwassertiere scheiden stark verdünnten Urin ab, Meeresfische verlieren vor allem Wasser durch Osmose und weniger über den Urin. Je nach Habitat halten Landtiere meistens Wasser fest und scheiden konzentrierten Urin aus.

Bei den meisten Säugetieren wird Blutplasma durch die Nephrone in den Nieren gefiltert, wobei das meiste Wasser sowie die nützlichen Stoffe an den Blutkreislauf zurückgegeben und vom Körper neu genutzt werden. Überflüssiges Wasser und die Abfallprodukte des Stoffwechsels bleiben im Urin und werden abtransportiert. Amphibien und Süßwasserfische scheiden große Mengen an verdünntem Urin mit wasserlöslichem Harnstoff aus. Bei vielen Vögeln, Reptilien und Landinsekten ist das Endprodukt des Eiweißstoffwechsels die nicht wasserlösliche Urinsäure. Der Urin von Vögeln und Reptilien ist eine weiße Suspension aus Harnsäure, die bei der Entleerung mit den Faeces gemischt wird.

Anhand mikroskopischer Untersuchungen der Struktur der Nieren identifizierte der englische Arzt und Histologe William Bowman 1842 die *Capsula glomeruli* (die Bowmansche Kapsel) als Beginn des Nephrons, die funktionale Einheit der Niere. Die Kapsel spielt eine Schlüsselrolle in Bowmans Filtertheorie der Urinbildung und die Grundlage für unser heutiges Verständnis der Nierenfunktion. 1844 stellte Carl Ludwig die These auf, dass der **Blutdruck** Flüssigkeit aus den deinen Kapillaren der Nieren in die Nephrone presst. Diese Flüssigkeit enthält alle Plasmakomponenten außer Eiweiße und Wasser. Sie wird ins Blut zurückgeführt, um den Urin zu konzentrieren. Ludwig, einer der größten Physiologen, zeigte, dass die Funktionen von lebenden Organismen von chemischen und physischen Gesetzen und nicht von biologischen Gesetzen und göttlichen Einflüssen diktiert wird. Insbesondere behauptete er, dass Urin in den Nieren durch einen Filterprozess und nicht durch vitale Kräfte gebildet wird, wie Bowman andeutete.

SIEHE AUCH: Stoffwechsel (1614), Blutdruck (1733), Homöostase (1854), Osmoregulation in Süß- und Salzwasserfischen (1930).

Das Nephron, die strukturelle und funktionelle Basiseinheit der Niere, filtert das Blut und hält zurück, was noch brauchbar ist. Der Rest wird als Urin ausgeschieden.

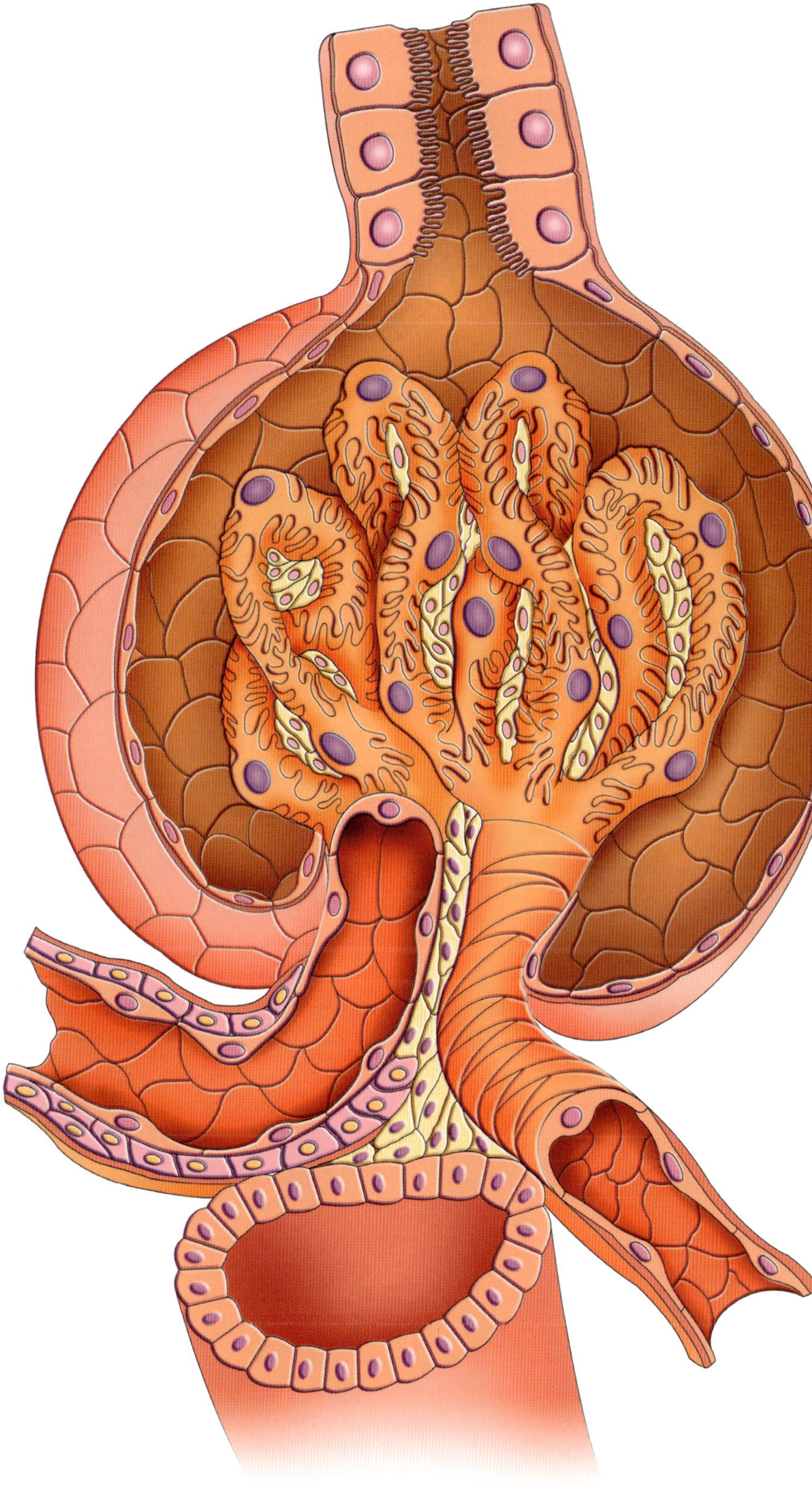

1842

Apoptose (programmierter Zelltod)

Carl Vogt (1817-1895),**Walther Flemming** (1843-1905), **Sydney Brenner** (geb. 1927), **John Foxton Ross Kerr** (geb. 1934), **John E. Sulston** (geb. 1942), **H. Robert Horvitz** (geb. 1947)

Täglich kommen neue Körperzellen hinzu, insbesondere Hautzellen und **Blutkörperchen**. Da ihre Gesamtzahl gleich bleiben muss, gibt es auch einen Mechanismus, der das Gleichgewicht überwacht und überflüssige Zellen entfernt. Dieser Mechanismus, Apoptose genannt, ist ein streng regulierter Prozess, der die normale Zellteilung (**Mitose**) unter Kontrolle hält. Es gibt auch andere Umstände, in denen die Entfernung von Zellen – alte, kranke oder durch Gift oder Strahlung beschädigte Zellen – dem Körper zugutekommt. Während der Menstruation stößt der Körper die Gebärmutterwand ab. Schlecht funktionierende Apoptose kann zu Metastasen von Krebszellen führen, oder z. B. bei Babys, dass sie mit zusammengewachsenen Fingern geboren werden.

In Reaktion auf Signale in und außerhalb der Zelle, um die Apoptose in Gang zu setzen, schrumpft die Zelle. Außerdem werden die Komponenten abgebaut und komprimiert. Diese Zellfragmente (apoptotische Körper) werden in eine Membran eingekapselt, sodass sie keine Zellen in der Nähe beschädigen können. Anschließend werden die Fragmente von Phagozyten vernichtet.

Der deutsche Biologe Carl Vogt stellte 1842 als erster das Konzept der Apoptose, als er die Entwicklung von Kaulquappen untersuchte vor. 1885 beschrieb der Biologe Walther Flemming das Phänomen detaillierter. Sein Ruhm beruht auf seiner Entdeckung von Mitose und Chromosomen. Dies gehört zu den wichtigsten Entdeckungen in der Zellbiologie und Wissenschaft. 1965 rückte die Apoptose erneut in den Mittelpunkt des Interesses, als der australische Pathologe John Foxton Ross Kerr als erster die ultramikroskopischen Merkmale von Apoptose als einen normalen Prozess beschrieb, der von der Nekrose als Folge von Gewebeschädigung abweicht. Er dachte sich auch den Begriff „Apoptose" aus, vom griechischen *apoptosis*, was „abfallen" bedeutet. In den 1970er Jahren untersuchten John E. Sulston, H. Robert Horvitz und Sydney Brenner von der Universität Cambridge die genetische Sequenz von Fadenwürmern und ergründeten die molekularen Grundlagen der Apoptose. Zusammen erhielten sie 2002 den Nobelpreis.

SIEHE AUCH: Blutzellen (1658), Zelltheorie (1838), Homöostase (1854), Mitose (1882), Zellzyklus-Kontrollpunkte (1970).

Apoptose ist ein normaler Körperprozess, um überflüssige Zellen zu entfernen. Diese dreidimensionale Abbildung zeigt eine apoptotische Zelle, die aufgrund von Alter, Krankheit oder Beschädigung entfernt werden wird.

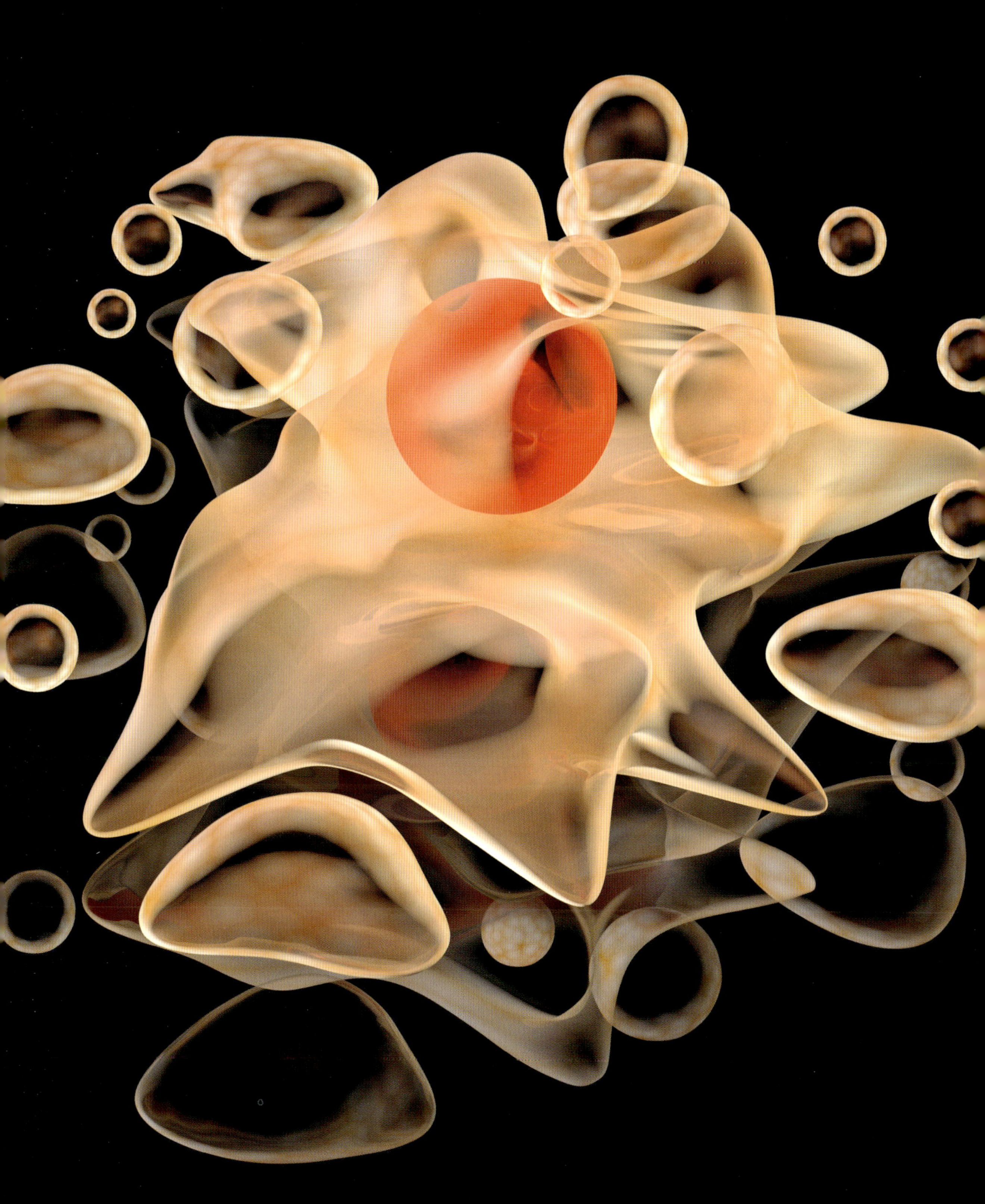

1843

Gifte

Cleopatra (69-30 v. Chr.), **Charles Lucien Bonaparte** (1803-1857)

Tiere können zahlreiche Waffen zur Jagd auf Beute, zum Selbstschutz oder Schutz ihrer Brut einsetzen. Neben einer guten Sicht, Klauen, Zähnen, Hörnern, Panzern, Netzen und Geschwindigkeit verfügen manche Wirbeltiere und Wirbellose über chemische Waffen, die sie offensiv oder defensiv gegen potenzielle Feinde einsetzen. Dabei handelt es sich um Giftstoffe, die unmittelbar in die Blutbahn des Opfers eingebracht werden. Unter den Wirbeltieren sind Schlangen die bekanntesten und am meisten erforschten giftigen Tiere. Die ersten Gene für Gift wurden möglicherweise von Eidechsen entwickelt, die engsten Verwandten von Schlangen.

Von den 3000 Schlangenarten sind etwa 600 giftig. Schlangen verwenden Gift, um sich zu schützen oder um ihre Beute sofort zu töten oder zu lähmen. Die Giftdrüse befindet sich hinter dem Kopf und ist über einen Kanal mit einem hohlen Schneidezahn verbunden. Neben Gift enthält diese Substanz auch Speichel, die Verdauungsflüssigkeit, die die meisten Wirbeltiere an Land besitzen. Gift kann bis zu 20 Wirkstoffe enthalten, wovon die wichtigsten Neurotoxine und Hämotoxine sind. Giftarten enthalten beides. Die Eiweißnatur von Gift wurde 1843 von Charles Lucien Bonaparte, einem Cousin von Napoleon, entdeckt.

Die Neurotoxine im Gift von Kobras und Korallenschlangen verursachen Lähmungen, indem sie die Kommunikation zwischen Muskelzellen und motorischen Nervenfasern stören. Der Tod tritt infolge von Atemnot ein. Der Legende nach verübte Cleopatra Selbstmord durch den Biss einer ägyptischen Kobra. Jüngste Forschungen deuten jedoch eher auf die Einnahme eines giftigen Gemischs hin. Klapperschlangen und andere Grubenottern verwenden ein Hämotoxin, das die Blutgerinnung verhindert oder bestehende Gerinnsel abbaut und so extremen Blutverlust und Schock herbeiführt. Dies hindert das Opfer am Entkommen. Andere Hämotoxine verursachen fast direkt eine Blutgerinnung, was zu Schlaganfall und Herzinfarkt führt. Aus Schlangengift gewonnene Chemikalien werden medizinisch zur Behandlung von Bluthochdruck, Schlaganfällen und Herzinfarkt eingesetzt und als Medikament gegen starke Schmerzen und zur Behandlung von Melanomen, Diabetes, Alzheimer und Parkinson untersucht.

SIEHE AUCH: Medulla: das vitale Gehirn (ca. 530 Millionen Jahre v. Chr.), Kommunikation des Nervensystems (1791), Blutgerinnung (1905).

*Die Diamantklapperschlange (*Crotalus adamanteus*) ist die gefährlichste Giftschlange Nordamerikas, deren Opfer in 10 bis 30 % der Fälle sterben. Das Gift hat proteolytische und hämotoxische Eigenschaften: Es beschädigt Gewebe und vernichtet rote Blutkörperchen. Es verursacht auch unkontrollierte Blutungen.*

1843

Homologie oder Analogie

Richard Owen (1804-1892), **Charles Darwin** (1809-1882)

Haben der menschliche Arm, die Pfote einer Katze, Fledermausflügel und die Flosse eines Seehundes etwas gemeinsam? Es gibt keine Übereinkünfte hinsichtlich ihrer Funktion, aber sorgfältige Analyse enthüllt etwas Gemeinsames in ihrer grundsätzlichen Konstruktion. Jedes dieser vorderen Säugetiergliedmaßen besteht aus einem langen Knochen, der mit zwei kleineren Knochen verbunden ist, die mit noch kleineren Knochen verankert sind, an denen sich etwa fünf Finger befinden. Aber wie ist das bei den Flügeln von Insekten und Vögeln? Sie haben die gleiche Funktion – nämlich das Fliegen – aber keine strukturellen Gemeinsamkeiten.

1843 versuchte der englische Biologe und vergleichende Anatom Richard Owen zu erklären, weshalb ähnliche Strukturen unterschiedliche Funktionen haben und umgekehrt. Er verwies auf die vorderen Säugetiergliedmaßen als „Homologien": Das gleiche Organ hat bei diversen Arten die gleiche Grundstruktur, aber unterschiedliche Funktionen. Flügel von Insekten, Fledermäusen und Vögeln haben zwar eine ähnliche Funktion, evolvierten jedoch auf andere Weise. Owens Definitionen wurden von Darwin angepasst, damit sie in eine evolutionäre Erklärung aufgenommen werden konnten. Bei Homologie ist die Grundstruktur über Adaption an andere Umgebungsfaktoren aus einem gemeinsamen Vorfahren evolviert. Analoge Strukturen haben zwar die gleichen Merkmale, sind jedoch unabhängig entwickelte Adaptionen aus verschiedenen Vorfahren. Dieser Prozess wird als„konvergente Evolution" bezeichnet.

Rudimentäre Strukturen sind ohne einen gemeinsamen Vorfahren schwer erklärbar. Augäpfel bei blinden Höhlensalamandern, der menschliche Blinddarm und der Beckengürtel bei Walen haben keine Funktion mehr, sind jedoch homolog zu einer funktionierenden Struktur bei einer vorelterlichen Art. Homologien bestehen sowohl auf strukturellem als molekularem Niveau. Der genetische Code – die Sequenz von Nukleotiden in DNA und RNA, die die Reihenfolge von Aminosäuren in der Biosynthese von Eiweißen bestimmt – ist in allen Organismen von Bakterien bis hin zum Menschen fast identisch. Die universelle Art des genetischen Codes und der Gene unterstützt die Idee einer Evolution ausgehend von einem gemeinsamen Vorfahren.

SIEHE AUCH: Vögel (ca. 150 Millionen Jahre v. Chr.), Aristoteles' *Historia animalium* (ca. 330 v. Chr.), Fossilien und Evolution (1836), Darwins Theorie der natürlichen Selektion (1859), Phylogenetische Systematik (1950).

Die Flügel von Vögeln, Fledermäusen und Insekten sind analoge Strukturen mit ähnlicher Funktion, aber unterschiedlichen Strukturen, die durch vergleichbare Umgebungsbedürfnisse aus sehr unterschiedlichen Vorfahren unabhängig evolvierten.

1845

Photosynthese

Jan Ingenhousz (1730-1799), **Joseph Priestley** (1733-1804), **Julius Robert Mayer** (1814-1878)

Photosynthese ist wesentlich für der meisten Organismen auf unserem Planeten. Denn sie katalysiert die Umwandlung von Sonnenenergie in chemische Enerie, die ihrerseits biologische Prozesse ermöglicht. Ohne Photosynthese gäbe es nur wenig Nahrung in Form von organischem Material. Außerdem würden die meisten Organismen in einer Atmosphäre ohne Sauerstoff sterben. Die chemische Formel für den Photosyntheseprozess lautet:

$$6\,CO_2 + 12\,H_2O + \text{Licht} \rightarrow C_6H_{12}O_6 + 6\,O_2$$

Kohlendioxid (CO_2) aus der Atmosphäre gelangt in die Stomata (kleine Poren) auf der Unterseite der Blätter, wo es sich mit dem Wasser verbindet, das über die Pflanzenwurzeln aufgesaugt wurde und durch Gefäßbündel in die Blätter transportiert wird. Sonnenlicht wird von Chlorophyll, einem grünen Pigment in den Chloroplasten absorbiert. Das sind Zellstrukturen, in denen die Photosynthese faktisch stattfindet. Dies erfolgt in zwei Schritten: Lichtreaktionen und Dunkelreaktionen. Bei der Lichtreaktion wird Sonnenlicht in chemische Energie umgesetzt und als Adenosintriphosphat (ATP) in NADPH umgesetzt, ein hochenergetisches, elektronentragendes Molekül. Bei der Dunkelreaktion werden Kohlendioxid, ATP und NADPH in Glukose ($C_6H_{12}O_6$) umgesetzt, die in den Blättern gespeichert wird. Dabei wird Sauerstoff frei, der an die Umgebung abgegeben wird.

Die Entdeckung der Photosynthese begann 1771, als der englische Wissenschaftlers und Priesters Joseph Priestley eine Kerze in einem luftdicht verschlossenen Halter brennen ließ – bis die Luft (später als Sauerstoff entdeckt) darin aufgebraucht war und die Verbrennung nicht mehr aufrechterhalten konnte. Priestley legte daraufhin einen Zweig Minze in den Halter, und nach einigen Tagen konnte eine neu entzündete Kerze wieder brennen. 1779 wiederholte der niederländische Arzt Jan Ingenhousz Priestleys Experiment. Er wies nach, dass es Licht und Gewebe von Grünpflanzen brauchte, um wieder Sauerstoff zu bekommen. Der deutsche Physiker Julius Robert Mayer formulierte 1845 die Idee, dass Sonnenenergie bei während der Photosynthese gebildeten, organischen Produkten als chemische Energie gespeichert wird. Mayer formulierte auch das erste Gesetz der Thermodynamik über den Erhalt von Materie.

SIEHE AUCH: Algen (ca. 2,5 Milliarden Jahre v. Chr.), Landpflanzen (ca. 450 Millionen Jahre v. Chr.), Stoffwechsel (1614), Gasaustausch (1789), Nahrung für Pflanzen (1840), Mitochondrien und Zellatmung (1925), Phototropismus (1880).

Das Überleben von lebenden Organismen hängt vom Photosyntheseprozess ab, der bei Sonnenlicht organische Nahrung und Sauerstoff aus anorganischen Molekülen liefert. Chlorophyll, ein grünes Pigment, gibt Blättern ihre Farbe und ist wesentlich für den gesamten Prozess.

1848

Optische Isomere

Jöns Jakob Berzelius (1779-1848), **Friedrich Wöhler** (1800-1882), **Louis Pasteur** (1822-1895)

Im 19. Jhd. war es unter Chemikern Konsens, dass chemische Verbindungen nur dann ihre Eigenschaften ändern konnten, wenn sich auch die Zusammensetzung ihrer Elemente veränderte. Dieses Dogma wurde 1828 Lügen gestraft als der deutsche Chemiker Friedrich Wöhler Silbercyanid synthetisierte, das aus den gleichen Elemente wie Silberfulminat bestand, aber völlig andere Eigenschaften zeigte. Zwei Jahre später entdeckte der Schwede Jöns Jakob Berzelius, dass Harnstoff und Ammoniumcyanat zwar die gleiche chemische Zusammensetzung hatten, aber andere Eigenschaften. Er nannte dieses Phänomen Isomerie.

Spiegelbilder. 1848 bemerkte Louis Pasteur, dass polarisiertes Licht durch eine Lösung mit Weinsteinsäure, die sich von Natur aus in Weinsediment befindet, gedreht wurde. Synthetisierte Weinsteinsäure zeigte diesen Effekt nicht. Mithilfe von Pinzette und Mikroskop entdeckte Pasteur zwei Arten von im Labor geschaffenen Weinsteinsäurekristallen. Beide ließen bei Auflösung die gleiche Menge polarisiertes Licht durch, rotierten dieses Licht jedoch in entgegengesetzte Richtungen. Das eine Isomer drehte das Licht gegen den Uhrzeigersinn nach links [levo-, L-, oder (–)], während das andere es im Uhrzeigersinn nach rechts drehte [dextro-, D-, of (+)]. Diese beiden optischen Isomere (so genannte Enantiomere) sind analog zu unserer linken und rechten Hand: Spiegelbilder, die man nicht aufeinander legen kann. Enantiomere bestehen aus den gleichen Elementen, die jedoch räumlich anders um ein zentrales Kohlenstoffatom angeordnet sind. Wenn gleiche Mengen D- und L-Enantiomere sich in einer Lösung befinden (ein racemisches Gemisch) hebt sich ihre Wirkung auf polarisiertes Licht auf, welches folglich nicht gedreht wird. Diese wichtige Entdeckung war Pasteurs erster wissenschaftliche Anerkennung.

Enantiomere sind sehr wichtig in biologischen Systemen sowie für die Wirkung von einigen Medikamenten. Aminosäuren, die Bausteine von Enzymen und allen anderen Eiweißen, sind alle L-Enantiomere, und D- Enantiomere kommen in der Natur selten vor. Lebende Organismen können nur L-Aminosäuren in Eiweiße einbauen. Nur L- ist biologisch aktiv. Zucker, oder Kohlenhydrate sind dextro. Verschiedene Enantiomere von Medikamenten können unterschiedliche Wirkungen oder Toxizität haben. L-DOPA wirkt bei Parkinson, das D-Enantiomer jedoch nicht und es trägt zudem zur Toxizität von DOPA bei.

SIEHE AUCH: Enzyme (1878), Aminosäuresequenz von Insulin (1952).

Mikrokristalle von Weinsteinsäure in polarisiertem Licht. Die Fähigkeit von zwei Isomeren, polarisiertes Licht in unterschiedliche Richtungen zu rotieren, ist die Folge von Unterschieden in ihrer dreidimensionalen Struktur. In der Natur rotieren Zucker (Kohlenhydrate) polarisiertes Licht nach rechts, während Aminosäuren linksdrehend sind.

Testosteron

Arnold Adolph Berthold (1803-1861), **Charles-Édouard Brown-Séquard** (1817-1894)

Als der deutsche Physiologe Arnold Adolph Berthold im Jahr 1849 Hähne kastrierte, waren die Ergebnisse nicht überraschend. Zweifelsohne wusste er, dass man 2000 v. Chr. bereits männliche Tiere kastrierte, sodass sie williger ihre Aufgaben ausführten. Außerdem sollen römische Kaiser, die fürchteten, ermordet zu werden, wie Konstantin im 4. Jhd., sich mit nicht-aggressiven Eunuchen umringt haben.

Berthold kastrierte an der Universität von Göttingen geschlechtsunreife Hähne, die, sobald sie erwachsen waren, nicht die typischen körperlichen und verhaltensmäßigen Züge anderer Hähne aufwiesen. Er kastrierte auch erwachsene Hähne und beobachtete, dass sie aufhörten, gegeneinander zu kämpfen, unter Libidoverlust litten und nicht mehr krähten. Nachdem er die Testikel wieder zurückgepflanzt hatte, nahmen sie ihr ursprüngliches Verhalten wieder auf. Mit diesen Experimenten festigte Berthold seinen Namen als Pionier in der Endokrinologie, indem er die Rolle der Geschlechtsdrüsen bei der Entwicklung der sekundären Geschlechtsmerkmale demonstrierte.

Erst vier Jahrzehnte später übernahm Charles-Édouard Brown-Séquard die Arbeit von Berthold. Brown-Séquard war ein sehr respektabler, auf Mauritius geborener Physiologe und Neurologe, der in London, Paris und Harvard lehrte. Er stellte die These auf, dass in die Blutbahn ausgeschiedene Stoffe sich auf allerlei Organe auswirken. (Diese hypothetischen Stoffe, die Hormone, wurden erst viele Jahrzehnte später entdeckt). 1899 schrieb Brown-Séquard einen Artikel in *Lancet*, damals wie heute eine der wichtigsten medizinischen Zeitschriften. Darin beschrieb er einen Selbsversuch. Er hatt sich einen Extrakt aus den Hoden von Hunden und Meerschweinchen injiziert und sich daraufhin geistlig und körperlich viele Jahre jünger als seine 72 Jahre gefühlt. Leider spürte Brown-Séquard einen klassischen Placebo-Effekt. Trotz aller gegenteiligen Behauptungen konnte in sorgfältig kontrollierten Studien in jüngeren Jahren kein einziger Verjüngungseffekt bei älteren Männern nachgewiesen werden. Brown-Séquard war in London der Nachbar von Robert Louis Stevenson und soll diesem als Inspirationsquelle für dessen *Dr. Jekyll and Mr. Hyde* gedient haben.

SIEHE AUCH: Eierstöcke und weibliche Fortpflanzung (1900), Sekretin: das erste Hormon (1902), Progesteron (1929).

Der britische Künstler Francis Smith (1722-1822) malte Kisler Aga, Chief of the Black Eunuchs and First Keeper of the Serraglio *zwischen 1763 und 1779. Das Wort* Eunuch *steht für einen kastrierten und somit testosteronarmen Mann. Im Altertum wurden Sklaven zu Eunuchen gemacht, damit sie weniger aggressiv und dienstbarer wurden.*

1850

Trichromatisches Farbensehen

Johannes Kepler (1571-1630), **Thomas Young** (1773-1829), **Hermann von Helmholtz** (1821-1894), **Max Schultze** (1825-1874)

Die Lichtdetektion bei Tieren variiert von einem simplen fotosensiblem Organ bei Plattwürmern, das nur in geringem Maße Richtung und Stärke des Lichts detektiert, bis hin zu Raubvögeln, die ihre Beute aus einer Höhe von 10 bis 15 Kilometern sehen können. Im visuellen System von Wirbeltieren richtet die Linse sich auf ein Objekt und aktiviert fotorezeptive Zellen auf der Netzhaut. Diese Zellen setzen Lichtmuster in Nervensignale um, die über den Augennerv zum visuellen Lappen hinten im Gehirn und anschließend zur Informationsverarbeitung in die höheren Gehirnzentren übertragen werden.

Vor dem 17. Jhd. kannte man die allgemeine Struktur des Auges, und danach erforschte man seine Funktion. 1602 bestimmte der Physiker und Astronom Johannes Kepler, dass die Netzhaut – und nicht die Hornhaut – für die Lichtdetektion verantwortlich war. Fast zwei Jahrhunderte später befasste sich der englische Gelehrte Thomas Young mit dem Auge. Der vielseitige Young war Arzt und Physiker, leistete jedoch auch wichtige Beiträge in den Bereichen Sprache und Musik. Er war einer der ersten, der einige Inschriften auf dem Stein von Rosette entschlüsselte. 1793 beschrieb er die Fähigkeit des Auges, mithilfe von Muskeln, die die Form der Linse änderten, auf Objekte in der Nähe und weiter weg zu fokussieren. Er stellte 1802 ebenfalls die These der trichromatischen Farbvision auf, die 1850 von dem berühmten deutschen Physiker Hermann von Helmholtz weiterentwickelt wurde: Es gibt drei Arten von farbwahrnehmenden Elementen in der Netzhaut, für Rot, Grün und Blau. Die Young-Helmholtz-Theorie ist die Basis für das Farbensehen von Primaten.

In den 1830er Jahren entdeckte man, dass die Netzhaut zwei Arten von Zellen hatte, die wegen ihrer Form Stäbchen und Zapfen genannt werden. Bei einer vergleichenden Studie nach den Augen von Nacht- und Tagvögeln entdeckte der Anatom Max Schultze, dass die Zapfen Farben detektieren und die Stäbchen lichtempfindlich sind. Wie zu erwarten war, haben verschiedene Tiere verschiedene Mengen eines jeden Zelltyps. 1991 wurde eine dritte Art Photorezeptor entdeckt, der die zirkadiane Uhr des Körpers kontrolliert.

SIEHE AUCH: Zirkadiane Rhythmen (1729), Lokalisierung von Gehirnfunktionen (1861).

Der Amerikanische Uhu (Bubo virginianus) *ist die am weitesten verbreitete Eule in Amerika. Seine Augen sind fast so groß wie die des Menschen und die Netzhaut enthält viele Stäbchen, die eine ausgezeichnete Nachsicht ermöglichen. Eulenaugen bewegen sich nicht in der Augenhöhle, aber diese Raubvögel können ihren Kopf um 270 Grad drehen, sodass sie in jede Richtung blicken können.*

1854

Homöostase

Claude Bernard (1813-1878),**Walter B. Cannon** (1871-1945)

Claude Bernard wird als einer der größten Biologen aller Zeiten betrachtet. Er ist der Vater der modernen experimentellen Physiologie. Er war der erste Wissenschaftler, der in Frankreich ein Staatsbegräbnis bekam. Zu seinen vielen Leistungen gehören Studien über die Rolle der Leber beim Kohlenhydrat**stoffwechsel**, Pankreasausscheidungen bei der Verdauung, dem Einfluss des autonomen Nervensystems auf die Regulierung des **Blutdruck**s und der Art der Giftigkeit von Kohlenmonoxid und Curare. In seinem Klassiker *Introduction à l'étude de la medicine experimentale* (1865) beschrieb er das Wesen der wissenschaftlichen Forschung und des Wissenschaftlers. Sein größter Beitrag war jedoch 1854 die Entdeckung des *milieu intérieur*, heute Homöostase genannt, was als eines der integrierenden Prinzipien der modernen Biologie betrachtet wird.

Bernard stellte die These auf, dass Tiere in zwei Umgebungen bleiben: einem äußeren Milieu und einem inneren Milieu. Primitive Lebensformen entwickelten sich im Meer, das eine relativ stabile externe Umgebung bildete. Im Laufe der Evolution gingen diese Lebensformen zu Festlandumgebungen über, die sich durch instabile Temperaturen schwankende Salz- und Wasserzusammensetzungen und pH-Werte auszeichnen. Ihr Überleben erforderte Anpassungsmechanismen, um die innere Umgebung bei solchen Veränderungen stabil zu halten. Homöostase (Griechisch für: „Stillstand") ist die Fähigkeit, eine konstante innere Umgebung zu erhalten in Reaktion auf externe Veränderungen der Umgebung. Lebensformen, die eine Homöostase erzielten, überlebten, andere taten das nicht.

Bernards Konzept des *milieu intérieur* fristete bis zum 20. Jhd. ein kümmerliches Dasein, bis es in Homöostase umgetauft wurde und in seinem *The wisdom of the body* (1932) von W.B. Cannon (berühmt durch seine Kampf-oder-Flucht-Reaktion) popularisiert wurde. Cannon beschrieb die Fähigkeit von mehreren Organen zur Zusammenarbeit, um Homöostase zu erhalten. Wir wissen, dass die neuralen und hormonalen Systeme eine große Rolle spielen beim Erhalt des homöostatischen Gleichgewichts. Für Aspekte wie Körpertemperatur, Blutzuckerspiegel und den pH-Wert der Körpersäfte verwendet der Körper **negative Feedback**systeme, mit denen Änderungen entgegengewirkt wird.

SIEHE AUCH: Medulla: das vitale Gehirn (ca. 530 Millionen Jahre v. Chr.), Stoffwechsel (1614), Blutdruck (1733), Leber- und Glukosestoffwechsel (1856), Thermorezeption (ca. 1882), Negatives Feedback (1885).

Beim Kampf zwischen diesen wilden Gänsen ändert sich ihr Blutgefäßsystem und der Kohlenhydratstoffwechsel erheblich. Ihre endokrinen und neuralen Systeme spielen eine große Rolle bei der Wiederherstellung und dem Erhalt des homöostatischen Gleichgewichts nach dem Ende des Konflikts.

1856

Leber- und Glukosestoffwechsel

Claude Bernard (1813-1878)

1843 machte Claude Bernard, der einer der größten Physiologen aller Zeiten werden sollte, eine wichtige Entdeckung: Er bemerkte, dass von Zuckerrohr oder Stärke Glukose gebildet wurde, die mühelos vom Körper aufgenommen wurde. Er ignorierte diese Beobachtung bis 1848, als er Glukose in tierischen Blutproben fand, sogar nachdem diese ein kohlenhydratfreies Menü zu sich genommen oder einige Tage gefastet hatten. Es wurden hohe Glukosewerte in den Leberadern gefunden, die aus der Leber kommen; auch die Leber von Säugern, Vögeln, Reptilien und Fischen enthielt Glukose, aber andere Organe nicht. Bernard schlussfolgerte, dass die Leber die Quelle der Blutzucker war.

An einem Morgen 1849 fand Bernard eine Tierleber, die nach einem Experiment am Vortag nicht entsorgt worden war. Er analysierte diese Leber und entdeckte, dass der Glukosegehalt höher war als bei einer vorigen Studie. Das wertete Bernard als ersten Hinweis darauf, dass die Leber nicht nur Glukose speicherte, sondern auch produzierte. Diese Befunde standen im Widerspruch zu zwei herrschenden biologischen Auffassungen: dass Organe nur eine einzige Funktion hatten und dass die Leber Galle synthetisierte. Zudem nahm man allgemein an, dass Pflanzen Nährstoffe produzieren konnten, Tiere aber nicht.

Bernard meinte, dass Glukose in einem unbekannten Molekül gespeichert würde, das er „Glykogen" nannte. Er konnte es jedoch nicht isolieren und stürzte sich stattdessen auf viele andere wissenschaftliche Herausforderungen, wie die Studie nach den Mechanismen bei einer Kohlenmonoxidvergiftung und Lähmung der willkürlichen Muskulatur durch Curare, alkoholische Fermentierung und Spontanzeugung. 1865 machte er sich wieder auf die Suche nach dem ungreifbaren Glykogenfaktor, als er einen weißen, stärkeartigen Stoff in der Leber fand. Dieser Stoff – Glykogen – war aus Glukose aufgebaut. Je nach Bedarf wurde Glykogen zu Glukose abgebaut, um den Blutzuckerspiegel konstant zu halten, womit der Glukose**stoffwechsel**zyklus geschlossen war. Die Verdauung konnte somit nicht nur komplexe Moleküle zu einfachen Molekülen abbauen, sondern auch einfache Moleküle in komplexe Moleküle umsetzen.

SIEHE AUCH: Stoffwechsel (1614), Menschliche Verdauung (1833), Homöostase (1854), Insulin (1921).

Ein nicht datiertes Foto des großen französischen Physiologen Claude Bernard.

1857

Mikrobielle Fermentation

Louis Pasteur (1822-1895), **Eduard Buchner** (1860-1917)

Das Fermentationsverfahren zur Herstellung von alkoholischen Getränken ist schon etwa 12 000 Jahre bekannt. Weil Wein, Bier und Brot zum festen Menü der Europäer gehörten und mithilfe von Hefe hergestellt wurden, orientierte sich die Wissenschaft in diese Richtung. Hefe war schon länger als integraler Bestandteil des Fermentationsverfahrens bekannt, aber man man wusste nicht, welche Rolle sie dabei spielte: Sie könnte entweder das chemische Gleichgewicht im Substrat verschieben oder aber einen physikalischen Prozess anregen.

1837 und 1838 kamen drei Wissenschaftler unabhängig von einander zur gleichen Schlussfolgerung: Hefe ist ein lebender Organismus. Ab 1857 führte Louis Pasteur 20 Jahre lang Versuche durch, die bestätigten, dass an der Fermentierung lebende Organismen beteiligt waren, nämlich Bakterien und Hefen. Die erste Reihe von Experimenten befasste sich mit der Milchsäuregärung, der einfachsten Form von Gärung. Pasteur fand heraus, dass Milchzucker (Laktose) im Beisein von Laktobazillen zu Milchsäure umgesetzt wird und dass eben jene den sauren Geschmack von alter Milch verusacht. Das ist der gleiche Prozess, der Joghurt seinen säuerlichen Geschmack verleiht.

In den 1860er Jahren holte Kaiser Napoleon III. die Hilfe von Pasteur ein, um eine große französische Krise zu untersuchen: das Sauerwerden von Wein. Pasteurs Lösung bestand darin, vergorenen Wein auf 60 °C zu erhitzen, wobei Mikroben, die für die Fäulnis verantwortlich waren, getötet wurden, aber der Geschmack nicht beeinflusst wurde. Dieser Prozess, „Pasteurisierung", wurde später erfolgreich bei Bier und Essig angewandt. Durch Pasteurs Interesse an der Fermentierung und an Mikroben leistete er ebenfalls Beiträge zur Theorie von Infektionskrankheiten.

Pasteur gelang es nicht, den Stoff aus der Hefe zu extrahieren, der für die Fermentierung verantwortlich war. 1897 wies der deutsche Chemiker Eduard Buchner nach, dass es für die Fermentierung nicht unbedingt lebender Hefezellen bedarf, sondern dass eine Lösung eines zellfreien Hefeextraktes ausreichte. Diese Entdeckung brachte ihm 1907 den Nobelpreis ein. Der Extrakt war ein Enzym, was „in Hefe" bedeutet.

SIEHE AUCH: Van Leeuwenhoeks mikroskopische Welt (1674), Enzyme (1878), Keimtheorie der Krankheit (1890).

Menschen in der Zeit der Jäger und Sammler waren die ersten, die Fermentation zur Herstellung von Wein und Bier einsetzten. Die Rolle von Mikroorganismen beim Fermentationsprozess wurde Mitte des 19. Jhd. von Louis Pasteur entdeckt. Das Foto zeigt moderne Weinfässer aus Edelstahl.

1859

Darwins Theorie der natürlichen Selektion

Charles Lyell (1797-1875), **Thomas Malthus** (1766-1834), **Charles Darwin** (1809-1882), **Alfred Russel Wallace** (1823-1913)

Über die Entstehung der Arten zu schreiben, kostete Charles Darwin über 20 Jahre. Das Buch basierte auf einer Vielzahl von einzelnen Quellen und Beobachtungen, die er genial kombinierte. Auf seinen Reisen mit der *Beagle* (1831-1836) las er *Principles of Geology*, in dem Charles Lyell behauptete, dass die Fossilien in Gestein Abdrücke von Millionen Jahre alten Lebewesen waren, die nicht länger die Erde bewohnten und den heutigen Lebewesen nicht ähnlich waren. 1838 las Darwin *An essay on the principle of population* (*Das Bevölkerungsgesetz*) von Thomas Malthus, in dem dieser erläuterte, dass das Wachstum der Bevölkerung viel schneller verlief als das der Nahrungsversorgung und dass dies ohne entsprechendes Eingreifen katastrophale Folgen haben würde. Darwin dachte ebenfalls über die Praxis von Bauern nach, nur die besten Tiere für die Zucht auszuwählen (**künstliche Selektion**). Die 14 Finkenarten, die er auf den Galapagos-Inseln fand, ähnelten einander in vielen Hinsichten, mit Ausnahme ihrer Größe und der Form ihrer Schnäbel, die an die vorhandene Nahrung auf ihrer jeweiligen Insel angepasst waren.

Darwin war nicht der erste, der an Evolution dachte, anderen jedoch fehlte eine stimmige Theorie zur Erklärung des Phänomens. Seine Theorie basierte auf natürlicher Selektion. In der Natur herrscht innerhalb der Arten ein Konkurrenzkampf um die beschränkten Mittel. Lebewesen mit den für ihre Umgebung am besten angepassten Eigenschaften haben mehr Chancen auf Überleben und Fortpflanzung und geben diese Eigenschaften an ihre Nachfahren weiter. In den 1840er Jahren skizzierte Darwin die Grundrisse seiner Theorie der natürlichen Selektion in einem Essay. Aus Furcht vor einem Sturm an Protesten, den seine Anti-Schöpfungstheorie ernten würde, zögerte er mit der Veröffentlichung. Im Laufe des darauffolgenden Jahrzehnts sammelte er weitere Beweise. 1858 hörte er, dass Kollege Alfred Russel Wallace unabhängig von ihm ebenfalls eine Selektionstheorie entwickelt hatte, die der seinen stark glich. Darwin beendete rasch seine *Über die Entstehung der Arten*, das 1859 erschien und eine absoluter Klassiker und Bestseller in der wissenschaftlichen Literatur wurde.

SIEHE AUCH: Künstliche Selektion (1760), Bevölkerungswachstum und Nahrungsversorgung (1798), Darwin und die Reise mit der *Beagle* (1831), Fossilien und Evolution (1836), Mendelsche Regeln (1866), Evolutionsgenetik (1937).

Foto von Charles Darwin aus dem Jahr 1869 von Julia Margaret Cameron (1815-1879), die für ihre Fotografien berühmter Briten bekannt war.

1859

Ökologische Interaktionen

Charles Darwin (1809-1882)

Die Ökologie befasst sich mit der Beziehung zwischen lebenden Organismen und ihrer Umgebung, und es ist nicht überraschend, dass die Arten, die sich das gleiche Ökosystem teilen, sehr unterschiedliche Beziehungen miteinander eingehen. Das eine Extrem dieser Interaktion kann beinhalten, dass sich eine Art auf Kosten der anderen vorteile verschafft, das andere Extrem ist, dass beide von der Interaktion profitieren. In seinem *Über die Entstehung der Arten* (1859) sagte Darwin, dass der Überlebenskampf der größte ist unter Mitgliedern der gleichen Art, weil sie ähnliche Phänotypen und typische Bedürfnisse haben.

Wer profitiert von wem? Episitismus und Parasitismus sind Situationen, in denen nur eine Art von der Interaktion profitiert, während die andere Art den Preis bezahlt. Episitismus steht für das Extrem von ökologischer Interaktion, wobei eine Art die andere fängt und auffrisst, wie eine Eule eine Feldmaus oder fleischfressende Pflanzen Insekten fangen. Bei dem etwas weniger extremen Parasitismus profitiert eine Art (der Parasit) von einem anderen (dem Wirt), der keinen Nutzen aus der Interaktion zieht, wie im Beispiel des Bandwurms, der sich in den Organen des Wirts einnistet. Intrazelluläre Parasiten, wie Protozoen und Bakterien, verwenden oft einen Träger, um einen Wirt zu erreichen. So fungieren beispielsweise Stechmücken der Gattung Anopheles als Überträger jener einzelligen Parasiten, die beim Menschen Malaria verursachen.

Beim Kommensalismus profitiert die eine Art von der anderen, die das jedoch nicht stört. Der Schiffshalter, ein tropischer Meeresfisch, lebt symbiotisch mit Haien und frisst ihre Nahrungsreste. Der Fierasfer ist eine kleiner, schlanker Fisch, der zum Schutz vor Raubtieren in der Kloake (dem Ende des Verdauungskanals) von Seegurken lebt.

Die gleichwertigste Interaktion nennt man Mutualismus, wobei beide Arten Nutzen von den Mitteln oder Dienstleistungen des anderen haben. Flechten sind sind Pilze, die mit Grün- oder Blaualgen symbiotisch zusammenleben. Der Pilz bezieht Sauerstoff und Kohlenhydrate von den Algen, die ihrerseits Wasser, Kohlendioxid und Mineralsalze vom Pilz bekommen.

SIEHE AUCH: Algen (ca. 2,5 Milliarden Jahre v. Chr.), Pilze (ca. 1,4 Milliarden Jahre v. Chr.), Stickstoffzyklus und Pflanzenchemie (1837), Darwins Theorie der natürlichen Selektion (1859), Malaria verursachender Parasit (1898).

In diesem Beispiel von Mutualismus entfernt eine Putzergarnele Parasiten vom Maul einer Muräne. Der Fisch wird von Parasiten befreit und die Garnele bezieht Nahrung aus den Parasiten.

1859

Invasive Arten

Damit er am Wochenende mehr zum Jagen hatte, importierte ein australischer Siedler im Jahr 1859 aus England 24 Kaninchen und setzte sie auf seinem Land aus. Die aus Inzucht resultierenden hybriden Nachkommen waren so stark und robust, und die Klimaverhältnisse sowie das Habitat waren so günstig für eine Fortpflanzung, dass Australiens Kaninchenpopulation in den 20er Jahren die Grenze von 10 Milliarden überschritt. Diese Populationsexplosion hatte eine vernichtende Auswirkung auf die lokalen Ökosysteme. Die Kaninchen fraßen Pflanzen, die für das Vieh bestimmt waren und verursachten eine Erosion des Bodens. Man begann, sie zu jagen, Fallen zu stellen und sie zu vergiften, um sie zu eliminieren. 1907 wurde ein 3200 Kilometer langer Kaninchenzaun in Westaustralien gebaut – ohne Erfolg. Zu den biologischen Maßnahmen gehörten Bakterien und das viel erfolgreichere Myxomavirus, das die Population mancherorts um 95 % reduzierte, bis eine Resistenz entstand. Die heutige Population beläuft sich auf etwa 200 Millionen Tiere.

Unwillkommene Gäste. Kaninchen sind nur ein Beispiel für invasive Arten (Pflanzen, Tiere oder Mikroben), die in ein Ökosystem gelangen, in dem sie nicht heimisch sind und eine solche Konkurrenz für die einheimischen Arten bilden, dass diese verdrängt werden oder verschwinden. Invasive Arten, die aus Versehen oder bewusst eingeführt werden, sind sehr konkurrenzfähig, können sich ausgezeichnet anpassen und pflanzen sich sehr erfolgreich fort. Wenn es in der neuen Umgebung keine Raubtiere, Konkurrenten oder Krankheiten gibt, verbreiten sie sich ungehindert.

Die Rosige Wolfsschnecke (*Euglandina rosea*), eine in Nordamerika heimische Landschnecke, wurde 1955 bewusst auf Hawaii ausgesetzt, um eine andere invasive Art, die Große Achatschnecke, zu eliminieren. Das war kein Erfolg, im Gegenteil: Die einheimische Oahu-Baumschnecke zog dabei den Kürzeren und wäre fast ausgestorben. Die räuberische Wolfsschnecke wird heute als die größte Bedrohung für einheimische Schnecken auf Hawaii betrachtet.

Die Wandermuschel kommt aus dem Balkan und tauchte 1988 erstmals in Lake St. Clair in den USA auf, nachdem sie versehentlich in kanadische Gewässer gelangt war. Als sehr effiziente Biofilter reduzieren diese Muscheln die Anzahl der Algen und Tiere, die die Nahrung der einheimischen Arten bilden, konkurrieren mit den einheimischen Schalentieren und haften sich an harten Oberflächen fest, u.a. an Kühlwasseranlagen.

SIEHE AUCH: Ökologische Interaktionen (1859).

*Die Hottentottenfeige (*Carpobrotus edulis*) ist in der Kapregion Südafrikas heimisch. Die Sukkulenten sind jedoch rund um das Mittelmeer und in Teilen Kaliforniens und Australiens zur invasiven Art geworden.*

1861

Lokalisierung von Gehirnfunktionen

René Descartes (1596-1650), **Franz Joseph Gall** (1758-1828), **Paul Broca** (1824-1880), **Eduard Hitzig** (1838-1907), **Gustav Fritsch** (1838-1927), **David Ferrier** (1843-1928)

Die Idee, dass das Gehirn Gedanken und Emotionen beeinflusst, geht bis auf die alten Griechen zurück. Der französische Philosoph René Descartes meinte, dass sich die Seele in der Zirbeldrüse in der Gehirnmitte befand. Vorherrschend war jedoch die Lehre der Kirche: Demnach war der Geist von Gott geschaffen und hatte keine greifbare Stelle im Körper. Ende des 18. Jhd. brach der deutsche Gehirnforscher Franz Gall mit dieser Tradition durch seine Hypothese, dass das Gehirn keine homogene Masse war, sondern dass verschiedene intellektuelle Aktivitäten in verschiedenen Teilen des Gehirns entstanden. Galls Ideen wurden von der Kirche als antireligiös und wegen Mangels an Beweisen von der Wissenschaft verworfen. Gall kennt man heute vor allem wegen seiner Behauptung, dass die Form des Schädels ein zuverlässiger Hinweis auf die Persönlichkeit sei. Galls Kranioskopie artete in die Phrenologie aus, eine lukrative Pseudowissenschaft von Scharlatanen im ersten Jahrzehnt des 19. Jhd.

Der französische Arzt und Anatom Paul Broca wies als erster nach, dass eine physiologische Funktion einem spezifischen anatomischen Teil des Gehirns zugeordnet werden kann. 1861 vollzog er eine Autopsie bei „Tan", einem Patienten, der seine Sprechfähigkeit verloren hatte, nicht aber sein Sprachverständnis oder seine geistige Fähigkeiten. (Er wurde „Tan" genannt, weil er jede Frage mit „tan" beantwortete.) Bei der Autopsie wurde eine Verletzung im Frontallappen seiner Gehirnrinde gefunden, ein Gebiet, das sich als wichtig für die Sprachproduktion erwies. Überzeugendere Beweise sollten noch folgen.

Als der deutsche Neurologe Eduard Hitzig in den 1860er Jahren einen elektrischen Strom auf die Schädel von verwundeten Soldaten der preußischen Armee leitete, merkte er, dass dies unwillkürliche Augenbewegungen verursachte. 1870 untersuchte er dieses Phänomen zusammen mit dem Anatom Gustav Fritsch weiter. Ein elektrischer Strom auf einer Gehirnhälfte (die motorische Gehirnrinde) verursachte in bestimmten Teilen eines Hundes unwillkürliche Muskelspasmen. 1873 konnte der schottische Neurologe David Ferrier schließlich mit elektrischer Stimulation und Läsionen eine Landkarte der Gebiete der Hirnrinde konstruieren, die die motorischen Funktionen steuerten.

SIEHE AUCH: Descartes mechanisches Weltbild (1637), Lateralisation des Gehirns (1964).

Um 1812 stellte Franz Gall in Wien die These auf, dass die Form des Schädels eines Menschen ein zuverlässiger Hinweis auf seine Persönlichkeit und die Entwicklung von 27 geistigen und moralischen Fähigkeiten sei.

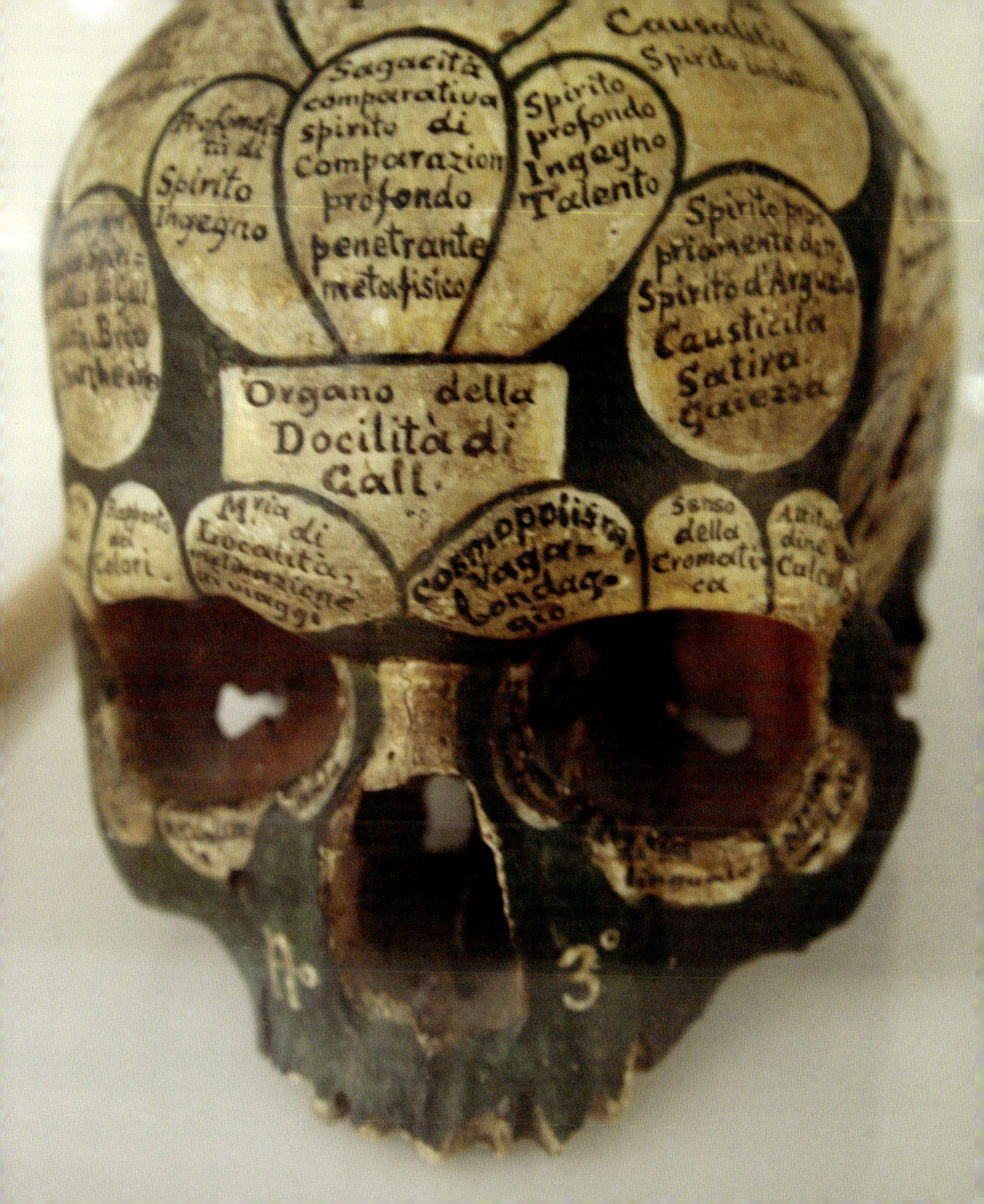

Sagacità comparativa spirito di Comparazion profondo penetrante metafisico
Spirito profondo Ingegno Talento
Spirito Ingegno
Spirito d'Arguzia Causticita Satira Gaiezza
Organo della Docilità di Gall.
Rapporto dei Colori
Senso della Cromatica
3°

1862

Biologische Mimikry

Fritz Müller (1821-1897), **Henry Walter Bates** (1825-1892)

Betrüger in der Natur. 1862 kehrte der englische Naturwissenschaftler und Entdeckungsreisende Henry Bates von einer zehnjährigen Forschungsreise durch den **Regenwald des Amazonas**‘ zurück. Nach der Beobachtung von fast 100 Schmetterlingsarten meldete er seine ungewöhnlichen Befunde. Vor allem interessierte er sich für zwei verschiedene Familien mit starken Übereinstimmungen: eine Familie, *Heliconidae*, ist auffallend bunt und für Vögel unessbar. Die Familie der *Pieridae* ist ebenfalls bunt, aber essbar. Bates ging davon aus, dass die Farbe der ungenießbaren Schmetterlinge Vögel daran erinnern sollte, dass sie schlecht schmeckten. Er beobachtete ebenfalls, dass manche essbaren Schmetterlinge, die den ungenießbaren sehr ähnlich waren, auch von den Vögeln gemieden wurden. Dieses Phänomen wird als „Bates'sche Mimikry“ bezeichnet.

Es wurden weitere evolutionär günstige Mimikry-Anpassungen in der Natur beobachtet. Der Imitator hat einen Vorteil durch die Ähnlichkeit mit einem anderen Organismus (das „Modell“) und eine dritte Partei hält den Imitator für das Modell. So imitiert etwa die harmlose Moilanatter das typische drohende breite Rückenschild einer echte Kobra. Die dritte Partei kann ein potenzielles Raub- oder Beutetier des Imitators sein. Es gibt mehr Beispiele bei Pflanzen und Tieren. In manchen Fällen imitieren Pflanzen auch Tiere oder umgekehrt. Die häufigsten Formen von Mimikry basieren auf dem Aussehen, aber Geräusche, Geruch und Verhalten werden gelegentlich auch imitiert.

Der deutsche Zoologe Fritz Müller beschrieb 1878 zwei nicht verwandte und ungenießbare Arten von Schmetterlingen mit täuschend ähnlichen Farbmustern, die beide über ähnliche Abwehrmechanismen verfügten. Dies ist eine Ausnahme zur Bates'schen Mimikry. Wenn jedoch ein Raubtier einmal gelernt hatte, einen Schmetterling mit einer bestimmten Farbe zu meiden, mied es auch alle anderen Arten mit diesem Muster (Müllersche Mimikry). Tiere wie der knallrote Pfeilgiftfrosch und das Stinktier schützen sich durch Aposematismus: Sie signalisieren einem Raubtier durch grelle Farben, laute Geräusche oder unangenehme Gerüche, dass sie über einen sekundären und starken Abwehrmechanismus verfügen. Als Beispiel einer intersexuellen Mimikry tarnt die männliche Seekatze sich als Weibchen, um der Entdeckung durch andere Männchen zu entgehen und näher an die Weibchen heranzukommen. Manche Pflanzen imitieren weibliche Bienen und Wespen, um Männchen anzulocken und sich bestäuben zu lassen.

SIEHE AUCH: Amazonas-Regenwald (ca. 55 Millionen Jahre v. Chr.), Tierfarben (1890).

Diese Abbildung zeigt vier Formen von Heliconius numata *(oben), mit zwei Formen der giftigen* H. melpomene *(unten, rechts) und zwei korrespondierenden Formen des giftigen Imitators* H. erato *(unten, links). Die Übereinstimmung der Warnfarben zwischen* H. melpomene *und* H. erato *ist ein Musterbeispiel für die Müllersche Mimikry.*

1866

Mendelsche Regeln

Charles Darwin (1809-1882), **Gregor Mendel** (1822-1884)

In seinem revolutionären *Über die Entstehung der Arten* von 1859 präsentierte Darwin eine Evolutionstheorie auf Basis von Mutation und natürlicher Selektion. Aber weder Darwin noch seine Zeitgenossen konnten erklären, wie günstige Eigenschaften vererbt wurden. Gregor Mendel, ein Augustinermönch und Lehrer an einer Mittelschule, erarbeitete auf dem Gelände eines Klosters in Brno (heute Tschechien) die Antwort darauf und legte damit die Grundlage für die Wissenschaft der Genetik.

Mendel verfolgte die erblichen Eigenschaften bei aufeinanderfolgenden Generationen von Hybriden. Er verwendete einfache Erbsen (*Pisum sativum*), weil diese billig und einfach in großen Mengen gezüchtet werden konnten und ihre Bestäubung sich leicht kontrollieren ließ. Außerdem gab es viele Varianten in Hinsicht auf Farbe, Form der Samen, Hülsen und Pflanzenhöhe. Mendel entdeckte, dass die Nachkommen der Pflanzen alternative Formen der Merkmalen (wie kurz oder lang) von jedem Elternteil erbten. Wenn die geerbten Merkmale unterschiedlich waren, traten bestimmte (dominante) Merkmale in Erscheinung, während andere (rezessive) verborgen blieben. Mendel untersuchte später Erbsen, die sich in zwei Merkmale voneinander unterschieden. Er sah, dass jedes Merkmal unabhängig auf die Nachkommen übertragen wurde, ohne Einfluss auf die Übertragung eines anderen Merkmals. Diese Befunde beschrieb er in seinem Artikel „Versuche über Pflanzen-Hybriden“ von 1866.

Mendel kannte Darwins *Über die Entstehung der Arten* und sein eigenes Exemplar der deutschen Übersetzung steht voller Notizen. Unklar ist, ob Darwin jemals Mendels Artikel las oder kannte, obwohl auch er an den Varianten und der Zucht von Erbsen interessiert war. Mendels Artikel sieht äußerst mathematisch aus, was Darwin wohl eher nicht interessierte. Und Darwin konnte zwar Deutsch lesen, aber nicht ohne Anstrengung. Wenn Darwin Mendel gelesen hätte, hätte ihm das zweifelsohne Einsichten darüber gebracht, wie die Vorteile der natürlichen Selektion an folgende Generationen übertragen werden. Leider blieb nicht nur Darwin, sondern die gesamte wissenschaftliche Welt bis zu seiner Wiederentdeckung im Jahre 1900 unwissend über Mendels Artikel.

SIEHE AUCH: Erblichkeit nach Lamarck (1809), Darwins Theorie der natürlichen Selektion (1859), Meiose (1876), Wiederentdeckung der Genetik (1900), Das Hardy-Weinberg-Gleichgewicht (1908), Gene auf Chromosomen (1910), Evolutionsgenetik (1937), Doppelhelix (1953).

Das Viereck von Punnet, 1905 vom englischen Mathematiker und Genetiker Reginald C. Punnett (1875-1967) entwickelt, sagt das Aussehen von Nachkommen nach der Paarung von Pflanzen (hier Blumen) oder Tieren voraus. Es wird von Biologen eingesetzt, um die Wahrscheinlichkeit zu bestimmen, dass Nachkommen ein bestimmtes Merkmal aufweisen.

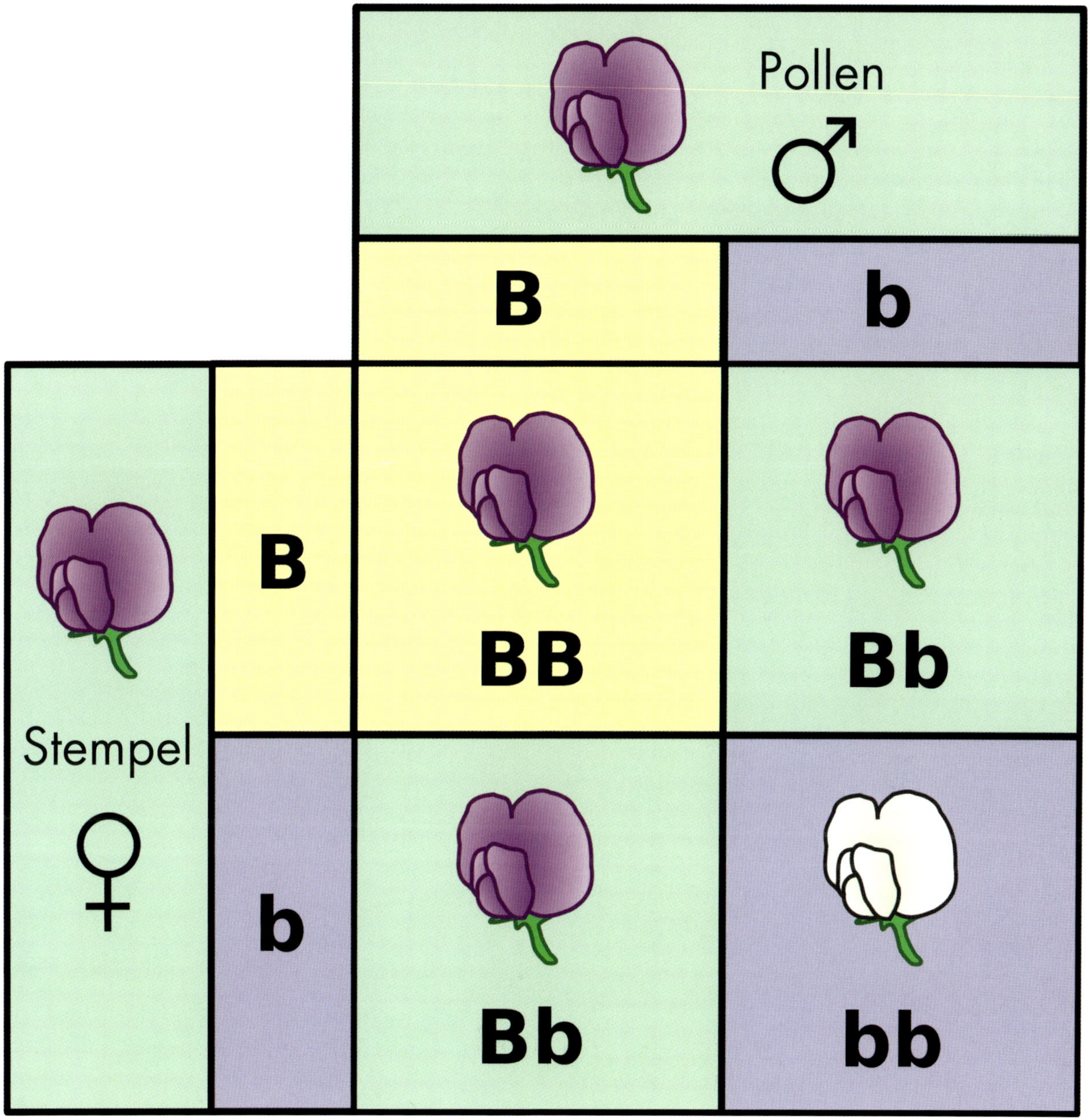
Pollen
♂
B
b
Stempel
♀
B
BB
Bb
b
Bb
bb

1866

Rekapitulationstheorie

Antoine Étienne Serres (1786-1868), **Charles Darwin** (1809-1882), **Ernst Haeckel** (1834-1919)

Der Name Ernst Haeckel ist unlösbar mit der Rekapitulationstheorie verbunden. Haeckel war ein deutscher Biologe, Naturwissenschaftler und 47 Jahre lang Professor für vergleichende Anatomie an der Universität Jena. In dieser Zeit entdeckte, beschrieb und benannte er Tausende von Pflanzen und Tieren und erwarb sich einen Ruf als Zeichner von Wirbellosen. Zudem gilt er als Pionier in der Entwicklungsbiologie: Er erforschte die Prozesse, nach denen Organismen wachsen und sich von einzelligen Zygoten zu Erwachsenen entwickeln. Seine Rekapitulationstheorie basierte auf den 40 Jahre zuvor erdachten Konzepten des Embryologen Étienne Serres. Dieser sagte, dass höhere Tiere die embryologischen Stadien durchlaufen, die analog zu den Erwachsenenstadien der niederen Tiere sind. In seinem *Über die Entstehung der Arten* erkannte Darwin die Bedeutung der embryonalen Entwicklung für das Verständnis der Evolution. Haeckel befürwortete diese Theorie.

Nach dem Studium von Embryos verschiedener Arten, insbesondere Hühner und Menschen, formulierte Haeckel 1866 die Rekapitulationstheorie bzw. „Haeckelsches Gesetz“: Es besagt, dass die Entwicklung von Embryos jeder Art (Ontogenese) die evolutionäre Entwicklung dieser Art (Phylogenese) vollständig wiederholt. Haeckel verglich die Spalten und Bögen im Hals von Menschen- und Kükenembryos mit den Kiemenöffnungen und Kiemenbögen von erwachsenen Fischen, und zog daraus den Schluss, dass sie alle drei eine gemeinsame Herkunft haben. So haben beispielsweise menschliche Embryos während ihrer Entwicklung einen Schwanz, der jedoch vor der Geburt wieder verschwindet.

Als Belege für seine Theorie zeichnete Haeckel Embryos von verschiedenen Arten in ihrer Progression von frühen zu späten Entwicklungsstadien und ihren Übergang von Übereinstimmungen zur Diversität. Diese Zeichnungen, die den Nachdruck auf die Übereinstimmungen zwischen frühen Stadien von diversen Arten legten, wurden als zu vereinfacht, übertrieben und inakkurat kritisiert. Obwohl einige Elemente der Theorie stimmen, wurde sie insgesamt von der modernen Biologie verworfen. Dennoch war diese Theorie Bestandteil vieler Lehrbücher, die Haeckels Embryozeichnungen als Argument für die Evolutionstheorie anführten.

SIEHE AUCH: Darwins Theorie der natürlichen Selektion (1859).

Ernst Haeckel verwendete in seinen Kunstformen der Natur *(1904) diese Art von Zeichnungen, um die Entwicklung von* Asteroidea *(Seesterne) nachzuvollziehen und seine Rekapitulationstheorie zu untermauern.*

7
1
2

1866

Hämoglobin und Hämocyanin

Friedrich Ludwig Hünefeld (1799-1882), **Felix Hoppe-Seyler** (1825-1895), **Theodor Svedberg** (1884-1971)

Das Blut liefert Nährstoffe und Sauerstoff an Körperzellen und leitet Kohlendioxid, ein Abfallprodukt des **Stoffwechsels**, ab. Sauerstoff gelangt über die Lunge oder die Kiemen in den Körper und wird verwendet, um energieliefernde Nährstoffe zu verbrennen. Dieses Gas ist jedoch in Wasser und Blut nur schwer löslich, weshalb es zusätzlicher Komponenten bedarf, um die sauerstofftragende Kapazität zu erhöhen. Diese Komponenten sind die Atmungspigmente Hämoglobin und Hämozynin – das sind metallhaltige Eiweiße von blauer oder roter Farbe.

Hämoglobin befindet sich in fast allen Wirbeltieren und in den meisten Wirbellosen und ist der Hauptbestandteil von Erytrozyten (**rote Blutkörperchen**). Das eisenhaltige Eiweiß Hämoglobin wurde 1840 von Friedrich Ludwig Hünefeld entdeckt. Die reversible Bindung von Sauerstoff an Erytrozyten, von der 1866 erstmals der Biochemiepionier Felix Hoppe-Seyler berichtete, wird durch Hämoglobin reguliert. Wenn Sauerstoff sich an Hämoglobin bindet, wird seine Löslichkeit bei Säugern 70 Mal größer.

Das kupferhaltige Hämozyanin transportiert Sauerstoff in den meisten Weichtieren (wie Schnecken) und **Gliederfüßer** (Krebstiere, Pfeilschwanzkrebse, Skorpione, Tausendfüßlern, aber selten in Insekten). Kupfer verleiht sauerstoffreichem Hämozyanin eine blaue Farbe. Hämozyanin wurde 1917 vom schwedischen Chemiker Theodor Svedberg in Schnecken entdeckt. Svedberg ist allerdings bekannter für seine Entwicklung der Ultrazentrifuge.

Hämoglobin und Hämozyanin haben bei der Atmung die gleiche Funktion. Der Unterschied liegt in der Art, in der diese in zirkulierenden Flüssigkeiten transportiert wird. Hämoglobin ist an Erytrozyten in einem geschlossenen Blutkreislauf gebunden. Der Sauerstoff diffundiert über die Wände der Haargefäße, die kleinsten Blutgefäße, und in der interstitiellen Flüssigkeit rund um Zellen. Das sauerstofftransportierende Häemozyanin ist jedoch nicht an Blutkörperchen gebunden, sondern in einer Suspension in der Hämolymphe. Diese Flüssigkeit befindet sich in einem offenen System, das die Körperzellen direkt befeuchtet. Manche Insekten haben ein noch einfacheres System: Ihre Hämolymphe enthält gar keine Sauerstoff transportierenden Moleküle.

SIEHE AUCH: Gliederfüßer (ca. 570 Millionen Jahre v. Chr.), Lungenzirkulation (1242), Stoffwechsel (1614), Harveys *De motu cordis* (1628), Blutzellen (1658), Blutgruppen (1901), Blutgerinnung (1905).

Ein Häm ist eine chemische Verbindung eines Eisenions und eines großen organischen Rings, der Porphyrin heißt. Häm b, *hier als raumfüllendes 3D-Modell abgebildet, ist eine wichtige Komponente von Hämoglobin und Myoglobin.*

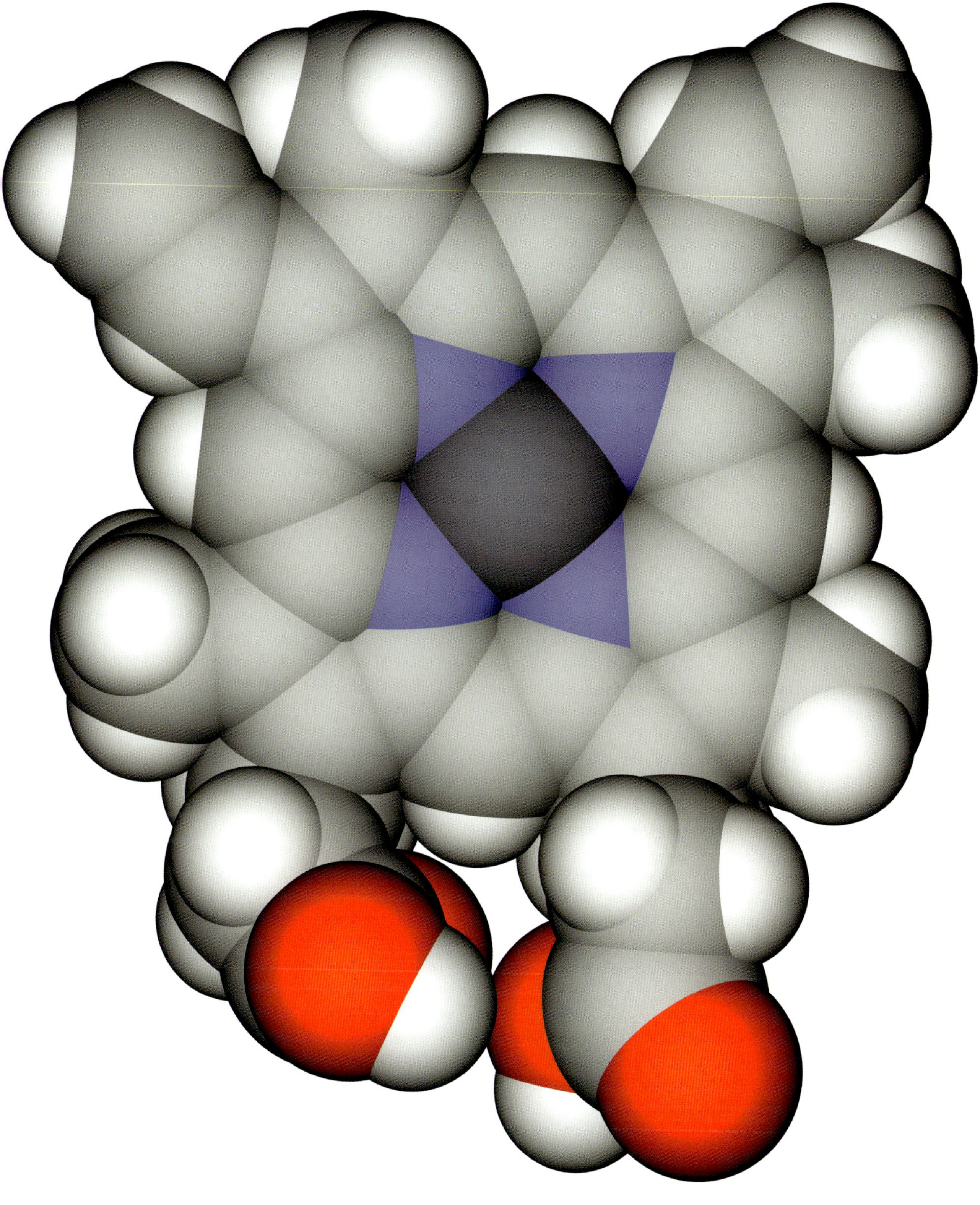

1869

Desoxyribonukleinsäure (DNA)

Friedrich Miescher (1844-1895), **Albrecht Kossel** (1853-1927), **Phoebus Levene** (1869-1940), **Oswald T. Avery** (1877-1955), **Erwin Chargaff** (1905-2002), **Francis Crick** (1916-2004), **Rosalind Franklin** (1920-1958), **James D. Watson** (b. 1928)

DNA, zweifelsohne der bekannteste aller chemischen Stoffe in der Biologie, debütierte 1869. Der schweizerische Arzt und Biologe Friedrich Miescher interessierte sich für die Chemie des **Zellkerns**. Dazu untersuchte er Lymphzellen aus dem Eiter von Verbandsmaterial aus den örtlichen Krankenhäusern. Aus der chemischen Analyse ergab sich nicht die Anwesenheit von Eiweiß, die Miescher erwartet hatte, sondern ein neuer, unbekannter Stoff, den er „Nuklein“ nannte.

Im letzten Jahrzehnt des 19. Jhd. isolierte und beschrieb der deutsche Biochemiker Albrecht Kossel Mieschers „Nuklein“, das er in Nukleinsäure umtaufte. Aus eingehenderer Analyse ergaben sich fünf organische Basen: Adenin (A), Zytosin (C), Guanin (G), Thymin (T) und Uracil (U), die er Nukleobasen nannte. Für diese Entdeckung bekam Kossel 1910 den Nobelpreis. Später zeigte sich, dass es zwei Klassen von Nukleinsäuren gibt: Desoxyribonukleinsäure (DNA) und Ribonukleinsäure (RNA).

Phoebus Levene war in Russland medizinisch geschult worden. Da er wegen seines Glaubens verfolgt wurde, emigrierte er in die USA, wo er als Arzt praktizierte und Biochemie studierte. Während er sich von einer Tuberkulose erholte, arbeitete er mit Kossel zusammen. Mitte der 1930er Jahre stellte Levene im Rockefeller Institute korrekt fest, dass die Nukleinsäuren an Zucker (Desoxyribose und Ribose) und eine Phosphatgruppe gebunden waren. Er nannte diese Kombination ein Nukleotid. Die von ihm postulierte Verbindung war jedoch inkorrekt. Ende der 1940er Jahre verstand man inzwischen, insbesondere auf Grundlage der Arbeit von Oswald Avery, dass DNA am Erblichkeitsprozess beteiligt war. Aber die chemische Struktur blieb weiterhin unklar.

Der österreichische Biochemiker Erwin Chargaff verließ Nazi-Deutschland in den 1930er Jahren und analysierte an der Columbia University die verschiedenen Basen der DNA. In den 1950er Jahren entdeckte er, dass verschiedene Organismen verschiedene Mengen an DNA haben, aber dass sowohl A und T als auch G und C in etwa gleichen Verhältnissen immer vorhanden waren. Den letzten Schritt bei der Entschlüsselung der Struktur von DNA, der **Doppelhelix**, machten 1953 Franklin, Watson und Crick.

SIEHE AUCH: Zellkern (1831), DNA als Träger genetischer Informationen (1944), Doppelhelix (1953).

Eine vereinfachte Darstellung von DNA, mit zwei Biopolymerketten. Jede Kette dreht sich um die andere in einer Doppelhelixformation, verbunden durch Stickstoffbasen.

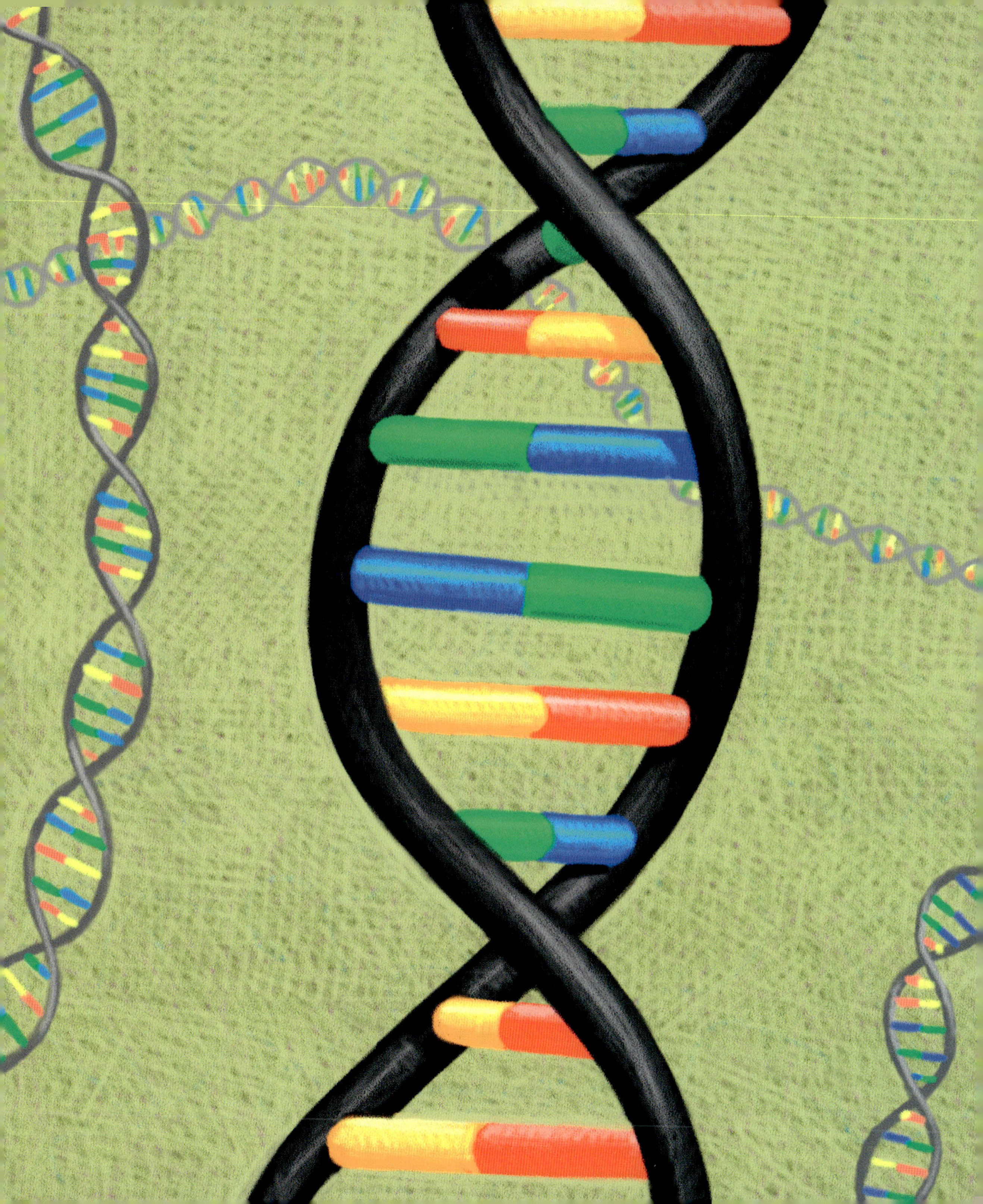

1871

Sexuelle Selektion

Charles Darwin (1809-1882)

Darwin sagte in seinem Werk *Über die Entstehung der Arten* (1859), dass Evolution auf natürlicher Selektion basierte. Er suggerierte, dass Menschen aus niederen Lebensformen evoluiert waren, was ein direkter Angriff auf das Buch Genesis war. In seinem Buch *Die Abstammung des Menschen und die geschlechtliche Zuchtwahl* (1871) breitete Darwin seine Theorie spezifisch auf den Menschen aus.

Im ersten Teil des 900 Seiten starken Werks *Die Abstammung* stellte Darwin die These auf, dass alle Menschen einer einzigen Art zugehören, die von einem gemeinsamen affenartigen Vorfahren abstammt und sich durch Evolution entwickelt hatte. Aber 1871 hatte man noch keine menschlichen Fossilien gefunden. Darwin erkannte die Übereinstimmungen zwischen Menschen und anderen **Primaten** und behauptete, dass geistige und emotionale Fähigkeiten keine einzigartigen menschlichen Merkmale seien – nur in der Abstufung, nicht jedoch in der Art unterschieden sie sich von anderen höheren Tieren.

Darwin plädierte danach, aus evolutionärer Perspektive, für die Gemeinschaftlichkeit und Gleichheit der menschlichen Rasse. Er verwarf die Polygenesetheorie (der zahlreiche prominente Biologen anhingen), die besagte, dass die Menschenrassen von verschiedenen Linien abstammten, gesondert erschaffen worden und manche minderwertig waren. Er entschied sich für Monogenese: Alle Menschen evolvierten aus einem gemeinsamen Ursprung und die Unterschiede zwischen den Rassen – Hautfarbe, Haartyp – seien oberflächlich. In ihrer Allgemeinheit ähneln sich alle Menschen.

Die Theorie hinter der sexuellen Selektion wurde erst kurz in seiner *Entstehung der Arten* präsentiert und später detailliert in Bezug auf den Menschen und die Tiere in *Die Abstammung* untersucht. Die treibende Kraft hinter natürlicher Selektion ist Überleben, aber sexuelle Selektion basiert auf der Notwendigkeit zur Fortpflanzung. Darwin sah zwei Arten des „sexuellen Kampfes“: Kampf zwischen den Mitgliedern des gleichen Geschlechts um ein Mitglied des anderen Geschlechts, und einen Kampf, um attraktiv auf das andere Geschlecht zu wirken. Im letzten Fall wählt das Objekt der Aufmerksamkeit, meistens das Weibchen, den wünschenswertesten Partner.

SIEHE AUCH: Primaten (ca. 65 Millionen Jahre v. Chr.), Anatomisch moderne Menschen (ca. 200 000 v. Chr.), Darwins Theorie der natürlichen Selektion (1859), Elterliche Investition und sexuelle Selektion (1972), Älteste DNA und menschliche Evolution (2013).

„Ein ehrwürdiger Orang-Utan“, Karikatur von 1871 von Charles Darwin als Affe, aus der britischen Satirezeitschrift The Hornet.

1873

Koevolution

Charles Darwin (1809-1882), **Hermann Müller** (1829-1883)

Der Fortbestand eines Organismus hängt davon ab, wie es sich in seinem Lebensraum gegenüber anderen Arten behaupten kann. Wenn in einer Jäger-Beute-Beziehung der Jäger Eigenschaften entwickelt, die ihm beim Töten der Beute helfen, muss das Beutetier Eigenschaften entwickeln, damit es lebend entkommen kann, entweder mit physischen oder mit chemischen Mitteln. Beispiele dieses Wettlaufs werden mit „evolutionäres Wettrüsten“ bezeichnet.

Wenn das Raubtier bessere offensive Fähigkeiten entwickelt, muss das Beutetier laut der Theorie **der natürlichen Selektion** eine bessere Abwehr entwickeln. Beispiele dafür sieht man bei Pflanzen-Tier-Beziehungen. Pflanzen können chemische Stoffe entwickeln, um die kulinarischen Avancen herbivorer Insekten abzuwehren. Insekten können daraufhin Verdauungsfähigkeiten entwickeln, die das Pflanzengift neutralisieren, woraufhin die Pflanze entsprechend stärkere Giftstoffe entwickeln kann.

Manche Beispiele der Koevolution resultieren jedoch gerade aus einer wechselseitigen günstigen Beziehung zwischen Pflanzen, namentlich den Bedecktsamern, mit spezifischen Bestäubern, z.B. Fledermäusen oder Bienen und anderen Insekten. Von Motten bestäubte Pflanzen und Motten sind so koevolviert, dass der Blütenröhre genau so lang ist wie die „Zunge“ der Motte. Als er die Blütengröße und -form einer Orchidee auf Madagaskar untersuchte, sagte Darwin die Existenz einer bestäubenden Motte mit einem Saugorgan von 28 cm voraus. Etwa 40 Jahre später, Jahrzehnte nach Darwins Tod, wurde tatsächlich eine solche Motte entdeckt.

Koevolution steht für gegenseitige evolutionäre Veränderungen, die bei zwei Arten entstehen, die in ihrer Interaktion voneinander abhängig sind. Darwin wies kurz nach seinem *Über die Entstehung der Arten* (1859) und sehr viel detaillierter in seiner *Abstammung* (1871) darauf hin. In diesem letzten Buch zitierte er den deutschen Biologen Hermann Müller, einem Pionier der Koevolutionsforschung. Insbesondere verwies er auf dessen Studien über Bienen und über die Evolution von Blütenpflanzen, die in Müllers Werk *Die Befruchtung der Blumen durch Insekten und die gegenseitigen Anpassungen beider* (1873) beschrieben werden. Es wurde ein Jahrzehnt später ins Englische übersetzt.

SIEHE AUCH: Wie sich Pflanzen vor Pflanzenfressern schützen (ca. 400 Millionen Jahre v. Chr.), Bedecktsamer (ca. 125 Millionen Jahre v. Chr.), Darwins Theorie der natürlichen Selektion (1859), Ökologische Interaktionen (1859), Sexuelle Selektion (1871).

Von Faltern bestäubte Pflanzen und ihre Bestäuber (wie Taubenschwänzchens) sind so koevolviert, dass die Länge der Blütenröhre exakt der Zungenlänge des Bestäubers entspricht.

1874

Angeboren oder anerzogen?

John Locke (1632-1704), **Francis Galton** (1822-1911)

Bestimmte physische Merkmale, wie Augenfarbe und **Blutgruppe**, werden genetisch bestimmt, genau wie das absolute Gehör und die Fähigkeit, sich an Musiknoten zu erinnern. Aber die Frage, welche Rolle die Erbanlagen („angeboren") verglichen mit der Erziehung („anerzogen") bei der Entwicklung von Charakterzüge spielen, ist seit den alten Griechen bis heute aktuell. Der Philosoph John Locke aus dem 17. Jhd. sagte, dass der menschliche Geist bei der Geburt „tabula rasa" ist – ein unbeschriebenes Blatt, ohne geistigen Inhalt – und dass Aspekte wie Persönlichkeit, soziales und emotionales Verhalten sowie Intelligenz durch Umgebungseinflüsse entstehen. Das andere Extrem bei dieser Debatte wurde 1874 von Francis Galton popularisiert, der meinte, dass Intelligenz vor allem erblich ist. Er plädierte für die **Eugenik**, um den Genpool der menschlichen Rasse zu verbessern.

Bevor wir herausfinden, ob es einen Mittelweg zwischen diesen beiden Extremen gibt, befassen wir uns zunächst mit dem heutigen Verständnis von „angeboren" und „anerzogen". „Angeboren" steht für unser Genmaterial, was vor allem unsere physischen Züge beeinflusst. „Anerzogen" wurde zunächst auf Umgebungseinflüsse beschränkt, aber heute werden auch pränatale, elterliche und familiäre Einflüsse dazu gezählt sowie die der Altersgenossen und der sozialwirtschaftliche Status. Würde die Umgebung keine Rolle bei der Bildung von individuellen Zügen und Verhaltensweisen spielen, dann müssten eineiige Zwillinge in jeder Hinsicht gleich sein, auch wenn sie getrennt erzogen würden. Aber das ist nicht so. Es gibt einen genetischen Zusammenhang für viele Krankheiten – Diabetes, Herz- und Gefäßkrankheiten, Krebs, Alkoholismus, Schizophrenie und bipolare Störung – und ihre Entwicklung kann positiv oder negativ durch Diät, Bewegung und Rauchen beeinflusst werden. **Epigenetik** befasst sich mit dem Ineinandergreifen dieser beiden Einflüsse: Sie untersucht, wie die Umwelt auf die Genexpression einwirkt. Ein primäres Ziel des **Humangenomprojekts** ist es, jene Gene zu identifizieren, die mit Krankheiten in Zusammenhang gebracht werden und zu bestimmen, welche Umgebungseinflüsse zu ihrer Entstehung beitragen.

SIEHE AUCH: Mendelsche Regeln (1866), Eugenik (1883), Wiederentdeckung der Genetik (1900), Blutgruppen (1901), Erbliche Stoffwechselkrankheiten (1923), Humangenomprojekt (2003), Epigenetik (2012).

Der relative Einfluss von genetischen Faktoren gegenüber nicht-genetischen Umgebungsfaktoren auf die Entwicklung von menschlichen Zügen bleibt ein Thema der Diskussion. Aus Studien zur Persönlichkeitsentwicklung von eineiigen Zwillingen mit identischem Genmaterial, die getrennt erzogen wurden, stellten sich Unterschiede heraus. Dies deutet auf den Einfluss von Umgebungsfaktoren und Lebensstil hin.

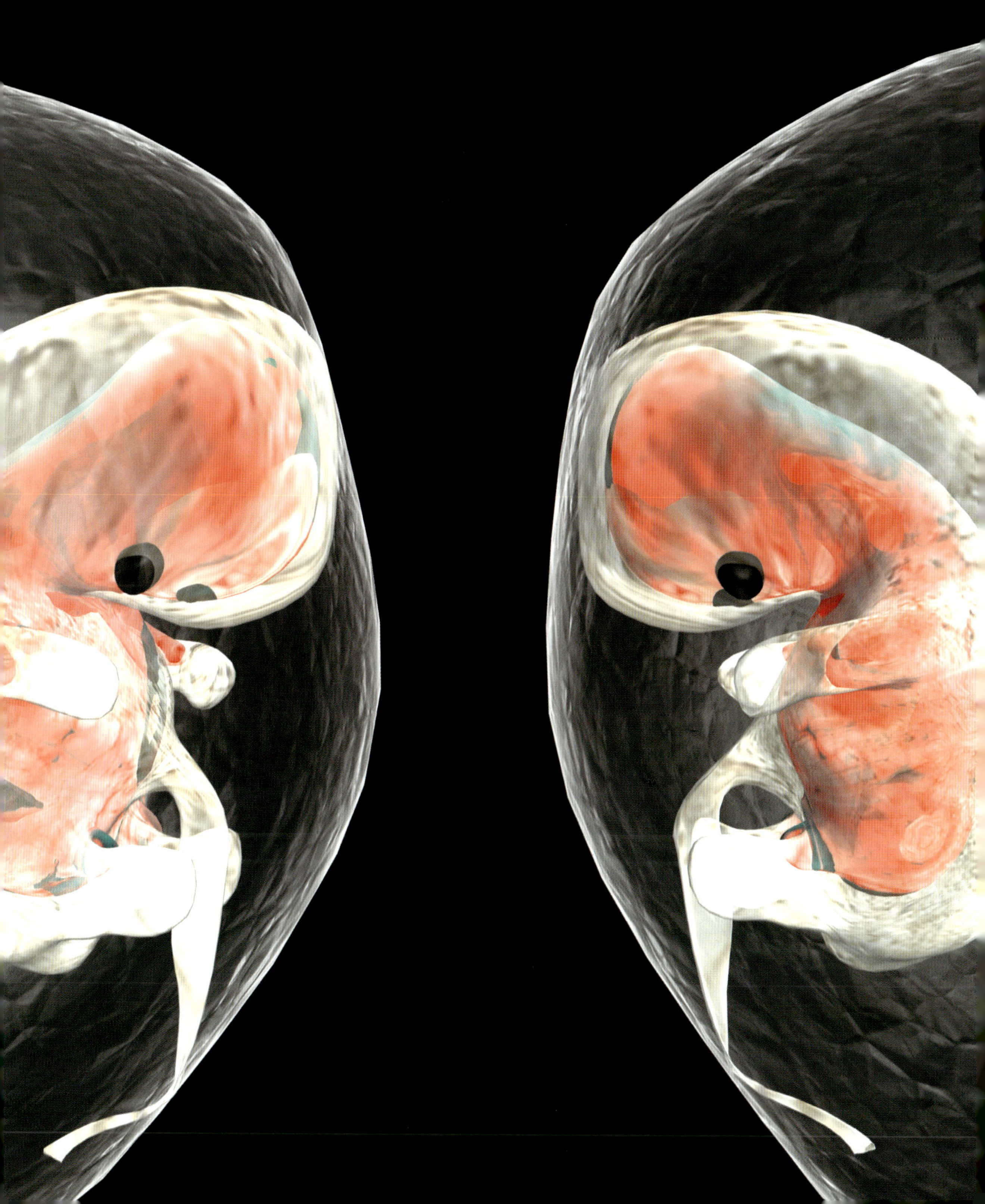

1875

Biosphäre

Eduard Suess (1831-1914),**Vladimir I. Vernadsky** (1863-1945)

Der österreichische Geologe Eduard Suess führte 1875 das Konzept der Biosphäre ein, als Begriff für „den Raum auf der Erdoberfläche, in dem Leben vorkommt". Dieses Konzept wurde vom russischen Mineralogen und Geochemiker Wladimir Wernadski erheblich erweitert, der die Biosphäre 1926 in seinem gleichnamigen Buch als eine Kombination von geologischen, chemischen und biologischen Begriffen definierte. Laut Wernadski enthält die Biosphäre zwei Arten von Materie: lebende Materie in allen ihren Formen und „inerte" (nicht-lebende) Materie, wie konservierte Mineralien. Genau wie nicht-lebende Materie durch lebende Organismen transformiert. Leben und menschliche Bewusstsein sind demnach wesentliche Komponenten bei der Evolution der Erde.

Unter Biosphäre wird heute der Raum auf oder nahe der Erdoberfläche verstanden, der sowohl lebende Organismen als auch tote, von lebenden Organismen produzierte Materie enthält. Die Biosphäre ist ein Kernkonzept in der Ökologie und Biologie. Sie steht für das höchste Niveau biologischer Organisation und umfasst alle Biodiversität auf der Erde, von einfachen Molekülen über Strukturen in Zellen (Organellen), Organismen, Populationen, Gemeinschaften bis hin zu Land- und Wasserökosystemen.

Damit Organismen leben können, müssen bestimmte Umgebungsbedingungen hinsichtlich Temperatur und Luftfeuchtigkeit, aber auch Energie und Nahrung, eingehalten werden. Nährstoffe befinden sich in toten Organismen oder Abfallprodukten von lebenden Zellen und werden recycelt und zu Verbindungen transformiert, die anderen Organismen als Nahrung dienen. Wernadski erkannte als erster, dass Sauerstoff, Stickstoff und Kohlendioxid in unserer Atmosphäre infolge biologischer Prozesse entstanden sind. Die Biosphäre ist seit der Entstehung von einzelligen Organismen vor etwa 3,9 Milliarden Jahren evolviert, in einer Zeit, in der die kohlendioxidreichen atmosphärischen Bedingungen denen unserer Nachbarplaneten Venus und Mars glichen. Die Pflanzen bauten Kohlendioxid ab und setzten es in Sauerstoff um, wodurch eine sauerstoffreiche (O2) Atmosphäre zum Atmen entstand und stratosphärisches Ozon (O3), das die Erdbewohner vor Ultraviolettstrahlen schützt.

SIEHE AUCH: Der Ursprung des Lebens (ca. 4 Milliarden Jahre v. Chr.), Prokaryoten (ca. 3,9 Milliarden Jahre v. Chr.), Landpflanzen (ca. 450 Millionen Jahre v. Chr.), Nahrung für Pflanzen (1840), Photosynthese (1845), Ökologische Interaktionen (1859), Erderwärmung (1896).

Viele Kilometer über der irdischen Biosphäre testet Astronaut Robert C. Stewart bei einem Flug der Raumfähre Challenger 1984 eine handgesteuerte MMU („Manned Maneuvering Unit"= Düsenrucksack), mit dem sich Astronauten frei im Raum ohne Seil bewegen konnten.

1876

Meiose

August Weismann (1834-1914), **Oscar Hertwig** (1849-1922)

Meiose (Griechisch für „verkleinern") entstand vor 1,4 Milliarden Jahren in **Eukaryoten**. Der Prozess reduziert die Zahl der Chromosomen, die zur geschlechtlichen Reproduktion erforderlich sind und trägt zur genetischen Variation bei, die Voraussetzung für Evolution ist. 1876 entdeckte Oscar Hertwig die Rolle des **Zellkerns** und der chromosomalen Reduktion in Seeigeleiern während der Meiose. Er erkannte, dass die Verschmelzung von Ei und Samenzelle und ihrer Kerne zu den vererblichen Merkmalen der Nachkommen beitrug. August Weismann ergänzte diese Befunde, als er 1890 entdeckte, dass es zur Meiose zwei Zyklen der Zellteilung bedurfte, um die Anzahl der Chromosomen stabil zu halten. Der Begriff Meiose bedeutet die Halbierung der Anzahl Chromosomen in den Tochterzellen nach der geschlechtlichen Fortpflanzung.

Die erblichen Informationen der Eltern werden an die Nachkommen anhand der DNA in den Genen weitervererbt. Bei der ungeschlechtlichen Reproduktion von **Prokaryoten** (Bakterien) und einigen Eukaryoten teilt sich der Organismus einfach, wobei der Nachkomme eine exakte genetische Replik des einen Elternteils ist. Ohne Mutation ist jedoch keine Evolution möglich. Bei der geschlechtlichen Reproduktion der meisten Eukaryoten gibt jeder Elternteil Gene dazu. Das Genom einer diploiden Keimzelle, bestehend aus DNA, die in einem Chromosom verpackt ist, erfährt eine DNA-Replikation und zwei Teilungen. Das Resultat sind haploide Zellen alias Gameten. Jeder Gamet mit einem kompletten Chromosomensatz verschmilzt bei der Befruchtung mit einem Gameten des anderen Geschlechts zu einer neuen diploiden Zelle oder Zygote.

Evolution wird möglich. Das unmittelbare Ergebnis des Kreuzungsprozesses während der Meiose ist die Rekombination von Genen, wodurch es zu einer Neuverteilung der Allele (unterschiedliche Formen des gleichen Gens) kommt. Der Nachkomme hat somit eine einzigartige Kombination von Genen jeden Elternteils, die von denen der Eltern abweichen. Durch diese genetische Diversität können über die natürliche Selektion Änderungen bei den Nachkommen entstehen. Natürliche Selektion ist die Grundlage für Evolution und die Chance für Organismen, sich erfolgreich an eine sich ändernde und oft anspruchsvolle Umgebung anzupassen.

SIEHE AUCH: Prokaryoten (ca. 3,9 Milliarden Jahre v. Chr.), Eukaryoten (ca. 2 Milliarden Jahre v. Chr.), Zellkern (1831), Darwins Theorie der natürlichen Selektion (1859), Mitose (1882), Gene auf Chromosomen (1910), DNA als Träger genetischer Informationen (1944).

Bei der Meiose erfolgt eine Rekombination der von den Eltern gelieferten Gene. Das resultiert in Nachkommen mit einer einzigartigen Genkombination und ermöglicht Evolution.

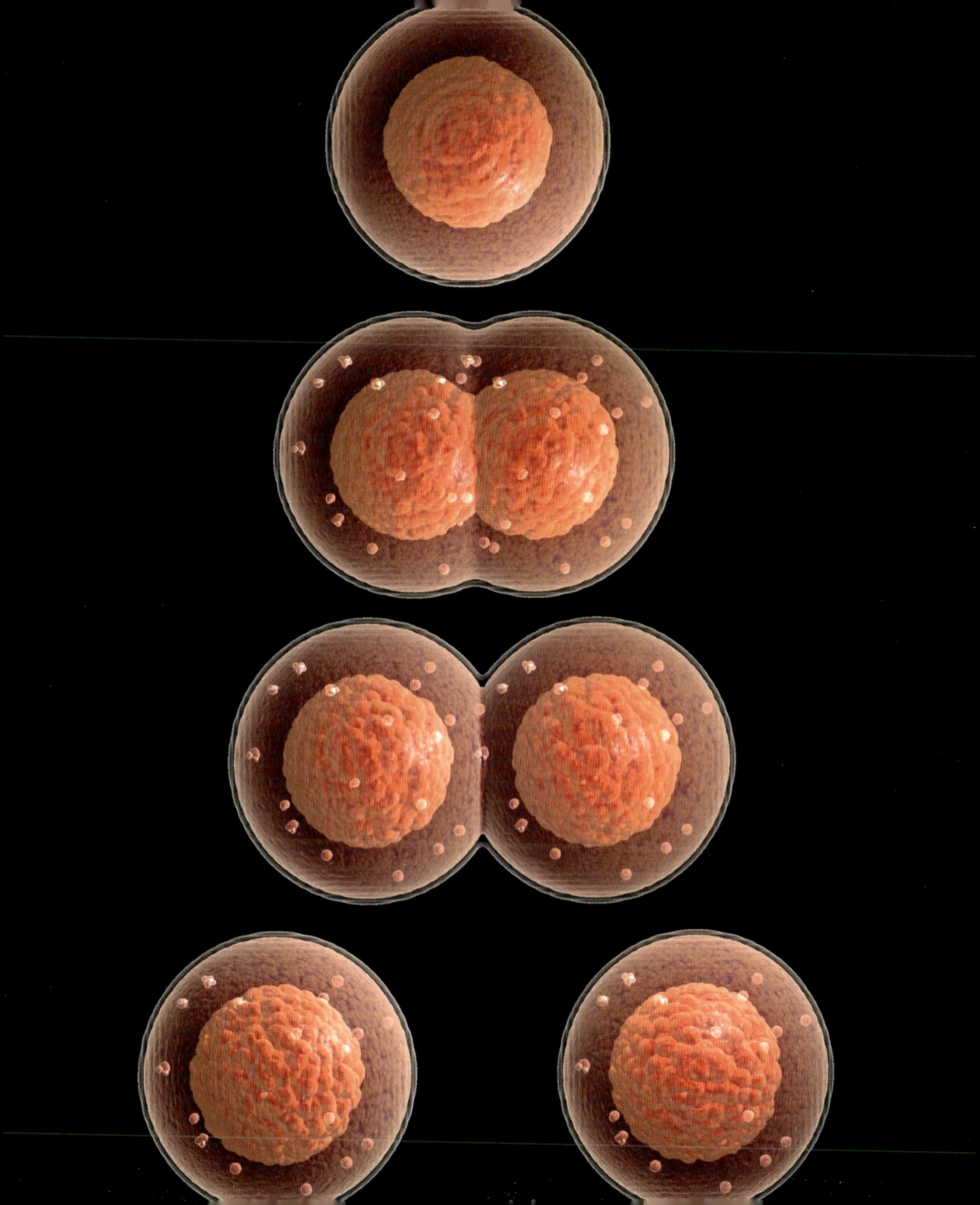

1876

Biogeographie

Charles Darwin (1809-1882), **Alfred Russel Wallace** (1823-1913)

Im 19. Jhd. wurde Alfred Russel Wallace als einer der größten Naturforscher und Biologen gefeiert. Er war ein viel gepriesener Autor von 22 Büchern und Hunderten von Artikeln und ein Pionier der Biogeographie: Er erforschte die geographsiche Verbreitung von Pflanzen und Tieren. Leider stand er im darauffolgenden Jahrhundert im Schatten Darwins. Anders als sein berühmter Kollege, der sich dank seines Familienbesitzes in Vollzeit mit Studieren und Schreiben befassen konnte, war Wallace verpflichtet, viele Exemplare aus seiner Sammlung zu verkaufen, Vorlesungen zu halten und Bücher zu schreiben, um seine Familie unterhalten zu können.

Wallace packte schon früh das Naturforscherfieber. Er reiste von 1848 bis 1852 durch den Regenwald des Amazonas. Die vielen Exemplare, die er dort sammelte, gingen jedoch bei einem Schiffsbrand auf dem Weg nach England verloren. 1854 ging er erneut auf die Reise, diesmal zum Indonesischen Archipel, wo er in acht Jahren Hunderttausende von Tieren und Pflanzen beobachtete. Dies brachte ihn auf das Konzept der Evolution über die natürliche Selektion, was in den 1850er Jahren kein Gemeingut war. Sein Artikel über die Evolution wurde 1859 zusammen mit dem von Darwin einem wissenschaftlichen Publikum vorgelegt, während er sich noch in Malaysia aufhielt.

Auf seiner Reise durch das Indonesische Archipel bemerkte er, dass zwar das Gelände und das Klima vergleichbar waren, aber dass die Verbreitung der Tierarten im Nordwesten und Südosten unterschiedlich waren. Tiere auf Sumatra und Java ähnelten mehr denen in Asien, während jene in Neu-Guinea australischen Tieren glichen. Es gab eine klare Trennlinie zwischen den Inseln, die„Wallace-Linie" genannt wurden und die die orientalischen und von der australischen Region trennte. 1874 unterteilte Wallace die Welt in sechs Regionen, anhand ihrer tierischen Bewohner, die er in seinem Klassiker *Geographical distribution of animals* (1876) veröffentlichte. Dies war eine Art virtueller Reiseführer über Tiere und ihre Fundstellen. In seinem *Island life* (1880) untersuchte er Pflanzen- und Tierarten auf drei verschiedenen Inseltypen.

SIEHE AUCH: Amazonas-Regenwald (ca. 55 Millionen Jahre v. Chr.), Darwin und die Reise mit der *Beagle* (1831), Darwins Theorie der natürlichen Selektion (1859).

Mitte des 19. Jhd. reiste Wallace durch das Indonesische Archipel, das Gebiet auf dieser 100 Jahre alten Atlaskarte.

China
Yangtse
Hang-chow
Foochow
Yun-nan
Canton
Formosa
Riu Kiu
Hong Kong
Mariana Is
Guam
Tongking
Hanoi
Hai-nan
Luzon
Philippine Is
(U.S.)
Anam
Hue
Siam
Bangkok
Mekong
S. China Sea
Manila
Palawan
Mindanao
Pelew Is
Caroline Is
Saigon
Malay Penina
Brunei
Sarawak
Singapore
Malacca Str.
Sumatra
Borneo
Celebes
Gilolo
140°
120°
Bismarck Arch.
New Guinea
Batavia
Java
Timor
Torres Str.
C. York
Christmas
Melville I.
G. of Carpentaria
Keeling Is
Kimberley
North Australia
COMMONWEALTH OF AUSTRALIA
Western Australia
Cen Aust
Queensland
South Australia
North West C.
Sharks B.
Coolgardie
Perth
New South Wales
C. Leeuwin
Albany
Adelaide
Murray
Victoria
Sydney
Canberra
Melbourne
Bass Str.

1877

Meeresbiologie

Aristoteles (384-322 v. Chr.), **Charles Darwin** (1809-1882), **Charles Wyville Thompson** (1830-1882)

Bis zum Ende des 19. Jhd. beschränkten sich die Kenntnisse der Meeresbiologie auf die oberen paar Meter des Meeres und untiefe Gewässer. Innerhalb dieser engen Grenzen hatte Aristoteles viele Formen des Lebens im Meer beschrieben und Charles Darwin erforschte auf seiner Reise mit der *Beagle* 1831 **Korallenriffe**, Plankton und Seepocken.

Diese Kenntnisse wurden nach der *Challenger*-Expedition von 1872-1876 umfangreich erweitert. Es war die erste Reise, die ausschließlich der Meereswissenschaft gewidmet war. Es gab jedoch auch praktische Gründe für die Reise, nämlich die wachsende Nachfrage nach transkontinentaler Telegraphenkommunikation über Kabel auf dem Meeresgrund. Charles Wyville Thompson, Meeresbiologe und Professor an der Universität Edinburgh, der sich Ende der 1860er Jahre mit seiner Studie der wirbellosen Meerestiere einen Ruf erworben hatte, wurde als Leiter der Expedition gewählt. Die Weltreise der *Challenger*, ein für die Expedition ausgerüstetes Schiff der Royal Navy, umfasste nahezu 30 000 Kilometer. Es wurden unter anderem 4700 neue Arten von Meeresleben identifiziert und man wies nach, dass die Idee falsch gewesen war, dass unter 550 Meter Tiefe kein Leben möglich war. Ozeanströme und Temperaturen wurden systematisch aufgezeichnet, es wurden Karten von Bodensedimenten erstellt und der unterseeische Mittelatlantische Rücken – die längste Bergkette der Welt – wurde entdeckt.

Anhand seiner ersten Befunde schrieb Wyville Thompson 1873 ein frühes Buch über Meeresbiologie, *The depth of the sea*. Nach seiner Rückkehr wurde er 1877 zum Ritter geschlagen und arbeitete an einem Bericht über die Reise, der 50 Teile umfasste und 30 000 Seiten zählte. Der Bericht erschien 1880 als *The voyage of the Challenger*. Die Reise konzentrierte sich auf die Sammlung, Beschreibung und Katalogisierung von Meeresorganismen, neu entwickelte Methoden zum Fang und zur Konservierung von Exemplaren. Die heutige Meeresbiologie befasst sich mit Fragen, wie bestimmte Organismen sich an die chemischen und physischen Eigenschaften von Meereswasser anpassen und wie ozeanische Phänomene die Verbreitung des Lebens im Meer regulieren. Besonderes Interesse gilt den Meeresökosystemen mit ihren Nahrungsketten und Nahrungsnetzen sowie Räuber-Beute-Beziehungen.

SIEHE AUCH: Korallenriffe (ca. 8000 v. Chr.), Aristoteles' *Historia animalium* (ca. 330 v. Chr.), Darwin und die Reise mit der *Beagle* (1831), Nahrungsnetze (1927).

Foto von Juli 1874 eines Seemanns aus Tonga, identifiziert als ein Mitglied der Challenger*-Expedition, die als erste Meeresexpedition mit einem offiziellen Fotografen und Zeichner angesehen wird.*

1878

Enzyme

Wilhelm Kühne (1837-1900), **Eduard Buchner** (1860-1917), **James B. Summer** (1887-1955)

Ohne Enzyme kann es kein Leben geben. In lebenden Zellen erfolgen Tausende von chemischen Reaktionen: Alte Zellen werden durch neue ersetzt, einfache Moleküle bilden zusammen komplexe Substanzen, Nahrung wird verdaut und in Energie umgesetzt, Abfall wird abgeführt und Zellen reproduzieren sich. Diese Abbau- und Aufbaureaktionen bilden zusammen den Stoffwechsel. Für jede Reaktion ist Energie erforderlich (Aktivierungsenergie) und ohne diese würden sie sich nicht spontan ergeben. Die Existenz von Enzymen – meistens Eiweiße oder RNA-Enzyme – sorgt für die Reduzierung der Menge an erforderlicher Aktivierungsenergie für diese Reaktionen und erhöht ihr Tempo wesentlich. Während des Prozesses werden die Enzyme weder aufgebraucht noch chemisch verändert.

Jede chemische Reaktion im Körper ist Teil eines Stoffwechselweges oder -zyklus'. Die meisten Enzyme sind sehr spezifisch und wirken nur mit einem einzigen Substrat (Reaktant) auf diesem Weg, um ein Produkt in der Stoffwechselreihenfolge zu produzieren. Die meisten der über 4000 Enzyme in Zellen sind Eiweiße mit einer einzigartigen dreidimensionalen Struktur, deren Form ihre Spezifizität bestimmt. Enzyme werden angedeutet mit dem Suffix *ase*, das dem Stamm des Namens des Substrats hinzugefügt wird, auf das sie einwirken. In der chemisch orientierten Literatur werden jedoch oft spezifischere (und beschreibende) Namen verwendet.

Ende des 17., Anfang des 18. Jhd. war bekannt, dass Fleisch von Magensäften verdaut wird und dass Stärke durch Speichel und Pflanzenextrakte zu einfachen Zuckern abgebaut werden konnte. Der deutsche Physiologe Wilhelm Kühne dachte sich 1878 den Namen „Enzym" für Trypsin aus, ein eiweißspaltendes Enzym, das er entdeckt hatte. 1897 demonstrierte Eduard Buchner an der Universität Berlin, dass Enzyme auch außerhalb lebender Zellen funktionieren. 1926 isolierte und kristallisierte James Summer von der Cornell University das erste Enzym (Urease) aus Bohnen, womit er definitiv bewies, dass es sich um ein Eiweiß handelte. 1946 erhielt Summer zusammen mit zwei Kollegen den Nobelpreis für Chemie.

SIEHE AUCH: Stoffwechsel (1614), Menschliche Verdauung (1833), Erbliche Stoffwechselkrankheiten (1923), Eiweißstrukturen und Eiweißfaltung (1957).

Bestimmte Medikamente gegen Krebs und Immunkrankheiten richten sich auf Purin-Nukleosid-Phosphorylase (PNP), ein Enzym, das bestimmte Moleküle beseitigt, die bei der Spaltung von DNA entstehen. Dies ist ein computergeneriertes Modell von PNP.

1880

Phototropismus

Charles Darwin (1809-1882), **Francis Darwin** (1848-1925), **Nikolai Cholodny** (1882-1953), **Frits Warmolt Went** (1903-1990)

Charles Darwin erforschte zusammen mit seinem Sohn Francis die faszinierende Bewegung von Pflanzen hin zum Licht, ein Phänomen, das „Phototropismus" heißt. Sie untersuchten die Koleptile – also die hohle Scheide rund um den ersten Halm – Kanariengras. Dabei entdeckten sie, dass die phototropische Reaktion nicht auftritt, wenn man die Spitzen bedeckte. Weitere Beobachtungen zeigten, dass die Spitzen der Koleptile empfindlich auf Licht reagieren, während im mittleren Teil die Biegung stattfindet. Charles Darwin beschrieb die Ergebnisse in *The power of movement in plants* (1880), das die Grundlage legte für die Entdeckung von Auxin, dem ersten Pflanzenhormon.

Nach seinem Hochschulabschluss baute der niederländische Biologe Frits Warmolt Went weiter auf Darwins Befunden auf. Er schlussfolgerte, dass die Spitze einen phototropischen Stoff enthält, den er Auxin nannte und später als Indol-3-Essigsäure identifizierte. 1927 entdeckten Went und Nikolai Cholodny von der Universität Kiew, dass Auxin ein Pflanzenwachstumshormon ist, das sich in der dunklen Seite des Stiels konzentriert. Auxin aktiviert **Enzyme**, so genannte Expansine, die die Wand im Stiel aufweichen. Die Zellen auf der dunklen Seite wachsen schneller als auf der hellen, wodurch die Stiele sich hin zum Licht bewegen. Diese Cholodny-Went-Theorie zur Erklärung von Phototropismus bleibt umstritten. Wenn Pflanzen tagsüber ihre Blätter spreizen, wird **Photosynthese** ermöglicht.

Wenn eine Pflanze seitlich in die Erde gesetzt wird, ordnet sie sich neu, sodass ihre Triebe nach oben und die Wurzeln nach unten weisen. Auxin sorgt neben Phototropismus auch für Geotropismus bzw. Gravitropismus, das Phänomen, bei dem die Unterseite der Koleptile mit der Schwerkraft nach unten wächst.

Auxin hat noch andere wachstumsfördernde Wirkungen, die die Art und Umfang des Pfanzenwachstums beeinflussen. Es wird in den Pflanzenspitzen produziert und bewegt sich dann zur Basis, wobei die Pflanzenzellen entlang der Triebe verlängert werden und der Verzweigungsprozess beeinflusst wird. Ein verminderter Auxinfluss einer Spitze deutet darauf hin, dass der Zweig nicht produktiv ist, sodass der Wachstumsprozess auf fruchtbarere Zweige gelenkt wird.

SIEHE AUCH: Landpflanzen (ca. 450 Millionen Jahre v. Chr.), Photosynthese (1845), Enzyme (1878), Sekretin: das erste Hormon (1902).

Sonnenblumenknospen weisen Phototropismus auf. Morgens richten sie sich nach Osten und den restlichen Tag folgen sie der Position der Sonne, um am nächsten Morgen wieder nach Osten ausgerichtet zu sein. Dieses Gemälde Bauerngarten mit Sonnenblumen *(1905-06) ist vom österreichischen Maler Gustav Klimt (1862-1918).*

1882

Mitose

Gregor Mendel (1822-1884), **Walther Flemming** (1843-1905)

Ein Grundprinzip der **Zelltheorie** ist, dass alle Zellen aus früheren Zellen entstehen und ein Merkmal aller lebenden Organismen ist ihre Fähigkeit zur Reproduktion. Der deutsche Anatom Walther Flemming, Begründer der Zytogenetik – der Wissenschaft vom Erbmaterial der Zelle – spielte eine Schlüsselrolle bei unserem Verständnis dieser Phänomene.

1879 entwickelte und verwendete er einen Anilinfarbstoff, um die Struktur des Kerns von Salamanderembryozellen zu visualisieren. In dem Kern sah er eine sich schlängelnde Masse von fadenähnlichem Material, die er Chromatin nannte. Er beobachtete, dass sich diese gepaarten Fäden – später Chromosomen genannt – in der Länge zweiteilten, wonach jede Hälfte auf die gegenüberliegende Seite der Zelle wanderte. Er nannte diesen Prozess „Mitose“ (Griechisch für „Faden“) und beschrieb ihn in seiner *Zellsubstanz, Kern und Zelltheilung* (1882). Später entdeckte man, dass unmittelbar nach der Mitose – die Trennung von Chromosomen im Kern in sechs verschiedenen Phasen – die Elternzelle sich in zwei Tochterzellen aufteilt, die hinsichtlich des Zellinhalts jeweils identisch sind. Dieser Prozess heißt Zytokinese.

Flemming kannte das Werk Mendels und dessen Vererbungslehre nicht und wusste auch nicht, dass Eigenschaften durch Gene in Chromosomen übertragen werden. Deshalb wurde die Bedeutung der Entdeckungen von Mendel und Flemming erst zu Beginn des 20. Jhd. erkannt, als man begriff, dass Gene die funktionelle Einheit der Vererbung sind.

Mitose ist ein fundamentaler Prozess in allen lebenden Organismen: Die Anzahl der Zellen nimmt zu und der Körper wächst durch Mitose. Es ist der Prozess, mit dem sich Einzeller reproduzieren. Über Mitose werden schadhafte Zellen und Gewebe erneuert. Die Forschung nach Mitose hat zudem zur Stammzelltechnologie geführt, bei der undifferenzierte Stammzellen sich zu spezialisierten Zellen differenzieren können. Fehler bei der Mitose können Krebs verursachen. Daher wird die Entdeckung von Mitose und Chromosomen als eine der zehn wichtigsten Entdeckungen in der Biologie und als eine der hundert wertvollsten in der gesamten Wissenschaft betrachtet.

SIEHE AUCH: Zelltheorie (1838), Mendelsche Regeln (1866), Meiose (1876), Wiederentdeckung der Genetik (1900), Gene auf Chromosomen (1910), Induzierte pluripotente Stammzellen (2006).

Mitose ist eine der wichtigsten biologischen Prozesse und steht für die Teilung einer „Eltern“-Zelle in zwei identische „Tochter“-Zellen.

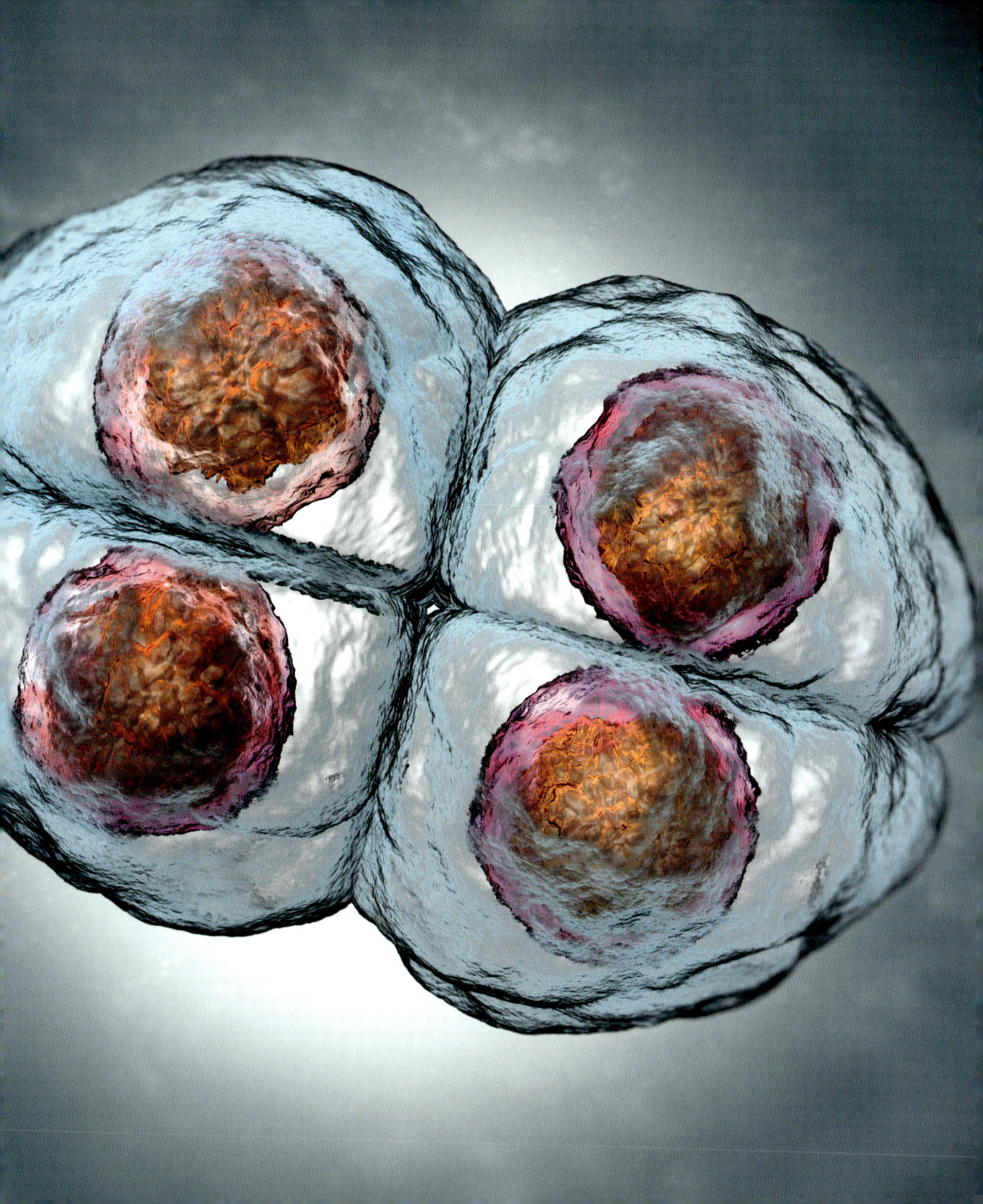

Thermorezeption

Johann Wilhelm Ritter (1776-1810)

Das Überleben eines Tieres hängt von dessen Fähigkeit ab, seine innere Körpertemperatur in einem bestimmten Bereich zu halten, in dem biochemische und physiologische Prozesse ablaufen können. Dank der Thermorezeption nehmen Tiere die Temperatur der äußeren und ihrer inneren Umgebung (Körper- oder Kerntemperatur) wahr. Endotherme Tiere (oder Warmblüter), wie **Vögel** und **Säugetiere**, brauchen eine stabile innere Temperatur zum Überleben, die sie durch Stoffwechselprozesse erzeugen. Ektotherme Tiere (oder Kaltblüter), wie einige Fische, **Amphibien** und **Reptilien**, haben eine variable Körpertemperatur, die von äußeren Wärmequellen abhängig ist. Sie verhalten sich deshalb so, dass sie ihre jeweilige Temperatur kontrollieren können. Während die meisten Insekten ektotherm sind, erzeugen fliegende Insekten so viel Körperwärme, dass sie sie wieder loswerden müssen, um ihre normale Körpertemperatur zu halten.

1801 lieferte der deutsche Chemiker und Physiker Johann Rotter erstmals einen Beweis dafür, dass das Wärme- und Kälteempfinden zu den Sinneswahrnehmungen zählt: Sie sind zwei von vier Formen des Tastsinns. Um 1880 entdeckten Wissenschaftler, dass bestimmte Hautstellen selektiv empfindlich auf Temperaturempfindungen reagieren. Sie werden auch Thermorezeptoren genannt. Die Reaktion auf Wärme- und Kältereize konnte als elektrische Signale von Nervenzellen in einer Katzenzunge (1936) und in der menschlichen Haut (1960) gemessen werden.

Im Allgemeinen sind die Thermorezeptoren in den Extremitäten bei allen Tierarten ähnlich. Je nach der jeweiligen Tierart sind die Rezeptoren für einen spezifischen Temperaturbereich und das Tempo der Temperaturänderung selektiv empfindlich. Bei Vögeln und Säugetieren aktivieren Thermorezeptoren im Hypothalamus Prozesse, die Wärmerzeugung und -verlust steuern, sodass die innere Temperatur im Normalbereich bleibt.

Grubenottern und Klapperschlangen haben unter und vor den Augen wärmeempfindliche Grübchen, die die Temperatur einer möglichen Beute registrieren und auch die Richtung und den Abstand des Beutetiers zur Schlange vermessen. Die meisten Insekten haben Thermorezeptoren in ihren Fühlern. Blutsaugende Insekten, wie Mücken und Läuse, werden primär von der Wärme ihrer Opfer angezogen und nutzen sie, um ihren Stechrüssel zu positionieren.

SIEHE AUCH: Amphibien (ca. 360 Millionen Jahre v. Chr.), Reptilien (ca. 320 Millionen Jahre v. Chr.), Säugetiere (ca. 200 Millionen Jahre v. Chr.), Vögel (ca. 150 Millionen Jahre v. Chr.), Stoffwechsel (1614), Homöostase (1854), Negatives Feedback (1885).

*Reptilien, wie das Dreihornchamäleon (*Trioceros jacksonii*) aus Hawaii und Ost-Afrika, passen ihre Körperwärme der Umgebungstemperatur an.*

1882

Angeborene Abwehr

Ilja Metschnikow (1845-1916)

Der russische Zoologe Ilja Metschnikow fand 1882 beim Strandspaziergang in Messina, Sizilien, wo er ein Privatlabor hatte, einen lebenden Seestern und stach ihn mit einem Rosendorn. Am nächsten Morgen entdeckte er überraschend Zellen auf diesem Dorn, die ihn einschließen und vernichten wollten. Metschnikow erkannte, dass das Phänomen der Phagozytose – die erste, direkte Verteidigung der meisten Wirbeltiere, Wirbellosen, Mikroben und Pflanzen gegen pathogene Organismen und Fremdzellen – eine breitere, biologische Bedeutung hatte und nicht auf Seesterne beschränkt war. Das primitive, wirbellose Tier war 600 Millionen Jahre nicht verändert und bot Einsichten in die Evolution des Immunsystems, das den Körper vor Krankheiten schützt. Metschnikow war der Erste, der die angeborene oder natürliche Abwehr entdeckte, und er erhielt dafür 1908 den Nobelpreis.

Angeborene Abwehr ist eine schnelle, unspezifische Antwort, die keinen früheren Kontakt mit dem fremden Organismus oder der Zelle braucht. Sie besteht aus einer Reihe von Abwehrphasen: Der erste Schutz gegen krankmachende Mikroben ist eine anatomische oder physische Barriere, wie die Haut oder Schale, Schleim und Zellen des Magendarmtraktes und des Atmungssystems. Die Phagozytose wird von Neutrophilen – weiße Blutkörperchen (Leukozyten) im Blut von Säugetieren – und Makrophagen im Gewebe ausgeführt. Durch die Freisetzung von Stoffen am Ort der Beschädigung wird eine Entzündungsreaktion aktiviert, die die Stelle vom Rest trennt und so die Verbreitung der Infektion verhindert. Danach vernichtet und eliminiert ein komplementäres System den Eindringling, wobei über 30 Eiweiße (wie natürliche Killerzellen und Interferon) aktiviert und mobilisiert werden.

Angeborene und erworbene Abwehr – nur bei Wirbeltieren und nach Kontakt mit einer Mikrobe oder Zelle aktiv – basieren auf der Voraussetzung, dass das angegriffene Tier die eigenen Zellen (selbst) erkennen und von fremden unterscheiden kann. Bei angeborener Abwehr werden körperfremde Zellen anhand der molekularen Muster erkannt, die bei Mikroben, aber nicht bei Tieren vorhanden sind. Diese Erkennung setzt eine Reihe von Abwehrmechanismen in Gang, wie im Fall von Metschnikows Seestern.

SIEHE AUCH: Lymphatisches System (1652), Erworbene Abwehr (1897), Ehrlichs Seitenkettentheorie (1897), Erworbene Immuntoleranz und Organtransplantation (1953).

Der rote Seestern (Fromia elegans), seit 600 Millionen Jahren unverändert, zeigt das Phänomen der Phagozytose auf: eine primitive, angeborene Abwehrreaktion, um Pathogene zu entfernen.

1883

Keimplasmatheorie

Jean-Baptiste Lamarck (1744-1829), **August Weismann** (1834-1914)

Die Idee, dass Individuen Merkmale von ihren Eltern erben, die diese durch deren Gebrauch oder Nichtnutzung entwickelten, geht auf die alten Griechen zurück und wurde Anfang des 19. Jhd. von Jean-Baptiste Lamarck formuliert. Im Hauptteil des 19. Jhd. war der Lamarckismus mit seiner Idee einer Mischung von Merkmalen von Vater und Mutter die vorherrschende Vererbungstheorie. Der große deutsche Biologe August Weismann stellte jedoch den Lamarckismus mit einem dramatischen Experiment in Frage: Er amputierte den Schwanz bei 901 Mäusen aus fünf Generationen. Dennoch wurde keine einzige Maus ohne Schwanz geboren, und die Schwanzlänge in der fünften Generation war dieselbe wie in der ersten. Weismann verwarf den Lamarckismus also nicht durch Logik, sondern experimentell.

In seiner Keimplasmatheorie von 1883, und erweitert in *Das Keimplasma – eine Theorie der Vererbung* (1893), betonte Weismann die Stabilität von Keimplasma (Erbmaterial, jetzt Gene genannt), das unverändert von Generation zu Generation weitergegeben wurde. Demnach hatte die Umgebung wenig bis keinen Einfluss auf das Keimplasma, selbst wenn sie die äußerlichen Körpermerkmale verändert. Weismann zog eine deutliche Grenze zwischen körperlichem (Soma) und erblichem (Keimplasma) Material. Weismann zufolge ist das Keimplasma bei mehrzelligen Organismen von anderen Körperzellen unabhängig; somatische Zellen sind an körperlichen Aktivitäten, aber nicht an der Vererbung beteiligt – ferner ist das Keimplasma das essentielle Element von Keimzellen oder Gameten (Samen- und Eizellen).

Weismanns Theorie hatte großen Einfluss auf die Biologie und führte zur Wiederentdeckung des Mendelschen Erbgesetzes und der Rolle von Chromosomen. Eine Reihe jüngerer Forschungen hat Mendels Lehre gründlich untergraben. Weismanns Idee einer feststehenden Menge Keimplasma, die in den nachfolgenden Generationen durch somatische Zellteilung reduziert wird, wurde mit der Feststellung, dass das durch somatische Zellkerntransplantion geklonte Schaf Dolly über die vollständige Menge Keimplasma verfügte, widerlegt. Außerdem wurde der Lamarckismus kürzlich als **Epigenetik** wiederbelebt.

SIEHE AUCH: Erblichkeit nach Lamarck (1809), Mendelsche Regeln (1866), Wiederentdeckung der Genetik (1900), Gene auf Chromosomen (1910), Klonen (Zellkerntransfer) (1952), Epigenetik (2012).

In dieser Illustration aus Andersens Märchen „Däumelinchen“, in der Ausgabe von 1913, bietet eine alte Feldmaus einem winzigen Mädchen Unterschlupf. Ein Experiment, bei dem Mäusen fünf Generationen lang der Schwanz abgeschnitten wurde, widersprach Lamarcks Idee von Vererbung, da die Mäuseschwänze in der fünften Generation noch genauso lang waren wie in der ersten.

1883

Eugenik

Charles Darwin (1809-1882), **Francis Galton** (1822-1911)

Francis Galton, ein vielseitiger Intellektueller, lieferte wesentliche Beiträge auf so diversen Gebieten wie Meteorologie, Statistik (Korrelation und Regressionsanalyse) und Kriminologie (Fingerabdrücke). Nach der Lektüre von *Die Entstehung der Arten* seines Cousins Charles Darwin begeisterte ihn die Idee, dass die natürliche Selektion fürs Überleben der stärksten Organismen und die Weitergabe ihrer Merkmale sorgt. Dies müsste auch für Menschen gelten: Menschliche Fähigkeiten und Intelligenz wären erblich.

1883 initiierte Galton eine soziale Bewegung, die er *eugenics* („gute Geburt") nannte, um die genetische Zusammenstellung der menschlichen Population zu verbessern. Eugenik, auch als Sozialdarwinismus bezeichnet, erlebte im ersten Jahrzehnt des 20. Jhd. seine größte Popularität. Weltweit praktiziert und von Regierungen und den einflussreichsten und respektiertesten Personen aktiv gefördert, sollte eine intelligentere und gesündere Bevölkerung entstehen, wenn man Erbkrankheiten, wie Hämophilie und die Huntington-Krankheit, eliminierte. Die Gegner der Eugenik sahen in ihr die staatliche Rechtfertigung von Diskrimination und Menschenrechtsverletzungen.

Die Eugenik-Praktiken variierten von Land zu Land. In England wollte man die Geburtenrate von armen Städtern senken, während einige Staaten in Amerika Gesetze erließen, die Epileptikern, „Schwachsinnigen" und Mischlingen die Heirat untersagten. 32 Staaten hatten Eugenik-Programme, die ab 1909 bis in die 1990er Jahre zur Sterilisation von 60 000 Menschen führten.

Die mit Abstand schrecklichste Interpretation der Eugenik war für die Rassenpolitik in Nazi-Deutschland verantwortlich. Sie sollte zu einer reineren und überlegenen arischen Rasse und der Elimination von Minderwertigen und Ungewünschten führen und endete, mit der Vernichtung von Millionen Juden, Roma und Homosexuellen. Wegen der Assoziation mit dem Dritten Reich und der Idee, dass man als besser oder günstiger Beurteilter äußerst subjektiv und voreingenommen ist, fielen die Eugenikprogramme Ende des Zweiten Weltkrieges in Ungnade. In jüngerer Zeit argumentierten einige, die medizinische Genetik mit Fruchtwasseruntersuchung auf mögliche Abweichungen oder embryonale Genmanipulation sei im Grunde eine neue Form der Eugenik. Es sind jedoch Entscheidungen des Individuums, nicht die eines Staates.

SIEHE AUCH: Darwins Theorie der natürlichen Selektion (1859), Mendelsche Regeln (1866), Wiederentdeckung der Genetik 1900), Soziobiologie (1975).

Mit Ultraschall können Abweichungen, wie offener Rücken oder Down-Syndrom, in der 18.-20. Schwangerschaftswoche erkannt werden.

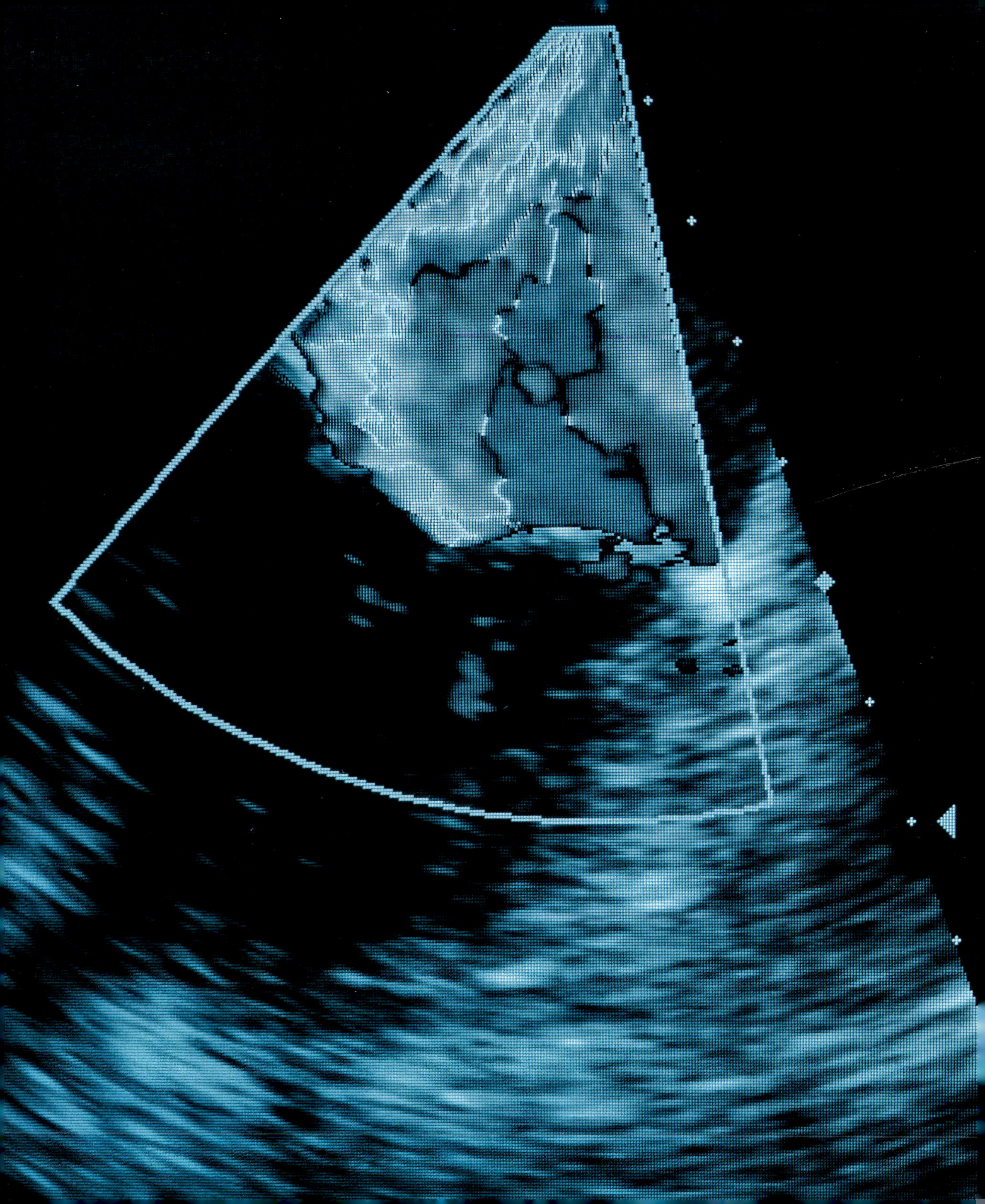

1884

Gram-Färbung

Hans Christian Gram (1853-1938)

Ein Jahr nach seinem Medizinstudium, 1884, entwickelte der dänische Wissenschaftler Hans Christian Gram bei seiner Arbeit in einem Berliner Leichenhaus eine Färbemethode, die einige, aber nicht alle Bakterien im Lungengewebe sichtbar machen konnte. Diese einfache, aber wichtige Entdeckung führte zur Erkenntnis, dass Bakterien, je nach Aufbau der Zellwand, in zwei große Gruppen gehören, was für die Diagnose und Behandlung bakterieller Infekte hilfreich ist.

Die Zellwände, die man bei Bakterien, Pflanzen und Pilzen nicht aber bei Tieren oder Protozoen fand, bieten Schutz und Stabilität. Vor allem aber verhindern sie, dass die Zellen bei überschüssiger Wasserzufuhr platzen. Es ist also die Zellwand, die bestimmte Farbstoffe aufnimmt, sodass die Bakterien sichtbar werden.

Bei der Gram-Färbung wird eine Probe erst mit Kristallviolett gefärbt, dann mit einer Jodlösung behandelt, um die Farbe zu fixieren, und schließlich mit Ethanol gewaschen.

Manche Bakterien (wie das Lungenentzündung verursachende *Streptococcus pneumoniae*) halten die Farbe fest und werden violett. Es sind grampositive Bakterien. Andere Mikroben (wie Bakterien, die Typhus und Syphilis verursachen) verlieren ihre Farbe durch Alkohol und werden rot oder rosa: Es sind gramnegative Bakterien. Grampositive Bakterien haben dicke Zellwände, die die violette Farbe in ihrem Zytoplasma festhalten, während gramnegative viel dünnere Zellwände haben, aus denen die Farbe viel leichter ausgewaschen wird. Die Gram-Färbung wird routinemäßig in der Diagnostik eingesetzt, um Infektionen durch grampositive oder -negative Bakterien zu unterscheiden und die entsprechenden **Antibiotika** verabreichen zu können.

Die meisten Antibiotika wirken bei beiden Arten von Bakterien. Penicillin bekämpft beispielsweise viele grampositive Bakterien, indem es deren Fähigkeit, die fürs Überleben nötigen Zellwände zu synthetisieren, torpediert. (Tierzellen haben keine Zellwände, weshalb Penicillin für sie nicht giftig ist.) Die dicke Außenmembran von gramnegativen Bakterien schützt diese vor der körpereigenen Abwehr und auch vor einigen Antibiotika. Gegen diese Bakterien werden Antibiotika, wie Aminoglycoside, eingesetzt.

SIEHE AUCH: Keimtheorie der Krankheit (1890), Endotoxine (1892), Antibiotika (1928).

Nach der Gram-Färbung wird der grampositive Bacillus cereus *lila und ist als Kettenreihe zu sehen, während das gramnegative* Escherichia coli*are kleine rosa Cluster im Hintergrund bildet.*

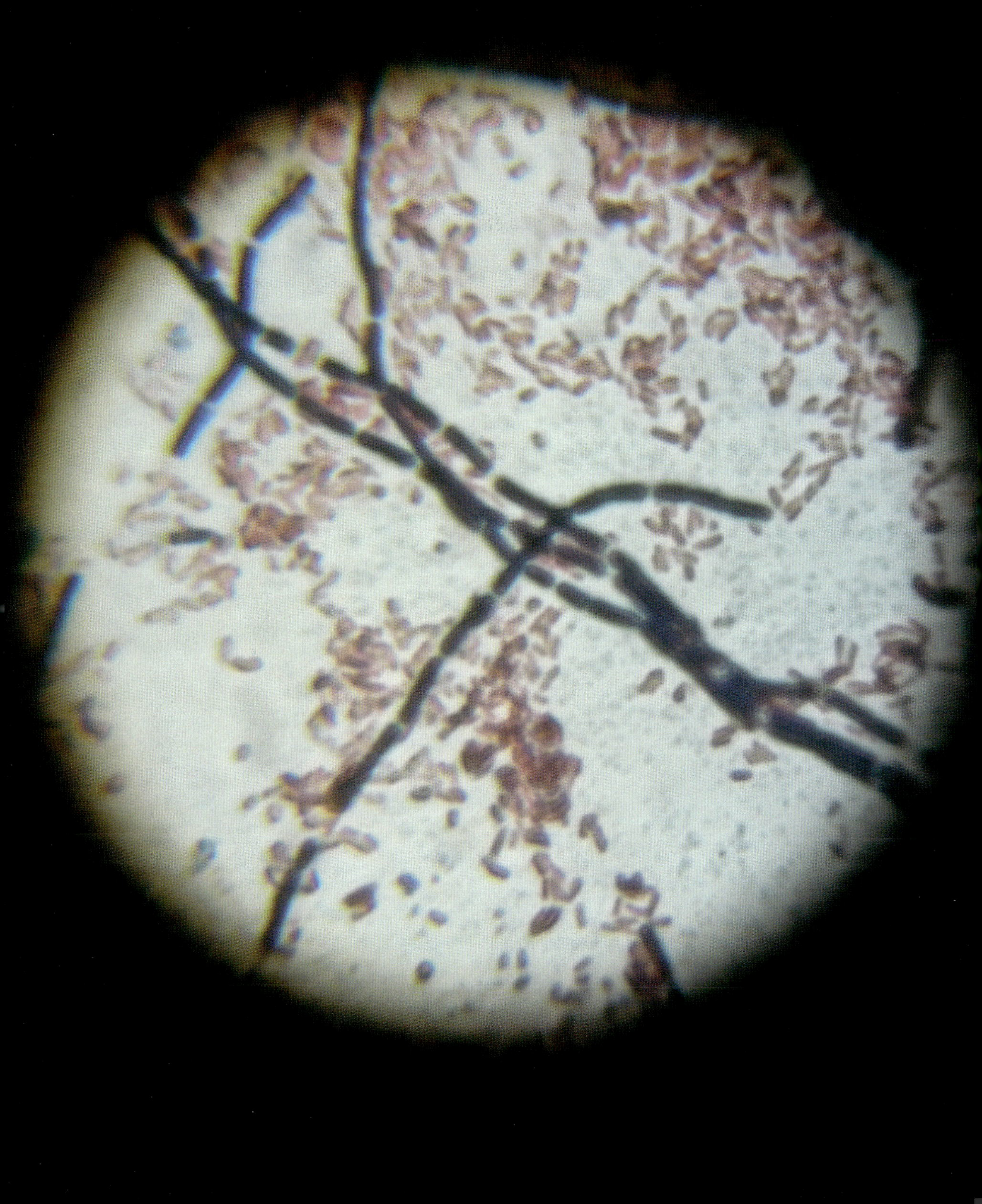

1885

Negatives Feedback

Claude Bernard (1813-1878), **Walter B. Cannon** (1871-1945), **Albert Butz** (1849-1905)

Das Konzept der **Homöostase**, ein fundamentales Prinzip in der Biologie, wurde um 1850 von Claude Bernard beschrieben und in den 1920er und 30er Jahren von W.B. Cannon erweitert. Es umschreibt den Prozess, in dem Lebewesen eine konstante innere Umgebung aufrecht erhalten, wenn sich die äußere Umgebung ändert. Negatives Feedback, in biologischen wie in nicht-lebenden Systemen, besteht aus drei integralen Komponenten: einem Rezeptor, der Veränderungen im System detektiert, einem Kontrollzentrum, das Veränderungen mit einer Referenz (Normalwert) abgleicht, und einem Effektor, der die entsprechende Aktion initiiert, die das System auf den Normalwert bringt. Es ist mit der Wirkung eines Heizthermostats vergleichbar. 1885 erfand Albert Butz den ersten funktionalen Thermostat. Die Heizung wärmt so lange, bis der Thermostat eine bestimmte Temperatur misst, daraufhin die Heizung ausschaltet und erst dann wieder einschaltet, wenn die Temperatur zu weit sinkt.

Viele endokrine Systeme, wie der Blutzuckerspiegel, sind über homöostatische Negativ-Feedbackmechanismen mit Kontrollzentren verbunden, die zyklisch und kontinuierlich funktionieren. Nach einem kohlenhydratreichen Essen steigt der Blutzuckerspiegel, wodurch die Beta-Zellen der Bauchspeicheldrüse **Insulin** freigeben. Glukose gelangt in die Körperzellen und deren Überschuss wird in der Leber als Glykogen gespeichert. Der Blutzuckerspiegel wird kontinuierlich mit dem gewünschten Niveau verglichen (70-110 mg Glukose/100 ml Blut). Ist der Spiegel zu niedrig, dann stoppt die Insulinsekretion und es kommt Glykogen aus den Alphazellen der Bauchspeicheldrüse frei, was den Abbau des Leberglykogens zu Glukose anregt, das wiederum ins Blut gelangt.

Die Negativ-Feedback-Hemmung steuert auch die Menge des Endproduktes, das in vielen enzymatisch katalysierten, biochemischen Reaktionen synthetisiert wird. Ist die optimale Menge erreicht, reagiert das Endprodukt mit einem Enzym, das den Stoffwechsel vorantreiben soll – und verhindert so die Synthese weiterer Verbindungen.

SIEHE AUCH: Stoffwechsel (1614), Homöostase (1854), Enzyme (1878), Progesteron (1929), Schilddrüse und Metamorphose (1912), Insulin (1921), Sekundäre Botenstoffe (1956), Energiehaushalt (1960), Hypothalamus-Hypophysen-Nebennierenrinden-Achse (1968), Cholesterinstoffwechsel (1974).

Eine komplexe Maschine mit Dampfkessel, Rädern, Hebeln, Röhren, Zählern, Heizkesseln, Schornstein und vermutlich einem Thermostat bildet eine Negativ-Feedback-Schlaufe, die die Temperatur der Maschine auf entsprechendem Level hält.

1890

Keimtheorie der Krankheit

Antoni van Leeuwenhoek (1632-1723), **Louis Pasteur** (1822-1895), **Robert Koch** (1843-1910)

Von der Antike bis in die zweite Hälfte des 19. Jhd. glaubte man in China, Indien und Europa, dass übertragbare Krankheiten, wie Cholera und Pest, durch „schlechte Luft" oder Miasma verursacht würden. Angeblich verbreiteten sich Infektionen durch den Kontakt mit giftigen Dämpfen von verwestem oder fauligem Material.

Die „Keimtheorie" ist vielleicht der wichtigste Beitrag der Mikrobiologie zur modernen medizinischen Wissenschaft und Praxis und diente als Grundlage für die Behandlung von Infektionskrankheiten mit **Antibiotika**. Der Gedanke, dass Mikroben bestimmte Krankheiten verursachten, entwickelte sich im Laufe von Jahrhunderten, in denen zahlreiche Wissenschaftler Beweise lieferten, die in einer Theorie und deren Akzeptanz durch die medizinische und wissenschaftliche Gemeinschaft mündeten.

Der niederländische Mikroskopbauer Antoni van Leeuwenhoek entdeckte in den 1670er Jahren mit einem einfachen Mikroskop erstmals Mikroben und beschrieb sie. Fast zwei Jahrhunderte später bewies Louis Pasteur 1862 die Falschheit einer früheren Auffassung – die der Spontanzeugung – wonach Organismen aus totem Material entstehen konnten. Pasteur demonstrierte, dass Mikroben in der Luft vorkamen, aber nicht aus ihr entstanden.

Der deutsche Hausarzt Robert Koch entwickelte sich zu einem der Pioniere der Mikrobiologie, wie Pasteur, nachdem er von seiner Frau ein Mikroskop zum Geburtstag bekommen hatte. Zwischen 1876 und 1883 entdeckte er die bakterielle Ursache von Milzbrand, Tuberkulose und Cholera, und fand Methoden zur Isolation sauberer Kulturen von krankheitsauslösenden Mikroben. 1890 stellte er Regeln auf, die (mit einigen Anpassungen) noch immer zur Bestimmung von krankheitsverursachenden Mikroben genutzt werden. Diese lauten, dass (a) die Mikrobe bei jedem Krankheitsfall vorhanden sein muss, diese (b) isoliert und in Reinkultur gezüchtet werden muss; (c) die Krankheit entstehen muss, wenn die Mikrobe einem gesunden Individuum verabreicht wird, und (d) die Mikrobe dann erneut aus dem Individuum isoliert werden muss. Koch erhielt 1905 den Nobelpreis für seine Erforschung von Tuberkulose, die Mitte des 19. Jhd. für ein Siebtel aller Todesfälle verantwortlich war.

SIEHE AUCH: Die wissenschaftliche Methode (1620), Widerlegung der Theorie der Spontanzeugung (1668), Van Leeuwenhoeks mikroskopische Welt (1674), Miasmentheorie (1717), Gram-Färbung (1884), Endotoxine (1892), Antibiotika (1928).

In der Entwicklung der Keimtheorie nutzte Koch saubere Kulturen von Bacillus anthracis *(Illustration), die aus kranken Tieren mit Milzbrand isoliert waren.*

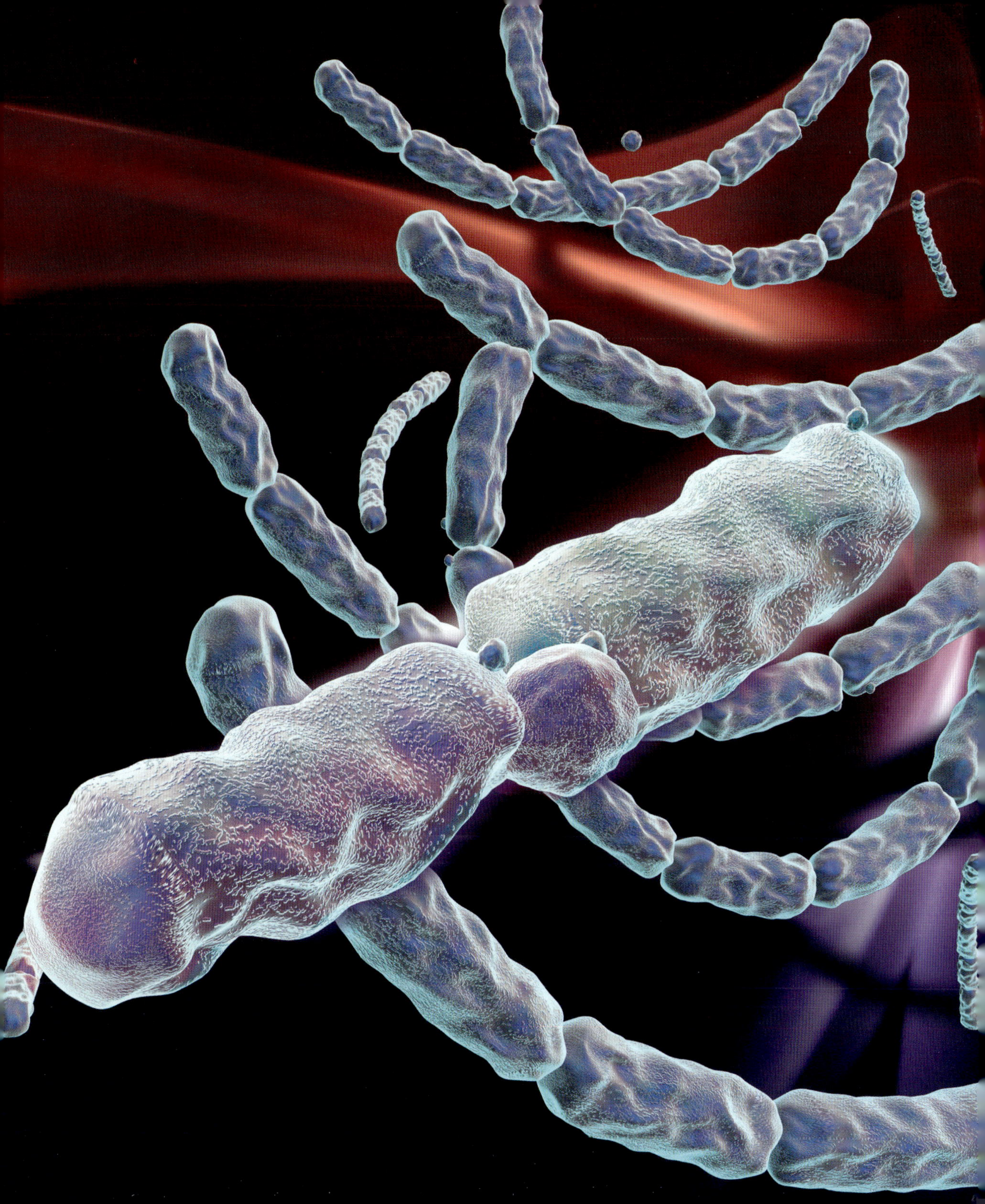

1890

Tierfarben

Robert Hooke (1635-1703), **Charles Darwin** (1809-1882), **Henry Walter Bates** (1825-1892), **Fritz Müller** (1821-1897), **Edward Bagnall Poulton** (1856-1943)

Man kann von den Farben, die man bei Tieren sieht, nur beeindruckt sein. Mit seinem Titel *Die Farben der Tiere* (1890) lieferte der Evolutionsbiologe und Zoologieprofessor Edward Poulton aus Oxford den ersten ausführlichen Text über Tierfarben. Unterschwellig war dieses Buch auch als Unterstützung von **Darwins Theorie der natürlichen Selektion** angelegt, die seinerzeit von vielen Zeitgenossen kritisiert wurde.

Poulton war nicht der Erste, der sich den Tierfarben widmete – sondern Robert Hook, ein Pionier der Mikroskopie. Bereits im Jahre 1665 beschrieb er die Struktur und prächtigen Farben von Pfauenfedern in seinem Klassiker *Mikrographie* (1665). In *Die Abstammung des Menschen und die geschlechtliche Zuchtwahl* (1871) behauptete Darwin, dass auffallende Farben entstehen, damit individuelle Tiere, vor allem männliche **Vögel**, anziehender für die Weibchen sind. Mattere Farben dagegen böten Vögeln und **Insekten** durch die Tarnung Schutz vor den gierigen Augen von Raubtieren. Dieses Konzept arbeitete Poulton weiter aus.

In *Die Farben der Tiere* und aus Befunden anderer wird deutlich, dass Farben den Tieren eine breite Skala an Überlebenschancen bieten. Poulton betonte als Erster, dass Tarnfarben nicht nur Beutetiere befähigen, sich besser zu schützen; sie geben auch Raubtieren die Möglichkeit, sich zu tarnen oder auch argloser Beute aufzulauern. Er unterschrieb das Werk von Henry Bates (1862) über Farbänderungen bei Schmetterlingen, die dadurch anderen Arten ähnelten und so ihre Feinde irreführten. Ebenso folgte er Fritz Müller, der 1878 das Konzept Farbe als Warnsignal (Aposematismus) definierte, die dem Räuber signalisieren soll, dass die Beute vorbereitet und im Verteidigungsmodus ist.

Farben bieten Tieren noch mehr Vorteile: Manche nutzen Lichtblitze, grelle Muster oder Bewegungen, um Angriffe abzulenken. Farbe schützt andere Tiere vor Sonnenbrand, während Frösche heller oder dunkler werden, um ihre Körpertemperatur zu regulieren. Männliche Affen nutzen Farbe, um den sozialen Status ihrer Artgenossen einzuschätzen. Poulton meinte, dass Pigmente im Gewebe von Tieren die Farbe verursachen und dass die grellen Farben mancher Vögel vom Konsum carotinoidhaltiger Pflanzen herrührten.

SIEHE AUCH: Insekten (ca. 400 Millionen Jahre v. Chr.), Vögel (ca. 150 Millionen Jahre v. Chr.), Darwins Theorie der natürlichen Selektion (1859), Biologische Mimikry (1862), Sexuelle Selektion (1871).

Feder eines männlichen Blauen Pfaus (Pavo cristatus), *dem Nationalsymbol Indiens. Männliche Vögel sind oft farbenfroher als die Weibchen, was ihnen einen Reproduktionsvorteil bietet, während die Weibchen sich während der Aufzucht der Jungen besser vor Räubern verstecken können.*

1891

Neuronendoktrin

Joseph von Gerlach (1820-1896), **Wilhelm Waldeyer** (1836-1921), **Camillo Golgi** (1843-1926), **Santiago Ramón y Cajal** (1852-1934)

Im späten 19. Jhd. entbrannte unter Wissenschaftlern ein heftiger Streit über die fundamentale Natur der Struktur des Nervensystems. Er wurde angeführt von zwei herausragenden Neuroanatomen, dem Italiener Camillo Golgi und dem Spanier Santiago Ramón y Cajal, die einander sogar 1906 noch feindlich gesinnt waren, als sie gemeinsam den Nobelpreis erhielten.

Laut der **Zelltheorie** (1838) war die Zelle die fundamentale Lebenseinheit. Das Konzept galt anfangs aber nicht für die viel komplexere Struktur des Nervensystems. 1873 meldete Golgi, dass nach Einsatz von Silberchromat eine *reazione nera* („schwarze Reaktion") auftrat und er einzelne Nervenzellen vor gelbem Hintergrund sehen konnte. Er beschrieb die Zellen als verästeltes Netzwerk, Retikulum, welches die anatomische und funktionale Einheit der **Nervenzellenkommunikation** war. Diese Beschreibung stützte die Retikulumtheorie (1872) des deutschen Histologen Joseph von Gerlach und wurde Ende des 19. Jhd. die vorherrschende Auffassung. Nervenzellen wurden als Ausnahme von der Zelltheorie betrachtet.

Ramón y Cajal, der um 1880 wissenschaftlich fast isoliert in Spanien arbeitete, nutzte denselben Farbstoff wie Golgi, kam aber zum gegenteiligen Resultat. Seine mikroskopische Analyse zeigte, dass jede Nervenzelle (Neuron) eine eigene Einheit ist, die nicht in andere Zellen übergeht. Er veröffentlichte seine Erkenntnisse 1891 auf Spanisch, eine in der Wissenschaft kaum gelesene Sprache. Wilhelm Waldeyer formalisierte die Ergebnisse und stellte die Neuronentheorie in einer viel gelesenen, deutschen Publikation vor. Die Doktrin, wonach das Neuron die strukturelle und funktionale Einheit des Nervensystems ist, wurde später mit dem **Elektronenmikroskop** definitiv bestätigt und gilt als Basis der Neurowissenschaft. Waldeyers Name ist eng mit der Neuronendoktrin verbunden, auch wenn er zur Formulierung keine originären Beobachtungen beigetragen hat. 1892 stellte Cajal das Gesetz der dynamischen Polarisation vor, wonach elektrische Reize in Neuronen sich nur in eine Richtung bewegen, vom Dendriten über den Zellkörper zum Axon und von dort zum Dendriten einer anderen Zelle.

SIEHE AUCH: Van Leeuwenhoeks mikroskopische Welt (1674), Kommunikation des Nervensystems (1791), Zelltheorie (1838), Neurotransmitter (1920), Elektronenmikroskop (1931).

Das Neuron (Nervenzelle) ist die strukturelle und funktionelle Einheit des Nervensystems und wird durch eine Synapse (Spalt) physisch vom nächsten Neuron getrennt. Neuronen kommunizieren über chemische Stoffe, Neurotransmitter, miteinander.

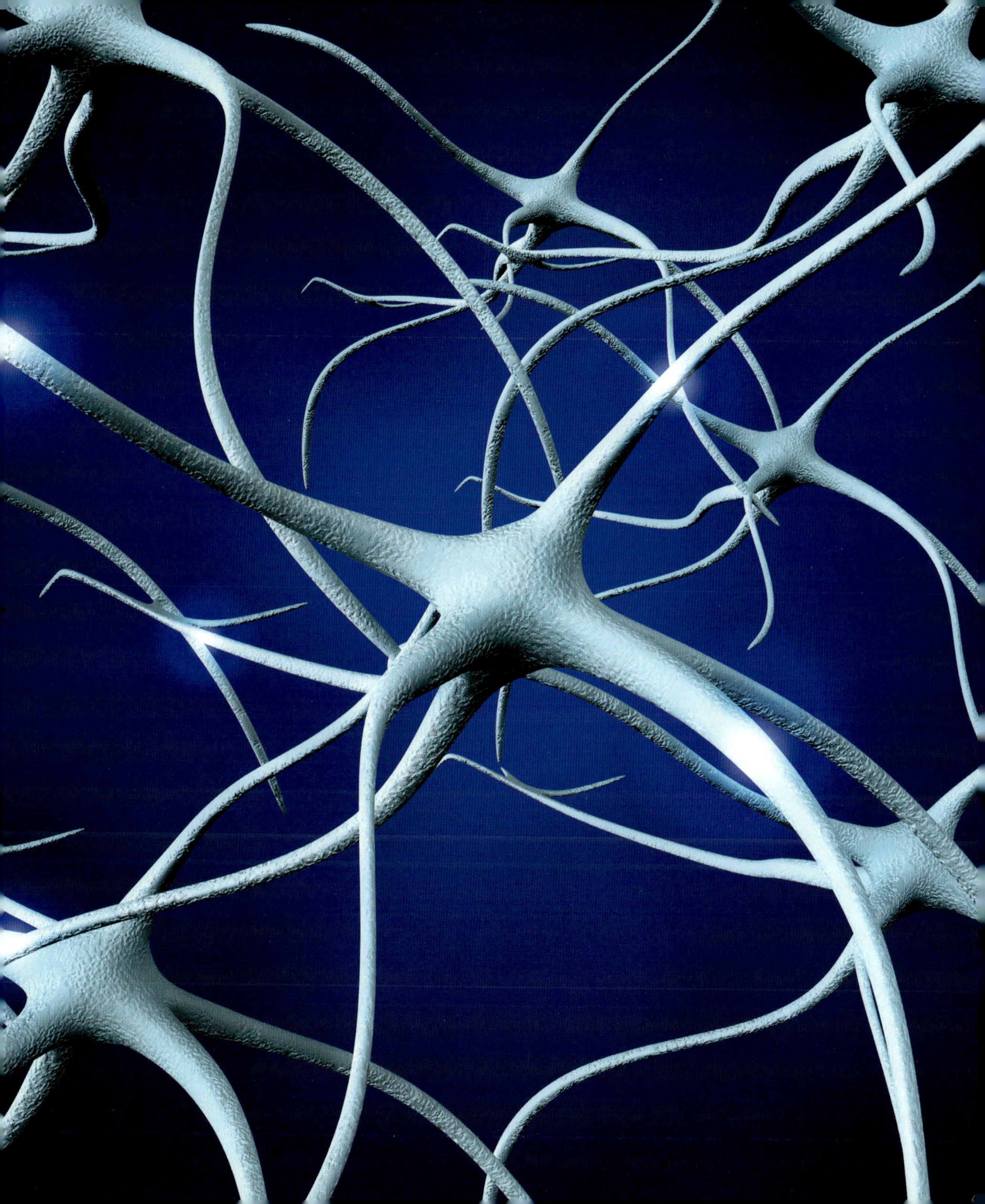

1892

Endotoxine

Filippo Pacini (1812-1883), **Robert Koch** (1843-1910), **Richard Pfeiffer** (1858-1945), **Eugenio Centanni** (1863-1942)

Tod durch Cholera. Cholera entstand wahrscheinlich in der Antike auf dem indischen Subkontinent und war eine der am weitesten verbreiteten tödlichen Krankheiten im 19. Jhd., die Millionen Opfer in Asien und Europa forderte. Die Patienten litten an hohem Fieber, extremem Durchfall und Erbrechen, viele von ihnen trockneten aus und starben. Der italienische Anatom Filippo Pacini war der erste, der die bakterielle Ursache einer Cholerapandemie in Florenz 1854 entdeckte. Die medizinische Gemeinschaft ignorierte diese aber, da sie eher der **Miasmentheorie** (Gifthauch) anhing. 1883 wurde das Bakterium *Vibrio cholera* vom deutschen Bakteriologen Robert Koch wiederentdeckt. 1890 stellte er die **Keimtheorie** auf, sogar ohne das Werk Pacinis zu kennen. Jetzt wurde die bakterielle Ursache von Cholera doch anerkannt und akzeptiert.

1892 erforschte Richard Pfeiffer, ein Protegé von Robert Koch am Berliner Hygieneinstitut, das Cholerabakterium, wobei er das Konzept eines Endotoxins entdeckte und es später auch bewies. Pfeiffer injizierte Versuchstieren eine Mischung an Zellen, die nach Kontakt mit dem Cholerabakterium beschädigt waren, wodurch die Tiere in Schock gerieten und starben. Pfeiffer vermutete, dass ein bestimmter Stoff freigesetzt wird, wenn die Hülle von Bakterien zerstört ist. Daraufhin entdeckte er, dass die wahrgenommene endotoxische Antwort die Folge einer Entzündungsreaktion des Wirts (Patient) ist, um die lokalisierte Infektion zu bekämpfen. Bei einer schweren, körperumfassenden Infektion, wie Cholera, ist die Entzündungsreaktion exzessiv und verursacht einen septischen Schock, wobei der Blutdruck plötzlich abfällt und der Tod eintreten kann. (Pfeiffer unterschied Endotoxin von Exotoxin – letzteres ist ein Gift, das ein Bakterium in seiner Umgebung absondert.)

Der italienische Pathologe Eugenio Centanni zeigte, dass dieser endotoxine Stoff wegen mancher gramnegativen Bakterien freikam, jedoch nie durch grampositive. 1935 entdeckte man, dass Lipopolysaccharide (LPS), Teil der äußersten Membran von gramnegativen Mikroben, die Ursache endotoxischer Effekte bei Infektionen wie Cholera, Salmonellen und bakterieller Meningitis waren. LPS wird nun als Synonym für die historische Bezeichnung Endotoxine verwendet.

SIEHE AUCH: Miasmentheorie (1717), Gram-Färbung (1884), Keimtheorie der Krankheit (1890).

Im ersten Balkankrieg (1912-1913) zwischen der Türkei und einer Balkan-Koalition wurde das türkische Heer von einer Cholera-Epidemie geplagt, die täglich 100 Tote forderte. Auf diesem Bild aus einer französischen Zeitschrift (1912) mäht der Sensenmann eine Kolonne türkischer Soldaten nieder.

Le Petit Journal

ADMINISTRATION
61, RUE LAFAYETTE, 61
Les manuscrits ne sont pas rendus
On s'abonne sans frais dans tous les bureaux de poste

5 CENT. SUPPLÉMENT ILLUSTRÉ 5 CENT.
23me Année — Numéro 1.150
DIMANCHE 1er DÉCEMBRE 1912

ABONNEMENTS

	SIX MOIS	UN AN
SEINE et SEINE-ET-OISE..	2 fr.	3 fr. 50
DÉPARTEMENTS..........	2 fr.	4 fr. »
ÉTRANGER	2 50	5 fr. »

LE CHOLÉRA

1896

Erderwärmung

Joseph Fourier (1768-1830), **John Tyndall** (1820-1893), **Svante Arrhenius** (1859-1927)

Das Konzept des Treibhauseffektes, worauf die Erderwärmung basiert, entstand aus einer Reihe von Beobachtungen, die ins frühe 19. Jhd. zurückreichen. 1826 berechnete Joseph Fourier, dass die Temperatur der Erde, wenn sie nur durch die Sonne erwärmt würde, 15,5 °C niedriger wäre. Er nahm an, dass die Atmosphäre wie ein Isolator funktioniert, der Wärmeverluste verhindert. 1859 entdeckte John Tyndall, dass Wasserdampf und Kohlenstoffdioxid (CO_2) in der Atmosphäre für diesen Wärmestau verantwortlich sind. 1896 sah Svante Arrhenius eine quantitative Relation zwischen der Konzentration atmosphärischen Kohlenstoffdioxids und der durchschnittlichen Temperatur der Erdoberfläche. Er nannte dieses Phänomen *hothouse*, später Treibhauseffekt.

Der Großteil der wissenschaftlichen Gemeinschaft schrieb diese Temperaturerhöhung der Zunahme an Treibhausgasen zu, wobei Wasserdampf und CO_2 die wichtigsten sind und menschliche Aktivitäten das meiste CO_2 erzeugen. Die Ursachen liegen in der Nutzung fossiler Brennstoffe für Autos, Fabriken und Elektrizitätszentralen, sowie in der Abholzung von Wäldern. Das Intergovernmental Panel on Climate Change (IPCC) sieht eine weitere durchschnittliche Steigung in diesem Jahrhundert von 1,1-2,9 °C voraus, vorrangig an den Polen, was zu weiterer Eisschmelze führt. Andere Konsequenzen der Erderwärmung könnten extremes Wetter (Hitzewellen, Dürre, schwere Regenfälle), geringere Ernteerträge, Verschiebungen der Migrationsmuster von Tieren, Abnahme der Biodiversität und das Aussterben einiger Tier- und Pflanzenarten sein.

Das IPCC, eine Organisation der Vereinten Nationen mit Vertretern aller großen Industrieländer, und quasi alle nationale Wissenschaftsakademien meinen, dass sowohl die Temperaturen der Erdoberfläche, der Atmosphäre und Ozeane in den letzten Jahrzehnten schneller gestiegen sind. Einige Wissenschaftler und Teile der Bevölkerung bezweifeln, ob diese Temperatursteigerungen nicht unter die normale Klimaveränderung fallen, ob die menschliche Aktivität überhaupt für dieses Phänomen verantwortlich ist und welche Maßnahmen sinnvoll wären. Manche dieser Fragen haben zweifellos ihren Ursprung in nachvollziehbaren Unterschieden in der Interpretation von Daten, während andere durch politische, philosophische oder ökonomische Überlegungen motiviert sind.

SIEHE AUCH: Amazonas-Regenwald (ca. 55 Millionen Jahre v. Chr.), Abbau der Ozonschicht (1987).

Einige Wissenschaftler meinen, die Erderwärmung verursache extremeres Wetter, mit außergewöhnlich langen Dürreperioden oder schweren Regenfällen.

1897

Erworbene Abwehr

Thukydides (ca. 460 - ca. 395 v. Chr.), **Edward Jenner** (1749-1823), **Hans Buchner** (1850-1902), **Paul Ehrlich** (1854-1915)

Personen, die von einer früheren Pesterkrankung genesen sind, könnten gefahrlos Erkrankte versorgen, ohne sich erneut anzustecken. Dies beobachtete der griechische Historiker Thukydides während der Pestepidemie 430 v. Chr. in Athen. Dasselbe Prinzip liegt Edward Jenners Beobachtung im Jahr 1796 zugrunde, wonach Milchmädchen, die Kuhpocken hatten, nicht erneut an Pocken erkrankten. Ein Jahrhundert später wird dieser Mechanismus enthüllt: 1890 entdeckt Hans Buchner einen „schützenden“ Stoff im Blutserum, der Bakterien vernichten kann. 1897 identifiziert Paul Ehrlich sie als Antikörper, die Immunität gewähren.

Bei der Konfrontation mit pathogenen Mikroben oder Fremdgewebe wird bei Wirbellosen und Wirbeltieren ein Abwehrmechanismus aktiviert. Diese primitive, unspezifische Antwort heißt **angeborene Abwehr**. Wirbeltiere verfügen über einen zusätzlichen, viel stärkeren immunologischen Schutz, die sogenannte *erworbene Abwehr*, die über Wochen entsteht. Diese Abwehr weist eine spezifische molekulare Ausrichtung auf ein bestimmtes Pathogen und die immunologische Erinnerung daran auf. Sie ermöglicht eine schnelle, starke Immunantwort, selbst wenn die erneute Konfrontation in ferner Zukunft geschieht.

Es gibt zwei Arten erworbener Abwehr, beide aus Lymphozyten stammend (eine Art weiße Blutkörperchen): die humorale Abwehr oder B-Zellimmunität führt zur Bildung von Antikörpern im Blut, die die Mikrobe oder Fremdzelle angreifen. Die zweite, zellvermittelte oder T-Zellen-Abwehr aktiviert viele Lymphozyten, die spezifisch auf die Vernichtung der Fremdzellen ausgerichtet sind. Ein Antigen, jegliches Eiweiß, das die Reaktion von B- oder T-Zellen anregt, bindet sich an einen spezifischen Antigenrezeptor auf einem der Zelltypen. Die Bindung eines Antigens an einen B-Zellantigenrezeptor führt zur Bildung von Antikörpern, oder Immunoglobin, das Pathogene im Blut abtötet, während aktivierte T-Zellen die Produktion von Antikörpern fördern oder infizierte Zellen töten.

Erworbene Abwehr kann künstlich durch Impfung hervorgerufen werden, wie gegen Polio, Masern oder Hepatitis. Gewebe- und Organtransplantate mit fremden Zellen können eine Immunantwort hervorrufen, die zur Abstoßung des fremden Gewebes oder Organs führt.

SIEHE AUCH: Angeborene Abwehr (1882), Erworbene Immuntoleranz und Organtransplantation (1953).

Mikroskopische Aufnahme einer menschlichen T-Zelle. Nach Erkennen der Moleküle an der Oberfläche eines Virus werden T-Zellen aktiviert, die Eindringlinge angreifen und im Idealfall vernichten.

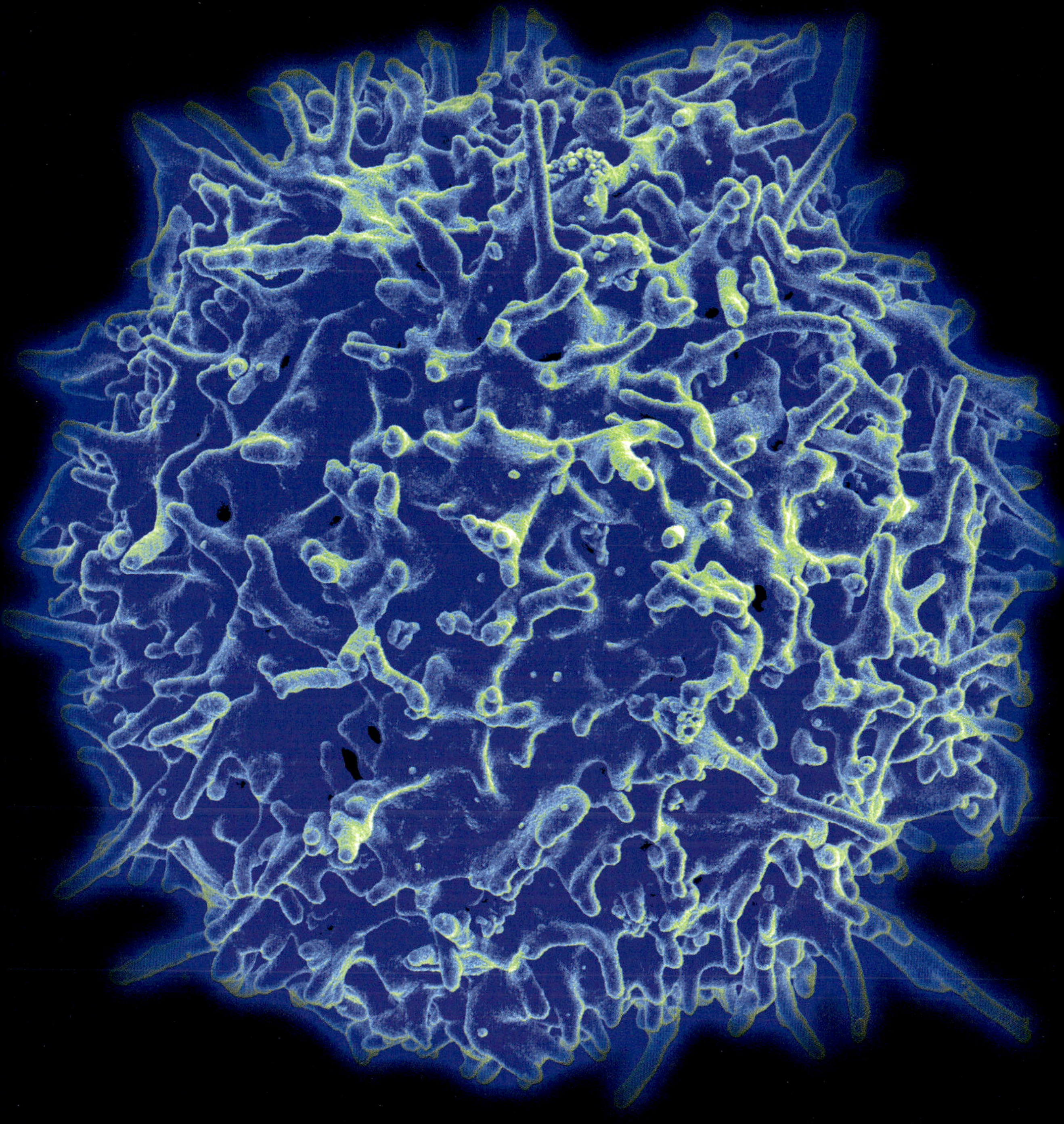

1897

Assoziatives Lernen

Iwan Pawlow (1849-1936), **Edward L. Thorndike** (1874-1949), **B.F. Skinner** (1904-1990)

Wenn „Herrchen" seinem „besten Freund" die Leine zeigt, sind Hunde meist hell begeistert, bellen und rennen herum. Dies ist assoziativ erlerntes Verhalten, ein Lernprozess, der mit spezifischem Stimulus assoziiert wird und die klassische und operante Konditionierung umfasst. 1905 behauptete der Psychologe Edward Thorndike von der Columbia Universität in New York, dass ein Verhaltensrespons (R) dann auftritt, wenn das Subjekt mit demselben Stimulus (S) konfrontiert wird.

Thorndikes „Gesetz vom Effekt" demonstrierte der russische Physiologe Iwan Pawlow auf dramatische Weise und beschrieb ihn in *Die Arbeit der Verdauungsdrüsen* (1897). Pawlow erforschte die Verdauung bei Hunden und maß die Sekretion der Speicheldrüsen in Reaktion auf das im Maul platzierte Futter. Anfangs speichelten die Hunde, wenn sich das Futter im Maul befand (S), nach einer Weile geschah es bereits (R), bevor sie Futter bekamen. Pawlow nannte dies „psychische Sekretion", sie wurde zum Zentrum seiner Forschung. Die Hunde schieden auch Speichel ab, als eine Klingel an die Gabe von Futter gekoppelt wurde, und nach einigen Runden assoziierten sie die Klingel mit Futter und speichelten auch ohne dass Futter gegeben wurde. Dieses Lernen per Stimulanz und Respons wird die klassische Pawlowsche Konditionierung genannt. 1904 erhielt Pawlow dafür den Nobelpreis. In *Clockwork Orange* (1962) von Anthony Burgess, 1971 von Stanley Kubrick verfilmt, wird der Antiheld Alex der Ludovico-Technik unterzogen, um sein antisoziales Verhalten zu kurieren. Er bekommt einen Brechreiz erregenden Trank, der an Gewaltszenen auf dem Bildschirm gekoppelt wird. Hierdurch kehrt er sich vollständig von der Gewalt ab, sogar wenn er keine Übelkeit mehr verspürt.

Die Idee der *operativen* (oder instrumentalen) Konditionierung hatte ab Ende der 1940er bis in die 70er Jahre im Harvard-Psychologen B.F. Skinner einen hartnäckigen Verfechter. In einer Umfrage unter Psychologen im Jahr 2002 wurde er zum einflussreichsten Psychologen des 20. Jhd. ausgerufen. Bei dieser Konditionierung bekommt ein Versuchstier (Taube oder Ratte) eine Futterbelohnung (Verstärker) oder es kann einen heftigen Tritt vermeiden, indem es eine Reihe angelernter Response erbringt. Die Grundlage dieser Lernmethode ist die Belohnung.

SIEHE AUCH: Prägung (1935).

Bronzebild von Pawlow, der bei Lenin hohes Ansehen genoss, obwohl er sich kritisch zur Verfolgung von Intellektuellen in den 20er und 30er Jahren äußerte.

И. Павлов

1897

Ehrlichs Seitenkettentheorie

Carl Weigert (1845-1904), **Paul Ehrlich** (1854-1915)

Der deutsche Arzt und Forscher Paul Ehrlich, 1854 in Preußen geboren, war ein Pionier auf dem Gebiet der Hämatologie, Immunologie und Chemotherapie. Er entdeckte die erste wirksame Medizin gegen Syphilis. Nachdem sein Cousin, der berühmte Neuropathologe Carl Weigert, ihn in die Methode der Zellfärbung eingeführt hatte, war Ehrlichs Interesse – oder eher Obsession – geweckt und beeinflusste sein konzeptuelles Denken während seiner ganzen Laufbahn. In seiner Ausbildung experimentierte er mit chemischen Farbstoffen und stellte fest, dass einige Zellen und Gewebe den Farbstoff selektiv aufnahmen und sich färbten, andere dagegen nicht. Nach seinem Studienabschluss entwickelte er einen Farbstoff, mit dem man die verschiedenen Blutkörperchen voneinander unterscheiden konnte und legte damit die Basis für seine Hämatologiestudien.

Während Ehrlich 1893 an einem Antiserum zur Behandlung von Diphterie arbeitete, formulierte er seine Seitenkettentheorie: Sie beschreibt, wie Antikörper – durch das Immunsystem hergestellte Eiweiße – entstehen und wie sie mit fremden Stoffen (Antigene) interagieren. Analog zum Schlüssel-Schloss-Prinzip verfügt die Oberfläche einer jeden Zelle über verschiedene Rezeptoren oder „Seitenketten", die sich an krankheitsverursachende Toxine des Infektionsherdes binden. Die Bindung des Toxins an die Seitenkette (Schlüssel-im-Schloss) ist eine unumkehrbare Interaktion, die weitere Bindungen der Toxinmoleküle verhindert.

Der Körper reagiert darauf mit der Produktion einer massiven Menge von Seitenketten (Antikörper), obwohl die Zelle nicht alle Seitenketten auf ihrer Zelloberfläche unterbringen kann. Die überschüssigen Ketten zirkulieren im Blut und können den Körper gegen zukünftige Angriffe von schädlichen Toxinen schützen. Ehrlichs erster Artikel hierzu erschien 1897. Seine Theorie wurde 1900 bei einem Meeting der Royal Society in London öffentlich präsentiert. Sie wurde begeistert aufgenommen und brachte ihm 1908 den geteilten Nobelpreis ein. In seinem Todesjahr 1915 stieß man auf Ausnahmen zu seiner Theorie und auf inkorrekte Details. Er fiel in Ungnade, dennoch dienen seine Konzepte von Antigenen und Antikörpern als Basis für die Immunologie.

SIEHE AUCH: Blutzellen (1658), Erworbene Abwehr (1897), Eiweißstrukturen und Eiweißfaltung (1957), Monoklonale Antikörper (1975).

Die Schlüssel-Schloss-Analogie von Ehrlichs Seitenkettentheorie bildete auch die Basis für seinen Versuch, die „magische Kugel" zu entwickeln: ein Medikament, das eine krankheitsverursachende Mikrobe selektiv und ohne Nebenwirkung tötet. Dies führte 1910 zur Entdeckung von Salvarsan, des ersten wirksamen Mittels gegen Syphilis.

1898

Malaria verursachender Parasit

Charles Louis Alphonse Laveran (1845-1922), **Ronald Ross** (1857-1932)

Obwohl der Parasit, der Malaria verursacht, schon seit mindestens 50 000 bis 100 000 Jahren existiert, stieg die Population vor etwa 10 000 Jahren enorm an, ungefähr gleichzeitig mit dem Beginn von **Ackerbau** und menschlichen Siedlungen. Malaria war in weiten Teilen Europas und Nordamerikas sehr verbreitet und wurde erst 1951 in den Vereinigten Staaten für definitiv ausgerottet erklärt. Laut Schätzungen der Weltgesundheitsbehörde (WHO) gab es 2010 noch 210 Millionen Malariafälle mit 600 000 Toten, 90 % davon auf dem afrikanischen Kontinent. Der Lebenszyklus des Malariaparasiten, der einen Menschen als Wirt und ein Insekt als Überträger braucht, wurde im letzten Jahrzehnt des 19. Jhd. untersucht. 1880 fand Charles-Louis-Alphonse Laveran, ein französischer Militärarzt, Protozoen (einzellige Mikroben) in den roten **Blutkörperchen** von Malariapatienten und mutmaßte, dass sie die Verursacher wären. 1898 entdeckte der in Kalkutta arbeitende britische Arzt Ronald Ross den vollständigen Lebenszyklus des Malariaparasiten bei Mücken und vermutete, dass die Mücke den *Plasmodium*-Parasiten auf Menschen überträgt. Ross und Laveran erhielten 1902 bzw. 1907 den Nobelpreis.

Die weibliche *Anopheles*-Mücke, die als Plasmodium-Träger fungiert, nährt sich von Menschenblut. Dabei gelangt der Parasit in den Blutkreislauf, dringt dann in die Leberzellen ein und produziert Zehntausende von Merozoiten pro Leberzelle. Die Merozoiten gelangen ins Blut (wo sie den für Malaria typischen Schüttelfrost verursachen), penetrieren rote Blutkörperchen und vermehren sich. Sticht eine weibliche Mücke eine infizierte Person, dann nimmt diese Mücke Sporozyten auf, die sich von ihrem Darm zur Speicheldrüse bewegen. Dann beginnt der Zyklus erneut, wenn sich ein nächstes Opfer findet.

Eine Art genetischer Abwehr wird durch Veränderungen in den roten Blutkörperchen verursacht. Diese deformieren zu einer Sichelform, wodurch der Parasit nicht eindringen und sich nicht fortpflanzen kann. Die Sichelzellenanämie, die am weitesten verbreitete Erbkrankheit unter Afrikanern, reduziert die Häufigkeit und Schwere von Malariaerkrankungen vor allem bei jungen Kindern, die am ehesten von ihr betroffen sind. Die Sichelzellenanämie kann daher einen evolutionären Vorteil darstellen in afrikanischen Gebieten, die von Malaria betroffen sind.

SIEHE AUCH: Ackerbau (ca. 10 000 v. Chr.), Blutzellen (1658), Erbliche Stoffwechselkrankheiten (1923).

Eine israelische Briefmarke zeigt die Anopheles-*Mücke und die starke Abnahme von Malaria in diesem Land. Es gibt 484* Anopheles-*Arten, von denen nur 30-40 das* Plasmodium *übertragen, das örtlich Malaria verursacht.*

0.25
ÉRADICATION DU PALUDISME
ישראל
ISRAEL
اسرائيل
TEL AVIV

1898

Viren

Adolf Mayer (1843-1942), **Dmitri Iwanowski** (1864-1920), **Martinus Beijerinck** (1851-1931), **Max Knoll** (1897-1969), **Wendell M. Stanley** (1904-1971), **Ernst Ruska** (1906-1988)

Die **Tabak**pflanze wurde im frühen 16. Jhd. aus der Neuen Welt nach Europa gebracht und wurden Mitte des 19. Jhd. insbesondere in den Niederlanden vermehrt angebaut. 1879 wurde Adolf Mayer gebeten, eine Krankheit, die das Wachstum der Pflanze behinderte und Flecken auf den Blättern hervorrief, zu untersuchen. Er reproduzierte den Zustand (den er *Mosaikkrankheit* nannte) bei gesunden Pflanzen, indem er sie mit dem Saft infizierter Pflanzen einrieb. Etwa zehn Jahre später untersuchte Dmitri Iwanowski in der Ukraine und auf der Krim dieselbe Krankheit und meldete 1892, dass der Verursacher durch einen feinen Porzellanfilter diffundieren konnte, der Bakterien nicht durchlässt.

Der niederländische Mikrobiologe Martinus Beijerinck wiederholte Iwanowskis Experiment und erzielte das gleiche Resultat. 1898 folgerte er, dass der Verursacher also kleiner als eine Bakterie sein musste. Und während sich dieser (anders als Bakterien) in lebenden Pflanzen fortpflanzen konnte, gedieh er nicht in Nährlösung – und wurde „Virus" (Lateinisch für Gift) genannt. In den ersten drei Jahrzehnten des 20. Jhd. konnten Wissenschaftler Viren in Suspensionen aus tierischem Gewebe züchten. 1931 gelang dies in befruchteten Hühnereiern und war von unschätzbarem Wert für die Erforschung und Herstellung von Impfstoffen.

Danach wurden die Struktur und Chemie von Viren untersucht. Erst 1931 ermöglichte das von Ernst Ruska und Max Knoll erfundene **Elektronenmikroskop**, sie wirklich abzubilden. Vier Jahre später beschrieb der amerikanische Biochemiker Wendell Stanley die molekulare Struktur des Tabakmosaikvirus (TMV), das erste entdeckte Virus, und er erhielt dafür 1946 den Nobelpreis für Chemie.

Stanley entdeckte, dass Viren Eigenschaften von lebender und nicht-lebender Materie besitzen. Sind sie nicht mit lebenden Zellen in Kontakt, dann sind sie inaktiv; nicht mehr als ein großes Molekül. Sie bestehen aus Nukleinsäuren (DNA oder RNA), umgeben von einer Eiweißhülle. In Kontakt mit einem lebenden Wirt werden sie aktiv und vermehren sich. Sie gehören also in die Grauzone zwischen Lebensformen und chemischen Stoffen.

SIEHE AUCH: Tabak (1611), Desoxyribonukleinsäure (DNA), Gewebekultur (1902), Bakteriophagen (1917), Elektronenmikroskop (1931).

Das Tabaksmosaikvirus (TMV) war das erst entdeckte Virus. Das Bild zeigt den TMV-Eiweißmantel des Virus, der den Kern aus genetischem Material umhüllt.

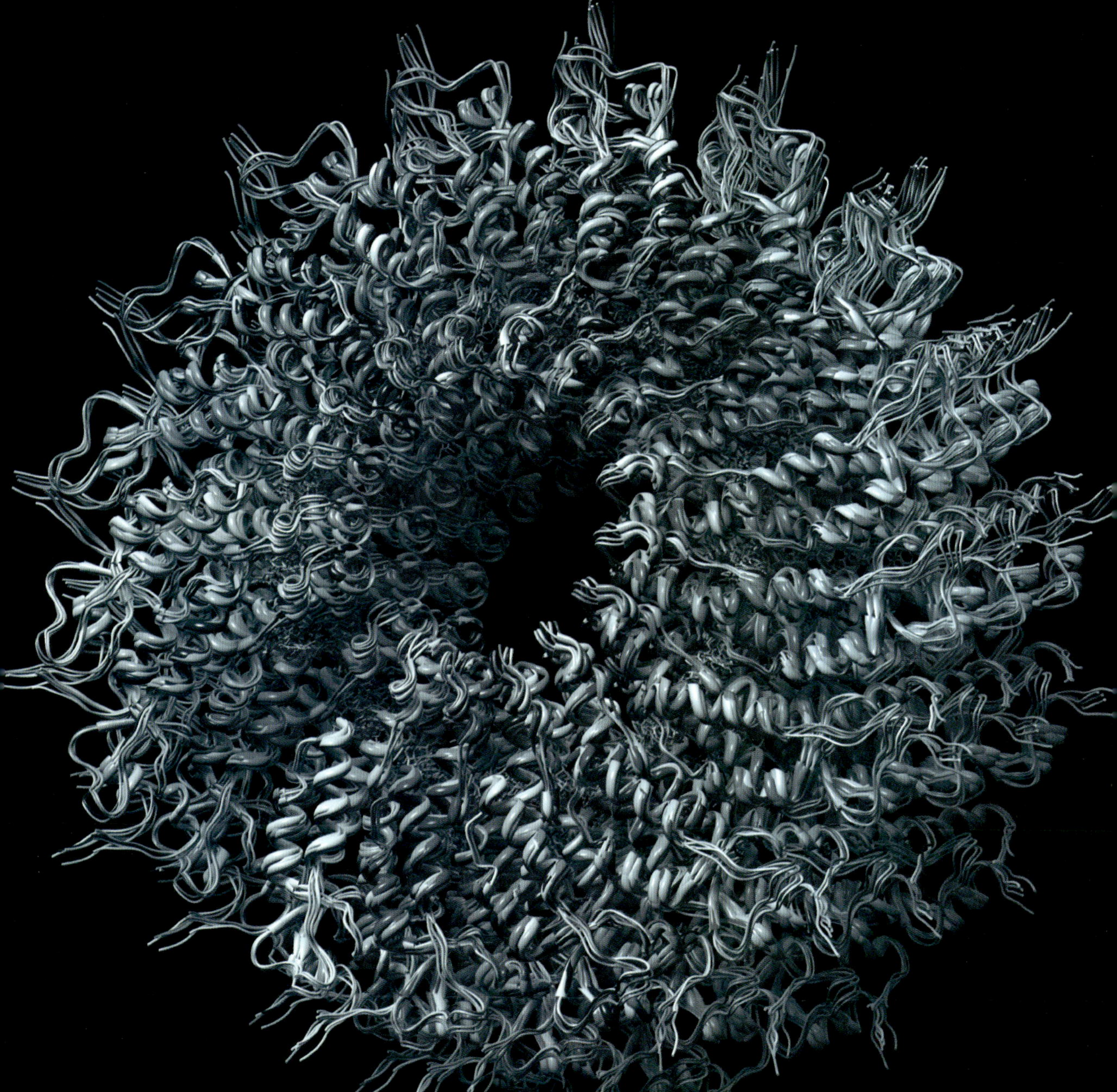

1899

Ökologische Sukzession

Adolphe Dureau de la Malle (1777-1857), **Henry Chandler Cowles** (1869-1939), **Frederic Clements** (1874-1945)

1825 benutzte der französische Naturwissenschaftler Adolphe Dureau de la Malle erstmals den Begriff *ökologische Sukzession*, um das Nachwachsen der Vegetation nach Abholzung zu beschreiben. Henry Chandler Cowles führte diesen Begriff 1899 in seiner Doktorarbeit an der Universität von Chicago wieder ein. Er benannte damit die Sukzession von Vegetation und Boden der Indiana-Dünen an der Südseite des Lake Michigan. Cowles, der ein früher Pionier in der Ökologie werden sollte, beschrieb Sukzession als Geschichte des Ökosystems, von der Geburt bis zur Reife: Es gibt Veränderungen in der Artenzusammenstellung, von denen einige mit der Zeit verschwinden und durch andere, üppigere ersetzt werden.

Frederick Clements war ein Zeitgenosse von Cowles, Studienkollege der Schriftstellerin Willa Cather an der Universität von Nebraska und ein bedeutender, früher Pflanzenökologe. Anhand seiner Studien der Vegetation seines Heimatstaates Nebraska und im Westen Amerikas sagte er 1916, dass die Vegetation sich im Lauf der Zeit in einer Reihe vorhersehbarer und deterministischer Stadien verändert, die er mit der Entwicklung eines individuellen Organismus verglich: zu einem reifen Klimaxstadium. Dieses Konzept war im größten Teil des 20. Jhd. die vorherrschende Theorie.

Primäre Sukzession steht für eine Pflanzengemeinschaft an Stellen, wo es erst keine Vegetation gab, wie auf sandigen, felsigen oder mit Lava bedeckten Oberflächen. Zu den ersten Zeichen von Vegetation zählen Flechten und Gräser (Pionierpflanzen), die nur wenig benötigen und mit Mineralien aus den Steinoberflächen überleben. Ihnen folgen kleine Sträucher, Bäume und, im Klimaxstadium, Tiere, sodass ein gänzlich funktionierendes Ökosystem entsteht. Im Gegensatz dazu ist *sekundäre Sukzession* ein Phänomen in Gebieten, die große Umwälzungen oder die Aufhebung früherer Vegetation durch Feuer, Überströmung, Orkan oder durch menschliche Einflüsse wie Abholzung oder Ackerbau überstanden haben. Sekundäre Sukzession führt schneller zum Klimaxstadium. Cowles nannte diese Zwischenstadien Richtung Klimax *sere*. Mit jeder neuen Pflanzenart verändert sich das Habitat so, dass Ansiedlung und Wachstum weiterer Arten einfacher werden.

SIEHE AUCH: Landpflanzen (ca. 450 Millionen Jahre v. Chr.), Ackerbau (ca. 10 000 v. Chr.), Ökologische Interaktionen (1859).

Der Hi'ilawe-Wasserfall auf Hawaii stürzt über 400 m tief an einer steilen Felswand hinab ins heilige Waipi'o-Tal. Die mit Moos bedeckten Lavafelsen rundum den Wasserfall zeigen Spuren primärer Sukzession.

1899

Fortbewegung bei Tieren

Eadweard Muybridge (1830-1904)

1872 heuerte der kalifornische Alt-Gouverneur und Industriemagnat Leland Stanford den englischen Fotografen Eadweard Muybridge an, um die Wette zu entscheiden, ob alle vier Beine eines trabenden Pferdes gleichzeitig in der Luft sind (sind sie). Allein zwischen 1883 und 1886 machte Muybridge über 100 000 Bilder, um die Fortbewegung von Tieren und Menschen zu analysieren und nutzte mehrere Kameras und Geschwindigkeiten, die für das menschliche Auge nicht wahrnehmbar sind. Sein Klassiker *Animals in Motion* (1899) ist noch immer erhältlich. Fortbewegung ist nicht dasselbe wie Bewegung. Alle Tiere bewegen sich, Fortbewegung ist jedoch die Sequenz von einem Ort zum anderen. Sie verbessert die Möglichkeiten der Nahrungssuche, der Fortpflanzung, der Flucht vor Feinden oder aus einem ungünstigen Habitat. Fortbewegung kann aktiv oder passiv sein. In der passiven Form, der einfachsten und energiesparendsten Weise, besorgen Wind und Wellen den Transport. Aktive Fortbewegung erfordert Energie, um negative Kräfte wie Reibung, Widerstand und Schwerkraft zu überwinden. Die Körperform von Tieren ist für den kleinstmöglichen Energieaufwand für die Fortbewegung an Land, in der Luft oder im Wasser entwickelt.

Fortbewegung auf dem Land umfasst Laufen, Rennen, Springen oder Kriechen, wofür das Tier Energie verbraucht, um die Trägheit der Masse und die Schwerkraft zu überwinden und das Gleichgewicht zu wahren. Um beim Laufen im Gleichgewicht zu bleiben, lassen Zweibeiner einen Fuß am Boden, während vierbeinige Säugetiere drei Beine am Boden behalten. Insekten, **Vögel** und Fledermäuse fliegen und gleiten durch die Luft, Bewegungen, die früher auch Pterosaurier (ein vor Millionen Jahren ausgestorbenes Reptil) machten. Fliegende Tiere müssen die Schwerkraft und den Luftwiderstand überwinden. Energie wird durch die Form der Flügel eingespart, die die Luftströme optimal nutzen. Beim Schwimmen und Treiben muss der Wasserwiderstand überwunden werden. Schnell schwimmende Tiere nutzen den Vorteil ihres stromlinienförmigen Körpers, der sich an beiden Enden verjüngt. Die Effizienz jeder dieser Fortbewegungsarten wurde analysiert und miteinander verglichen. Schwimmen kostete die geringste Energie und Rennen die meiste, während Fliegen energetisch dazwischen liegt. Unabhängig von der Fortbewegungsart verbrauchen kleine Tiere mehr Energie pro Körpergewichtseinheit als große.

SIEHE AUCH: Fische (ca. 530 Millionen Jahre v. Chr.), Vögel (ca. 150 Millionen Jahre v. Chr.), Tierwanderungen (ca. 330 v. Chr.), Gleitfilament-Theorie der Muskelkontraktion (1954), Energiehaushalt (1960).

Ein Phenakistiskop war ein früher Animationsapparat, der beim Drehen den Eindruck von Bewegung weckte. Um 1893 baute Muybridge diese Phenakistiskopscheibe, die eine realistische Illusion eines Walzer tanzenden Paares bot.

THE ZOOPRAXISCOPE
35
A COUPLE WALTZING.
COPYRIGHT 1893 BY EADWEARD MUYBRIDGE.
PATENT APPLIED FOR.

1900

Wiederentdeckung der Genetik

Gregor Mendel (1822-1884), **Hugo de Vries** (1848-1935),
Erich von Tschermak (1871-1962), **Carl Correns** (1864-1933),
William Bateson (1861-1926)

1866 publizierte der obskure Augustinermönch Gregor Mendel den Artikel „Versuche über Pflanzen-Hybriden“ in einer ebenso obskuren Zeitschrift. Wie im Titel angegeben, ging es ums Hybridisieren von Pflanzen, nicht um Vererbung. Er bewies, dass ererbte Eigenschaften nicht durch Mischung der Eigenschaften beider Eltern an folgende Generationen weitergegeben wurden, sondern dass Eigenschaften unabhängig weitergegeben wurden und sich die dominanten Eigenschaften in der Erscheinungsform der Nachkommen zeigen. (Niemand, auch nicht Mendel, wusste seinerzeit, dass Eigenschaften durch Gene übertragen werden.) Mendels Artikel behauptete nicht, dass seine Befunde revolutionär wären.

Es wurde viel darüber spekuliert, warum der Artikel über 30 Jahre unbemerkt bleiben konnte. Mendel war jedoch ein unbekannter Amateurforscher ohne Kontakte zur Wissenschaft, er arbeitete in einem Kloster und nicht in einem Labor oder an einer Universität. Daher fand der Artikel bis 1900 kein wissenschaftliches Interesse. In dem Jahr forschten der Niederländer Hugo de Vries, der Österreicher Erich von Tschermak (dessen Großvater Mendels Botaniklehrer war) und der Deutsche Carl Correns über drei verschiedenen Pflanzenhybriden. Unabhängig voneinander kamen sie zu ähnlichen Schlüssen wie Mendel. Alle drei entdeckten dessen Aufsatz erst in der letzten Phase ihrer Studien, in der Vorbereitung zur Veröffentlichung. De Vries publizierte als Erster und erwähnte Mendel nur in einer Fußnote; es ist die Frage, ob seine Einsichten selbständig erworben oder von Mendel entliehen sind. Von Tschermak schien Mendels Theorie wenig zu verstehen, nur Correns erkannte Mendels frühere Verdienste und deren Bedeutung. Es wird behauptet, dass Mendels Artikel seine Berühmtheit der öffentlichen Diskussion zwischen den drei Forschern über die „Wiederentdeckung“ des Artikels und der Genetik zu verdanken hat. Der englische Botaniker William Bateson las Mendels Artikel und war davon so begeistert, dass er ihn ins Englische übersetzte und die Entdeckungen in der wissenschaftlichen Welt verbreitete. 1905 nannte er die biologische Vererbungslehre als Erster *Genetik*.

SIEHE AUCH: Darwins Theorie der natürlichen Selektion (1859), Mendelsche Regeln (1866), Gene auf Chromosomen (1910), Evolutionsgenetik (1937), Doppelhelix (1953).

Um 1900 entdeckte Carl Correns Mendels Studien zur Genetik wieder, als er die Mirabilis jalapa *(Nachtschöne) untersuchte. Die Pflanze wurde 1540 aus den peruanischen Anden exportiert.*

Mirabilis jalapa
POSTES AFGHANES
د افغانستان پست
ARGENTINA '85
18 AFS
۱۸ افغانی
POSTES A

1900

Eierstöcke und weibliche Fortpflanzung

Aristoteles (384-322 v. Chr.), **Antoni van Leeuwenhoek** (1632-1723), **Emil Knauer** (1867-1935), **Josef von Halban** (1870-1937), **Siegfried W. Loewe** (1884-1963), **Edgar Allen** (1892-1943), **Edward A. Doisy** (1893-1986)

Aristoteles' *Historia animalium* enthält den ersten, indirekten Hinweis auf Eierstöcke. Aristoteles wusste nichts von der Existenz von Eierstöcken, beschrieb aber den Sterilisationsprozess bei Säuen, seinerzeit eine verbreitete Praxis. Auch Kamele wurden sterilisiert, um „das sexuelle Verlangen zu dämpfen und Wachstum und Fettaufbau anzuregen". Aristoteles' Verständnis der Rolle von Eierstöcken in der Fortpflanzung wurde durch den gängigen Glauben an das „Samen-und-Erde"-Konzept beeinträchtigt: Der Mann liefert den „Samen", die Frau hat die passive Rolle der „Erde", worin der Samen wächst. Aristoteles sah eine Verbindung zwischen „Samen" und männlichem Sperma, auch wenn die Existenz von **Spermien** erst 1677 mittels Van Leeuwenhoeks Mikroskop entdeckt wurde. Das Interesse an Eierstöcken und dem weiblichen Reproduktionssystem wuchs im 16. bis 19. Jhd. und richtete sich auf die Anatomie und später auch auf deren Störungen.

Man wusste bereits, dass der Verlust der Eierstöcke zur Atrophie der Gebärmutter und dem Verlust der Sexualfunktion führte. 1900 bewies Emil Knauer, dass die Eierstöcke für die Steuerung des weiblichen Reproduktionssystems zuständig waren. Nach der Eierstocktransplantation bei Versuchstieren unterdrückte er die Symptome, die durch deren Entfernung auftraten. Josef von Halban erweiterte diese Studien im selben Jahr und zeigte, dass ein unreifes, sterilisiertes Meerschweinchen durch die Einpflanzung von Eierstöcken geschlechtsreif werden kann. Daraus schloss man, dass die Ovarien den weiblichen Genitaltrakt nicht nur versorgen, sondern auch an der Entwicklung beteiligt sind.

Auf diese Entdeckung gründete sich die Behauptung, die Eierstöcke würden ein Sekret – ein bestimmtes Hormon – absondern. Zur Identifikation dieses Stoffes (Östrogen) im Blut und Urin von schwangeren und nicht-schwangeren Frauen wurde eine sehr feine Analysemethode entwickelt, die Edgar Allen und Edward Doisy 1923 perfektionierten. 1926 stellte Siegfried Loewe die Anwesenheit dieses weiblichen Geschlechtshormons im Urin von menstruierenden Frauen fest. Er entdeckte, dass die Konzentration je nach Phase im Menstruationszyklus variierte.

SIEHE AUCH: Aristoteles' *Historia animalium* (ca. 330 v. Chr.), Spermatozoen (1677), Progesteron (1929).

Die grünblauen Strukturen in diesem Bild des weiblichen Reproduktionsorgans stellen die Eierstöcke dar. Bei der Ovulation wandern die Eizellen durch die Eileiter zur Gebärmutter, wo sie von einer Spermazelle befruchtet werden können.

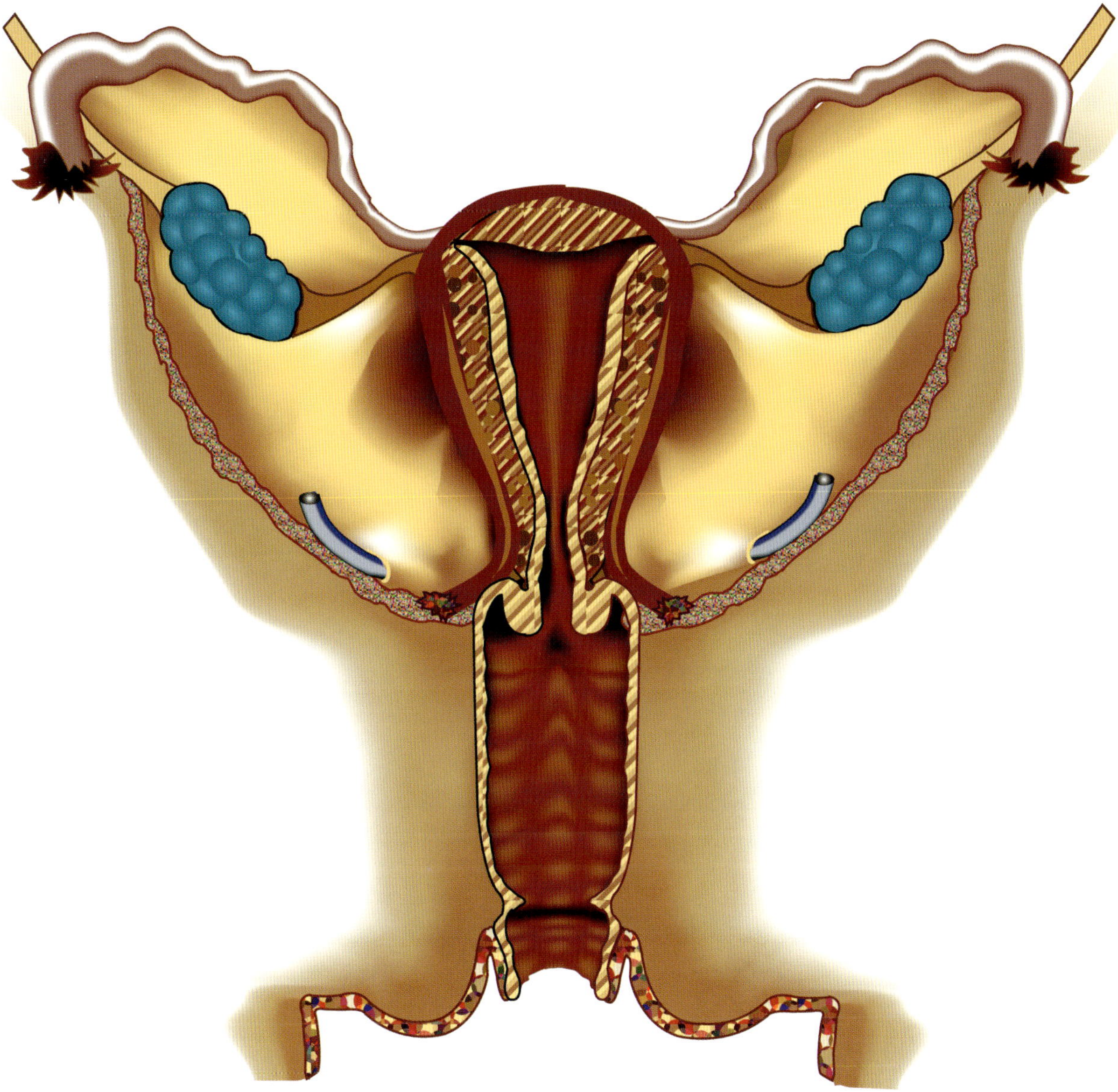

1901

Blutgruppen

William Harvey (1578-1657), **Richard Lower** (1631-1691), **Jean-Baptiste Denys** (1643-1704), **James Blundell** (1791-1878), **Karl Landsteiner** (1868-1943)

Einige Jahrzehnte, nachdem William Harvey die Blutzirkulation demonstriert hatte, wurde versucht, Blut zu übertragen. 1665 gelang es Richard Lower, Hunde mit Hilfe von Bluttransfusionen von anderen Hunden am Leben zu halten. Zwei Jahre später führte Jean-Baptiste Denys die erste dokumentierte Bluttransfusion bei einem Menschen durch. Und obwohl einmalige Transfusionen teils erfolgreich waren, starben die Empfänger meist bei einer zweiten oder dritten Übertragung. Gegen Ende des 17. Jhd. wurden Bluttransfusionen verboten und gerieten in Vergessenheit, bis der englische Geburtshelfer James Blundell 1818 die erste erfolgreiche Bluttransfusion nach übermäßigem Blutverlust bei einer Entbindung anlegte. Zwischen 1825 und 1830 nahm er zehn Transfusionen vor, von denen fünf günstig verliefen. Blundell war nicht nur medizinisch erfolgreich, sondern auch finanziell. Mit seiner Transfusionsapparatur verdiente er umgerechnet € 40 Millionen.

Seit der Entdeckung der Blutgruppen durch den österreichischen Immunologen Karl Landsteiner wurden Transfusionen zu einem medizinischen Routineprozess. 1901 entdeckte er im Wiener Institut für Pathologie, dass das Blut von manchen Personen in Kontakt mit dem Blut anderer Personen eine fatale Verklumpung roter Blutkörperchen verursachte und eine immunologische Reaktion (Antigen-Antikörper) hervorrief. Er identifizierte drei menschliche Blutgruppen, A, B und C (später umbenannt in 0), und später noch eine vierte, AB.

Landsteiners Einteilung diente 1907 als Basis für die ersten erfolgreichen Transfusionen mit entsprechendem Blut im New Yorker Mount Sinai-Krankenhaus und für massenweise ausgeführte Transfusionen auf den Schlachtfeldern im ersten Weltkrieg. 1927 wurden Blutgruppen erstmals für Vaterschaftstests eingesetzt, um die biologischen Eltern eines Kindes zu ermitteln. Für seine Entdeckung der Blutgruppen erhielt Landsteiner 1930 den Nobelpreis. Zehn Jahre später, im Jahr 1940, entdeckte er am Rockefeller-Institut (jetzt Rockefeller Universität) noch einen weiteren Blutfaktor bei Rhesusaffen. Dieser Rhesus-Faktor kann eine potenziell lebensbedrohliche Erkrankung bei Neugeborenen hervorrufen. Sie bricht aus, wenn die Mutter und ihr Fötus unvereinbare Blutgruppen haben.

SIEHE AUCH: Harveys *De motu cordis* (1628), Blutzellen (1658).

1901 identifizierte Landsteiner vier Blutgruppen und, vier Jahrzehnte später, auch den Rhesus-Faktor. 1968 wurde das Medikament RhoGAM eingeführt, um die Produktion von Antikörpern einer Rh-Mutter gegen die Rh+Blutkörperchen ihres Fötus zu unterdrücken und den Rhesusantagonismus zu verhindern.

O(I) Rh+
A(II) Rh
AB(IV)Rh+
B(III) Rh+

1902

Gewebekultur

Gottlieb Haberlandt (1854-1945), **Ross Granville Harrison** (1870-1959), **George Otto Gey** (1899-1970)

Tierische und pflanzliche Gewebe- und Zellkulturen haben sich als wertvolle Hilfsmittel für kommerzielle, wissenschaftliche und medizinische Zwecke erwiesen. Der Begriff *Gewebekultur*, als Synonym zu Organ- oder Zellkultur, bezeichnet das Wachstum von Fragmenten pflanzlichen oder tierischen Gewebes in einer sterilen Umgebung, wo es sich einfach manipulieren und erforschen lässt. So können z. B. die biochemische oder genetische Aktivität, der Stoffwechsel oder spezifische Funktionen und Effekte von physischen, chemischen oder biologischen Einflüssen, wie Medikamente, untersucht werden.

Der österreichische Botaniker Gottlieb Haberlandt war der Erste, der 1902 Gewebekulturen bei Pflanzen entdeckte. Er konnte Pflanzenzellen einige Wochen am Leben erhalten, aber sie pflanzten sich nicht fort, da es in der Nährlösung keine Wachstumshormone gab. Mit fortschreitenden Forschungen wurden Pflanzengewebekulturen (Mikrovermehrung) genutzt, um robustere und resistente Gewächse für die Produktion von Pharmazeutika - wie dem Krebsmittel Paclitaxel - und genetische Modifikationen zu entwickeln. Ross Granville Harrison entwickelte 1907 in Yale eine neue Gewebekulturtechnik und konnte mit ihr die langwährende Debatte über die Entstehung von Nervenfasern beenden. Diese sogenannte „Hanging-Drop"- Kultur wurde in den 1940er und 1950er Jahren zur gängigen Methode für die Virenforschung. Außerdem wurde sie für die Herstellung von Impfstoffen gegen Polio, Masern, Mumps, Röteln und Windpocken sowie für die Produktion **monoklonaler Antikörper** genutzt.

Die älteste und meist verwendete Zelllinie ist HeLa, bei einem großen Publikum durch den Nonfiction-Bestseller *The immortal life of Henrietta Lacks* (2010) von Rebecca Skloots bekannt geworden. 1951 wurden die HeLa-Zellen von Gebärmutterhalskrebszellen bei Henriette Lacks entnommen, die sechs Monate später starb. Die HeLa-Zellen sind unsterblich: Sie können sich in einer Zellkultur unendlich oft teilen, sofern die entsprechende Umgebung vorhanden ist. George Otto Gey züchtete diese Zellen und teilte sie mit Wissenschaftskollegen. Die Zellen wurden für bedeutende wissenschaftliche Forschungen verwendet, jedoch ohne Zustimmung der Familie, die nicht von deren äußerst erfolgreicher Vermarktung profitierte.

SIEHE AUCH: Biotechnologie (1919), Die unsterblichen HeLa-Zellen (1951), Monoklonale Antikörper (1975), Gentechnisch veränderte Nutzpflanzen (1982), Induzierte pluripotente Stammzellen (2006).

Durch Gewebekulturen können Forscher eine große Reihe an Proben unter sorgfältig kontrollierten Laborbedingungen untersuchen.

1902

Sekretin: das erste Hormon

Claude Bernard (1813-1878), **William M. Bayliss** (1860-1924), **Ernest H. Starling** (1866-1927)

In den 1840ern behauptete Claude Bernard, die Pankreassekretionen wären für die Verdauung von Nahrungsfetten verantwortlich; ein Prozess, der im Dünndarm und nicht im Magen stattfindet. 1902 wollten die englischen Physiologen William Bayliss und Ernest Starling diese Sekretion besser verstehen. Steuerten Nervenreize den Strom von Verdauungssäften oder ein anderer Stoff? Die Forscher durchtrennten alle Nerven der Bauchspeicheldrüse, trotzdem flossen alle Säfte weiterhin, sodass ein direkter Einfluss des Nervensystems ausgeschlossen war.

Bayliss und Starling untersuchten daraufhin chemische Faktoren, die die Sekretion der Säfte veranlassen könnten. Sie ließen kleine Stücke des Zwölffingerdarms von Hunden mit Magensäure reagieren und injizierten den Extrakt einem anderen Hund. Anschließend konnten sie beobachten, dass Pankreassäfte freigesetzt wurden – genau, wie es beim Fressen geschieht. Daher nahmen die Forscher an, dass in der Darmwand ein chemischer Stoff, den sie *Sekretin* nannten, freikam und über das Blut zur Bauchspeicheldrüse geführt wurde, wo er die Verdauungssäfte aktivierte. 1905 bezeichnete Starling diesen chemischen Träger als *Hormon* (griechisch für „antreiben", „erregen").

Hormone sind Stoffe, die durch eine endokrine Drüse direkt ins Blut gelangen und mit dem Blut zu ihrem Ziel transportiert werden. Sekretin war das erste von vielen Hormonen, die entdeckt wurden – darunter bereits im nächsten Jahrzehnt um Adrenalin, Thyroid, **Insulin**, Testosteron und Östradiol. Das endokrine System ist eines von zwei großen Systemen, die für die Kommunikation im Körper und den Ablauf der **Homöostase** verantwortlich sind. Hormone werden von Drüsen, wie der Schilddrüse, Nebennierenrinde und den Eierstöcken, freigesetzt und steuern Prozesse wie Wachstum und Entwicklung, Fortpflanzung, **Stoffwechsel** und das Verhalten. Wirbeltiere haben kein Monopol auf Hormone. Auch Wirbellose haben endokrine Systeme, die vor allem bei Insekten gut entwickelt sind. Bei verschiedenen Wirbellosen regeln diese Systeme ebenfalls Reproduktion und Entwicklung, aber auch den Wasserhaushalt. Phyto- oder Pflanzenhormone sind weniger zahlreich und vor allem an Wachstum und Entwicklung beteiligt.

SIEHE AUCH: Stoffwechsel (1614), Kommunikation des Nervensystems (1791), Homöostase (1854), Phototropismus (1880), Eierstöcke und weibliche Fortpflanzung (1900), Schilddrüse und Metamorphose (1912), Neurotransmitter (1920), Insulin (1921), Progesteron (1929), Hypothalamus-Hypophysen-Nebennierenrinden-Achse (1968).

Sekretin wird aus Zellen in der Darmwand (rosa) freigesetzt und regt die Produktion von Verdauungssäften in der Bauchspeicheldrüse (gold) an.

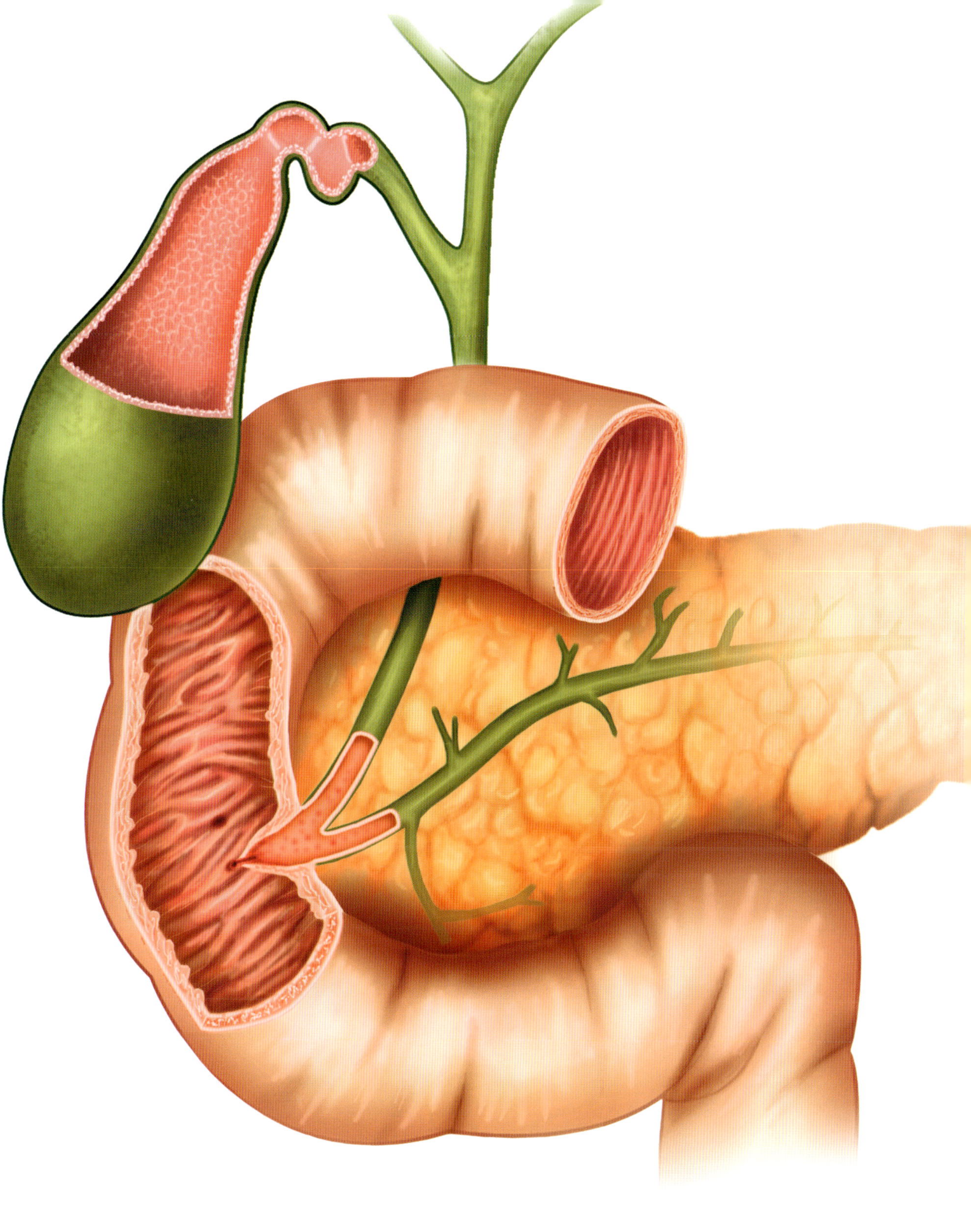

1904

Dendrochronologie

Leonardo da Vinci (1452-1519), **Percival Lowell** (1855-1916), **A(ndrew) E(llicott) Douglass** (1867-1962), **Clark Wissler** (1870-1947)

Der Astronom Percival Lowell sandte 1894 A.E. Douglass nach Flagstaff, Arizona, um eine Sternwarte zu bauen. Zum Bau des Observatoriums waren Bäume gefällt worden. Douglass fiel auf, dass deren Jahresringe alle dasselbe Muster aufwiesen. Als Astronom sah er, dass der Sonnenfleckenzyklus Klimaveränderungen beeinflusste und es eine Korrelation zwischen Klima und Ringbreite gab. Alle Bäume eines bestimmten Gebietes wiesen dasselbe Ringwachstum auf. (Douglass untersuchte diese Ringe nicht als Erster: Um 1500 behauptete Leonardo da Vinci, die Zahl der Ringe korrespondiere mit dem Alter des Baumes und deren Breite mit der Trockenheit des Klimas).

1904 begann Douglass mit der wissenschaftlichen Untersuchung der Jahres- oder Wachstumsringe. Diese Methode nennt man Dendrochronologie (*dendro*: Baum). 1914 nahm Clark Wissler vom American Museum of Natural History Kontakt mit Douglass auf, da er diese Datierungsmethode zum Datieren von Ruinen der Indianer im Südwesten Amerikas nutzen wollte, ein erfolgreiches Projekt, das sich über fünfzehn Jahre erstreckte. Die Dendrochronologie wurde nicht nur eingesetzt, um Muster in der Klimaveränderung und das Alter archäologischer Funde zu studieren, es diente auch zur Datierung von Eisbewegungen und Vulkanausbrüchen.

Wird ein Baumstamm horizontal durchgeschnitten, dann sind Ringe zu sehen, die die Lebensdauer des Baumes angeben. Diese Ringe resultieren aus dem neuen Zuwachs in der vaskulären Kambiumschicht von Zellen unter der Rinde. Im Frühjahr haben diese Zellen dünne Zellwände (Frühholz), später dicke (Spätholz). Ein Jahresring läuft vom Anfang des Frühholzes bis zum Ende des Spätholzes.

Die Ringe ergeben sich aus dem neuen vaskulären Gewebe, das Wasser und Nährstoffe durch den Baum zu den Blättern leitet. In der Wachstumsphase öffnen sich große Kanäle, um mehr Wasser zu transportieren, während in der Ruhephase und in Trockenzeiten das neue Ringwachstum begrenzt ist und die engen Äderchen auf weniger Wassertransport deuten. Das Baumwachstum hängt von verschiedenen Klimafaktoren ab, wie dem Wetter, Regen, der Temperatur, den Nährstoffen, der Bodenaktivität und der Konzentration an Kohlendioxid.

SIEHE AUCH: Landpflanzen (ca. 450 Millionen Jahre v. Chr.), Devon (ca. 417 Millionen Jahre v. Chr.), Nacktsamer (ca. 300 Millionen Jahre v. Chr.), Nahrung für Pflanzen (1840).

Querschnitt eines polierten Stücks von einem versteinerten Baum mit Jahresringen aus Arizona. Durch die Vergrößerung des Bildes sieht man Bohrlöcher von Insekten im Holz, das 230 Millionen Jahre alt ist.

1905

Blutgerinnung

Giulio Bizzozero (1846-1901), **Paul Morawitz** (1879-1936)

Die Blutgerinnung ist ein wichtiger Abwehrmechanismus bei Wirbeltieren und bei Wirbellosen, der Blutverlust und das Eindringen krankheitsverursachender Mikroben verhindert. Die Blutgerinnung verläuft bei Wirbeltieren im Wesentlichen gleich, von primitiven fischartigen, kieferlosen Lampreten bis hin zu Säugetieren. Die Zahl der an der Gerinnung beteiligten Komponenten nimmt dabei zu und wird komplexer, je weiter die Evolution einer Organismengruppe fortgeschritten ist. Blut beinhaltet drei Zellarten: rote Blutkörperchen (Erythrozyten), die Sauerstoff transportieren, weiße (Leukozyten) zur Bekämpfung von Infektionen, und Blutplättchen (Thrombozyten), die an der Blutgerinnung beteiligt sind. Wird ein Blutgefäß eines Säugetieres beschädigt, dann zieht sich dieses erst zusammen, worauf die Plättchen aktiviert werden, die einen Pfropf gegen weiteren Blutverlust bilden. Die Plättchen aktivieren auch eine Reihe weiterer Gerinnungsfaktoren, die zur Bildung von Thrombin und eines Fibrinklümpchens führen, der den Pfropf stabilisiert und Blutverlust verhindert.

Die vielfältigen Funktionen der Plättchen im Gerinnungsprozess wurde 1882 von Giulio Bizzozero beschrieben. 1905 fasste Paul Morawitz die bis dahin bekannten Gerinnungsfaktoren zusammen (inklusive der vier, die er selbst entdeckte), die zur Bildung von Thrombin und des Fibrinpfropfs führten. Anhand dieser Aufstellung wird der Gerinnungsprozess noch immer verfolgt. Von den 1940er bis in die 1970er Jahre wurden weitere Gerinnungsfaktoren identifiziert (es gibt 13, mit römischen Ziffern nummeriert), neben Kofaktoren und Regulatoren, die für eine normale Gerinnung nötig sind. Ein Mangel an Gerinnungsfaktor IX führt zu Hämophilie B, einer Erbkrankheit, an der mehrere Mitglieder der europäischen Fürstenhäuser aus der Abstammungslinie von Königin Victoria litten. Faktor IX, oder Christmas-Faktor, wurde 1952 entdeckt und nach Stephen Christmas benannt, dem dieser Faktor fehlte.

Gerinnungsfaktoren bei Wirbellosen wurden bei **Gliederfüßern** wie Pfeilschwanz- und Flusskrebsen gefunden. Bei manchen Wirbellosen ist das Zusammenziehen der Blutgefäße ausreichend, um den Hämolymphstrom - eine blutähnliche, interstitielle Flüssigkeit, die die Zellen von Wirbel- und den meisten Weichtieren direkt befeuchtet – zu stoppen.

SIEHE AUCH: Gliederfüßer (ca. 570 Millionen Jahre v. Chr.), Blutzellen (1658), Hämoglobin und Hämocyanin (1866), Blutgruppen (1901).

Blick auf die Unterseite eines atlantischen Pfeilschwanzkrebses (Limulus polyphemus). *Dessen Blut enthält sowohl das blaue Hämocyanin als auch Amöbozyten, die zur Detektion bakterieller Endotoxine in medizinischen Apparaten, Impfstoffen und Medikamenten genutzt werden.*

1907

Radiometrische Datierung

Henri Becquerel (1852-1908), **Bertram Borden Boltwood** (1870-1927), **Ernest Rutherford** (1871-1937), **Frederick Soddy** (1877-1956)

Die Bestimmung des exakten Alters von Fossilien war für Biologen von unschätzbarem Wert in der Erforschung der Lebensgeschichte und der Evolution von lebenden Organismen. Eine der wichtigsten Techniken war die radiometrische Datierung, die auf Beobachtungen von Physikern und Chemikern zu Anfang des 20. Jhd. und deren Studien zum radioaktiven Zerfall von Isotopen basierte.

Bei seinen Studien über Uransalze bemerkte Marie Curies Dozent, Henri Becquerel, 1896 zufällig, dass Uran spontan Strahlung aussendet. Dies gab den Ausschlag zur Entdeckung der Radioaktivität. Aufbauend auf Becquerels Forschung fanden Ernest Rutherford, Vater der Kernphysik, und sein Student Frederick Soddy an der McGill-Universität 1902, dass der radioaktive Zerfall eines Atoms von einem Isotop (Elternisotop) in ein anderes (Tochterisotop) in konstantem Tempo verläuft. (Isotope haben die gleiche Anzahl Protonen in ihrem Kern, aber eine andere Zahl an Neutronen, wodurch es dasselbe Element ist, aber eine andere Atommasse hat.) Rutherford und Soddy prognostizierten die Zeit, in der eine Hälfte der Atome in ein Isotop zerfällt. Diese „Halbwertzeit" ($t^{1}/_{2}$) ist für jedes Isotop einzigartig. Kohlenstoff-14 hat eine $t^{1}/_{2}$ von 5730 Jahren und wurde deshalb genutzt, um das Alter organischer Materialien wie Holz, Knochen, Muscheln und anderer Stoffe zu bestimmen, die teils 75 000-80 000 Jahre alt sein können. Uranium-238 dagegen hat eine $t^{1}/_{2}$ von 4,5 Milliarden Jahren und wird zur Altersbestimmung älterer Fossilien eingesetzt.

Bertram Boltwood, Radiochemiker an der Yale Universität und Pionier in der Erforschung von Radioisotopen, korrespondierte mit Rutherford und wurde später ein guter Freund. Er war der Erste, der 1907 Rutherfords Prinzip anwendete, das als radiometrische Datierung bekannt wurde. Boltwood schätzte das Alter der Erde auf 2,2 Milliarden Jahre, indem er das Verhältnis der Halbwertzeiten von Uranium-238/Blei-206 nutzte. Dies war zehnmal mehr als ursprünglich angenommen, jedoch nur die Hälfte heutiger Berechnungen.

SIEHE AUCH: Der Ursprung des Lebens (ca. 4 Milliarden Jahre v. Chr.), Fossilien und Evolution (1836), Dendrochronologie (1904), Röntgenstrukturanalyse (1912), Lucy (1974).

Ein Archäologe reinigt einen Mammutzahn. Das älteste Mammut lebte vor 5 Millionen Jahren. Obwohl die meisten vor rund 10 000 Jahren ausstarben, lebten Zwergmammute noch bis vor 4000 Jahren.

1907

Probiotika

Ilja Metschnikow (1845-1916), **Minoru Shirota** (1899-1982)

Der menschliche Körper beherbergt mehr als 100 Billionen Bakterien, mit einem Gesamtgewicht von gut vier Pfund; schon allein im Mund befinden sich mehrere hundert Arten. Früher wurden Bakterien nur mit tödlichen Infektionskrankheiten und einigen Fällen von Lebensmittelvergiftung in Verbindung gebracht. Die moderne Medizin hat dieses Problem durch das übermäßige Verschreiben von **Antibiotika** verursacht, die den Körper nicht selektiv von schädlichen wie auch nützlichen Mikroben befreien. Dies gilt vor allem für den Darm, da die Einnahme von Breitbandantibiotika das die natürliche Zusammensetzung der Mikrobengemeinschaft verändert und Durchfall verursacht.

Die gute Bakterie. Der russische Biologe Ilja Metschnikow, der 1907 für seine Immunstudien Mit-Empfänger des Nobelpreises war, kam im selben Jahr auf die Idee, man könne die Darmflora daran anpassen und schädliche Mikroben durch harmlose ersetzen. Um genau zu sein: Fermentierte Milch konnte Laktobazillen (Milchsäurebakterien) in den Darm „säen", ihn damit ansäuern und das Wachstum proteolytischer Bakterien (die Eiweiße spalten) hemmen. Metschnikow schrieb den Alterungsprozess einer Anhäufung von Abfallprodukten im unteren Teil des Dickdarms zu, der zum Rektum hin ausläuft, wo Giftstoffe in die Blutbahn zurücklecken könnten (sogenannte Autointoxikation). Metschnikow stellte fest, dass die Landbevölkerung Bulgariens, die sich vornehmlich von mit Lactobacillus fermentierter Milch ernährte, außergewöhnlich alt wurde.

In den 1930er Jahren entwickelte der Japaner Minuro Shirota, von Metschnikow inspiriert, den Joghurtdrink Yakult mit einem starken Laktobazillusstamm, der schädliche Darmbakterien vernichten sollte. Ähnliche Produkte, die in den letzten Jahren auf den Markt kamen, heißen Probiotika, und sind schlicht lebende Mikroben als Nahrungsergänzung. Sie sollen dem Verbraucher nützen, indem sie die mikrobische Darmflora verbessern.

Es gibt etliche Gesundheitsversprechen in Bezug auf Probiotika, von der Heilung von Darmproblemen bis hin zu einer Reihe ernsthafter Systemerkrankungen. Bis zum heutigen Tag ist jedoch noch keines der Versprechen von einer der Autoritäten wie der Arzneimittelbehörde oder der Europäischen Behörde für Lebensmittelsicherheit bestätigt worden.

SIEHE AUCH: Prokaryoten (ca. 3,9 Milliarden Jahre v. Chr.), Mikrobielle Fermentation (1857), Antibiotika (1928).

Balkanjoghurt unterscheidet sich von von Joghurts aus Griechenland oder der Schweiz dadurch, dass er in einzelnen Gefäßen statt in großen Fässern fermentiert wird. Rechts hausgemachter Balkanjoghurt – eine gute Probiotik-Quelle – in einer traditionellen Tonschale.

1907

Warum schlägt das Herz?

Galen (ca. 130 - ca. 200), **Jan Evangelista Purkyne** (1787-1869), **Walter Gaskell** (1847-1914), **Wilhelm His jr.** (1863-1934), **Arthur Keith** (1866-1955), **Sunao Tawara** (1873-1952), **Martin Flack** (1882-1931)

Bereits im 2. Jhd. konstatierte Galen, dass das Herz unabhängig von Körper und Nerven schlägt. Über die Hintergründe des Herzschlags wurde viel debattiert, woraufhin die anatomischen Puzzlestücke sukzessive zusammengesetzt wurden und das Rätsel im ersten Jahrzehnt des 20. Jhd. gelöst wurde.

Die ersten Stücke wurden 1839 von Jan Purkyne gelegt, einem tschechischen Physiologen und Anatom, der 13 Sprachen beherrschte, Dichter war und Goethe und Schiller übersetzte. Zu seinen bedeutenden Entdeckungen gehört eine Reihe von Fasern in beiden Herzkammern – den Purkinjefasern – deren Funktion sich ihm gedoch nicht erschloss. In den 1880ern untersuchte Walter Gaskell an der Universität von Cambridge die Entstehung von Herzimpulsen und die Übertragung eines Herzschlags, der wie eine Welle von den Vorhöfen zu den Herzkammern verläuft. Er bemerkte, dass die Kammern nach einer chirurgischen Trennung von Vorhöfen und Kammern nicht mehr schlugen. 1893 beschrieb der schweizerische Kardiologe und Anatom Wilhelm His Jr. die Brücke, die die Vorhöfe mit den Kammern verbindet, jedoch nicht die Funktion dieser Muskelverbindung (His-Bündel).

Das Jahr 1868 markierte das Ende des Shogunats und den Beginn von Japans Entwicklung von einem feudalen Staat zu einer modernen Nation. Japan öffnete sich und führte unter anderem das deutsche Bildungssystem ein. Nach seinem Medizinstudium wurde Sunao Tawara 1903 nach Deutschland geschickt, wo er das Erregungsleitungssystem des Herzens untersuchte und dabei das atrioventrikuläre (AV) Reizsystem und den AV-Knoten entdeckte. Er erkannte, dass elektrische Reize vom His-Bündel zu den Purkinjefasern verliefen, die zum System der Erregungsleitung gehörten. Das letzte Puzzlestück wurde 1907 gefunden, als der schottische Anthropologe und Anatom Arthur Keith und der Medizinstudent Martin Flack mit dem Mikroskop den Sinusknoten (den „Schrittmacher") entdeckten: der Ort, wo der Impuls für den Herzschlag entsteht, der vom AV-Knoten durch die Kammern geleitet wird. Keith wurde jedoch vor allem als Rassist und als Mitwirkender an der Fälschung des Piltdown-Menschen bekannt.

SIEHE AUCH: Harveys *De motu cordis* (1628), Blutdruck (1733).

Ein Elektrokardiogramm (EKG) legt die Spur des elektrischen Stroms fest, der durch das Herz fließt. Jeder Herzschlag beginnt mit einem elektrischen Reiz aus dem primären Taktgeber des Herzen, dem Sinusknoten. Der Reiz aktiviert erst die Vorhöfe (Atria) und dann die Kammern (Ventrikel).

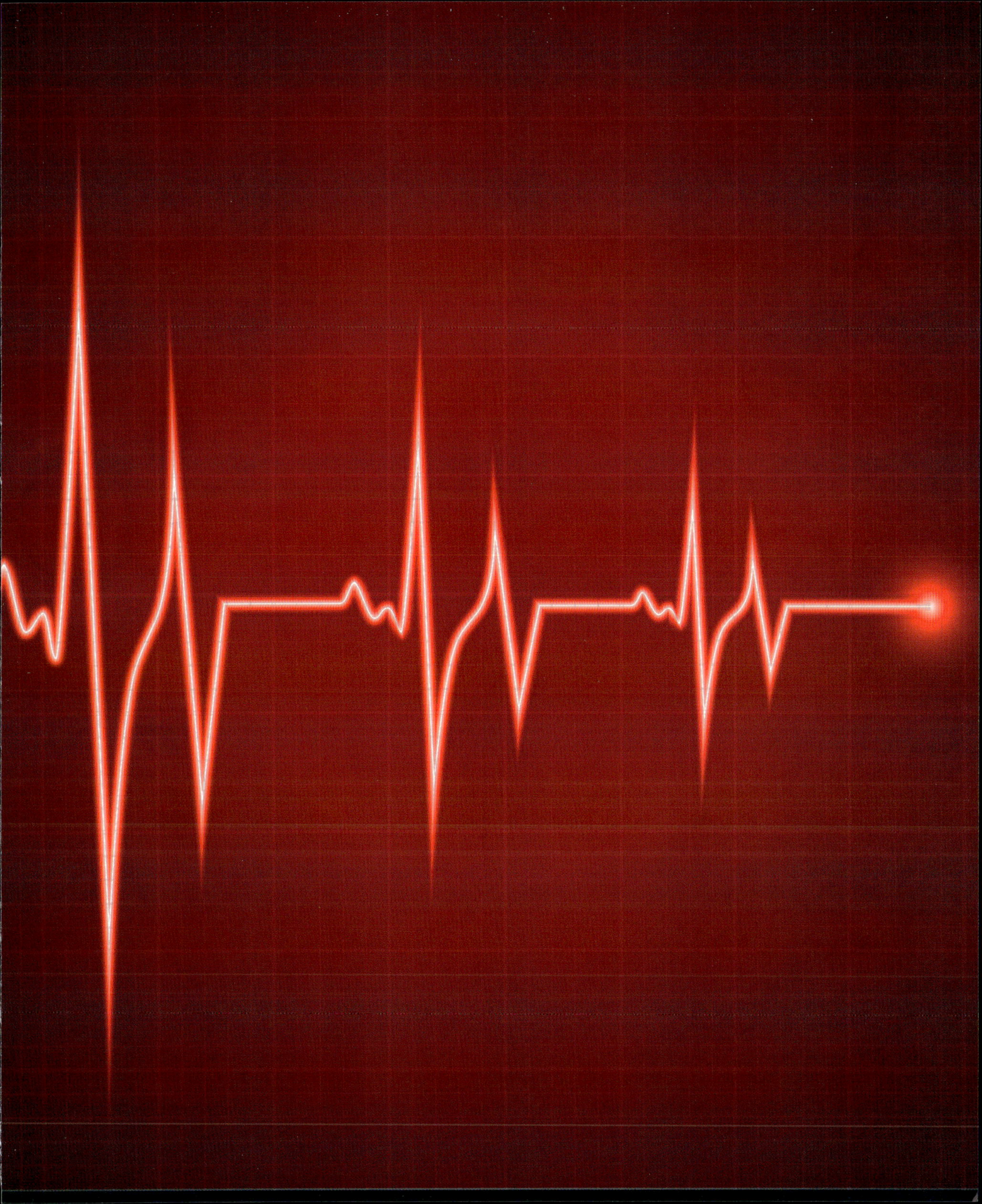

1908

Das Hardy-Weinberg-Gleichgewicht

Charles Darwin (1809-1882), **Gregor Mendel** (1822-1884),
Wilhelm Weinberg (1862-1937), **Godfrey Hardy** (1877-1947)

In *Die Entstehung der Arten* (1859) lieferte Darwin den Beweis dafür, dass Evolution auf natürlicher Selektion basiert. Er behauptete, erbliche Merkmale gingen von Eltern auf Nachkommen über, auch wenn er das „wie" nicht erklären konnte. 1866 präsentierte Mendel ein Modell für die Übertragung von Erbeinheiten (nun Gene genannt), wobei die auf dem Chromosom anwesenden alternativen Formen der Einheit (Allel) sich bei Nachkommen oft als unterscheidbare Merkmale zeigten. Das Dilemma war nun, Mendels Beweis der großen übertragenen Veränderungen von Eltern auf Nachkommen mit Darwins Theorie der allmählichen Generationsveränderungen zu vereinen.

1908 entwickelten der englische Mathematiker Godfrey Hardy und der deutsche Mediziner Wilhelm Weinberg unabhängig voneinander ein Modell, um festzustellen, ob eine Evolution und damit Änderungen in den Genfrequenzen der Population stattgefunden hatten. Wenn keine Evolution stattfand, blieb das Gleichgewicht der Allelfrequenzen in jeder Generation sich fortpflanzender Individuen intakt. Es gab fünf Bedingungen für solch ein Gleichgewicht: Die Population musste unendlich groß sein, um genetischen Drift zu verhindern (die Möglichkeit, dass sich Allelfrequenzen willkürlich verändern); die Paarung muss vollkommen zufälllig verlaufen, ohne sexuelle Selektion; es dürfen keine Mutationen auftreten, sodass keine neue Allele in der Population entstehen; Individuen können nicht in die Population ein- oder abwandern, es tritt keine natürliche Selektion auf, sodass keine Allelen begünstigt oder ausgeschlossen werden.

Im echten Leben würden diese Bedingungen nie erfüllt – folglich sollte Evolution stattfinden. Die Formeln ermöglichten die Bestimmung von Allelfrequenzen, die sich von Generation zu Generation ändern und beweisen die Tatsache der Evolution. Außerdem lässt sich mit ihnen jener Anteil einer Population abschätzen, der ein Allel mit Erbkrankheit trägt. Im 20. Jhd. war die Genetik von englischsprachigen Wissenschaftlern dominiert. Weil kaum einer Weinbergs auf deutsch verfassten Artikel kannte, wurde das Hardy-Weinberg-Gleichgewicht bis 1943 nur Hardy zugeschrieben.

SIEHE AUCH: Darwins Theorie der natürlichen Selektion (1859), Mendelsche Regeln (1866), Wiederentdeckung der Genetik (1900), Gene auf Chromosomen (1910).

Das Hardy-Weinberg-Gleichgewicht bietet ein mathematisches Modell zur Detektion von Veränderungen der Genfrequenzen in einer Population. Diese Donax variabilis*-Muscheln weisen aufgrund unterschiedlicher Genotypen diverse Farben und Muster auf.*

1910

Gene auf Chromosomen

Charles Darwin (1809-1882), **Gregor Mendel** (1822-1884), **Hugo de Vries** (1848-1935), **Thomas Hunt Morgan** (1866-1945), **Alfred H. Sturtevant** (1891-1970)

Gregor Mendels Vererbungsstudien über Erbsen wurde 1900 „wiederentdeckt" und damit auch die Basis für die Genetik. Thomas Hunt Morgan war einer der vielen Biologen zu Beginn des 20. Jhd., die Darwins Evolutionstheorie akzeptierten, jedoch seine Idee der natürlichen Selektion und auch Mendels Beobachtungen verwarfen. Einer der drei „Wiederentdecker" der Genetik war der niederländische Botaniker Hugo de Vries, der 1886 während seiner Forschung über Nachtkerzen Belege für Mutationen (plötzliche Veränderungen der Körperform) fand.

Morgan, ein Zoologe an der Columbia Universität, begann 1907 mit Untersuchungen von Taufliegen (*Drosophila melanogaster*), um zu zeigen, dass Mutationen und nicht Darwins allmähliche Varianten die Basis der natürlichen Selektion waren. Er wählte Taufliegen, weil davon leicht tausend Individuen in eine Milchflasche passten, alle zwölf Tage eine neue Generation entstand, Männchen und Weibchen einfach zu unterscheiden und Mutationen leicht festzustellen sind. Nach drei Jahren entdeckte er die erste Mutante: eine weißäugige Fliege. Nach weiterer Zucht zeigte sich, dass Weibchen immer rotäugig waren und dass nur Männchen weiße Augen hatten.

1910 stellte Morgan die Chromosomentheorie der Vererbung auf. Jedes Chromosom umfasst eine Reihe kleiner Einheiten, *Gene*, die auf dem Chromosom „Wie Perlen auf einer Kette" angeordnet sind. Weiterhin sind einige Eigenschaften (wie gelbe Körperfarbe oder rudimentäre Flügel) an das geschlechtsbestimmende Chromosom gekoppelt. 1913 entdeckte Morgans Schüler Alfred H. Sturtevant, dass jedem Gen ein spezifischer Platz auf einer Chromosomenkarte zugewiesen werden kann und legte damit das Fundament für die Kartierung des menschlichen Genoms.

Das Gen war also die Lücke in Mendels Vererbungs- und Darwins Evolutionstheorie, die Morgan schloss. (1916 akzeptierte Morgan **Darwins Theorie der natürlichen Selektion**). 1933 erhielt er den Nobelpreis für seine Chromosomentheorie. Fünf der Studenten, die mit Morgan oder einem seiner Schüler geforscht hatten, erhielten später Nobelpreise für eigene Forschungsergebnisse.

SIEHE AUCH: Darwins Theorie der natürlichen Selektion (1859), Mendelsche Regeln (1866), Wiederentdeckung der Genetik (1900), DNA als Träger genetischer Informationen (1944), Doppelhelix (1953), Humangenomprojekt (2003).

Dieses Bild eines menschlichen Karyogramms zeigt alle 22 Chromosomenpaare und je ein Paar aus den Geschlechts-Chromosomen der Frau (XX) bzw. des Mannes (XY).

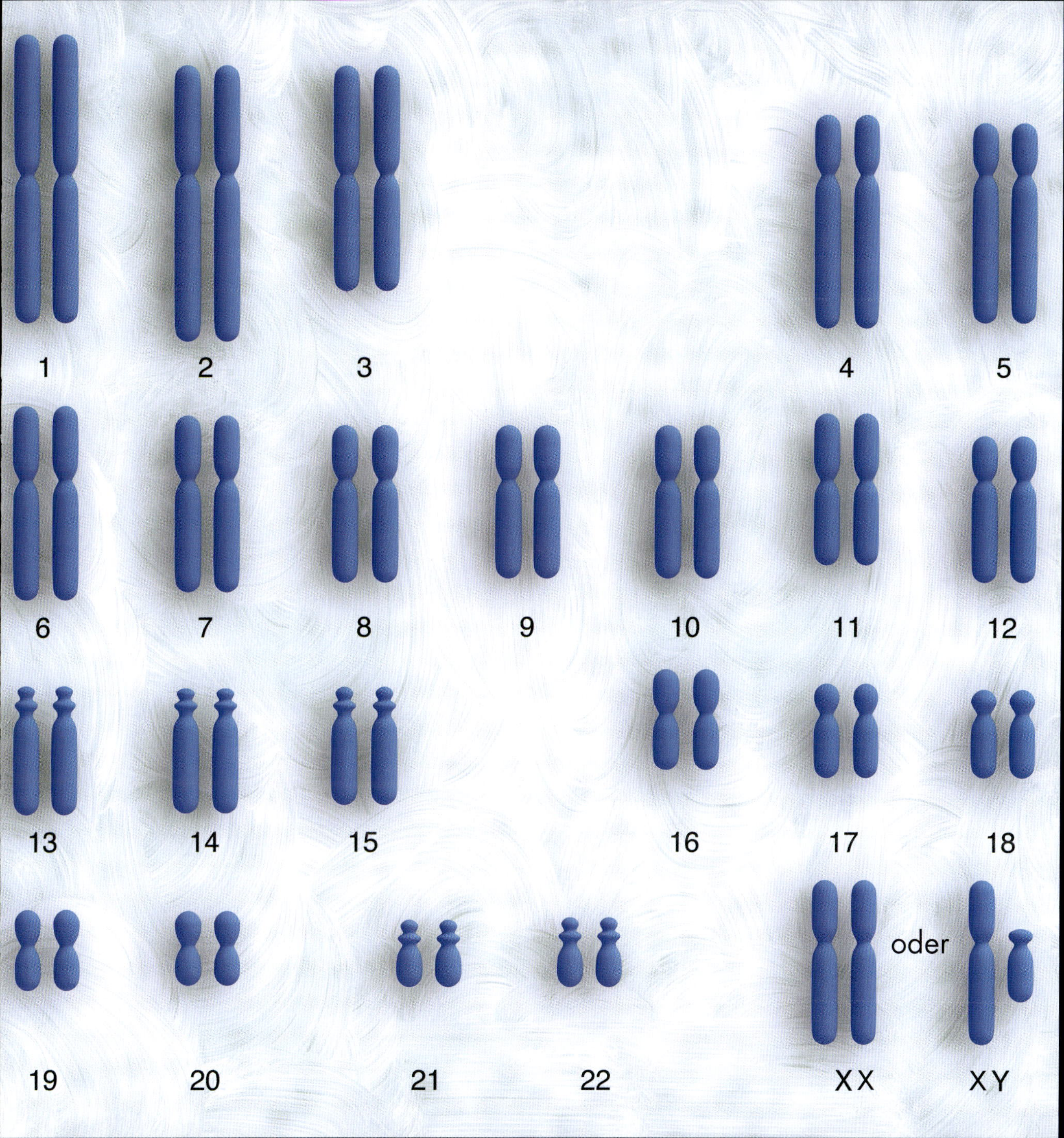
1
2
3
4
5
6
7
8
9
10
11
12
13
14
15
16
17
18
19
20
21
22
XX
oder
XY

1911

Krebserregende Viren

Francis Peyton Rous (1879-1970), **J. Michael Bishop** (geb. 1936), **Harold Varmus** (geb. 1939)

1911 wurde der gerade erst graduierte Pathologe Peyton Rous mit nur vier Jahren Forschungserfahrung Leiter der Krebsforschung am Rockefeller-Institut. In den folgenden 20 Jahren wurden seine Forschungsresultate von der wissenschaftlichen Gemeinschaft teils ignoriert und oft verhöhnt. Erst 55 Jahre später – vier Jahre vor seinem Tod – wurden sie gänzlich anerkannt, als er 1966 den Nobelpreis bekam. Dies ist womöglich der längste Zeitraum zwischen einer Entdeckung und dem Preis. Heute weiß man, dass 15-20 % aller Krebsarten von **Viren** verursacht werden, von denen die meisten bei Tieren vorkommen.

Eines von Rous ersten Projekten war die Untersuchung eines Sarkoms, eines großen Tumors in der Brust eines Plymouth Rock-Huhns. Jüngere Berichte von übertragbaren Geschwüren bei Tieren interessierten ihn besonders. Er züchtete erfolgreich Tumore bei gesunden Hühnern derselben Rasse (nicht bei anderen Vögeln) nach der Transplantation kleiner Tumorproben – und erbrachte damit erstmals den Beweis der Übertragbarkeit von Krebs von einem auf einen anderen Vogel. Spätere Studien zeigten, dass es nicht nötig war, intakte Zellen zu transplantieren. Vielmehr ließen sich gesunde Tiere schon durch die Injektion eines zell- und bakterienfreien Filtrats aus dem Tumor infizieren. Rous schloss daraus, dass Tumore bei Hühnern durch einen filterbaren Stoff entstanden. Jahrzehnte nach Entdeckung des ersten Virus – das Tabakmosaikvirus 1892 – wurden Viren als „filterbare Stoffe" aufgefasst. Später wurde der Begriff Virus auf filterbare Stoffe eingegrenzt, die nur auf lebenden Zellen wachsen können.

Rous hatte das Roussche Sarkomvirus (RSV) entdeckt, ein Retrovirus und das erste beschriebene, krebserregende Virus. Ein Retrovirus enthält RNA statt DNA und kopiert Informationen im Wirt in die DNA. Ein Onkogen ist ein **krebserregendes Gen**, das in Retro-Viren vorkommt. 1976 entdeckten J. Michael Bishop und Harold Vamus konnten nachweisen, dass normale Protoonkogene Krebs in gesunden Zellen verursachen konnten, wenn sie durch Retro-Viren infiziert waren. Diese Entdeckung brachte ihnen 1989 den Nobelpreis ein.

SIEHE AUCH: Viren (1898), Kreberregende Gene (1976), HIV und AIDS (1983).

Diese Illustration zeigt, wie eine normale Zelle zur Krebszelle wird, nachdem ein krebserregender Stoff, z.B. ein Retrovirus, ein Onkogen in der DNA aktiviert hat.

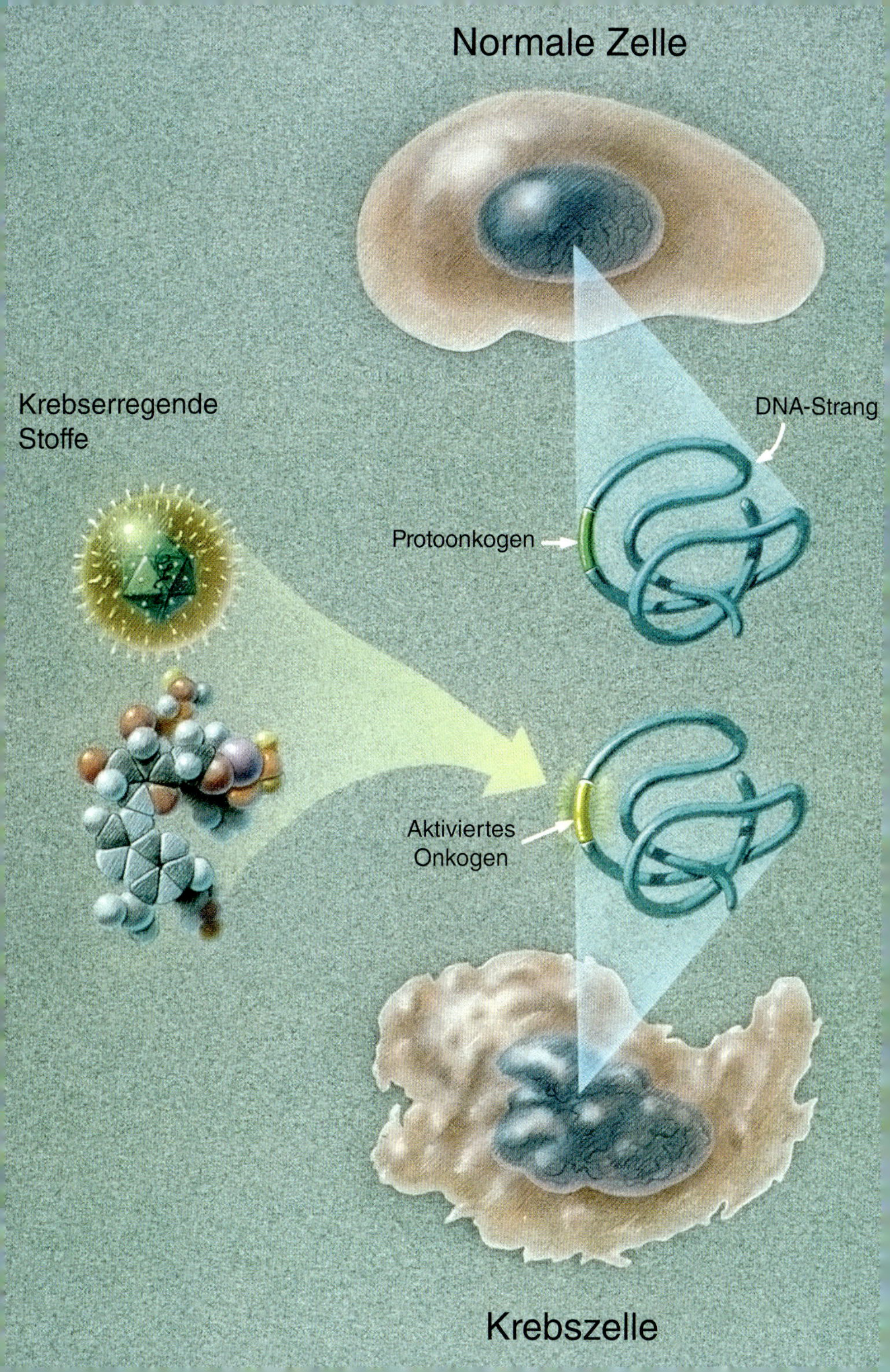

Normale Zelle
Krebserregende Stoffe
DNA-Strang
Protoonkogen
Aktiviertes Onkogen
Krebszelle

1912

Kontinentaldrift

Alexander von Humboldt (1769-1859), **Alfred Wegener** (1880-1930)

Selbst ein flüchtiger Blick auf die Karte der Südhalbkugel suggeriert, dass die Küstenlinien des östlichen Südamerika und Westafrikas wie zwei Puzzleteile ineinander passen. Das bemerkte auch der Naturforscher und Entdeckungsreisende Alexander von Humboldt, der im frühen 19. Jhd. Ähnlichkeiten bei Tier- und Pflanzenfossilien in Südamerika und Westafrika und zwischen Bergketten in Argentinien und Südafrika fand. Später stellten Forscher Parallelen zwischen Fossilien aus Indien und Australien fest.

1912 ging der deutsche Geophysiker, Meteorologe und Polreisende Alfred Wegener noch einen Schritt weiter: Er behauptete, dass die heutigen Kontinente früher aus einer einzigen Landmasse bestanden, die er *Pangäa* („ganze Erde") nannte. Er legte seine Theorie in *Die Entstehung der Kontinente und Ozeane* (1915) dar. Darin beschrieb er, dass Pangäa sich erst in zwei Superkontinente spaltete, Laurasien (heutige Nordhalbkugel) und Gondwana (Südhalbkugel). Ein Ereignis, das auf 180-200 Millionen Jahren vor unserer Zeit datiert wird. Wegener hatte keine Erklärung für diese Verschiebung der Kontinente, weshalb sein Konzept bis nach seinem Tod – er starb an Herzversagen – 1930 auf einer Grönland-Expedition abgelehnt wurde. Das Phänomen der Kontinentalverschiebung wurde schließlich in den 1960er Jahren akzeptiert, als die Theorie der Plattentektonik entstand. Diese besagt, dass Platten sich konstant bewegen und sich im Verhältnis zueinander über- und untereinander schieben.

Lange bevor die Verschiebung der Kontinente von der wissenschaftlichen Gemeinschaft anerkannt wurde, fanden Naturforscher uralte Fossilien derselben oder vergleichbarer Pflanzen und Tiere auf Kontinenten, die Tausende Kilometer entfernt durch Ozeane getrennt sind. Fossile Reste des tropischen Farns *Glossopteris* fand man in Südamerika, Afrika, Indien und Australien, während Reste der *Kannemeyride*-Familie, eines säugetierartigen Reptils, in Afrika, Asien und Südamerika entdeckt wurden. Manche lebende Pflanzen und Tiere wiederum sind ganz anders auf verschiedenen Kontinenten. Alle einheimischen Säugetiere in Australien sind beispielsweise Beutel- und keine Plazentatiere, was nahelegt, dass Australien sich von Gondwana trennte, bevor die Plazentatiere evolvierten.

SIEHE AUCH: Devon (ca. 417 Millionen Jahre v. Chr.), Paläontologie (1796), Darwin und die Reise mit der *Beagle* (1831), Fossilien und Evolution (1836), Biogeographie (1876).

Gemäß der Theorie der Verschiebung der Kontinente spaltete sich eine enorme Landmasse, Pangäa, in zwei Superkontinente – Laurasia (Nordhalbkugel) und Gondwana (Südhalbkugel).

PANGÄA

Vor 200 Millionen Jahren

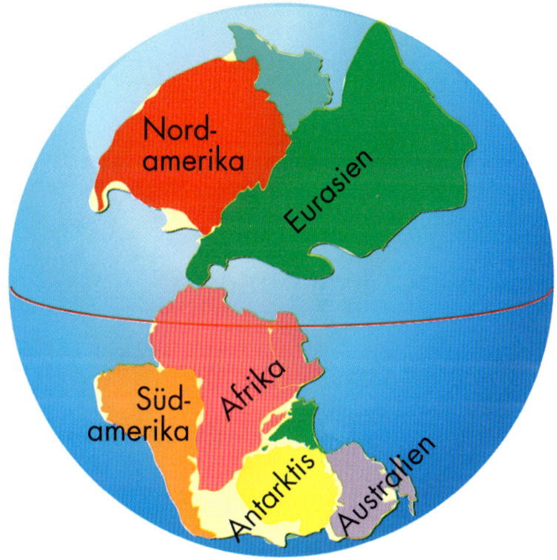

PANGÄA & GONDWANA

Vor 120 Millionen Jahren

1912

Vitamine und Beriberi

Takaki Kanehiro (1849-1920), **Christiaan Eijkman** (1858-1930), **Frederick Hopkins** (1861-1947), **Casimir Funk** (1884-1967)

Beriberi wurde erstmals in einem 4500 Jahre alten chinesischen Medizinbuch beschrieben und war lange typisch für Asien, wo weißer Reis ein Grundnahrungsmittel ist. Die Symptome betreffen das Herz und Nervensystem, der Name ist Singhalesisch für „große Schwäche". Weißer Reis ist geschält und geschliffen, wodurch Schale, Kleie und Keime entfernt werden, die wichtige Nährstoffe enthalten.

1884 kehrte der japanische Marinearzt Takaki Kanehiro von medizinischen Studien in England zurück. Ihm fiel auf, dass Beriberi bei westlichen Seeleuten und japanischen Marineoffizieren mit westlichem Menü kaum vorkamen, aber weit verbreitet war bei Seeleuten, die sich vorrangig von weißem Reis ernährten. Er befasst sich genauer mit dem Phänomen und stellte fest, dass Beriberi zehnmal häufiger bei vorrangigem Reismenü als bei westlicher Nahrung vorkam. Kanehiro schlussfolgerte, dass die Ernährung für Beriberi verantwortlich sein musste, im Gegensatz zur damaligen Auffassung, es sei eine Infektionskrankheit. Er konnte sich jedoch nicht durchsetzen, weshalb die Ernährung nicht verändert wurde. Im Russland-Japan-Krieg 1904-1905 starben 27 000 japanische Soldaten an Beriberi – und damit doppelt so viele wie an Kriegsverwundungen.

Der niederländische Arzt Christiaan Eijkman wurde 1897 nach Niederländisch-Indien gesandt, um Beriberi zu untersuchen. Nachdem er bei Hühnern Beriberi mittels Reismenü verursacht hatte, fütterte er sie mit ungeschältem Reis und die Hühner wurden gesund. Eijkman erklärte, dass weißem Reis eine Komponente fehlt, die in ungeschältem Reis existiert, ein „Anti-Beriberi-Faktor". 1911 fand der polnische Chemiker Casimir Funk den Stoff Thiamin, ein Amin (stickstoffhaltige Verbindung), und nannte ihn „Vitales Amin" oder *Vitamin*. 1912 führte der britische Biochemiker Frederick Hopkins Experimente mit Mäusen durch. Er gab einer Gruppe von Mäusen ein synthetisches Menü und verglich ihr Wachstum mit dem einer anderen Grupp, die zusätzlich Milch bekam. Während die erste Gruppe das Wachstum einstellte, gedieh letztere prächtig. Hopkins legte mit seiner „Vitaminhypothese des Mangels" dar, dass das Fehlen eines Vitamins Krankheiten verursachen kann. 1929 bekamen Hopkins und Eijkman gemeinsam den Nobelpreis.

SIEHE AUCH: Reisanbau (ca. 7000 v. Chr.), Albumin aus Reis (2011).

Werden die Kleieschicht und der Keim entfernt, dann ist Reis länger haltbar, verliert aber das Thiamin (Vitamin B1).

1912

Schilddrüse und Metamorphose

Thomas Wharton (1614-1673), **Theodor Kocher** (1841-1917), **J. Frederick Gudernatsch** (1881-1962)

Der englische Anatom Thomas Wharton identifizierte 1656 als Erster die Schilddrüse. Für die Beschreibung der Schilddrüsenfunktion erhielt der Schweizer Chirurg Theodor Kocher 1909 den Nobelpreis. 1874 und in den folgenden zehn Jahren behandelte Kocher Patienten mit vergrößerter Schilddrüse, indem er ihnen das ganze Organ entfernte. Seine Operationen waren sehr erfolgreich und reduzierten die Sterblichkeit der vorher gefährlichen Operation auf ein zu vernachlässigendes Niveau. Fast alle Patienten fühlten sich danach jedoch müde, lustlos und froren sehr. Heute weiß man, dass die Schilddrüse an einer Reihe essentieller lebenswichtiger Prozesse beteiligt ist, wie dem Energieverbrauch, Wachstum und Entwicklung, Metamorphose, Fortpflanzung, Winterschlaf und Wärmeerzeugung. Die Schilddrüse zählt zu den größten endokrinen Drüsen. Sie kommt bei allen Wirbentieren vor; bei Vierfüßlern (mit Fingern/Zehen an den Gliedmaßen) befindet sie sich im Halsbereich.

Das Schilddrüsenhormon steigert die metabolische Aktivität fast aller Körpergewebe und erhöht das Tempo, mit dem Nahrung in Energie umgesetzt wird. Als Antwort auf das freigesetzte Hormon steigen die Anzahl und Größe von **Mitochondrien** – interzelluläre Körper, in denen Adenosintriphosphat (ATP) für die nötige Energie der Zellfunktionen und die Wärmeerzeugung entstehen. Der Effekt des Schilddrüsenhormons auf das Wachstum ist vor allem bei Kindern zu sehen: Kinder mit Hormonmangel bleiben in ihrem geistigen und körperlichen Wachstum zurück.

Im Laufe der Evolution hat die Schilddrüse bei unterschiedlichen Arten verschiedene Funktionen erfüllt. 1912 gelang es J. Frederick Gudernatsch an der Cornell Universität, Kaulquappen zur Metamorphose zu bewegen, indem er sie mit Schilddrüsenhormon von Säugetieren fütterte. Die Kaulquappen entwickelten sich zu erwachsenen Fröschen und bildeten ihre Kiemen und den Schwanz zurück. Stattdessen bekamen sie einen großen Kiefer, Augen und schnell wachsende Beine. Wenn die Schilddrüse entfernt wurde, gab es jedoch keine Metamorphose. Auch Plattfische durchlaufen die Metamorphose. In einem frühen Entwicklungsstadium sind sie bilateral symmetrisch, mit Augen an beiden Seiten des Körpers. Während der Metamorphose verschiebt sich ein Auge zur anderen Seite, die später die Oberseite des Fisches wird.

SIEHE AUCH: Amphibien (ca. 360 Millionen Jahre v. Chr.), Stoffwechsel (1614), Sekretin: das erste Hormon (1902), Mitochondrien und Zellatmung (1925).

Schilddrüsenhormone spielen eine große Rolle in der Entwicklung von Wirbeltieren. Dies wird wahrscheinlich nirgends deutlicher, als bei der Metamorphose von der Kaulquappe zum echten Frosch.

1912

Röntgenstrukturanalyse

Wilhelm Conrad Röntgen (1845-1923), **William Henry Bragg** (1862-1942), **Max von Laue** (1879-1960), **William Lawrence Bragg** (1890-1971), **Dorothy Crowfoot Hodgkin** (1910-1994), **Francis Crick** (1916-2004), **Rosalind Franklin** (1920-1958), **James D. Watson** (b. 1928)

Die Ehre für die Entdeckung der DNA-Struktur kommt James Watson und Francis Crick zu. Viele Forscher meinen jedoch, dass Rosalind Franklin ebenso viel Ehre gebührt, weil sie deren Mitarbeiterin war. Zudem zeigten ihre Röntgendiffraktionsbilder deutlich, dass die Struktur der DNA eine **Doppelhelix** war. Röntgendiffraktion wurde ursprünglich eingesetzt, um den Umfang von Atomen und die Art chemischer Bindungen zu bestimmen. Heutzutage wird sie auch in der Chemie, Mineralogie, Metallurgie und den biomedizinischen Wissenschaften eingesetzt. Zudem ist sie ein eindrucksvolles Hilfsmittel für Biologen zur Bestimmung von Struktur und Funktion biologisch interessanter Moleküle, wie Vitamine, Proteine, DNA und RNA, sowie von Medikamenten und deren Zusammenstellung.

Bei seiner Erforschung des Verlaufs von elektrischem Strom durch ein Gas bemerkte Wilhelm Röntgen 1895, dass die emittierten Strahlen ein Bild auf einer fotografischen Platte festhielten. Für die Entdeckung dieser unbekannten Strahlen, oder X-Rays, erhielt er 1901 den Nobelpreis für Physik. 1912 entdeckte Max von Laue, dass Kristalle diese Strahlen ableiten konnten. Von 1912 bis 1914 setzten William Lawrence Bragg und sein Vater William Henry Bragg Von Laues Werk fort und analysierten Kristallstrukturen mittels Röntgendiffraktion, wofür beide 1915 den Nobelpreis bekamen. Sie registrierten, dass man durch Messung der Winkel und Intensitäten des Beugungsmusters der Strahlen durch die Kristallprobe ein detailliertes, dreidimensionales Bild des Moleküls erhielt. Lawrence Bragg, mit seinen 25 Jahren noch heute der jüngste Nobelpreisträger, entwickelte 1912 die Grundregel zur Bestimmung von Kristallstrukturen: das Braggsche Reflektionsgesetz, das noch immer angewandt wird.

Dorothy Crowfoot Hodgkin zählte zu den führenden Biologen, die die Diffraktion einsetzten. Sie entdeckte die Struktur von Cholesterin (1937), Penicillin (1946) und Vitamin B12 (1956), wofür sie 1964 den Nobelpreis erhielt. Auch entdeckte sie **Insulin** (1939), woran sie 30 Jahre lang forschte. Hodgkin untersuchte auch die dreidimensionale Natur und Struktur von Proteinen und anderen Biomolekülen.

SIEHE AUCH: Insulin (1921), Aminosäuresequenz von Insulin (1952), Doppelhelix (1953).

Illustration der Kristallstruktur von Mangan (IV) Fluorid (MnF4), mittels Röntgendiffraktion bestimmt.

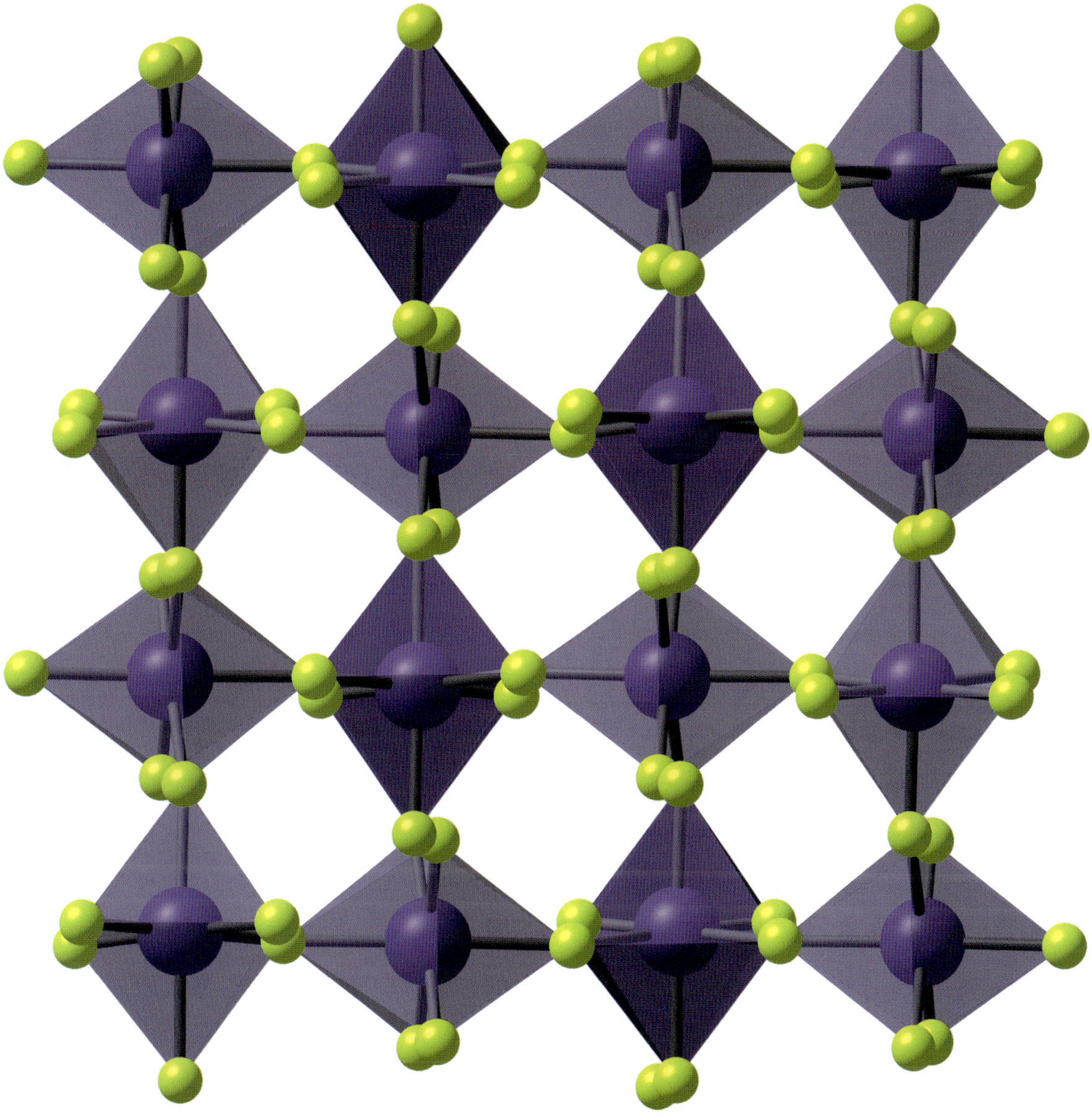

1917

Bakteriophagen

Ernest H. Hankin (1865-1935), **Félix d'Hérelle** (1873-1949), **Frederick W. Twort** (1877-1950)

Ernest Hankin war ein britischer Bakteriologe, der in den 1890er Jahren in Indien Malaria und Cholera erforschte. 1896 berichtete er von seiner Beobachtung, dass das Wasser des Jumma einen Stoff mit antibakterieller Wirkung auf Cholera enthält. Dieser Effekt verschwand nicht einmal dann, wenn das Flusswasser durch einen Porzellanfilter gegossen wurde, der die Bakterien herausfilterte. Hankin ging davon aus, dass dieser Stoff die Verbreitung der Cholera-Epidemie eingeschränkt hatte. Ansonsten interessierte ihn diese mysteriöse, unsichtbare Substanz nicht weiter.

Anfang des 20. Jhd. bemerkte der englische Bakteriologe Frederick Twort, dass bei der Zucht von Bakterien in künstlichen Medien bestimmte Bakterien von einem unbekannten Stoff abgetötet wurden. Er nannte ihn „essentielle Substanz". Sie durchlief Porzellanfilter und brauchte Bakterien fürs Wachstum. Twort dachte, dass es sich um ein neues Virus handelte. Sein Bericht aus dem Jahr 1915 wurde jahrelang ignoriert. Der Erste Weltkrieg und fehlende Geldmittel verhinderten die weitere Forschung.

Félix d'Hérelle war ein französisch-kanadischer Mikrobiologe am Institut Pasteur in Paris. Wie Twort sah er die Wirkung eines „unsichtbaren Mikrobenfeinds der Dysenteriebazille", der durch den Porzellanfilter lief. Er hatte ein Virus entdeckt und nannte es *Bakteriophage* („Bakterienfresser") oder schlicht „Phage". 1917 gab er dies offiziell bekannt. Er wusste, dass Tworts dies bereits früher entdeckt hatte, beanspruchte die Entdeckung jedoch für sich selbst. 1919 wurde ihm die antibakterielle Kraft klar, und so setzte er Phagen in einem Pariser Kinderkrankenhaus zur Behandlung von Dysenterie ein. Später arbeitete er für ein kommerzielles Labor, das fünf verschiedene Phagenpräparate zur Behandlung von bakteriellen Infektionen herstellte.

Die Begeisterung für Phagen – bakterielle **Viren,** die sich selektiv an einen oder mehrere bakterielle Wirte heften und sie durch Lysis (Vernichtung durch Auflösung) abtöten – legte sich mit der Einführung von **Antibiotika** in den 1940er Jahren. In den 1990er Jahren stieg das Interesse aufgrund vermehrter resistenter Bakterien erneut. Phagen werden in Russland und Osteuropa auch heute noch bei bakteriellen Infektionen sowie in Experimenten zu Modellsystemen für die Erforschung der Virenvermehrung eingesetzt.

SIEHE AUCH: Viren (1898), Krebserregende Viren (1911), Antibiotika (1928), Bakteriengenetik (1946).

Ein Bakteriophage (oder Phage) ist ein Virus, der Bakterien infiziert. Der Phage besteht aus einem Kapsid, das die DNA umhüllt sowie Schwanzfibern, mit denen sich der Phage an die Bakterie heftet.

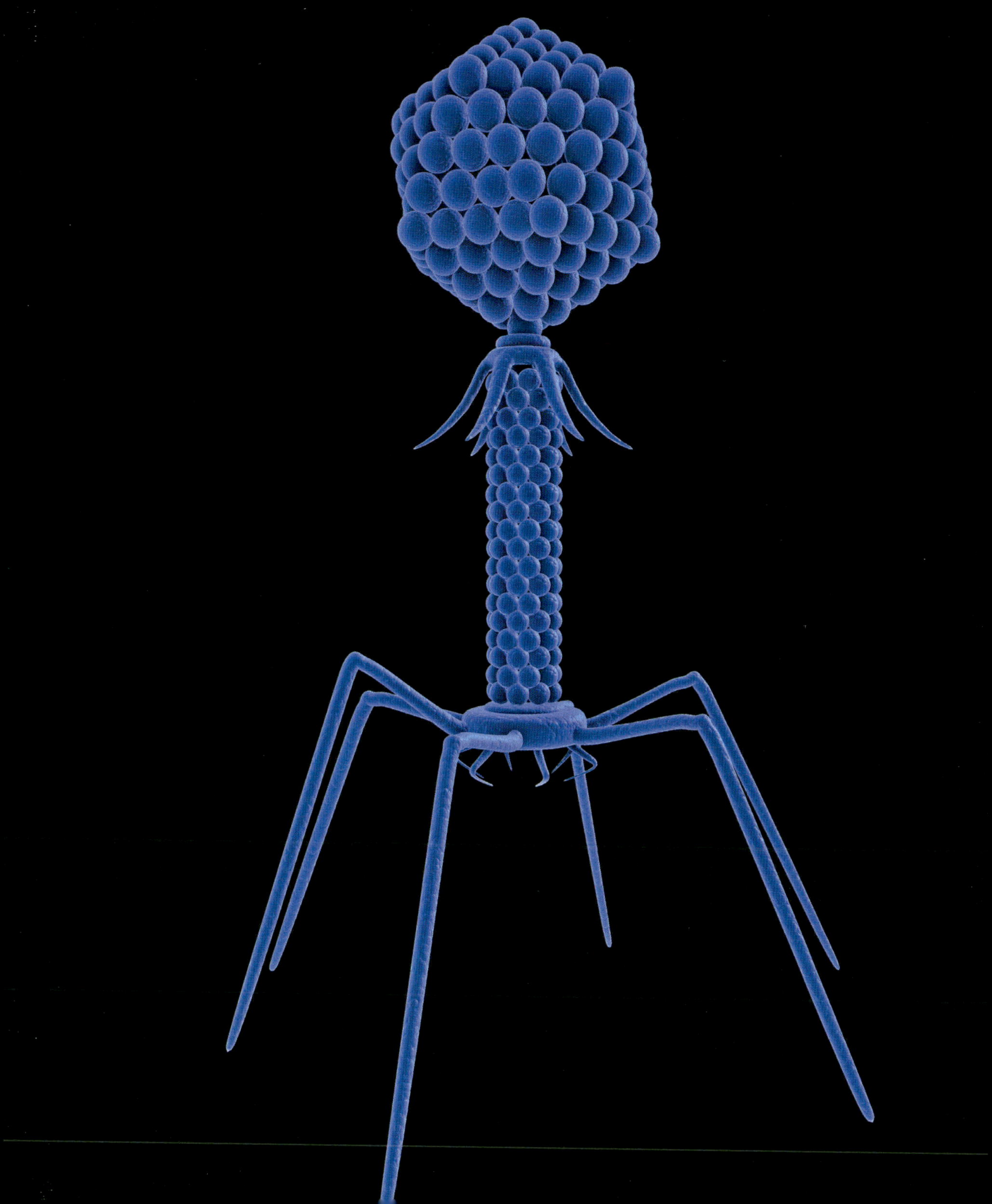

1919

Biotechnologie

Eduard Buchner (1860-1917), **Károly Ereky** (1878-1952)

Das Wort „Biotechnologie" gehört seit den 1970er Jahren zum allgemeinen Sprachgebrauch. Es bezeichnet den Einsatz biologischer Systeme für die Herstellung von nützlichen Produkten: Nahrungsmittel, Alkohol und Medikamente. Unter diesen Begriff fallen rekombinante DNA, **gentechnisch veränderte Organismen** ebenso wie Biopharmazeutika und gentechnische Methoden im Allgemeinen. Nachdem unsere Vorfahren sich von Jägern und Sammlern hin zu Bauern entwickelten, die aktiv ihre eigene Nahrung produzierten, unternahmen sie auch die ersten Schritte in Richtung angewandter Biotechnologie – nämlich durch die **künstliche Selektion** von Tieren und Pflanzen. Tiere wurden zunächst domestiziert und danach für den Einsatz auf dem Feld und als Lieferanten für Fleisch und Häute gezüchtet. Pflanzen wurde gezielt gezüchtet, um ihren Nährwert zu verbessern und sie widerstandsfähiger gegen schlechte Klimabedingungen und Krankheiten zu machen. Milch wurde zu Käse und Joghurt verarbeitet, Hefe für Bier, Wein und Brot verwendet. Dies war der allererste Beginn der Biotechnologie.

Biotechnologen im 19. Jhd. konzentrierten sich auf die Maximierung des Fermentierungsprozesses – die Umsetzung von Zucker und Stärke in alkoholische Getränke. Dies ist eine der ersten chemischen Reaktionen, die der Mensch entdeckte und sich zu Nutze machte. 1896 wies der deutsche Chemiker Eduard Buchner nach, dass für die Fermentierung nicht unbedingt lebende Zellen erforderlich waren. Sie kam auch zustande, wenn die Produkte lebender Zellen (Fermente bzw. **Enzyme**) vorhanden waren. Diese Phase in der Geschichte der Biotechnologie war eng mit der Erschorung von Gärungsprozessen zur Herstllung von Bier und Wein verbunden. Hungerprobleme wurden mit der Biotechnologie erst zu einem späteren Zeitpunkt bekämpft.

Der ungarische Landwirtschaftsexperte Károly Ereky verwendete den Begriff *Biotechnologie* im Titel seines Buchs aus dem Jahr 1919 als Erster. Darin beschreibt er, wie Rohmaterial von Schweinen in praktische Produkte umgesetzt werden konnte. Um in dem vom Ersten Weltkrieg und von Hungersnot gezeichneten Ungarn so viel wie möglich Nahrungsmittel produzieren zu können, erfand Ereky das Schlachthaus in großem Maßstab sowie Riesenmastfarmen, in denen die weltweit größten Mengen an Fett und Fleisch verarbeitet wurden.

SIEHE AUCH: Ackerbau (ca. 10 000 v. Chr.), Domestifizierung von Tieren (ca. 10 000 v. Chr.), Künstliche Selektion (1760), Mikrobielle Fermentation (1857), Enzyme (1878), Grüne Revolution (1945), Gentechnisch veränderte Nutzpflanzen (1982).

Im 19. Jhd. wurde die Biotechnologie und die Fermentierung zur Herstellung von Bier genutzt. Dieses Gemälde aus dem Jahr 1897 von Eduard von Grützner (1846-1925) zeigt einen Mönch in einer Brauerei.

1920

Neurotransmitter

John Newport Langley (1852-1925), **Otto Loewi** (1873-1961), **Thomas Renton Elliott** (1877-1961)

Wie kommunizieren Nerven mit anderen Nerven und Muskeln? Nerven reagieren auf Veränderungen im Körper oder in der externen Umgebung. Durch die Nervenzelle verläuft ein elektrischer Strom über eine Synapse (Öffnung) zu einer anderen Nervenzelle oder Effektorzelle, die reagiert. Wird die Botschaft über einen elektrischen Reiz oder durch einen chemischen Stoff über die Synapse geleitet?

1905 erklärte der britische Physiologe John Newport Langley, dass eine „rezeptive Substanz" der Ort sei, an dem der chemische Stoff nach dem Impuls freikäme. Diesem Konzept lagen Forschungen seines Studenten T.R. Elliott zu Grunde, den Langley übrigens nicht erwähnte. Die nächsten 15 Jahre führten renommierte Wissenschaftler ähnliche Experimente durch. Darin wurde nachgewiesen, dass die Reaktion der Effektorzellen nach dem Impuls und der Zugabe bestimmter Chemikalien ähnlich war, aber nicht immer identisch.

Otto Loewi, ein deutscher Pharmakologieprofessor an der Universität Graz, hat sich lange mit dem Beweis für die chemische Synapsenübertragung befasst. In der Nacht zu Ostersonntag 1920 kam ihm im Schlaf die Idee für ein Experiment. Er machte sich Notizen und ging wieder ins Bett. Gegen morgen konnte er seine eigene Schrift nicht lesen. In der nächsten Nacht hatte er wieder die gleiche Idee. Er eilte sich in sein Labor und führte direkt sein einfaches und doch bahnbrechendes Experiment durch. Er entdeckte damit die chemische Weiterleitung von Nervenimpulsen. Dazu stimulierte er Froschherzen in einer Kochsalzlösung, in der bereits andere, vorher bewusst angeregte Herzen lagen. Loewi konnte nachweisen, dass für die Übertragung eines Nervenimpulses auf das Herz ein chemischer Stoff verantwortlich sein musste. Er bezeichnete ihn als „Vagusstoff". Dieser Stoff wurde später von Henry Dale als Acetylcholin identifiziert. Dies war der erste Neurotransmitter. 1936 erhielten Loewi und Dale den Nobelpreis. 1938 flüchtete er vor den Nazis erst nach London, später nach New York.

Es sind inzwischen über 100 Sorten Neurotransmitter von Wirbeltieren und wirbellosen Tieren bekannt. Viele spielen für die normale physiologische Funktion als auch im Krankheitsfall und die Entwicklung von Medikamenten eine Rolle.

SIEHE AUCH: Tierische Elektrizität (1786), Kommunikation des Nervensystems (1791), Neuronendoktrin (1891), Aktionspotenzial (1939).

Der Neurotransmitter Acetylcholin wird in den Nervenenden freigesetzt, um die Rezeptoren auf der Oberfläche von Skelettmuskelfasern zu aktivieren, die sich dann zusammenziehen. Dieses mikroskopische Bild von Nervenzellenenden im Muskelgewebe ist 200fach vergrößert.

1921

Insulin

Paul Langerhans (1847-1888), **Joseph von Mering** (1849-1908), **Oskar Minkowski** (1858-1931), **John J. R. MacLeod** (1876-1936), **Frederick G. Banting** (1891-1941), **James B. Collip** (1892-1965), **Charles H. Best** (1899-1978)

Der Körper verschwendet keine wertvollen Ressourcen. Für diese Sparsamkeit ist größtenteils das Insulin verantwortlich. Insulin ist ein Hormon, das aktiv energiereiche Nährstoffe konserviert und Überschüsse speichert. Überschüssige Kohlenhydrate werden in Leber und Nieren als Glykogen gespeichert, Fett in Fettgewebe; Aminosäuren werden in Eiweiße umgesetzt. Unser Wissen über die Rolle, die Insulin spielt, ist zwar neueren Datums, jedoch kommen Beschreibungen von Diabetes (eine Stoffwechselerkrankung als Folge von Insulinresistenz oder Insulinmangel) bereits in alten ägyptischen und griechischen Manuskripten vor.

Der Ursprung des heutigen Wissens über Diabetes liegt im Jahr 1869. Der Medizinstudent Paul Langerhans entdeckte unbekannte Zellen in der Bauchspeicheldrüse. Sie wurden später *Langerhans-Inseln* genannt. 30 Jahre später versuchten Joseph von Mering und Oskar Minkowski die Funktion der Bauchspeicheldrüse zu ergründen. Sie entfernten dieses Organ bei einem Hund, der daraufhin alle Symptome von Diabetes zeigte – u. a. hatte er Zucker im Urin.

1921 überredete der kanadische Chirurg Frederick Banting den Physiologieprofessor John J.R. MacLeod von der Universität Toronto ihm in den Ferien sein Labor und zehn Hunde zu leihen. Banting nahm Charles Best, der seine medizinische Ausbildung noch beginnen musste, zum Assistenten. Sie wiederholten das Von Mering-Minkowski-Experiment und injizierten dem Hund Pankreasextrakt eines gesunden Hundes. Damit hoben sie die Diabetessymptome auf. Im Januar 1922 war der 14jährige Leonard Thompson der erste Diabetespatient, dem Pankreasextrakt erfolgreich verabreicht wurde. Das lebensrettende Insulin war entdeckt! 1923 bekamen Banting und MacLeod den Nobelpreis. Banting teilte sich das Preisgeld mit Best, MacLeod mit Collip, der Insulin aus dem Pankreasextrakt isoliert und gereinigt hatte. Im gleichen Jahr begann Eli Lilly mit der kommerziellen Vermarktung von Insulin. Vor der Entdeckung von Insulin hatte ein Patient mit Diabetes Typ I eine Lebenserwartung von nur wenigen Monaten. Heute ist die Lebenserwartung von gut begleiteten Diabetikern nur unwesentlich niedriger als von Nicht-Diabetikern.

SIEHE AUCH: Leber- und Glukosestoffwechsel (1856), Sekretin: das erste Hormon (1902), Aminosäuresequenz von Insulin (1952).

Die Langerhans-Inseln (hier stark vergrößert) in der Bauchspeicheldrüse sind für die Insulinproduktion zuständig.

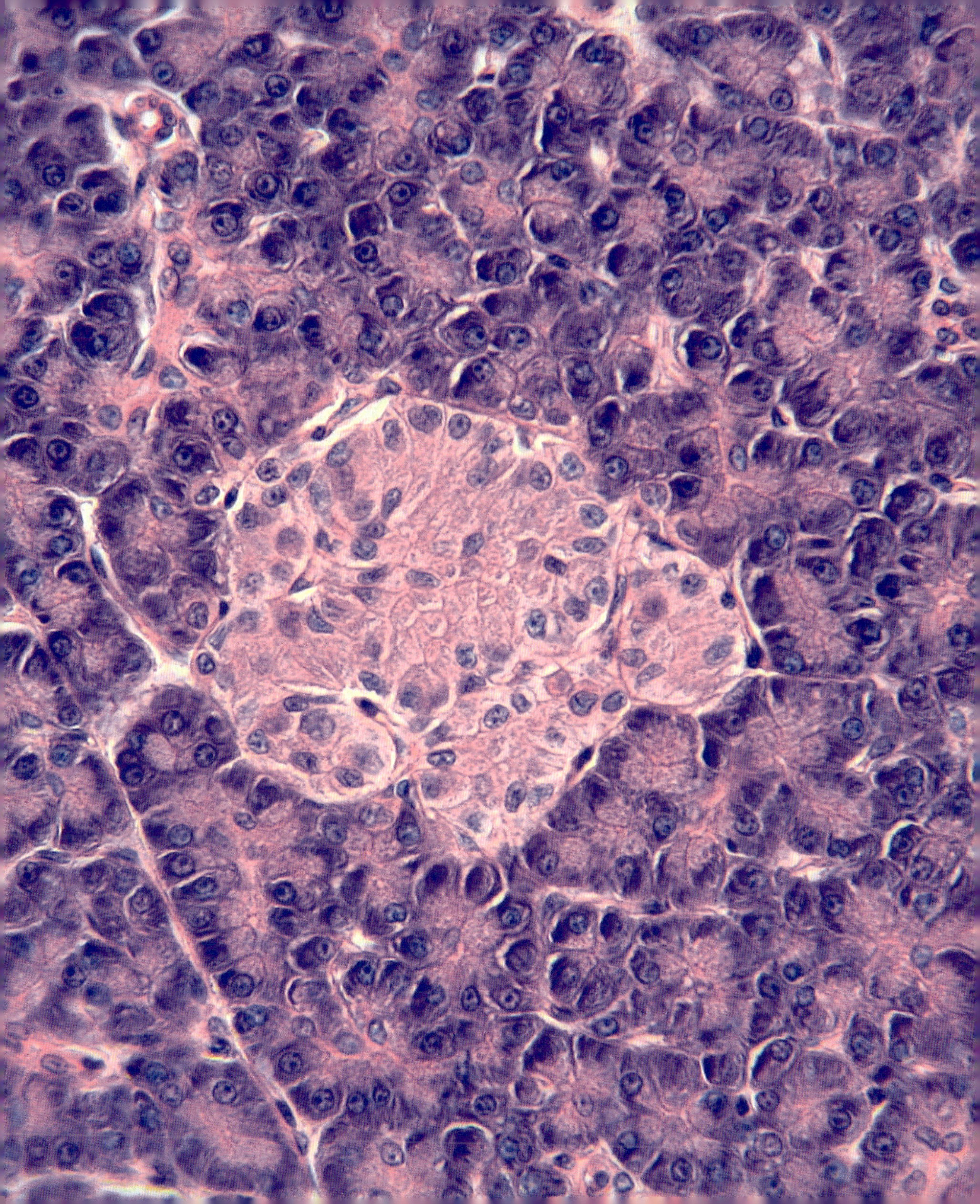

1923

Erbliche Stoffwechselkrankheiten

Gregor Mendel (1822-1884), **Archibald Garrod** (1857-1936)

In den 1890er Jahren untersuchte der englische Arzt Archibald Garrod den drei Monate alten Thomas P., dessen Urin eine rotbraune Farbe hatte. Die Diagnose lautete: Alkaptonurie. Sie wird durch Anhäufung von Homogentisinsäure (Alkapton) verursacht. Dies ist eine Verbindung, die normalerweise schnell abgebaut wird. Damals dachte man, dass diese seltene Störung durch eine bakterielle Infektion hervorgerufen würde. Garrod betrachtete sie als Krankheit, die mit chemischen Reaktionen in Zusammenhang stand. In Thomas' Familie wurden zwei weitere Kinder mit Alkaptonurie geboren. Die Eltern waren Blutsverwandte. Forschungen ergaben, dass auch in anderen Familien die Eltern von an Alkaptonurie erkrankten Kindern stets Cousin und Cousine waren. Garrod veröffentlichte seine Ergebnisse 1902.

Anhand seiner Kenntnisse über Chemie und die Mendelschen Regeln schlussfolgerte Garrod, dass bestimmte Krankheiten erbliche Stoffwechselstörungen sind. Dies beschrieb er in seinem Klassiker *Inborn errors of metabolism* – Angeborene Stoffwechselstörungen (1923). Diese so genannten IEM werden mit einem defekten Gen in Verbindung gebracht, was zu einer fehlenden oder verkehrten Produktion eines Enzyms führt, das für eine bestimmte Stoffwechselreaktion erforderlich ist. Die meisten defekten Gene werden autosomal-rezessiv vererbt: Das Kind erbt Kopien des defekten Gens von beiden Elternteilen. IEM umfassen eine große Gruppe von Störungen, durch die der Körper Nahrung nicht in Energie oder andere essentielle Bestandteile umsetzen kann. Dadurch häuft der Körper giftige Substanzen an, die eine normale Körperfunktion stören oder die Fähigkeit reduzieren, essentielle Stoffe zu synthetisieren. Die Folgen variieren von harmlos bis hin zu ernstlich oder tödlich.

Hunderte von IEM wurden identifiziert. Sie werden nach der jeweiligen Stoffwechselart klassifiziert: Kohlenhydrate, Aminosäuren, Fette oder komplexe Moleküle. IEM sind an sich selten, kommen jedoch bei 1 von 4000 lebenden Säuglingen vor. Die Zahlen variieren je nach ethnischer Gruppe: Sichelzellenanämie bei 1 von 600 Menschen afrikanischer Herkunft, Mukoviszidose bei 1 von 1600 Europäern und Tay-Sachs-Syndrom bei 1 von 3500 Aschkenasim.

SIEHE AUCH: Stoffwechsel (1614), Mendelsche Regeln (1866), Enzyme (1878), Blutgruppen (1901), Ein-Gen-ein-Enzym-Hypothese (1941), Eiweißstrukturen und Eiweißfaltung (1957).

Albino-Kängurus: Albinismus kommt bei vielen Wirbeltieren vor. Kennzeichen dieser IEM ist ein Defekt im Tyrosinstoffwechsel, wodurch zu wenig Melanin produziert wird.

1924

Embryogenese

Carl Ernst von Baer (1792-1876), **Wilhelm Roux** (1850-1924), **Hans Driesch** (1867-1941), **Hans Spemann** (1869-1941), **Hilde Mangold** (1898-1924)

1828 schlussfolgerte Carl Ernst von Baer, dass Gewebe und Organe von Wirbeltieren aus drei primären Keimschichten oder Keimblättern entstehen. In zwei Theorien wird versucht, diese Feststellung zu erklären. Die Präformationstheorie geht davon aus, dass jeder Embryo bereits nach der Befreuchtung Organe besitzt, die langsam größer werden. Laut Epigenese ist jedes Individuum zunächst eine unförmige Masse, die sich nach und nach differenziert. 1888 zerstörte der Embryologe Wilhelm Roux eine von zwei Zellen aus der ersten Teilung eines befruchteten Frosch-Eis. Als sich nur ein halber Embryo entwickelte, zog er daraus den Schluss, dass die Präformationstheorie richtig sei. Vier Jahre später wiederholte Hans Driesch das Experiment mit einem Seeigel-Ei und unter Versuchsbedingungen: Es entstanden vollständige Seeigel. Die Präformationstheorie wurde verworfen.

Der deutsche Embryologe Hans Spemann interessierte sich für die anatomische Entwicklung von Embryos (Morphogenese) und experimentierte mit der Transplantation von Zellen von einem Organismus zum anderen. Er fand heraus, dass sich aus dem embryonalen Hirn eine undifferentzierte Augenanlage entwickelt, die später die Netzhaut bildet. Sie berührt von innen die äußere Haut des Kopfes, die sich nach innen wölbt und zur Augenlinse umformt. Wird die Augenanlage zerstört, entwickelt sich keine Linse. Spemann gelang es, die Augenanlage in die Körperseite eines Salamanderembryos zu transplantieren. Es kam dort zur Ausbildung einer Augenlinse.

Spemann arbeitete am Zoologischen Institut in Freiburg mit der Biologin Hilde Mangold zusammen. Sie experimentierte mit Molchen und transplantierte die Oberlippe eines Embryos (Spender) an eine ganz andere Stelle bei einem anderen Embryo (Wirt). Nach drei Tagen entwickelte sich daraus ein vollständiger zweiter Embryo. Die Spenderzellen dienten in einem frühen Embryo als „Organisatoren" und bestimmten die Entwicklung der anderen Zellen. Spemann bekam 1935 den Nobelpreis, Mangold erlebte die Veröffentlichung ihrer Arbeit nicht mehr: Sie starb 1924 nach einer Gasexplosion in ihrer Wohnung.

SIEHE AUCH: Regeneration (1744), Theorien der Keimung (1759), Keimblatttheorie (1828), Klonen (Zellkerntransfer) (1952), Induzierte pluripotente Stammzellen (2006).

Der Molch wurde als Versuchstier verwendet, um die Dauerkontroverse über die Frage zu beenden, ob Embryos bei der Befruchtung bereits Mini-Organe haben (Präformationstheorie) oder ob jeder Organismus als undifferenzierte Masse beginnt (Epigenese).

1924

Fruchtbarkeitsbestimmung

Theodoor Hendrik van de Velde (1873-1937), **Kyusaku Ogino** (1882-1975), **Hermann Knaus** (1892-1970)

Im Gegensatz zu Menschen und Primaten haben die meisten anderen Säugetiere keinen Menstruationszyklus sondern einen Östruszyklus (vom Griechischen oistrus – Liebesverlangen). Diese Säugetiere sind nur zu bestimmten Zeiten im Jahr sexuell aktiv und haben eine Brunstzeit. Sie ist darauf abgestimmt, dass die Natur bei der Geburt der Jungen ausreichend Nahrung, gute Klimabedingungen und somit optimale Überlebenschancen bietet. Nur dann findet die Ovulation (der Eisprung) bei den Weibchen statt. Tiere mit einem Menstruationszyklus können das ganze Jahr über unabhängig von der Ovulation sexuell aktiv sein. Aktuelle Forschung hat ergeben, dass Frauen ab sechs Tagen vor dem Beginn der Ovulation in ihrer fruchtbarsten Periode sind. In der Zeit sind sie auch empfänglicher für Sex.

Die Ermittlung der fruchtbarsten Periode der Frau beschäftigte schon die alten Griechen, Hebräer und Chinesen. Bis zum 20. Jhd. herrschte die Theorie, dass dies die ersten Tage direkt nach der Menstruation seien. 1905 stellte der niederländische Gynäkologe Theodoor Hendrik van de Velde fest, dass Frauen während des Menstruationszyklus' nur einen Eisprung haben.

In den 1920er Jahren entwickelten die Gynäkologen Kyusaku Ogino in Japan (1924) und Hermann Knaus in Österreich (1928) unabhängig voneinander die gleiche Theorie: Die Ovulation findet rund 14 Tage vor der nächsten Menstruation statt. Bis dahin wurde vom ersten Menstruationstag als Ausgangsdatum ausgegangen. Gemäß der Knaus-Ogino-Methode errechnet sich die fruchtbarste Periode, wenn man vom Beginn der Menstruation rückwärts zählt: Sie liegt zwischen dem 20. und dem 12. Tag vor dem Beginn der nächsten Menstruation. Dieses Zeitfenster ergibt sich aus der Lebensdauer der Samenzellen im weiblichen Geschlechtstrakt und dem Zeitpunkt des Eisprungs.

Diese Kalendermethode war ursprünglich dazu gedacht, Frauen zu helfen, eine Schwangerschaft so gut wie möglich zu planen. Sie wurde jedoch von katholischen Frauen als natürliche und von der Kirche gestattete Verhütungsmethode eingesetzt. Diese so genannte „periodische Enthaltsamkeit" ist alles andere als ideal und hat auch unter günstigsten Bedingungen eine Versagensquote von 9 %.

SIEHE AUCH: Säugetiere (ca. 200 Millionen Jahre v. Chr.), Primaten (ca. 65 Millionen Jahre v. Chr.), Eierstöcke und weibliche Fortpflanzung (1900), Progesteron (1929).

Nach der Ovulation bleibt die reife Eizelle nur etwa 24 Stunden im Eileiter am Leben.

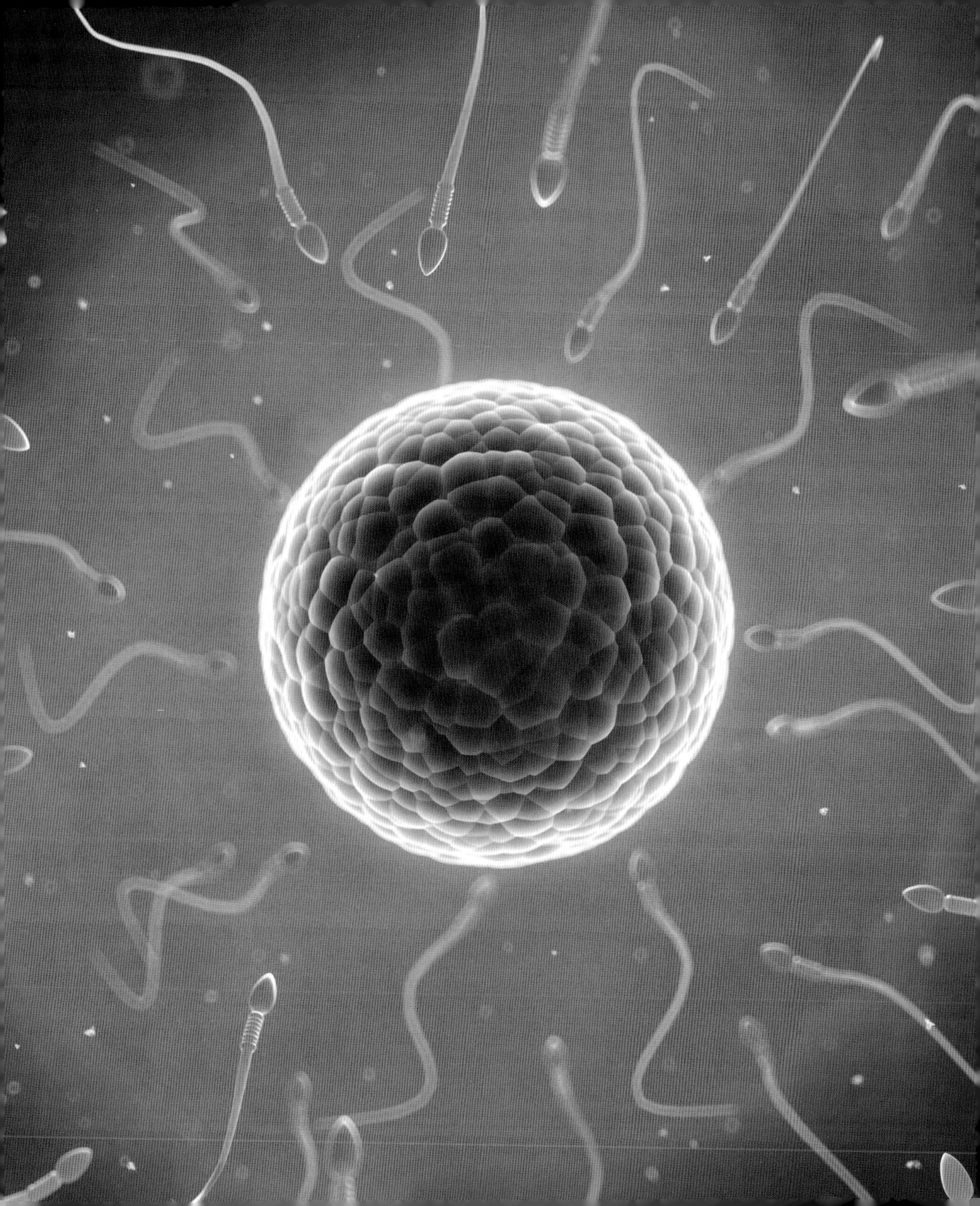

1925

Mitochondrien und Zellatmung

Otto H. Warburg (1883-1970), **David Keilin** (1887-1963), **Albert Claude** (1898-1983), **Fritz A. Lipmann** (1899-1986), **Hans A. Krebs** (1900-1981)

Mitochondrien sind die Energiezentralen in tierischen Zellen und setzen Energie aus der Nahrung in Adenosintriphosphat (ATP) um. Dieser Stoff ist unentbehrlich für die Funktionsfähigkeit von Zellen. Laut der Endosymbiontentheorie waren Mitochondrien vor einigen Milliarden Jahren freilebende aerobe Organismen, die zur Energieproduktion Sauerstoff verbrauchten. Große anaerobe Organismen, die weniger wirkungsvoll Energie produzierten, kapselten die aeroben Mitochondrien ein und verschlangen sie.

Die Zellatmung – bei der Zucker bei Vorhandensein von Sauerstoff in 36 Moleküle zerlegt wird – findet in drei Stadien statt. Stadium 1 ist die Glykolyse: Ohne Sauerstoff wird Glukose mit sechs Kohlenstoffatomen in zwei Moleküle Brenztraubensäure mit drei Kohlenstoffatomen und zwei ATP-Molekülen abgebaut. Stadium 2 ist der Zitronensäurezyklus: Bei Vorhandensein von Sauerstoff wird im Mitochondrium Acetat aus Kohlenhydraten, Fetten und Eiweißen zu Kohlendioxid, Wasser und zwei zusätzlichen ATP-Molekülen abgebaut. Stadium 3 ist die Elektronentransportkette bzw. oxidative Phosphorylierung: Elektronen aus Wasserstoff werden in verschiedenen Schritten durch die Atmungskette des Mitochondriums geleitet und erbringen 32 ATP-Moleküle.

Im 20. Jhd. hat es viele Versuche gegeben, die Reihenfolge der Schritte in der Zellatmung herauszufinden. Otto Warburg behauptete 1912 das Vorhandensein eines intrazellulären Atmungsenzyms im Mitochondrium. 1925 entdeckte David Keilin die Cytochrom-**Enzyme** und das Konzept der Atmungskette. Hans Krebs erläuterte 1937 den Zitronensäurezyklus bzw. Krebs-Zyklus. Fritz Lipmann entdeckte 1945 das Koenzym A, eine essentielle Komponente des **Stoffwechsels** von Kohlenhydraten, Fetten und Aminosäuren. Albert Claude isolierte Mitochondrien und andere Organellen durch Zellfraktionierung – ein Verfahren, das 1930 zur biochemischen Analyse von Organellen entwickelt wurde – und beschrieb sie danach mit Hilfe eines **Elektronenmikroskops**.

SIEHE AUCH: Wie sich Pflanzen vor Pflanzenfressern schützen (ca. 400 Millionen Jahre v. Chr.), Stoffwechsel (1614), Gasaustausch (1789), Photosynthese (1845), Enzyme (1878), Elektronenmikroskop (1931), Bioenergetik (1957), Energiehaushalt (1960), Endosymbiontentheorie (1967).

Mitochondrien übernehmen die Atmung innerhalb von Pflanzen, Pilz- und Tierzellen. Um organische Moleküle abzubauen und ATP zu synthetisieren, wird Sauerstoff verwendet, der für die chemischen Reaktionen der Zelle erforderlich ist.

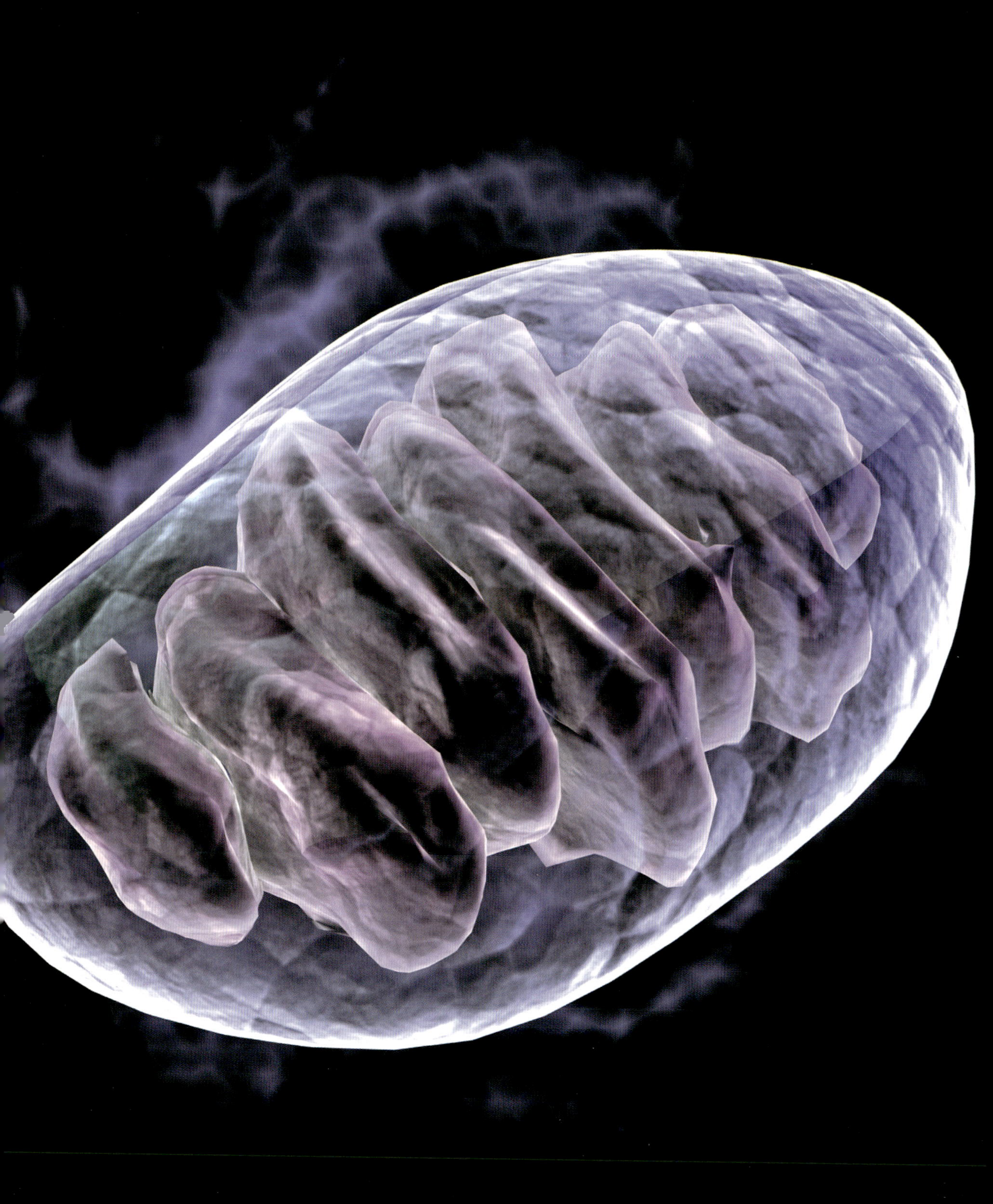

1925

Scopes Affenprozess

Clarence Darrow (1857-1938), **William Jennings Bryan** (1860-1925), **John Thomas Scopes** (1900-1970)

1925 stand das Recht auf Verbreitung der Evolutionstheorie im Unterricht auf dem gerichtlichen Prüfstand. In Dayton/Tennessee wurde dieser Prozess landesweit im Radio übertragen. Viele Hunderte von Journalisten berichteten darüber. John Scopes, ein 24jähriger Biologielehrer wurde beschuldigt, den Butler Act (1925) übertreten zu haben. Dieses Gesetz verbot Dozenten an Schulen oder Universitäten, die vom Staat Tennessee finanziert wurden, die biblische Schöpfungsgeschichte anzuzweifeln. Das Unterrichten der Evolutionstheorie war somit gesetzeswidrig. Scopes verwendete ein Lehrbuch, das der Evolution aufgeschlossen gegenüber stand. Es ist nicht klar, ob er den Stoff tatsächlich unterrichtete oder nur auf die betreffenden Fragen aufmerksam machen wollte.

Die American Civil Liberties Union (ACLU) unterstützte Scopes in seinem Grundrecht auf freie Meinungsäußerung und akademische Freiheit. Scopes wurde vom bekannten Rechtsanwalt und bekennendem Agnosten Clarence Darrow vertreten. Die Anklage leitete William Jennings Bryan, dreifacher Präsidentschaftskandidat und bekannt für seine rhetorischen Fähigkeiten und fundamentalistische Überzeugung. Bryan war ein überzeugter Gegner der Evolutionstheorie und ihrer Verbreitung, da sie angeblich Widerspruch zu Gottes Wort in der Bibel stand. Und dieses Buch war seiner Meinung nach größer als jegliches menschliche Wissen.

Der Richter bat die Jury nicht den Wert der Evolutionstheorie zu beurteilen, sondern ob Scopes das Gesetz überschritten hatte. Das Prozessurteil war eine ausgemachte Sache. Die Jury besprach sich lediglich ganze neun Minuten. Scopes wurde schuldig gesprochen und bekam eine Buße von $100 auferlegt. Die Berufungsklage wurde abgelehnt – nicht weil das Urteil die Meinungsfreiheit bedrohte, sondern aufgrund eines kleinen Formfehlers. Fünf Tage nach dem Prozess starb Bryan im Schlaf. Scopes wurde Geologe und arbeitete später in der Ölbranche. Das Theaterstück *Inherit the wind* (1955) von Lawrence und Lee enthält einen fiktionalisierten Bericht des Prozesses. Der Butler Act wurde 40 Jahre später, 1967, aufgehoben. Heute, 90 Jahre später, wütet die Diskussion zwischen Glauben und Wissenschaft sowie Kreationismus und Evolution immer noch.

SIEHE AUCH: Darwins Theorie der natürlichen Selektion (1859).

Der menschliche Stammbaum gemäß Ernst Haeckels Anthropogenie *(1874). Die Evolution wird mit einem phylogenetischen Stammbaum besser illustriert als mit der modifizierten „großen Kette der Existenz", die Halbaffen direkt mit dem Känguru in Verbindung bringt.*

THE MODERN THEORY OF THE DESCENT OF MAN.

1925

Populationsökologie

Thomas Malthus (1766-1834), **Alfred J. Lotka** (1880-1949)

1798 entwickelte der englische Ökonom und Demograph Thomas Malthus die Theorie, dass eine anhaltende und nicht gebremste Bevölkerungsexplosion zu Massensterben und Armut führt. Glücklicherweise sorgte die Agrarrevolution schnell genug für ausreichende Mengen an Nahrungsmitteln, um die Menschen zu sättigen. Dennoch war das Bevölkerungswachstum zu Beginn der 1920er Jahre in den USA ein drängendes Problem. Als Reaktion auf das strenge, eingeschränkte Immigrationsgesetz wendete der polnische Immigrant, Chemiker und Demograph Alfred Lotka seine mathematischen Fähigkeiten auf die Biologie an. In einem einflussreichen Artikel wies er 1925 nach, dass das Bevölkerungswachstum die Folge der zahlreichen Individuen war, die in den vorhergehenden Jahrzehnten eingewandert waren und sich nun auf dem Höhepunkt ihrer reproduktiven Jahre befanden. Um einen Rückgang des Bevölkerungswachstums zu erreichen, müsste folglich die Zahl der Immigranten begrenzt werden.

Eine Bevölkerung besteht aus Mitgliedern der gleichen Art in einem spezifischen geographischen Gebiet. Die Populationsökologie untersucht Faktoren, die die Populationen beeinflussen und die Art und Weise, in der sie mit ihrer Umgebung interagieren. In seinem *Elements of physical biology* (1925) nannte Lotka vier Variablen: Tod, Geburt, Auswanderung und Einwanderung. Sind Verlust und Gewinn gleich, handelt es sich um ein dynamisches Gleichgewicht. Der Bevölkerungsumfang wird von der Interaktion mit biotischen und abiotischen Umgebungsfaktoren beeinflusst. Klima und Nahrungsmittelversorgung sind abiotisch. Episitismus und Konkurrenz innerhalb und zwischen den Arten sind biotische Faktoren. Verbreitung und Dichte der Bevölkerung sowie demographische Trends werden von dynamischen Prozessen beeinflusst. Sie beschreiben, wie sich Populationen im Laufe der Zeit verändern. Schätzungen gehen davon aus, dass 99 % aller Arten, die jemals gelebt haben, ausgestorben sind. Neben biotischen und abiotischen Faktoren haben auch menschliche Aktivitäten wesentlich dazu beigetragen: Verschmutzung, Ablassen von Industrieabfall und Kunstdünger, **Erderwärmung**, Einführung **invasiver Arten** (die Wandermuschel im Eriesee und Kudzu in den südlichen USA) sowie die Ausrottung von Raubtieren oder konkurrierenden Arten.

SIEHE AUCH: Ackerbau (ca. 10 000 v. Chr.), Künstliche Selektion (1760), Bevölkerungswachstum und Nahrungsversorgung (1798), Invasive Arten (1859), Erderwärmung (1896), Einflussfaktoren auf das Bevölkerungswachstum (1935), De-Extinktion (2013).

Die Wandermuschel (Dreissena polymorpha) *stammt aus dem Schwarzen und Kaspischen Meer. 1988 wurde sie auch in den Great Lakes gefunden. Sie ernährt sich von Phytoplankton (mikroskopische Pflanzen) und Zooplankton und macht damit den einheimischen Muscheln und Fischlarven die Nahrung streitig.*

1927

Nahrungsnetze

Al-Dschahiz (781-868/869), **Charles Elton** (1900-1991), **Raymond Lindeman** (1915-1942)

Das Konzept des Nahrungsnetzes stammt von al-Dschahiz, einem arabischen Literaten aus dem 9. Jhd. Er schrieb rund 200 Bücher über Grammatik, Poesie und Zoologie. In seinen Arbeiten über Tiere besprach er den Überlebenskampf von Tieren, die ihre Nahrung jagen und diejenigen, die gejagt werden. Charles Elton von der Universität Oxford gehörte zu den wichtigsten Tierökologen des 20. Jhd. In seinem Klassiker *Animal ecology* (1927) erläuterte er die Grundprinzipien der modernen Ökologie, zu denen er ausdrücklich auch die Nahrungsketten und Nahrungsnetze zählte. Dies sind nun die zentralen Themen in der Ökologie.

Im einfachsten Fall verläuft ein Nahrungszyklus linear von der Basis der Nahrungskette – eine Art (meistens eine Pflanze) die keine anderen Arten auffrisst – bis zum letzten Raubtier bzw. Endverbraucher, der sich meistens drei bis sechs Niveaus höher in der Kette befindet. Elton begriff, dass dieses Schema eine grobe Vereinfachung von „Wer frisst wen?“ darstellte. Die Nahrungsketten erfassten die Ökosysteme mit mehreren Raub- und Beutetieren nur unzureichend, genauso wie die Tatsache, dass einige Räuber auch andere Tiere auffressen, wenn die bevorzugte Beute nicht verfügbar ist. Außerdem gibt es Carnivore, die Pflanzen konsumieren, und Herbivoren fressen manchmal auch Fleisch. Das Nahrungsnetz wird nun bevorzugt, denn es bietet Einsicht in diese äußerst komplexen Beziehungen.

1942 erklärte Raymond Lindeman, dass die Anzahl der Niveaus in einer Nahrungskette durch trophische Dynamik eingeschränkt wird bzw. die effektive Übertragung von Energie von einem Teil des Ökosystems zum anderen begrenzt ist. Nachdem die Nahrung konsumiert wurde, wird die Energie im Konsumenten gespeichert. Eine Menge Energie geht als Wärme verloren, der Rest wird als Abfallprodukt eliminiert. Im Allgemeinen steht nur zehn Prozent der konsumierten Energie auf höherem trophischem Niveau zur Verfügung. Auf jedes höhere Niveau in der Kette wird somit weniger Energie übertragen. Die Ketten bestehen dadurch selten aus mehr als vier bis fünf Niveaus.

SIEHE AUCH: Ackerbau (ca. 10 000 v. Chr.), Bevölkerungswachstum und Nahrungsversorgung (1798), Populationsökologie (1925), Energiehaushalt (1960), Deepwater Horizon (BP) Ölkatastrophe (2010).

Beispiel eines Nahrungsnetzes: Im Katmai National Park in Alaska ist dieser Grizzly nur einen Biss von einem Fisch entfernt, der sich wiederum von kleineren Fischen oder mikroskopischen Pflanzen und Tieren im Wasser ernährt hat.

1927

Bienentanz

Karl von Frisch (1886-1982)

Tiere kommunizieren miteinander bei der Suche nach Nahrung, zur Paarung und zur Warnung vor Gefahren in der Umgebung. Viele Tiere verwenden beispielweise zum Auffinden geeigneter Paarungspartner oder Futterquellen artspezifische Duftstoffe alias **Pheromone**. Nicht alle Kommunikation findet zwischen Angehörigen derselben Art statt: Haustiere kommunizieren mit uns durch Gesichtsausdrücke und Körpersprache. Der Geruch des Stinktiers ist eine ausgezeichnete Waffe gegen Bären und andere Raubtiere. Er ist so penetrant, das Menschen ihn – sofern der Wind richtig steht – aus einer Entfernung von 1,5 Kilometern riechen können.

Die Kommunikation von Tieren beschränkt sich nicht nur auf Wirbeltiere. Sehr interessante Beispiele gibt es vor allem bei **Insekten**. Die ersten Studien zu diesem Thema führte der österreichische Ethologe und Nobelpreisträger Karl von Frisch in den 1920er Jahren an der Universität München aus. Er beobachtete, dass die Arbeiterinnen der Honigbiene (*Apis mellifera*) sich einer besonderen „Tanzsprache" bedienten, um andere Bienen im Stock über Richtung und Ort der Nahrung zu informieren. Wenn die Nahrung sich in relativer Nähe befindet (50 bis 100 Meter), macht die Arbeitsbiene einen Rundtanz und dreht dabei kleine Kreise. Ist die Nahrungsquelle weiter entfernt, macht sie einen Schwänzeltanz.

Honigbienen beherrschen ein breites Repertoire an komplexen Kommunikationsweisen, darunter ein faszinierendes Balzritual, bei dem alle fünf Sinne zum Einsatz kommen: Das Männchen erkennt das Weibchen durch visuelle Signale und wendet sich ihm zu. Das Weibchen gibt einen Stoff ab, den das Männchen riecht. Er nähert sich dem Weibchen, tippt es mit einem Bein an, das gleichzeitig auch den Stoff aufnimmt. Das Männchen streckt sich und produziert so mit seinen schwingenden Flügeln ein Balzlied – eine Art auditiver Kommunikation. Erst wenn das gesamte Ritual erfolgreich durchlaufen wurde, ist das Weibchen paarungsbereit.

SIEHE AUCH: Insekten (ca. 400 Millionen Jahre v. Chr.), Tierische Elektrizität (1786), Neuronendoktrin (1891), Neurotransmitter (1920), Pheromone (1959), Altruismus bei Tieren (1964).

Die Tanzsprache bestimmter Insekten – vor allem der Honigbienen – ist gut entwickelt und wurde umfassend erforscht. Hier umringen Arbeiterinnen der in Japan heimischen Östlichen Honigbiene (Apis cerana japonica) *ihr Nest.*

1928

Antibiotika

Louis Pasteur (1822-1895), **Alexander Fleming** (1881-1955)

1999 schrieb das Nachrichtenmagazin *Time*, dass Penicillin „eine Entdeckung war, die den Lauf der Geschichte verändert hat". Es ist das erste von vielen Antibiotika – das sind Stoffe, die aus Mikroben (Pilzen oder Bakterien) gewonnen werden und die andere Mikroben abtöten oder am Wachstum hindern. Im 3500 Jahre alten ägyptischen *Papyrus Ebers* wird die heilende Eigenschaft von verschimmeltem Brot zum ersten Mal erwähnt. 1877 demonstrierte Louis Pasteur, dass die Mikroben andere Mikroben abtöten können. Er nannte diesen Vorgang „Antibiose". Er impfte Tiere mit Milzbrandbakterien und Bakterien, die vor der tödlichen Milzbrandinfektion schützten. Pasteur erklärte, dass Mikroben Stoffe ausscheiden, die möglicherweise therapeutisch eingesetzt werden könnten. Diese Voraussage wurde sechs Jahrzehnte später Wirklichkeit.

Alexander Fleming arbeitete während des Ersten Weltkriegs in einem Feldlazarett an der Westfront in Frankreich. Dort starben mehr Soldaten an Wunddesinfektionsmitteln als an den Wunden selbst. Nach dem Krieg nahm Fleming seine bakteriologische Forschung an der St. Mary's Hospital Medical School in London wieder auf. Als er sich 1928 auf Staphylokokken spezialisierte, war er bereits ein angesehener Wissenschaftler. Allerdings hatte er aber den Ruf, im Labor ziemlich schludrig zu sein.

Im September 1928 entdeckte er, dass in eine seiner Kulturen Pilze hineingeraten waren. Rund um die Schimmelbildung wuchsen keine Staphylokokken. Er begriff, was viele andere übersehen hatten: Der Schimmelpilz schied einen antibakteriellen Stoff aus. Er legte von diesem Pilz eine reine Kultur an - *Penicillium notatum* – und entdeckte, dass sie zahlreiche, jedoch nicht alle Bakterien abtötete. Er nannte diesen Stoff *Penicillin* und schrieb 1929 einen Artikel über seine Wirkung. Kaum jemand interessierte sich dafür. Erst als sich 1939 dunkle Kriegswolken über Europa zusammenballten, wurde das Potenzial von Penicillin erkannt. Danach wurde es isoliert und gereinigt. Schätzungen gehen davon aus, dass Penicillin Millionen von Soldaten das Leben gerettet hat. Sie wären ansonsten an ihren infizierten Wunden gestorben. Fleming erhielt 1945 als einer der Entdecker des Penicillins den Nobelpreis.

SIEHE AUCH: Prokaryoten (ca. 3,9 Milliarden Jahre v. Chr.), Pilze (ca. 1,4 Milliarden Jahre v. Chr.), Probiotika (1907), Bakteriengenetik (1946), Bakterielle Resistenz gegen Antibiotika (1967).

Aus medizinischer Perspektive kann die moderne Geschichte des Militärs ins Zeitalter der Infektionen (1775-1918) und ins Zeitalter der Verletzungen (1919-) eingeteilt werden. Im Zeitalter der Infektionen starben vier von fünf Soldaten an Infektionen und nur einer an den Folgen von Verletzungen. Durch Penicillin änderte sich dieses Verhältnis im Zweiten Weltkrieg auf 1:1. Rechts: Soldaten während des Ersten Weltkriegs an der Westfront.

Bundesarchiv, Bild 183-R05148
Foto: o.Ang. | 1916

1929

Progesteron

Gustav J. Born (c. 1850-1900), **John Beard** (1858-1924), **Ludwig Fraenkel** (1870-1951), **George W. Corner** (1889-1981), **Willard M. Allen** (1904-1993)

Nachdem das Östrogen und seine Wirkung auf die weibliche Reproduktionsfunktion in den 1920er Jahren entdeckt wurde, gingen viele Wissenschaftler davon aus, dass es sich um das einzige weibliche Geschlechtshormon handelt. Aber nicht alle waren überzeugt. Zu den Zweiflern an dieser These gehörte John Beard, der bereits 1897 spekulierte, dass das Corpus luteum (der Gelbkörper) ein „Schwangerschaftsorgan" und für den Fortbestand der Schwangerschaft möglicherweise von wesentlicher Bedeutung sei. Der Gelbkörper ist der Rest eines Follikels nach dem Eisprung.

1900 entdeckte der deutsche Forscher Gustav Born, dass Kloakentiere, wie z. B. das in Australien und Neuguinea vorkommende Schnabeltier, keinen Corpus luteum in den Eierstöcken haben. Sie sind die einzigen Säugetiere, die ihre Jungen mit Milch ernähren, aber Eier legen und keine **Plazenta** haben. Born schlussfolgerte, dass das Corpus luteum für die Entwicklung der Plazenta erforderlich sei. Er spekulierte außerdem, dass das Corpus einen Stoff abgibt, der die Gebärmutterschleimhaut auf das befruchtete Ei und das Einnisten in die Gebärmutterwand vorbereitet. Nach Borns Tod führte sein Student Ludwig Fränkel seine Arbeit fort. 1903 wies Fränkel nach, dass die Zerstörung des Corpus luteums bei Kaninchen zum Abbruch der Trächtigkeit führt. 1929 entdeckten George Corner und Willard Allen, dass ein Abbruch in Folge der Entfernung des Gelbkörpers verhindert werden konnte, wenn dem Tier ein Extrakt des zuvor entnommenen Organs verabreicht wurde. Der Reinextrakt wurde 1933 gewonnen und Progesteron genannt.

Das Schwangerschaftshormon. Nach dem Eisprung gibt der Gelbkörper in Erwartung einer befruchteten Eizelle und der darauf folgenden Schwangerschaft Progesteron ab. Dies fördert die Entwicklung einer dicken Blutgefäßschicht in der Gebärmutterwand, die dem sich entwickelnden Fötus zu weiterem Wachstum verhilft. Das Corpus produziert rund zehn Wochen lang Progesteron. Dann übernimmt die Plazenta diese Aufgabe. Das Progesteron sorgt während der gesamten Schwangerschaft für Beruhigung und beugt Kontraktionen vor, die zu einer Fehlgeburt führen können. Wird die Eizelle nicht befruchtet, wird die Abgabe von Progesteron eingestellt. Ein neuer Menstruationszyklus beginnt.

SIEHE AUCH: Plazenta (1651), Eierstöcke und weibliche Fortpflanzung (1900), Sekretin: das erste Hormon (1902).

1803 porträtierte Nikolaj Argoenov die hochschwangere Praskovja Kovaljova (1768-1803), die als Leibeigene geboren wurde und Ende des 18. Jhd. eine der größten Opernsängerinnen Russlands wurde. Sie starb wenige Wochen nach der Geburt ihres ersten Kindes.

1930

Osmoregulation in Süß- und Salzwasserfischen

Claude Bernard (1813-1878), **Homer Smith** (1895-1962)

Wie Claude Bernard 1845 als erster beschrieb, müssen Tiere zum Überleben über ein gleichbleibendes internes Umfeld verfügen. Dazu zählt auch das richtige Wasser- und Salzverhältnis. Wenn zuviel Wasser aufgenommen wird, können Zellen anschwellen und platzen. Wenn zuviel Wasser verloren geht, schrumpfen und sterben die Zellen. Das Gleichgewicht zwischen diesen beiden Extremen zu halten, ist für den Organismus lebensnotwendig. Dieser Balanceakt wird als Osmoregulation bezeichnet. Die meisten wirbellosen Meerestiere gehören zu den so genannten Osmokonformern. Ihr interner Salz- und Wasserhaushalt entspricht ihrer externen Umgebung. Sie „schwimmen mit dem Strom" und brauchen dieses Gleichgewicht nicht aktiv zu unterstützen. Im Gegensatz dazu sind viele Meereswirbeltiere wie z. B. **Fische** regelrechte Osmoregulierer. Ihre internen Salzkonzentrationen weichen gänzlich von denen der äußeren Umgebung ab. Sie müssen ihr Salzgleichgewicht somit aktiv regulieren. Süßwasserfische leben in Wasser, das viel stärker verdünnt ist als ihre eigene Körperflüssigkeit. Sie kämpfen daher gegen Salzverlust und eine zu große Wasseraufnahme. Dadurch trinken sie so gut wie nicht und scheiden große Mengen an sehr stark verdünntem Urin aus. Über die Nahrung bauen sie einen Salzspeicher auf. Danach erfolgt über die Kiemen die aktive Aufnahme von Chlorionen und Natriumionen. Meeresfische haben das umgekehrte Problem. Sie leben in Wasser, das viel salziger als ihre eigene Körperflüssigkeit ist. Dadurch droht Wasserverlust und eine zu hohe Aufnahme von Natriumchlorid. Diese Fische trinken viel Wasser und scheiden danach über die Kiemen Chlor- und Natrium-Ionen aus. 1930 wies Homer Smith an der New York University und dem Mt. Desert Island Biological Laboratory zahlreiche Osmoregulationsmuster bei Meeresfischen nach. Für die anadromen Lachse sind die Herausforderungen zum Überleben noch viel größer. Sie verbringen einen wesentlichen Teil ihres Lebens im Meer, laichen aber im Süßwasser ab. Sie wenden die oben beschriebenen Osmoregulationsstrategien zwar an, allerdings brauchen sie Zeit, um sich nach ihrem Aufenthalt im Süßwasser wieder ans Salzwasser zu akklimatisieren – oder umgekehrt. Daher verbringen sie zunächst einige Tage bis Wochen im Brackwasser, bevor sie weiterziehen.

SIEHE AUCH: Fische (ca. 530 Millionen Jahre v. Chr.), Urinbildung (1842), Homöostase (1854).

Ein Schwarm kleiner Fische teilt sich, um einem Blauen Marlin aus dem Weg zu gehen. Große wie kleine Meeresfische leben in einer Umgebung die viel salziger ist als ihre eigene Körperflüssigkeit. Ihre Kiemen und Nieren sind darauf ausgerichtet, Wasser zu speichern und Salz aktiv aus dem Körper zu entfernen.

1931

Elektronenmikroskop

Max Knoll (1897-1969), **Ernst Ruska** (1906-1988), **George Palade** (1912-2008)

Das Elektronenmikroskop (EM) gehört in der Biologie zu den wichtigsten Hilfsmitteln. Damit wurden subzelluläre Strukturen von Zellen entdeckt und beschrieben. Unter einem einfachen Lichtmikroskop (LM) aus dem 16. Jhd. waren diese Strukturen unsichtbar.

Die Welt ist klein. Das LM kann 2000-fach vergrößern. Das EM hat die Kapazität zu einer 2 000 000-fachen Vergrößerung und zudem eine viel höhere Auflösung. Zu den wichtigsten EM zählt das Transmissionselektronenmikroskop (TEM) und das Rasterelektronenmikroskop (REM). Das TEM schießt Elektronen durch dünne Präparate und erstellt zweidimensionale Abbildungen der internen Zellstruktur. Das REM rastert das Präparat mit einem Elektronenstrahl ab und legt Oberflächendetails von lebenden Präparaten offen. Damit können 3D-Abbildungen angefertigt werden. Das Gerät ist jedoch zehn Mal weniger leistungsstark als das TEM. Auch haben die Abbildungen eine geringere Auflösung. Die außergewöhnlichen Vergrößerungskapazitäten haben natürlich ihren Preis: Elektronenmikroskope sind in Anschaffung und Wartung ausgesprochen teuer. Außerdem müssen die Forscher in der fachgerechten Bedienung der Geräte und der Herstellung biologischer Präparate geschult werden. TEM-Präparate lassen sich nur im Vakuum färben und beobachten. Dies schließt die Erforschung von lebenden Organismen aus. EM sind groß und müssen in einem schwingungsfreien Raum stehen.

Das EM wurde an der Technischen Universität Berlin vom Elektroingenieur Ernst Ruska und dem Elektrotechniker Max Knoll entwickelt. Knoll wusste, dass die optische Auflösung (die Fähigkeit, zwei Punkte von einander zu unterscheiden) von der Wellenlänge der Lichtquelle abhängig ist. Die Wellenlänge von Elektronen beträgt 1/100 000 der Wellenlänge von Lichtteilchen. Anhand dieses Verhältnisses richteten Knoll und Ruska mit Elektromagneten einen Elektronenstrahl auf ein Präparat und entwickelten 1931 das erste Elektronenmikroskop. Nach weiteren Verbesserungen wurde es 1939 auf den Markt gebracht. Ruska erhielt 1986 den Nobelpreis für Physik. In den 1950er Jahren setzte George Palade das EM am Rockefeller Institute für die Erforschung der fundamentalen Zellorganisation ein. 1974 erhielt er gemeinsam mit anderen den Nobelpreis für Medizin.

SIEHE AUCH: Van Leeuwenhoeks mikroskopische Welt (1674).

Ein Rasterelektronenmikroskop kann 500 000fach vergrößern. Diese Abbildung eines Flohs – der mit seinem Biss Krankheitserreger wie das Pestbakterium Yersinia pestis *übertragen kann – ist künstlich gefärbt.*

1935

Prägung

Douglas Spaulding (1841-1877), **Oskar Heinroth** (1871-1945), **Konrad Lorenz** (1903-1989)

Einige Stunden nachdem sie aus dem Ei geschlüft sind, laufen junge Enten und Gänse bereits hinter ihrer Mutter her. Wie aber wissen sie so genau, dass es ihre Mutter ist? Genau genommen, wissen sie es nicht. Studien haben ergeben, dass die Tiere innerhalb einer kritischen Periode von mehreren Stunden dem erstbesten Objekt folgen, das sie sehen. Und sie binden sich auch gleich für den Rest ihres Lebens an dieses Objekt. Dieser Prozess wird als *Prägung* bezeichnet und wurde um 1873 vom englischen Amateurbiologen Douglas Spaulding zum ersten Mal beobachtet und später vom deutschen Biologen Oskar Heinroth wiederentdeckt. Heinroths Schüler Konrad Lorenz war der erste, der Prägung bis ins Detail erforschte und dafür 1973 den Nobelpreis erhielt.

Der österreichische Zoologe Lorenz war einer der Väter der modernen Ethologie – der vergleichenden Verhaltensforschung. 1935 entdeckte er, dass junge Graugänse, die ihre ersten Lebensstunden mit ihm verbrachten, ihm und nicht der biologischen Mutter folgten. Auch bevorzugten sie ihn deutlich vor anderen Mitgliedern ihrer eigenen Art. Für Vogelarten, deren Küken schon beim Schlüpfen aus dem Ei ihr volles Gefieder tragen und sofort aktiv sind (Nestflüchter), stellen die ersten 13 bis 16 Stunden das kritische Zeitfenster für die Prägung dar. Bei Wildenten und Hühnern sind es 30 Stunden. Bei nackt und hilflos geborenen Vögeln (Nesthocker) ist diese kritische Zeitspanne deutlich länger.

Prägung ist eine instinktive Handlung, die im Gegensatz zu assoziativ erlerntem Verhalten – z. B. klassische oder operante Konditionierung – ohne Verstärkung oder Belohnung auftritt. In der Natur dient die Prägung offenbar zur Erkennung enger Verwandter und dem Eingehen von intimen, wechselseitig nützlichen, sozialen Beziehungen zwischen Eltern und ihren Nachkommen. Sie brauchen weder Zeit, Anstrengung noch Mittel in die Nachkommen eines anderen zu investieren. Die Nachkommen müssen die Eltern erkennen. Das verringert das Risiko, von biologisch nicht verwandten Artgenossen angegriffen oder getötet zu werden. Prägung beeinflusst auch die sexuelle Vorliebe. Junge Tiere lernen die Merkmale eines geeigneten Partners auf diese Weise kennen und paaren sich nur mit Individuen, die nicht zu nah (Bruder oder Schwester) oder zu fern (andere Art) verwandt sind (andere Art).

SIEHE AUCH: Assoziatives Lernen (1897), Elterliche Investition und sexuelle Selektion (1972).

Forschungen über junge Vögel haben ergeben, dass die Prägungsreaktion angeboren ist und dass die Jungen ihre biologische Mutter nicht von Natur aus erkennen.

1935

Einflussfaktoren auf das Bevölkerungswachstum

Thomas Malthus (1766-1834), **Harry S. Smith** (1883-1957)

Thomas Malthus schrieb: „Wenn man nichts unternimmt, kann sich die Bevölkerung alle 25 Jahre verdoppeln oder in einem geometrischen Verhältnis wachsen." Unter idealen Bedingungen wachsen Pflanzen- und Tierpopulationen unendlich weiter. In der Natur sieht das natürlich anders aus. Wenn die Ressourcen knapp werden, gehen die Geburtenzahlen zurück und die Sterblichkeitsrate steigt. Das bremst das Bevölkerungswachstum. Beeinflusst die Bevölkerungsdichte in einem Gebiet auch eine weitere Zu- oder Abnahme?

So genannte dichteabhängige Faktoren sind solche, die einem Anwachsen einer Population begegnen, indem sie die Sterblichkeit erhöhen oder die Geburtenrate senken. Um diesen negativen Folgen hoher Dichten zu entgehen, wandern Teile von Tierpopulation in weniger bevölkerter Gebiet mit ausreichenden Ressourcen ab. Bei Organismen, die durch Überbevölkerung zu eng aufeinander leben, erhöht sich das Risiko ansteckender Krankheiten. Beispiele dafür sind der **Kastanienrindenkrebs**, der von einem Pilz verursacht wird, sowie Pocken und Tuberkulose mit einem Virus bzw. einer Bakterie als Verursacher. 1935 beschrieb der Entomologe Harry Smith von der University of California, Riverside, die biologische Eindämmung von Ungezieferpopulationen durch biotische Waffen (Raubtiere, Pathogene und Parasiten). Raubtiere spielen bei der Kontrolle der Populationsgröße eine große Rolle. Eine potenzielle Beutepopulation lockt Raubtiere an.

Abiotische, nicht von der Dichte oder Größe einer Population abhängige Faktoren können durch fehlende oder verdorbene Nährstoffe zu einer schnellen und drastischen Ausdünnung oder Dezimierung einer Population führen. Aktuelle Beispiele sind Katastrophen wie Waldbrände, der Orkan Katrina (2005) und die Ölkatastrophen, verursacht duch Exxon Valdez (1989) und der **Deepwater Horizon**-Bohrinsel von BP (2010). Strenger Frost und lange Dürreperioden gehören zu den Klimaeinflüssen. Umweltverschmutzung durch Pestizid-, Kunstdünger- und Bergbaureste hat von Pflanzen- und Tierpopulationen ebenfalls ihren Tribut gefordert. Gefährdet sind vor allem Amphibien, Fische und Vögel.

SIEHE AUCH: Amphibien (ca. 360 Millionen Jahre v. Chr.), Bevölkerungswachstum und Nahrungsversorgung (1798), Populationsökologie (1927), Nahrungsnetze (1927), Grüne Revolution (1945), *Der stumme Frühling* (1962), Deepwater Horizon (BP) Ölkatastrophe (2010), Kastanienrindenkrebs (2013).

Die Population der Adeliepinguinkolonie auf der Beaufortinsel in der Antarktis stieg durch die zwischen 1958 und 2010 an. Denn steigende Temperaturen hatten die Eisfläche schrumpfen lassen und mehr eisfreien Lebensraum für die Vögel geschaffen.

1936

Stress

Hans Selye (1907-1982)

Hans Selye arbeitete 1934 mit 28 Jahren als Assistent an der Fakultät für Biochemie der kanadischen McGill University in Montreal. Er wollte ein neues Hormon beschreiben und dadurch berühmt werden. Er wähnte sich auf dem richtigen Weg, als er an Ratten, denen er einen Extrakt aus Eierstöcken injiziert hatte, zahlreiche körperliche Veränderungen beobachtete. Dass er damit noch kein neues Hormon entdeckt hatte, wurde ihm klar, als die gleichen Symptome nach dem Injizieren anderer Organextrakte auftraten. Das erinnerte Selye an sein zweites Jahr als Medizinstudent an der Universität Prag und an seine damaligen Patienten, die ganz unterschiedliche Symptome allgemeiner Art und ohne spezifische Ursache hatten, für die es keine einfache Diagnose gab.

Eustress und Disstress. 1936 schrieb Selye, ein österreichisch-kanadischer Endokrinologe ungarischer Abstammung, als erster ein Phänomen, das er das „Allgemeine Anpassungssyndrom" (AAS) nannte. Er stellte darin den Begriff „Stress" in einen biologischen Kontext. Selye umschrieb Stress als „eine nicht-spezifische Reaktion des Körpers auf bestimmte Anforderungen, die Folge oder Ursache von angenehmen oder unangenehmen Bedingungen ist". Stress konnte somit Folge einer Entlassung sein oder auch eines spannenden Tennisturniers gegen einen ebenbürtigen Gegner, der obendrein auch ein guter Freund ist.

Selye unterschied beim AAS drei Phasen: In der Alarmphase sieht ein Tier sich herausgefordert und zeigt eine Kampf-oder Flucht-Reaktion. Es werden Stresshormone ausgeschieden: Cortisol aus der Nebennierenrinde und Adrenalin (Epinephrin) aus dem Nebennierenmark. Es folgt die Widerstandsphase, in der der Körper durch Wiederherstellung des Gleichgewichts und der Homöostase versucht, zurück in den Normalzustand zu kommen. Gelingt dies nicht, tritt die Erschöpfungsphase ein. Diese Phase kann alle Energiereserven aufbrauchen, was wiederum eine ernste Gefahr für die Gesundheit bedeutet. Magengeschwüre, Herzprobleme, hoher Blutdruck und Depressionen können die Folge sein. Übrigens war Selye nicht der Meinung, dass Stress per se unerwünscht ist oder unter allen Umständen vermieden werden sollte. Selye wird als Vater der Stressforschung betrachtet.

SIEHE AUCH: Homöostase (1854), Negatives Feedback (1885), Sekretin: das erste Hormon (1902), Neurotransmitter (1920), Hypothalamus-Hypophysen-Nebennierenrinden-Achse (1968).

Dieser Stich eines ängstlichen Gesichts wurde anhand eines Fotos des französischen Neurologen Duchenne de Boulogne (1806-1875) angefertigt und erschien in Charles Darwins Buch Der Ausdruck der Gemütsbewegungen bei dem Menschen und den Tieren *(1872).*

1936

Allometrie

Louis Lapicque (1866-1952), **Julian Huxley** (1887-1975),
Max Kleiber (1893-1978), **Georges Tessier** (1900-1976)

Biologische Maßstäbe. Die kleinste Mikrobe und das größte Säugetier haben eines gemein: Sie haben im Verhältnis zu ihrem Umfang das gleiche **Stoffwechsel**tempo. Die Schenkel eines Frosches wachsen in genau dem gleichen Verhältnis wie der Körper. Diese Regel gilt nicht in jedem Fall: Eine kleine Veränderung im Körperumfang des Herkuleskäfers führt zu einer unverhältnismäßigen Zunahme von Beinen und Fühlern. Für den Vergleich zwischen einem einzigen Körperteil oder einer biologischen Funktion mit dem Rest des Körpers begann man sich bereits um 1900 zu interessieren. Der französische Physiologe Louis Lapicque verglich den Gehirnumfang zahlreicher Tierarten mit ihrer Körpergröße.

1924 maß der englische Evolutionsbiologe Julian Huxley das relative Wachstumstempo der großen Schere der Winkerkrabbe *Uca pugnax* im Verhältnis zum Körperumfang in verschiedenen Entwicklungsstadien. Er stellte fest, dass die Schere verhältnismäßig schneller wuchs. Er stellte eine mathematische Formel für dieses Verhältnis auf und befasste sich in den folgenden Jahren mit Skalierungen in der Biologie. Um diese Forschung kohärent und mathematisch logisch zu gestalten, veröffentlichten Huxley und der Franzose Georges Tessier 1936 unabhängig voneinander einen Artikel in den führenden Zeitschriften in ihrer jeweils eigenen Sprache. Sie stellten einen neuen Begriff – die *Allometrie* („andere Messung") – vor, der die Veränderungen im gegenseitigen Verhältnis zwischen einem Körperteil und dem allgemeinen Körperumfang erfasste.

Unter Allometrie fallen nun auch andere Aspekte: beispielsweise das Verhältnis zwischen Körperumfang und basalem Stoffwechsel (BMR). Das ist der **Stoffwechsel** eines Organismus' im Ruhezustand. 1932 entdeckte der schweizerische Biologe Max Kleiber, dass Elefanten einen niedrigeren absoluten BMR und dito Herzschlag haben als Mäuse. Betrachtet man jedoch ihr Körpergewicht, ist der BMR eine konstante ¾-Potenz des Körpergewichts. Klebers Gesetz beweist, dass dieses BMR-Verhältnis von winzigen Mikroben bis hin zu Elefanten gilt. Dies wiederum verweist auf einen evolutionären Zusammenhang.

SIEHE AUCH: Stoffwechsel (1614), Energiehaushalt (1960).

Anders als bei manchen anderen Tieren wachsen die Schenkel eines Frosches im gleichen Verhältnis wie der Körper. Diese Illustration verschiedener Froscharten stammt aus Ernst Haeckels Kunstformen der Natur *(1904).*

1937

Evolutionsgenetik

Charles Darwin (1809-1882), **Gregor Mendel** (1822-1884), **Theodosius Dobzhansky** (1900-1975)

Darwins Theorie der natürlichen Selektion warf Fragen auf. Gregor Mendels Experimente mit Erbsenpflanzen legten den Grundstein für die Genetik. Biologen waren dadurch mit dem Problem konfrontiert, die **Mendelschen Regeln** mit Darwins Theorie in Einklang zu bringen. Der ukrainische Genetiker Theodosius Dobzhansky bot mit seiner „modernen Synthese" die Lösung. In seiner ersten wichtigen Forschungsarbeit anno 1924 bemerkte er geographische Varianten in Farbe und Fleckenmuster von Marienkäfern. Dies schrieb er der genetischen Variation infolge evolutionärer Prozesse zu.

Auf Grund experimenteller Studien nahmen die meisten Biologen an, dass alle Mitglieder einer bestimmten Taufliegenart identische Gene hatten. Ab Anfang der 1930er Jahre widmete Dobzhansky seine gesamte Karriere der Erforschung der genetischen Merkmale von Taufliegen – im Labor und im Feld. Unter den kontrollierten Laborbedingungen konnten die Mutationen, die genetische Variationen hervorriefen, problemlos erzeugt werden. Diese Fliegen pflanzten sich erfolgreich fort. Galt das auch in der Natur? Dobzhansky verwendete dazu Populationskäfige, in denen sich die Fliegen züchten und zu Versuchszwecken entnehmen ließen, aber nicht selbt entweichen konnten. Die Chromosomenanalyse verschiedener Populationen von wilden Taufliegen von diversen Standorten ergab, dass verschiedene Versionen der gleichen Chromosomen vorherrschten. Dadurch entstanden neue Arten, die Dobzhansky durch Mutation erklärte.

Spontane genetische Mutationen kommen von Natur aus vor. Sie haben meist weder positive noch negative Auswirkungen. Wenn sich die mutierten Organismen innerhalb einer geographisch isolierten Population fortpflanzen, verbreitet sich ihr genetisches Profil samt der Mutation innerhalb der Population und setzt sich schließlich durch. So kann durch natürliche Selektion eine neue Art entstehen. Darum, so Dobzhansky, ist genetische Variation eine absolute Voraussetzung für Evolution. In seinem Klassiker *Genetics and the origin of species* (1937) beschrieb Dobzhansky diese Experimente und gab eine befriedigende Antwort darauf, wie Genetik und natürliche Selektion in Einklang stehen.

SIEHE AUCH: Darwins Theorie der natürlichen Selektion (1859), Mendelsche Regeln (1866), Wiederentdeckung der Genetik (1900), Gene auf Chromosomen (1910).

Die Taufliege (Drosophila melanogaster) *ist ein Modellorganismus für die genetische Forschung, da sie zahlreich gehalten und einfach manipuliert werden kann. Zudem ist sie preisgünstig. Sie hat einen Lebenszyklus von nur zwei Wochen. Ihr gesamtes Genom wurde entschlüsselt.*

1938

Der Quastenflosser: „Das lebende Fossil“

James L.B. Smith (1897-1968), **Marjorie Courtenay-Latimer** (1907-2004)

1938 bekam Marjorie Courtenay-Latimer, Kuratorin des East London Museum im südafrikanischen East London die Nachricht, dass ein hellvioletter **Fisch** von anderthalb Metern Länge von einem Trawler im Indischen Ozean vor der Küste Südafrikas gefangen worden war. Sie konnte den Fisch nicht identifizieren und zog einen befreundeten Chemieprofessor namens J.L.B. Smith von der Rhodes University zu Rate. Der Fisch war inzwischen präpariert, Smith jedoch identifizierte ihn prompt als Quastenflosser. Man hatte eigentlich angenommen, dass dieser Fisch bereits 65 Millionen Jahre ausgestorben war. Es gab einst 90 Quastenflosserarten, nun sind es noch zwei. Sie wurden als die bedrohteste Tierart der Welt klassifiziert und werden mit dem Gattungsnamen *Latimeria* bezeichnet – zu Ehren der Museumskuratorin.

Der Quastenflosser ist nicht einfach nur ein alter Fisch, sondern eben ein Quastenflosser, der mehr mit Lungenfischen, Reptilien und Säugetieren verwandt ist als mit einem Strahlenflosser. Er ist die Verbindung zwischen Fischen und Tetrapoden, den ersten Landwirbeltieren des Planeten. Die beiden Gruppen haben sich vor rund 400 Millionen Jahren voneinander abgespalten. Der Quastenflosser wird auch „lebendes Fossil“ genannt, da er scheinbar seit seinem ersten Erscheinen vor Millionen von Jahren unverändert ist.

Seit 1938 wurden rund 200 tiefblaue Quastenflosser im Indischen Ozean gefunden, vor allem in der Nähe der Inselgruppe der Komoren zwischen Mosambik und Madagaskar. Braune Quastenflosser wurden in den Gewässern Indonesiens gefangen. Sie sind bis zu zwei Meter lang, wiegen rund 80 Kilo und werden 80 bis 100 Jahre alt. Sie haben sechs Quastenflossen, mit denen sie schwimmen. Mit dem Scharniergelenk im Schädel kann der Fisch sein Maul sehr weit öffnen und somit auf große Beute jagen. Die Schuppen sind dick. Das ist eine Eigenschaft, die ausschließlich bei ausgestorbenen Fischen vorkommt. Sie verfügen über eine *Chorda dorsalis*, ein mesodermales, inneres Achsenskelett, das als Rückgrat dient.

SIEHE AUCH: Fische (ca. 530 Millionen Jahre v. Chr.), Fossilien und Evolution (1836).

Modell eines indonesischen Quastenflossers (Latimeria menadoensis) *im Tokyo Sea Life Park.*

1939

Aktionspotenzial

Emil du Bois Reymond (1818-1896), **Julius Bernstein** (1839-1917), **John C. Eccles** (1903-1997), **Alan L. Hodgkin** (1914-1998), **Andrew F. Huxley** (1917-2012)

1939 kam Andrew Huxley von Cambridge zu Alan Hodgkin ins Labor für Meeresbiologie in Plymouth, um die Nervenleitung im Riesenaxon von Tintenfischen zu erforschen. Diese Tiere haben die größten, bekannten Nervenzellen. Huxely und Hodgkin brachten erfolgreich eine Elektrode ins Axon ein und sahen als erste die interzelluläre elektrische Aktivität. Einige Wochen später brach der Zweite Weltkrieg aus. Ihre Forschung lag dadurch sieben Jahre still. Beide Forscher unterstützten in dieser Phase unabhängig voneinander mit ihrer Arbeit militärische Projekte.

Hodgkin und Huxley waren nicht die ersten, die elektrische Eigenschaften von tierischem Gewebe erforschten. 1848 entdeckte der deutsche Physiologe Emil du Bois-Reymond das Aktionspotenzial. 1912 spekulierte Julius Bernstein, dass dies das Ergebnis von Veränderungen in der Bewegung der Kaliumionen durch die Axonmembran sei. Inzwischen wissen wir, dass Kaliumionen inner- und außerhalb von Zellen ungleich konzentriert sind und dass dieses Ungleichgewicht einen Spannungsunterschied zur Folge hat. Dies wird Membranpotenzial genannt. Die Massenbewegung von Kalium- und Natriumionen in und aus Nervenzellen verursacht eine plötzliche Spannungsveränderung, ein so genanntes Aktionspotenzial. Über diesen elektrischen Reiz kann die Aktivität eines Organismus' vom zentralen Nervensystem koordiniert werden.

Als Hodgkin und Huxley ihre Forschung 1947 wieder aufnahmen, verwendeten sie eine Spannungsklemmentechnik, die die Spannung in der Axonmembran misst. In einer Reihe klassischer Veröffentlichungen präsentierten sie 1952 ihr sehr komplexes mathematisches Modell des Aktionspotenzials. Es sagte die Bewegung von Ionen über Ionenkanäle unter verschiedenen Bedingungen voraus. Diese bahnbrechende, quantitative Herangehensweise ersetzte die rein qualitative Beschreibung biologischer Phänomene. In den 1970er und 1980er Jahren wurden die Befunde der Wissenschaftler auch experimentell bestätigt. Beide erhielten für ihre Arbeit am Aktionspotenzial 1963 den Nobelpreis. Sie teilten sich den Preis mit John Eccles, einem australischen Neurophysiologen, der die Übertragung von Nervenreizen über Synapsen (Spalt zwischen den Zellen) erforschte.

SIEHE AUCH: Tierische Elektrizität (1786), Neuronendoktrin (1891), Neurotransmitter (1920), Gleitfilament-Theorie der Muskelkontraktion (1954).

Über den Bildschirm eines Oszilloskops kann der Forscher temporale Veränderungen und elektrische Aktivität (Spannungsveränderungen und Frequenz) in einem Nerv wahrnehmen.

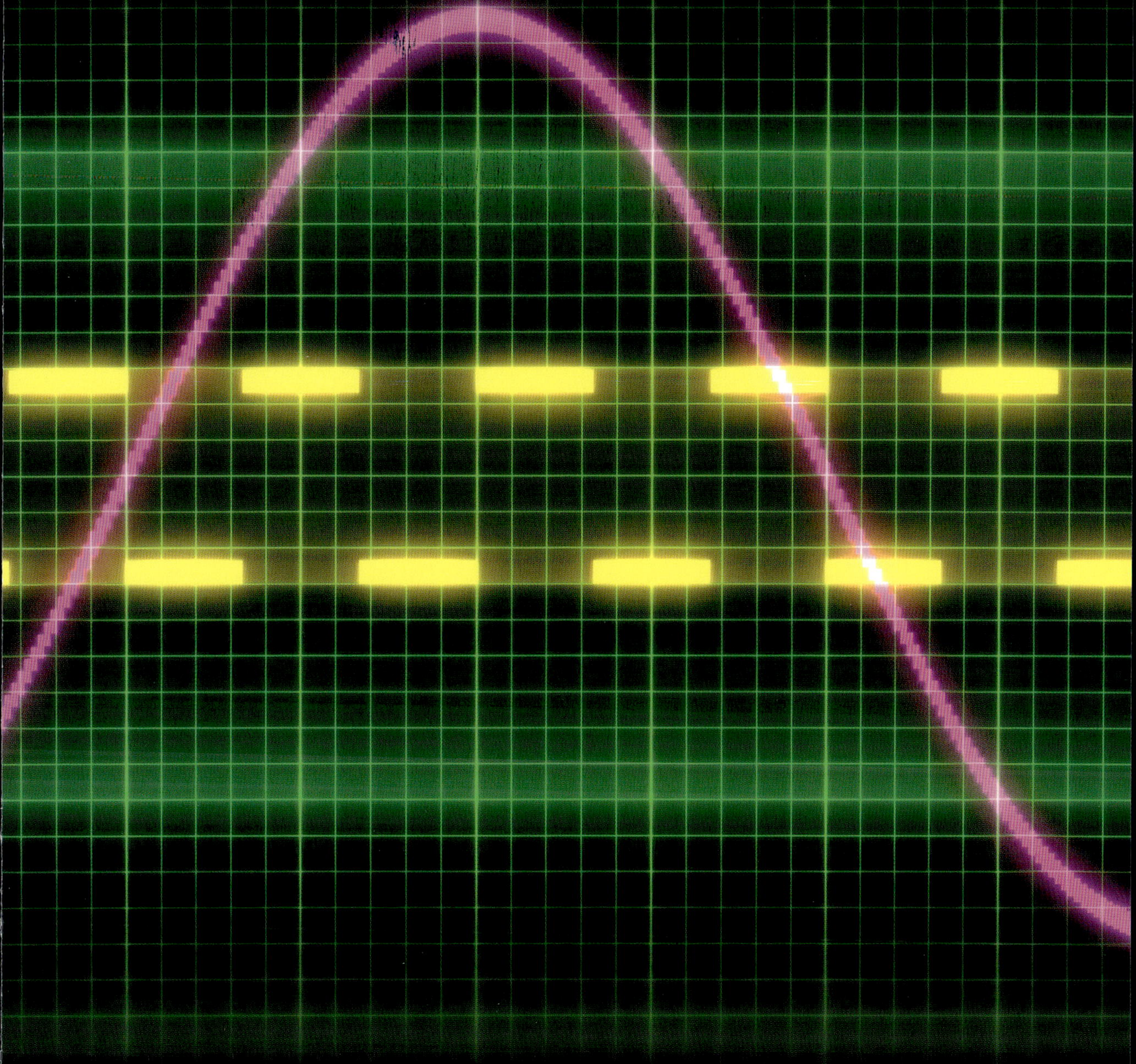

1941

Ein-Gen-ein-Enzym-Hypothese

Archibald Garrod (1857-1936), **George W. Beadle** (1903-1989), **Edward Tatum** (1909-1975)

Der erste Hinweis zur Funktion von Genen stammt aus dem Jahr 1902. Der englische Arzt Archibald Garrod entdeckte, dass die seltene Krankheit Alkaptonurie durch ein fehlendes Enzym hervorgerufen wird. 1909 erklärte er, dass die Kapazität zur Synthetisierung spezifischer **Enzyme** angeboren und die fehlende Kapazität Folge einer angeborenen Stoffwechselstörung sei. Dies wurde 1952 biochemisch bestätigt.

Garrods biochemischer Befund wurde anerkannt. Die genetischen Implikationen wurden dagegen bis in die 1930er Jahre ignoriert. Genetiker vertraten die Auffassung, dass Gene *pleiotrop* waren: Jedes Gen hatte demnach mehr als nur eine primäre Auswirkung. 1941 testeten der Genetiker George Beadle und der Biochemiker Edward Tatum an der Stanford University das Konzept, laut dem Genaktion in gesonderten biochemischen Schritten untersucht werden konnte. Dies beurteilten sie anhand des roten Pilzes *Neurospora crassa*. Sie richteten Röntgenstrahlen auf den Pilz. Dadurch kam es zu Mutationen. Der Nahrungsbedarf änderte sich im Vergleich zu jenem von nicht bestrahlten Pilzen. Schimmelpilze benötigen nur wenige Nährstoffe, weil sie über spezielle Stoffwechselwege zahlreiche notwendige Stoffe selbst synthetisieren können. Beadle und Tatum entdeckten, dass der mutierte Schimmelpilz auf einem Medium mit geringem Nährstoffgehalt nicht nicht überlebte, da er kein Arginin produzieren konnte. Das ist eine essentielle Aminosäure. Sie schlussfolgerten, dass der biochemische Mehr-Schritte-Pfad für die Arginin-Produktion in eine Sackgasse führte, da das Enzym für die Synthese fehlte.

Die Forscher stellten fest, dass die Strahlungsmutation zu einem Defekt in einem spezifischen Gen führte, wodurch ein bestimmtes Enzym nicht produziert wurde. Sie stellten die Ein-Gen-ein-Enzym-Hypothese auf: Ein Gen steuert die Produktion eines bestimmten Enzyms. Dies wurde damals als verbindendes Biologiekonzept, das erste Einsichten in die Funktionsweise von Genen bot, allgemein akzeptiert und mündete später in die biochemische Genetik. Beadle und Tatum erhielten 1958 den Nobelpreis. Spätere Forschungen ergaben, dass diese Hypothese zu einfach ist: Gene steuern nicht nur die Enzymsynthese, sondern auch Struktureiweiß (Kollagen) und transfer-RNA (tRNA).

SIEHE AUCH: Stoffwechsel (1614), Enzyme (1878), Erbliche Stoffwechselkrankheiten (1923).

Beadle und Tatum behandelten den Schimmelpilz Neurospora crassato *mit Röntgenstrahlen, um Mutationen in den Sporen zu erzeugen. Das Foto zeigt den Vitalpilz Polyporus kurz nach der Sporenbildung.*

1942

Biologisches Artkonzept und reproduktive Isolation

Charles Darwin (1809-1882), **Ernst Mayr** (1904-2005)

Wie entstehen aus einer Art zwei oder mehr neue Arten? Mit diesem Problem beschäftige sich Darwin nach seinem Besuch auf den Galapagos-Inseln in den 1830er Jahren, wo er viele Finkenarten vorfand. Bis 1942 blieb das Phänomen ein Rätsel, dann präsentierte der Evolutionsbiologe Ernst Mayr das biologische Artenkonzept *Systematics and the origin of species*. Frühere Artendefinitionen konzentrierten sich auf die äußerliche Ähnlichkeit von Organismen. Mayr schlug eine neue Definition anhand des Reprodutkonspotenzials vor: Danach sollten Individuen dann zu einer Art gehören, wenn sie sich miteinander paaren und fruchtbare Nachkommen zeugen konnten. Reproduktive Isolation – Barrieren, die die Kreuzung von Vertretern verschiedener Arten verhindern – ist die am meisten vorkommende Ursache der Artbildung.

Mayr klassifizierte dies vor und auch nach der Befruchtung und Zygotenbildung: prä- und postzygotisch. Meistens kommt es zur Artbildung, wenn Populationen von Arten geographisch getrennt werden (allopatrische Artbildung), beispielsweise durch Wasser oder wenn zwei Populationen zwar das gleiche geographische Gebiet teilen, aber in verschiedenen Ökosystemen leben: an Land oder im Wasser. In einem solchen Fall kommt der Genaustausch – und damit auch die Entstehung von Hybriden – zum Erliegen. In anderen Fällen tritt die reproduktive Isolation nicht durch geographische Barrieren auf, sondern als Folge eines anderen Timings oder von Verhaltensänderungen im Paarungsprozess. Beispiele dafür sind Pflanzen, die zu verschiedenen Zeiten blühen oder Tiere mit besonderen Balzritualen. Auch kann die Paarung aufgrund der unterschiedlichen Form der Genitalien unmöglich sein.

Gelingt die Paarung zwischen Arten und es kommt zur Befruchtung, können dennoch postzygotische Barrieren auftreten. Hybride können ihre Gene dadurch nicht übertragen. Die Zygote ist dann zwar nicht lebensfähig, sondern stirbt nach wenigen Zellteilungen ab. Die Hybride kann auch lebensfähig, aber steril sein – wie beispielsweise das Maultier, eine Kreuzung zwischen einer Pferdestute und einem Eselhengst. Außerdem ist es möglich, dass die Hybride durchaus fruchtbar ist, jedoch die nachfolgenden Generationen ihre Fruchtbarkeit bis hin zur Sterilität verlieren.

SIEHE AUCH: Darwin und die Reise mit der *Beagle* (1831), Darwins Theorie der natürlichen Selektion (1859), Biogeographie (1876), Evolutionsgenetik (1937), Hybride und Hybridzonen (1963).

Die Nachkommen einer Pferdestute und eines Eselhengstes heißen Maultiere. Wird ein Pferdehengst mit einer Eselstute gekreuzt, entsteht ein Maulesel. In beiden Fällen sind die Nachkommen unfruchtbar.

1943

Arabidopsis: eine Modellpflanze

Friedrich Laibach (1885-1967), **George Rédei** (1921-2008)

Was haben *Escherichia coli* (Bakterie), *Drosophila melanogaster* (Taufliege), *Caenorhabditis elegans* (Fadenwurm), *Mus musculus* (Maus) und *Arabidopsis thaliana* (Acker-Schmalwand) miteinander gemein? Sie werden alle als Modellorganismen in der biologischen Forschung verwendet. Dieser Forschung liegt die Idee einer gemeinsamen Abstammung aller lebenden Organismen zu Grunde, die sehr ähnliche Stoffwechselwege haben und deren genetischer Code für ihre aus DNA bestehenden Gene identisch ist. Die oben genannten Modellorganismen dienten alle als spezifische Prototypen für die Erforschung von Bakterien, Insekten, Wirbellosen, Wirbeltieren und Pflanzen. 1943 schlug der deutsche Botaniker Friedrich Laibach *Arabidopsis thaliana* (Acker-Schmalwand) als Modellorganismus vor. Dies ist ein kleiner Bedecktsamer aus der Familie der Kreuzblütler. Er ist in Europa und Asien verbreitet und hat keinen kommerziellen Wert. Laibach wandte sich nach seinem Examen 1907 und vielen anderen Forschungsprojekten in den 1930er Jahren endgültig der Acker-Schmalwand zu und richtete seine Karriere auf die Erforschung dieser Pflanze aus: Er untersuchte Mutationen und Kollektionen von Ökotypen (genetisch unterschiedliche Varianten, die sich in Form und Physiologie an Umgebungsbedingungen angepasst haben) und unterschied insgesamt 750 *Arabidopsis*-Ökotypen. Seine Studien wurden vom ungarischen Botaniker George Rédei fortgesetzt, der jahrzehntelang an der University of Missouri Mutanten erforschte.

Einige Faktoren haben zur Popularität der Acker-Schmalwand als Modellorganismus für die Erforschung der Pflanzenbiologie, Genetik und Evolution beigetragen. Sie ist klein, wodurch Tausende von Exemplaren nur wenig Raum beanspruchen. Und sie hat einen relativ kurzen Lebenszyklus, bei dem ein Samen in nur sechs Wochen zu einer reifen, pflegeleichten Pflanze mit 5000 neuen Samen heranwächst. Im Rahmen seiner Promotion 1907 stellte Laibach fest, dass die Pflanze nur über fünf Chromosomenpaare verfügt. Das erleichtert die genaue Lokalisierung spezifischer Gene. Die Ackerschmalwand war im Jahr 2000 die erste Pflanze, deren gesamtes Genom mit 27 400 identifizierten Genen beschrieben wurde. Mutationen sind einfach zu generieren. Die Zellen können mit fremder DNA problemlos transformiert werden.

SIEHE AUCH: Der Ursprung des Lebens (ca. 4 Milliarden Jahre v. Chr.), Eukaryoten (ca. 2 Milliarden Jahre v. Chr.), Landpflanzen (ca. 450 Millionen Jahre v. Chr.), Theorien der Keimung (1759), Evolutionsgenetik (1937), DNA als Träger genetischer Informationen (1944), Gentechnisch veränderte Nutzpflanzen (1982), Humangenomprojekt (2003).

Arabidopsis thaliana *(Acker-Schmalwand) gehört zur Familie der Kreuzblütler und wird als Modellorganismus zur Erforschung der Genetik und der Molekularbiologie von Bedecktsamern genutzt.*

1944

DNA als Träger genetischer Informationen

Nikolai Koltsow (1872-1940), **Oswald T. Avery** (1877-1955), **Frederick Griffith** (1879-1941), **Colin MacLeod** (1909-1972), **Maclyn McCarty** (1911-2005), **Francis Crick** (1916-2004), **James D. Watson** (geb. 1928)

Es dauerte viele Jahre, bevor Wissenschaftler schließlich akzeptierten, dass DNA – und nicht Eiweiß – die eigentliche Erbsubstanz ist. Bereits 1927 behauptete der russische Biologe Nikolai Kolzow als erster, dass erbliche Eigenschaften von einem „riesigen Erblichkeitsmolekül" übertragen werden. Es besteht aus zwei Strängen, die als Form dienen und kopiert werden. Kolzow erlebte die Bestätigung seiner Idee durch Watson und Crick 25 Jahre später leider nicht mehr: Er wurde 1940 vom sowjetischen Geheimdienst liquidiert.

In den 1920er Jahren untersuchte der britische Bakteriologe Frederick Griffith die Pathologie von Lungenentzündungen. Er injizierte Mäusen zwei Arten von Pneumokokken – den nicht virulenten R-Stamm („rough") und den virulenten S-Stamm („smooth"). Der S-Stamm stellte sich erwartungsgemäß als tödlich heraus. Als Griffith die mit Hitze getötete S-Form verabreichte, bekamen die Mäuse dagegen keine Lungenentzündung. Die Injektion einer Mischung aus R-Form und abgetöteter S-Form löste wiederum eine Lungenentzündung aus und die Tiere starben. Griffith schlussfolgerte dementsprechend, dass die vormals harmlose R-Form in eine tödliche S-Form transformiert worden war. Er spekulierte aber nicht weiter über die Natur dieses transformierenden Faktors. In den 1930er und 1940er Jahren versuchte der kanadische Arzt und führende Pneumokokkenexperte Oswald T. Avery, Griffiths transformierenden Faktor zu identifizieren. Mit seinen Kollegen Colin MacLeod und Maclyn McCarty vom Rockefeller University Hospital wiederholte er Griffiths Experiment im großen Maßstab. Die S-Mikroben wurden jedoch nicht mit Hitze getötet, sondern mit Chemikalien behandelt, welche die organische Bestandteile von Bakterien entfernten oder vernichteten. Dazu gehörte auch das Protease-Enzym, das Eiweiße deaktiviert. Erst nach der Zugabe der Desoxyribonuklease zur Förderung des DNA-Abbaus wurde der transformierende Faktor tatsächlich ausgeschaltet. 1944 stellte sich schließlich heraus, dass DNA der entscheidende Träger genetischer Informationen ist.

SIEHE AUCH: Mendelsche Regeln (1866), Desoxyribonukleinsäure (DNA) (1869), Wiederentdeckung der Genetik (1900), Gene auf Chromosomen (1910), Bakteriengenetik (1946), Doppelhelix (1953), Humangenomprojekt (2003).

In den 1940er Jahren brachte das Avery-MacLeod-McCarty-Experiment überzeugende Beweise, dass DNA – und nicht ein Eiweiß – Träger genetischer Informationen ist.

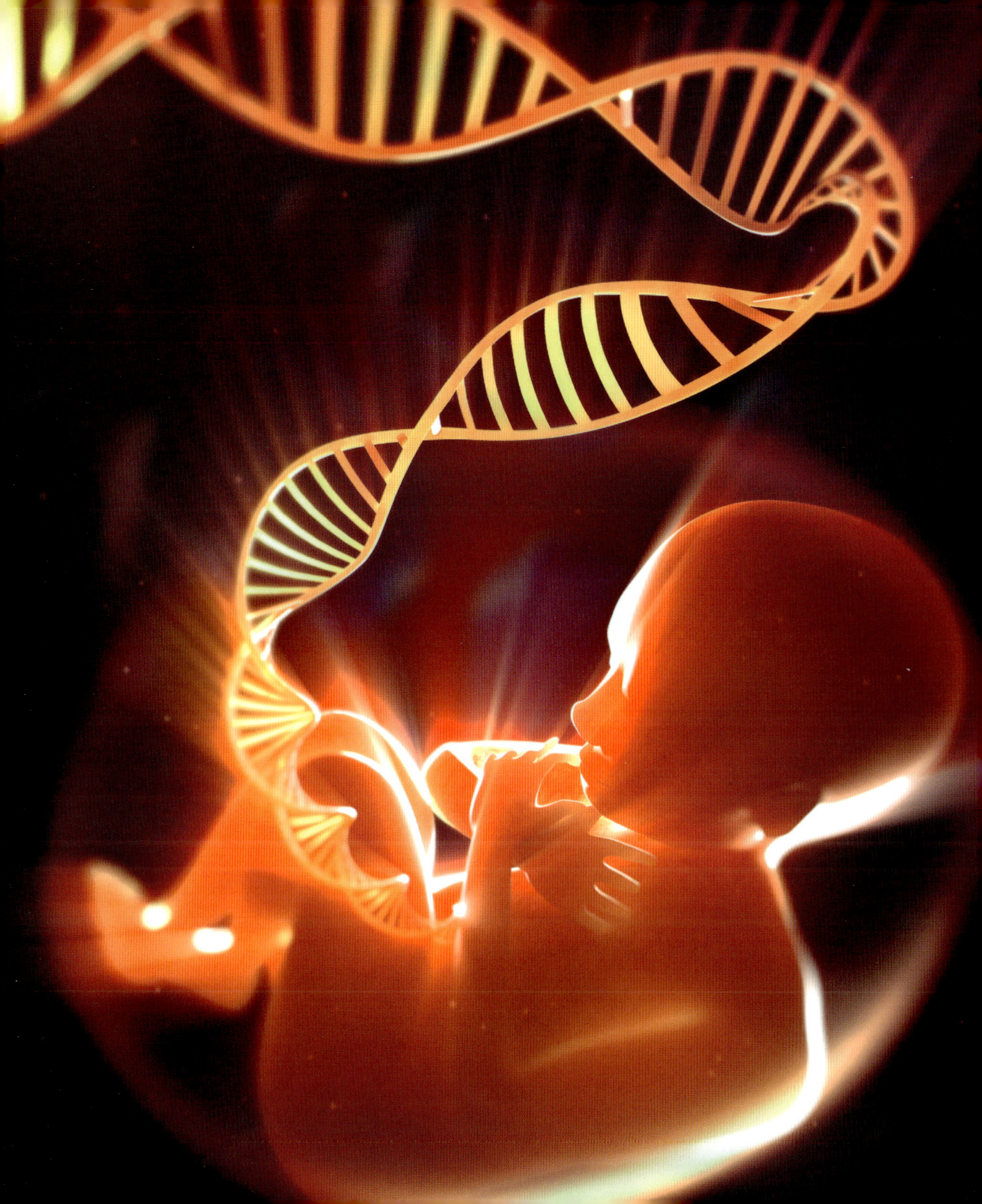

1945

Grüne Revolution

Thomas Malthus (1766-1834), **Norman Borlaug** (1914-2009)

Der englische Demograph Thomas Malthus dachte, dass die Nahrungsmittelproduktion nicht mit dem Bevölkerungswachstum mithalten konnte. Würde dieses Wachstum nicht gestoppt, wären Massensterben und Armut die unvermeidlichen Folgen. Glücklicherweise haben sich Malthus' Prognosen in den meisten industrialisierten Ländern nicht bewahrheitet. Mitte des 20. Jhd. sorgten moderne Pflanzenzucht, bessere landwirtschaftliche Methoden sowie der Einsatz von Kunstdünger und Pestiziden sogar zu Nahrungsüberschüssen. Im Gegensatz dazu kam es in Mexiko und in den Entwicklungsländern Asiens und Afrikas durch die schnell wachsende Bevölkerung zu Hunger und Unterernährung.

Anfang der 1940er Jahre untersuchte der amerikanische Agrarexperte Norman Borlaug, wie die Produktion von mexikanischem **Weizen** erhöht werden konnte. 1945 hatte er Varianten mit hohen Erträgen und Krankheitsresistenz entwickelt. In den 1960er Jahren exportierte Mexiko die Hälfte seines Weizens. Mitte der 1960er Jahre herrschte im indischen Subkontinent Krieg und Hungersnot unter der stark wachsenden Bevölkerung. Borlaug setzte seine technologisch moderne Herangehensweise mit Bewässerung, Pestiziden, ertragreichen Pflanzen und Stickstoffkunstdünger auf den Reisfeldern in Indien und Pakistan ein. Auch dies war ein bemerkenswerter Erfolg. Die Ernten waren größer, die Kosten niedriger.

Borlaugs Ideen begeisterten nicht jeden. Der umfassende Einsatz von Pestiziden hatte negative Auswirkungen auf die Gesundheit der Menschen und erhöhte das Krebsrisiko bei Tieren. Durch die Durch die Fixierung auf hohe Erträte, wurde die Zucht von weniger produktiven Sorten vernachlässigt oder wurde ganz abgeschafft. Dadurch verringerte sich die Biodiversität. In Brasilien wurden Wälder abgeholzt, um mehr Ackerboden zur Verfügung zu haben. Davon profitierten vor allem Großgrundbesiter – denn kleine und arme Bauern hatten kein Geld für Kunstdünger, keinen Zugang zu Wasser für Irrigation und schon gar keine Kreditmöglichkeiten. Dies hatte ein großes Einkommensgefälle zur Folge. Die Grüne Revolution wird trotz allem für die Vermeidung großer Hungersnöte und die Ernährung von Millionen von Menschen gepriesen. Borlaug erhielt dafür 1970 den Friedensnobelpreis.

SIEHE AUCH: Amazonas-Regenwald (ca. 55 Millionen Jahre v. Chr.), Weizen: das tägliche Brot (ca. 11 000 v. Chr.), Ackerbau (ca. 10 000 v. Chr.), Reisanbau (ca. 7000 v. Chr.), Bevölkerungswachstum und Nahrungsversorgung (1798), Einflussfaktoren auf das Bevölkerungswachstum (1935), *Der stumme Frühling* (1962), Gentechnisch veränderte Nutzpflanzen (1982).

Das nicht datierte amerikanische Kunstwerk Dieses Jahr gab es keine Ernte *vermittelt einen Eindruck vom bäuerlichen Leben in der ersten Hälfte des 20. Jhd. Erst die Grüne Revolution sorgte dafür, dass in Industrieländern Hungersnöte der Vergangenheit angehörten.*

CHARLES-WHITE-40

1946

Bakteriengenetik

Oswald T. Avery (1877-1955), **Colin MacLeod** (1909-1972), **Edward L. Tatum** (1909-1975), **Maclyn McCarty** (1911-2005), **Joshua Lederberg** (1925-2008)

Joshua Lederberg war vom Avery-MacLeod-McCarty-Experiment beeindruckt, mit dem 1944 nachgewiesen wurde, dass DNA der Träger genetischer Informationen war. Viele Biologen fragten sich jedoch, ob die Ergebnisse aus der Bakterienforschung auch Aufschluss über die Genetik komplexerer Organismen boten. Die Forschung an Bakterien bietet viele Vorteile: Die Winzlinge lassen sich problemlos züchten, außerdem vermehren sie sich schnell und haben eine einfache Zellstruktur.

Pflanzen- und Tiereltern geben durch vertikalen Gentransfer genetische Informationen an ihre Nachkommen weiter. Bakterien tun dies durch Teilung in zwei genetisch identische Tochterzellen (binäre Teilung). Darum wurde lange Zeit davon ausgegangen, dass Bakterien zu primitiv und für die genetische Analyse nicht geeignet seien. 1946 wiesen Joshua Lederberg und sein Mentor Edward Tatum nach, dass genetisches Material bei Bakterien durch Rekombination zwischen zwei Organismen ausgetauscht wird, die weder Eltern noch Nachkommen sind. Dies wurde später als „horizontaler Gentransfer" (HGT) bezeichnet. Für diese Entdeckung bekamen Lederberg und Tatum 1958 gemeinsam den Nobelpreis. Spätere Forschungen ergaben, dass HGT sogar bei kaum verwandten Bakterien vorkommt. Es handelt sich nämlich um einen bakteriellen Evolutionsmechanismus, der außerdem die Grundlage für die Resistenz gegen **Antibiotika** ist. Wenn eine Bakterienzelle resistent wird, kann sie ihre Resistenzgene schnell auf andere Arten übertragen. Es gibt drei Möglichkeiten für den HGT: Wird DNA innerhalb oder zwischen Bakterienarten übertragen, spricht man von Konjugation (nachgewiesen von Lederberg und Tatum). Dagegen nennt man den Transfer von **Bakteriophagen** auf Bakterien Transduktion. Schließlich gibt es auch Gentransfer in Form von freier DNA (Transformation). Lederberg warnte ferner vor den Gefahren mikrobiologischer Verunreinigung in der Raumforschung.

SIEHE AUCH: Prokaryoten (ca. 3,9 Milliarden Jahre v. Chr.), Bakteriophagen (1917), Antibiotika (1928), DNA als Träger genetischer Informationen (1944), Plasmide (1952), Bakterielle Resistenz gegen Antibiotika (1967).

Salmonella *(rechts) kann schwere Lebensmittelvergiftungen verursachen. Manche Stämme sind gegen mehrere antimikrobielle Medikamente resistent. Meistens wird diese Resistenz von Genen auf Plasmiden hervorgerufen, die zwischen Salmonellen und Bakterien übertragen werden können.*

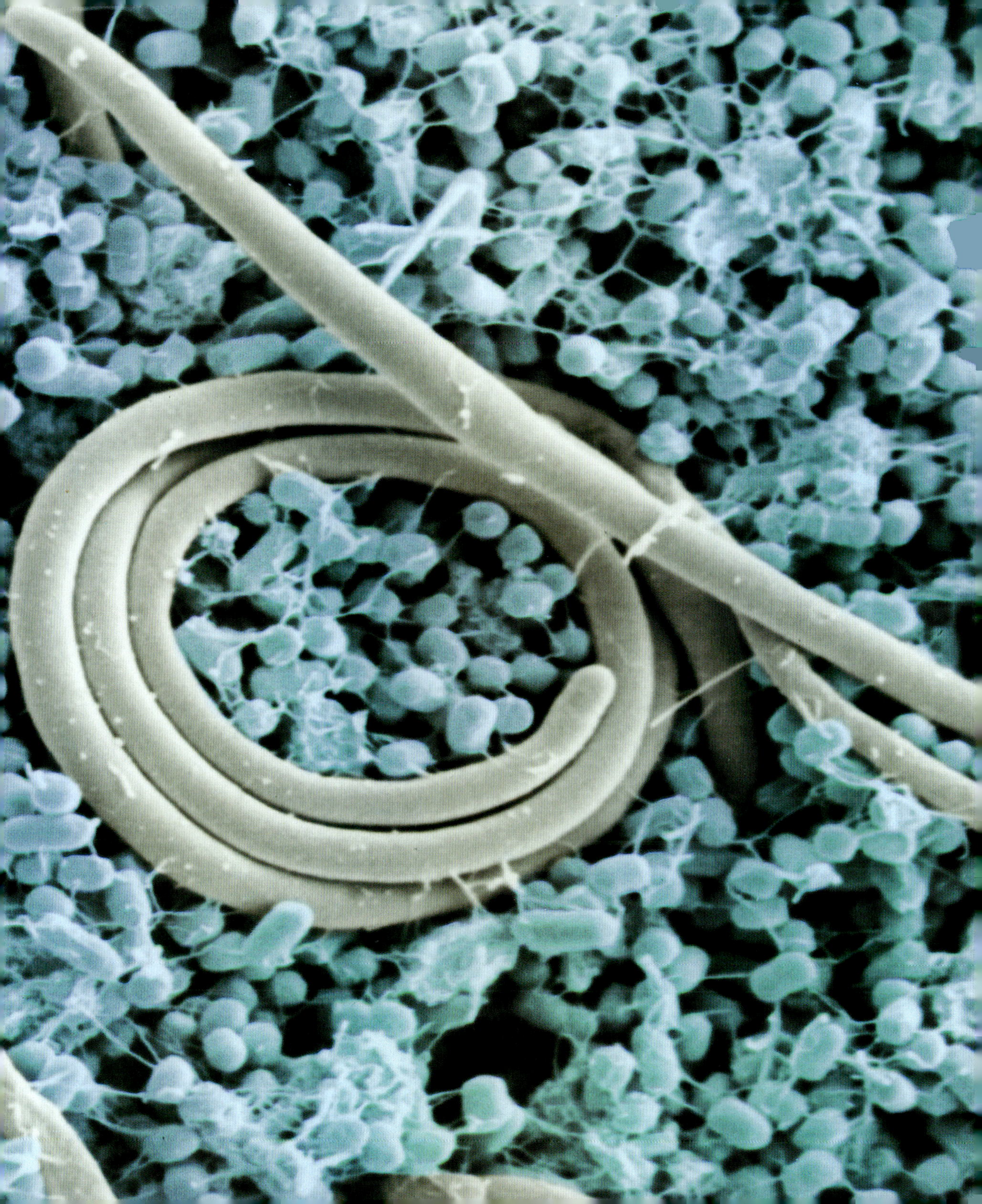

1949

Retikuläres Aktivierungssystem

Horace W. Magoun (1907-1991), **Giuseppe Moruzzi** (1910-1986)

Die retikuläre Formation (RF) besteht aus Nervenbahnen, die als eine Art Brücke durch den zentralen Kern des Hirnstamms zur Großhirnrinde (Kortex) verlaufen. Der Hirnstamm ist ein uralter Teil im unteren Hirn, der die für Wirbeltiere lebenswichtigen Funktionen steuert. Im Kortex finden Bewusstsein und Denken statt. Bis in die Mitte des 20. Jhd. wurde der Wachzustand externen und internen Reizfaktoren des Hirnstamms zugeschrieben. Bremsende Einflüsse sorgten für Schlaf. Guiseppe Moruzzi und Horace W. Magoun von der Northwestern University in Chicago konnten durch ihre Studien an der retikulären Formation nachweisen, dass dieses Konzept nicht stimmte. Sie fanden neue Einsichten zu Schlaf- und Wachzustand.

Als Moruzzi und Magoun die retikuläre Formation von Katzen elektrischen Reizen aussetzten, sahen sie Veränderungen im EEG (Elektroenzephalographie), die auf eine Aktivierung hinwiesen. Diese Wirkungen traten selbst dann noch auf, nachdem die zum Kortex verlaufenden sensorischen Nervenbahnen zerstört wurden. Als die Forscher die retikuläre Formation beschädigten, fielen die Katzen ins Koma, obwohl ihre sensorischen Nervenbahnen noch intakt waren.

Das retikuläre Aktivierungssystem (RAS) – dessen Hauptkomponente die retikuläre Formation ist – reguliert den Verlauf von Tiefschlaf und entspanntem Wachzustand in Richtung erhöhter und selektiver Wachsamkeit und Aufmerksamkeit. Das RAS dient als Filter, der wichtige oder überraschende externe Reiz auffängt sowie bekannte und wiederholte Reize (so genannte Habituationen) ausschließt. Schmerzsignale aus dem Körper verlaufen über die retikuläre Formation zum Kortex. Sie integriert kardiovaskuläre, respiratorische und motorische Reaktionen auf externe Reize.

Das RAS hat cholinerge und adrenerge Nerveneinflüsse. Cholinerge Nerven – die Acetylcholin als Neurotransmitter verwenden – sollen die chemischen Vermittler von Aktivierung und Wachzustand sowie des REM-Schlafs sein. Auch Glutamat, der größte Reize erzeugende **Neurotransmitter** im Gehirn, ist daran beteiligt. Adrenerge Nerven – mit Noradrenalin als Neurotransmitter – sind nur während des Tiefschlafs aktiv, nicht aber während des **REM-Schlaf**s. Eine Aufmerksamkeitsstörung kann von einem Mangel an Noradrenaline im RAS verursacht werden.

SIEHE AUCH: Medulla: das vitale Gehirn (ca. 530 Millionen Jahre v. Chr.), Kommunikation des Nervensystems (1791), Neurotransmitter (1920), REM-Schlaf (1953).

Tierversuche mit Katzen haben ergeben, dass der Wechsel von Entspannung zu Aufmerksamkeit und erhöhter Wachsamkeit zu den Funktionen des RAS gehört.

1950

Phylogenetische Systematik

Carl von Linné (1707-1778), **Charles Darwin** (1809-1882), **Ernst Haeckel** (1834-1919), **Willi Hennig** (1913-1976)

Carl von Linné erstellte zu Anfang des 18. Jhd. eine binomiale Nomenklatur von Pflanzen und Tieren und gruppierte sie in umfassenden, hierarchischen Kategorien. Er ging von der biblischen Idee aus, dass alle lebenden Wesen in ihrer aktuellen Form erschaffen worden waren. Darum lagen seiner Klassifikation die wahrnehmbaren, gemeinsamen Merkmale zu Grunde. Nach Darwins überzeugendem Beweis, dass lebende Organismen aus gemeinsamen, teils ausgestorbenen Vorfahren evolviert waren, wurde Linnés einfache Klassifikation noch einmal überdacht.

1866 schlug der Biologe und frühe Darwin-Anhänger Ernst Haeckel den Begriff *Phylogenie* vor: Er umfasst die Erforschung der Evolutionsgeschichte von Arten und die systematische Erfassung evolutionärer Wechselbeziehungen zwischen lebenden Wesen. In seinem Buch *Grundzüge einer Theorie der phylogenetischen Systematik* (1950) erläuterte der deutsche Biologe Willi Hennig das Konzept der phylogenetischen Systematik und versuchte die evolutionären Beziehungen zwischen bestehenden und ausgestorbenen Organismen zu identifizieren.

Ähnlich wie ein Stammbaum die Vorfahren zurückverfolgt, von denen wir abstammen, kann die evolutionäre Geschichte einer Organismengruppe durch ein Diagramm eines phylogenetischen Baumes dargestellt werden. An den Stellen, an denen zwei Gruppen getrennte Richtungen einschlagen, wird sie als T-Kreuzung dargestellt – um so beispielweise den aktuellsten gemeinsamen Vorfahren von Kojote und Wolf zu markieren. Der phylogenetische Baum stellt diese theoretischen, jedoch nicht feststehenden Evolutionsverbindungen dar.

Der traditionellen phylogenetischen Analyse liegen externe, wahrnehmbare, jedoch möglicherweise irreführende Merkmale zu Grunde. Die moderne Molekularbiologie ermöglicht die Analyse komplexer Gen-, Chromosomen- und ganzer Genomsequenzen. Anhand von Vergleichen der DNA-Sequenzen von Genen verschiedener Organismen konnten gemeinsame Abstammungen nachgewiesen werden, die nicht auf äußeren Ähnlichkeiten beruhen. Die Anzahl der gleichen Nukleotidsequenzen einiger Genome verschiedener Organismen gibt an, wie lange es her ist, dass sie diesen Vorfahren teilten.

SIEHE AUCH: Linnésche Klassifizierung der Arten (1735), Darwins Theorie der natürlichen Selektion (1859), Rekapitulationstheorie (1866), Domänen des Lebens (1990), Humangenomprojekt (2003), Taxonomie von Protisten (2005), Älteste DNA und menschliche Evolution (2013).

Abbildung eines phylogenetischen Baums mit vollständigen Genomsequenzen und eingeteilt in drei Lebensdomänen: Archaea *(grün);* Bakteria *(blau);* Eukaryota *(rot). Der rote Punkt markiert den* Homo sapiens.

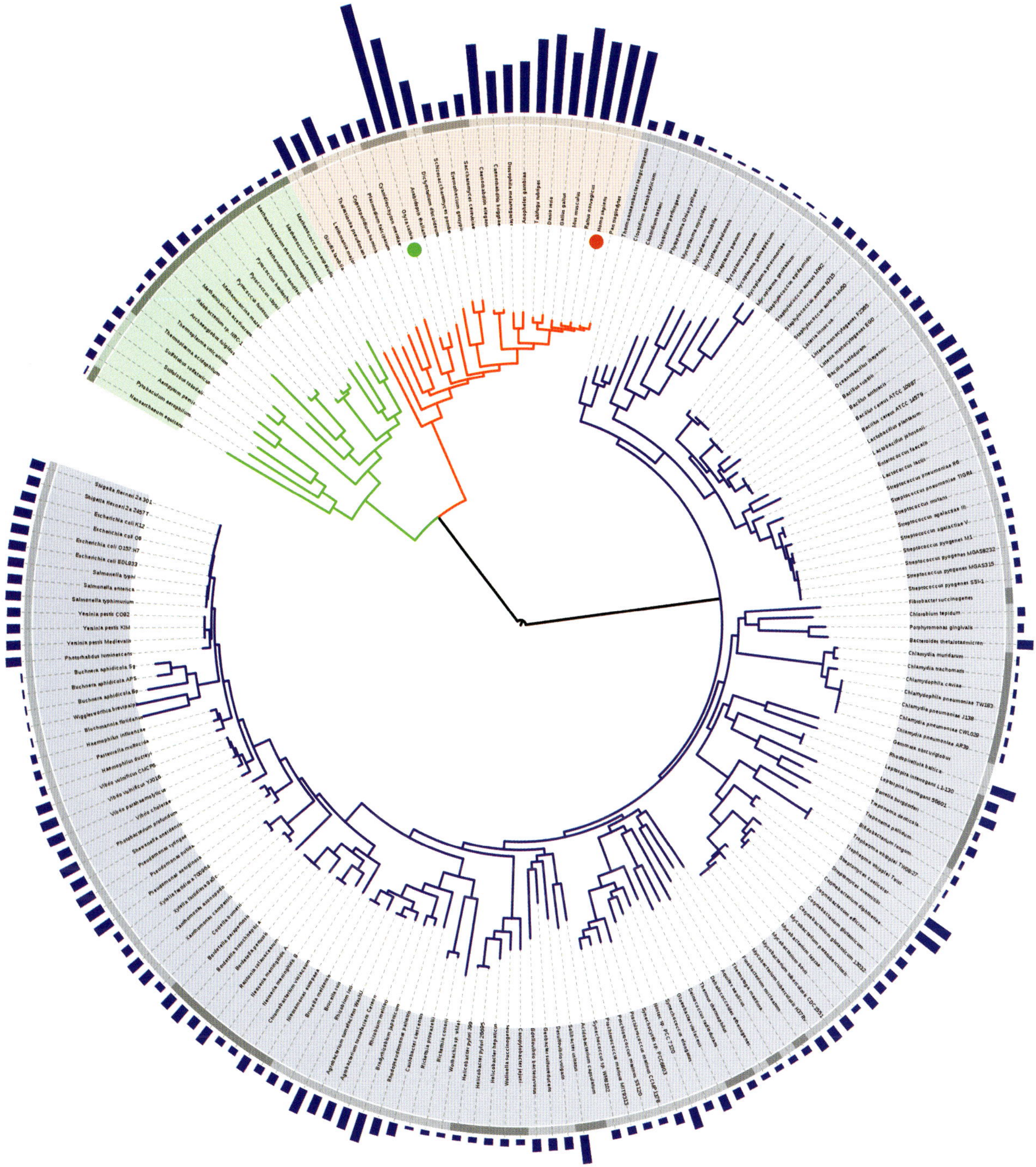

1951

Die unsterblichen HeLa-Zellen

George Otto Gey (1899-1970), **Jonas Salk** (1914-1995), **Henrietta Lacks** (1920-1951), **Rebecca Skloot** (geb. 1972)

Im Februar 1951 suchte eine 30jährige afroamerikanische Frau, Mutter von fünf Kindern aufgrund von Gebärmutterhalskrebs das Johns Hopkins Hospital in Baltimore auf. Im Laufe der Behandlung wurde der Patientin eine Gewebeprobe entnommen, von der ein Teil ohne ihre Zustimmung an George Gey geschickt wurde, dem Leiter des Labors für **Gewebekulturen**. Zustimmungen von Patienten waren damals noch nicht vorgeschrieben und wurden auch nicht eingeholt. Acht Monate später war der Krebs so weit fortgeschritten, dass Henrietta Lacks im Oktober starb. Am gleichen Tag trat Gey im Fernsehen auf und präsentierte ein Röhrchen mit den HeLa-Zellen, die laut seiner Aussage Krebs potenziell heilen konnten.

Normalerweise sterben Zellkulturen ab, wenn sie sich 20 bis 50 Mal geteilt haben. Die HeLa-Zellen – die ersten unsterblichen menschlichen Zellen – teilen sich seit 1951 bis heute. Warum sie unsterblich sind, hat bisher niemand herausgefunden. HeLa-Zellen wurden im Laufe der Jahre im großen Maßstab vermehrt und an Laboratorien in der ganzen Welt geschickt. Sie gelten als eine der größten Entdeckungen unserer Zeit. Jonas Salk verwendete sie 1954 für die Entwicklung eines Polioimpfstoffes. Bei der Erforschung von Krebs, der Zellbiologie von Tumoren, der Entwicklung von Medikamenten gegen Krebs und AIDS sowie Genkarten waren sie von unschätzbarem Wert.

25 Jahre nach Henrietta Lacks' Tod erfuhr ihre Familie von den Zellen. Trotz weltweiter Vermarktung und Verbreitung gab es weder für Gey noch für die Familie der Frau eine Kompensation. Es erschienen wohl Zeitungsartikel über Lacks und die HeLa-Zellen. Erst 2010 erschien das Buch von Rebecca Skloot *Die Unsterblichkeit der Henrietta Lacks*. Es führte zwei Jahre die Bestsellerliste der *New York Times* an. Im März 2013 veröffentlichten deutsche Forscher das HeLa-Genom (die Nukleotid-Sequenz) – erneut ohne Zustimmung der Familie. Im August 2013 einigten sich die US National Institutes of Health mit den Angehörigen von Henrietta Lacks, dass einzig die Famiile das Verfügungsrecht darüber hat, wem Zugriff auf den die Gensequenzen gewährt wird. Eine finanzielle Kompensation hat es bisher noch immer nicht gegeben.

SIEHE AUCH: Zelltheorie (1838), Gewebekultur (1902), Zellalterung (1961), Zellzyklus-Kontrollpunkte (1970), Induzierte pluripotente Stammzellen (2006).

Eine Kulturschale mit HeLa-Zellen, die ursprünglich von Krebszellen aus der Gebärmutter von Henrietta Lacks stammen. Diese Zellen teilen sich seit 1951 und sind die am meisten verwendeten Zellen in der Biologie- und Medikamentenforschung.

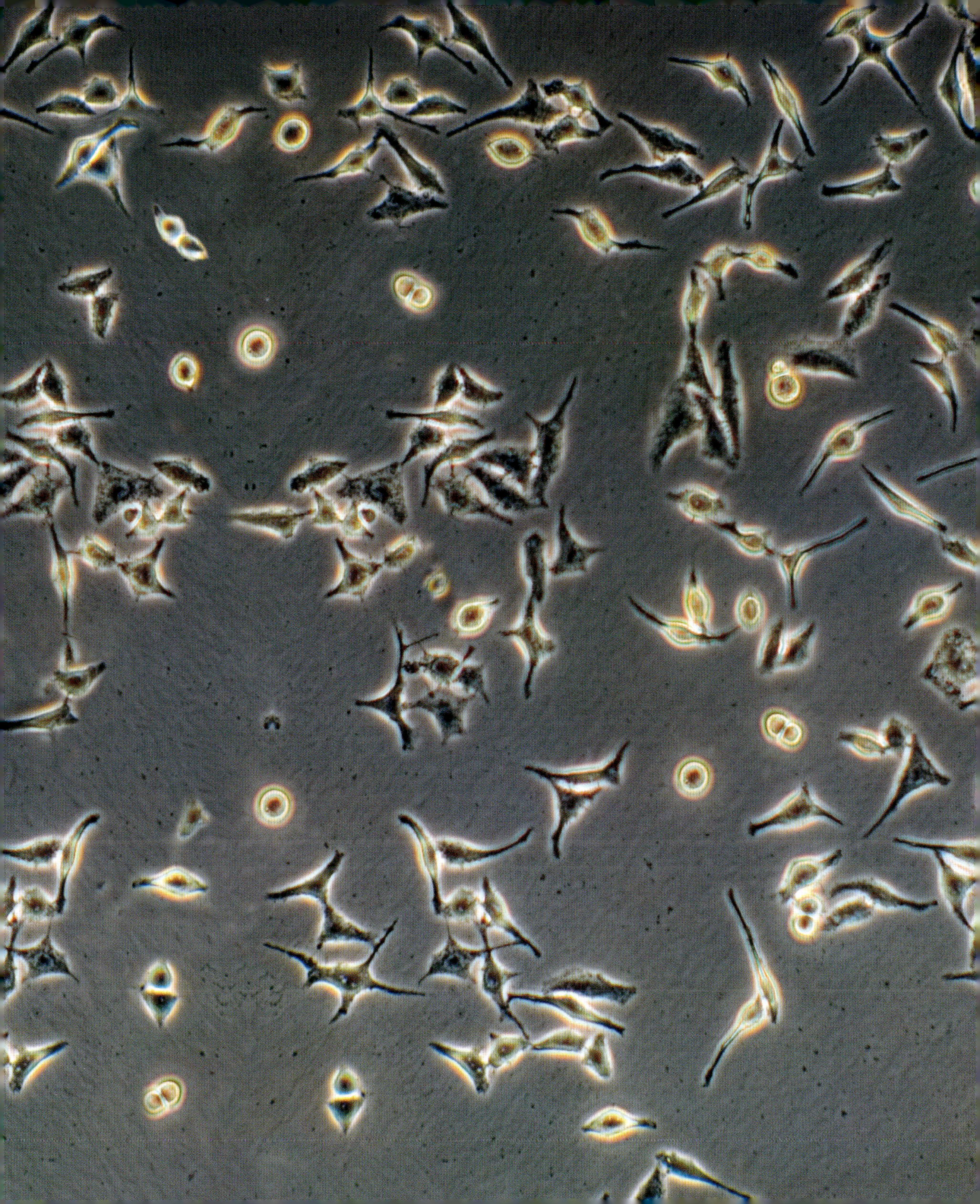

1952

Klonen (Zellkerntransfer)

Hans Driesch (1867-1941), **Hans Spemann** (1869-1941), **Robert Briggs** (1911-1983), **Thomas J. King** (1921-2000), **John Gurdon** (geb. 1933), **Ian Wilmut** (geb. 1944)

1996 wurde das heute weltberühmte Schaf Dolly im Roslin-Institut in Edinburgh geboren. Ian Wilmut hatte das Tier durch Zellkerntransfer geklont. Durch Dolly wurde Klonen auch bei einer breiteren Öffentlichkeit bekannt. Neu war das Verfahren jedoch nicht: Es wurde bereits 100 Jahre zuvor erprobt. 1885 isolierte Hans Driesch zwei Embryozellen eines Seeigels. Jede Zelle wuchs als Klon unabhängig vom Elternorganismus heran. 1928 präsentierte Hans Spemann erstmals das Klonen durch Zellkerntransfer. Dabei wird der Kern von ausdifferenzierten, spezialisierten Erwachsenenzellen oder undifferenzierten Embryozellen in eine Spenderzelle übertragen. Dadurch entsteht eine genetisch identische Kopie.

Spemanns Konzept wurde 1952 am Institut für Krebsforschung in Philadelphia geprüft und bestätigt. Robert Briggs und Thomas J. King klonten erfolgreich Leopardfrösche aus undifferenzierten Zellen. 1962 klonte John Gurdon mit ausdifferenzierten Darmzellen südafrikanische Frösche. Das bewies, dass auch spezialisierte Zellen noch über genetisches Potenzial verfügten. Gurdon, der als Kind von seinem Lehrer zu hören bekam, dass sein Berufswunsch, Wissenschaftler zu werden, lächerlich sei, erhielt 2012 den Nobelpreis. Der Blockbuster und Kassenschlager *Jurassic Park* aus dem Jahr 1993 baute auf der Idee auf, dass auch Dinosaurier geklont werden können. Der Film wurde für seine mangelnde wissenschaftliche Korrektheit kritisiert. Dennoch hat er dem Klonen zu mehr Bekanntheit verholfen.

Dolly war nach zahlreichen Fehlschlägen das erste erfolgreich geklonte Tier. Ihre Geburt zählt zu den wichtigsten wissenschaftlichen Durchbrüchen. Sie bewies, dass Erwachsenenzellen zu neuen Zellen umprogrammiert werden können. Außerdem schenkte Dolly selbst auch vier Lämmern das Leben. Leider wurden ihre Zellen schnell alt. Sie kränkelte und wurde im Alter von sechs Jahren später eingeschläfert. Ferner nahm die Begeisterung fürs Klonen in weiten Kreisen bei dem Gedanken wieder ab, dass auch Menschen geklont werden können. Dies führte zu einer Reihe ethischer Fragen.

SIEHE AUCH: Zellkern (1831), In-vitro-Fertilisation (IVF) (1978), Induzierte pluripotente Stammzellen (2006), De-Extinktion (2013).

Durch Klonen entsteht eine genetisch identische Kopie eines ursprünglich einzelligen oder mehrzelligen Organismus'.

1952

Aminosäuresequenz von Insulin

Frederick G. Banting (1891-1941), **Charles H. Best** (1899-1978), **Frederick Sanger** (1918-2013), **Herbert Boyer** (geb. 1936)

Anfang der 1920er Jahre zeigten Frederick Banting und Charles Best, dass ein Pankreasextrakt gut gegen Diabetes mellitus wirkte. 1923 wurde dieser Reinextrakt mit **Insulin** als als aktiver Komponente, der aus Schweinen und Rindern gewonnen wurde, von Eli Lilly auf den Markt gebracht und drei Jahre später kristallisiert.

1943 versuchte der Chemiker Frederick Sanger in Cambridge die Aminosäuresequenz von Insulin zu bestimmen. Damals war Insulin eins der wenigen Eiweiße, die in Reinform erhältlich waren. Es konnte einfach in der Apotheke bestellt werden. Ein Jahrzehnt später erklärte Sanger, dass Insulin aus zwei Peptidketten besteht: einer A-Kette mit 21 Aminosäuren und einer B-Kette mit 30 Aminosäuren. Insulin war das erste Eiweiß, von dem die gesamte Aminosäuresequenz bekannt war. Sanger schlussfolgerte, dass alle menschlichen Eiweiße eine einzigartige chemische Sequenz aus den ingesamt 20 verfügbaren Aminosäuren besitzen. Für seine Erforschung von Eiweißen im Allgemeinen und speziell von Insulin, erhielt Sanger 1958 den Nobelpreis für Chemie. 1980 wurde er für die Untersuchungen zur Ermittlung der Basensequenz in Nukleinsäuren erneut mit diesem Preis ausgezeichnet.

Nachdem die chemische Struktur des Insulins bekannt war, wurde dieses Molekül 1963 auch im Labor synthetisiert. Tierisches Insulin war zwar äußerst wirksam, jedoch war es mit dem menschlichen Insulin nicht ganz identisch. Schweineinsulin unterscheidet sich durch eine Aminosäure von menschlichem Insulin, Rinderinsulin durch drei. Diese kleinen Unterschiede rufen bei Diabetikern allergische Reaktionen hervor. 1978 synthetisierten Forscher des City of Hope National Medical Center in Zusammenarbeit mit dem damals gerade gegründeten Biotechnologieunternehmen Genentech unter der Leitung des Biochemikers Herbert Boyer mit Hilfe der **Biotechnologie** das erste menschliche Eiweiß. Dazu wurde ein Gen für menschliches Insulin in bakterielle DNA eingebracht. Die gentechnisch veränderte Bakterie vervielfältigte sich und diente als biologische Fabrik, die unbegrenzte Vorräte an Insulin lieferte. Es wurde 1982 von Eli Lilly unter dem Namen Humilin auf den Markt gebracht und ersetzt das tierische Insulin.

SIEHE AUCH: Röntgenstrukturanalyse (1912), Biotechnologie (1919), Insulin (1921), Plasmide (1952).

Dreidimensionales Modell des Insulinmoleküls. Die Farben stehen für spezifische Elemente: Weiß für Wasserstoff, Schwarz für Kohlenstoff, Blau für Stickstoff, Rot für Sauerstoff und Gelb für Schwefel.

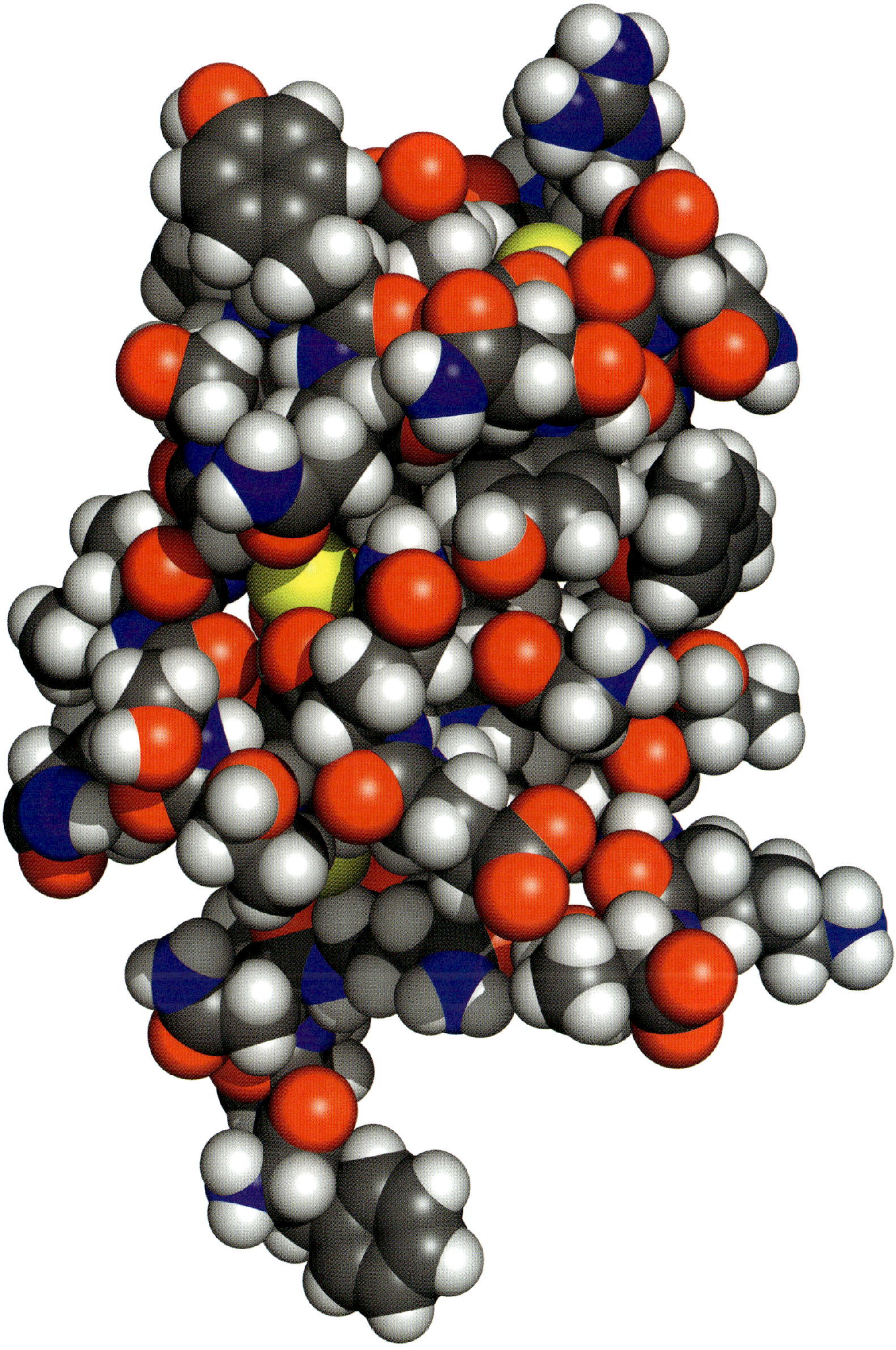

1952

Musterbildung in der Natur

Leonardo da Vinci (1452-1519), **D'Arcy Wentworth Thompson** (1860-1948), **Alan Turing** (1912-1954)

Bereits Leonardo da Vinci hatte erkannt, dass in der Natur geometrische Muster vorkommen. 500 Jahre später wurden sie auch vom schottischen Biologen und Mathematiker D'Arcy Wentworth Thompson beschrieben. Er analysierte die Struktur von Organismen in physischen und mathematischen Begriffen und wies in seinem Klassiker *Über Wachstum und Form* (1917) zahlreiche Zusammenhänge zwischen lebenden Wesen nach.

Der englische Mathematiker Alan Turing erforschte die Musterbildung in der Natur aus rein theoretischer Perspektive. Turing war kein gewöhnlicher Mathematiker. Im Zweiten Weltkrieg gehörte er zum Team, das die von der deutschen Enigma – eine Rotor-Schlüsselmaschine – codierten Nachrichten entzifferte. Dies kam den Alliierten bei der Atlantikschlacht sehr zu Gute. Nach dem Krieg spielte Turing eine bedeutende Rolle bei den Überlegungen zu Computern und künstlicher Intelligenz. Von 1952 bis zu seinem Selbstmord zwei Jahre später konzentrierte er sich auf die mathematische Biologie und veröffentlichte seinen einzigen biologischen Artikel „The chemical basis of morphogenesis". Morphogenese ist die Entwicklung von Form und Struktur in einem Organismus vom Embryo bis zum Erwachsenenstadium. In seinem Artikel schlug Turing ein mathematisches Modell vor, das die Bildung natürlicher Muster anhand der Naturgesetze erklärt. Diese Gesetze geben vor, wie chemische Stoffe reagieren und sich durch die Haut verteilen. Zum Erhalt von Mustern, die bestehenden tierischen Mustern ähneln, formulierte er eine Reihe von Reaktions-Diffusions-Gleichungen.

Mithilfe dieser Gleichungen ließ sich die Musterbildung bei Tieren und Pflanzen erklären – zum Beispiel die Blütenform von Sonnenblume und Margerite, die Streifen von Tiger und Zebrafisch, die Flecken des Jaguars und die Stelle von Haarbeuteln auf der Pfote einer Maus. Turing spekulierte, dass Muster durch Interaktion zweier Stoffe entstanden, die sich in unterschiedlichem Tempo ausbreiteten. Der eine ist ein Aktivator, der das typische Muster erzeugt. Der andere ist ein Inhibitor, der den Aktivator und die Ausprägung unterdrückt. Dieser Mustermechanismus blieb sechs Jahrzehnte lang reine Theorie. Erst 2012 wurden zwei Morphogene (Wachstumsfaktoren) identifiziert, die sich wie Aktivator und Inhibitor verhalten.

SIEHE AUCH: Tierfarben (1890), Zelldetermination (1969).

Engelhaie und Zebras sind gestreift, Jaguare und Marienkäfer haben Punkte. Laut Alan Turing gehen diese Muster auf aktivierende und inhibierende Faktoren zurück.

1952

Plasmide

Joshua Lederberg (1925-2008), **Stanley N. Cohen** (geb. 1935), **Herbert Boyer** (geb. 1936)

1952 schlug Joshua Lederberg an der University of Wisconsin-Madison den Begriff *Plasmide* für DNA-Moleküle vor, die nicht zur Chromosomen-DNA gehörten. Lederberg beabsichtigte, einen allgemeinen Begriff zur Klassifikation einer Gruppe genetischer Elemente zu benutzen, die zuvor Parasiten, Symbionten und Organellen genannt wurden. 1973 stieg plötzlich das Interesse an Plasmiden, da sich herausstellte, dass sie nützliche Hilfsmittel für Molekularbiologie und Gentechnik waren. Das war vor allem dem Genetiker Herbert Boyer und dem Biologen Stanley Cohen zu verdanken. Sie wiesen nach, dass es möglich war, ein Gen einer Art (Frosch) auf eine andere zu übertragen (die Bakterie *Escherichia coli*) und dass das transplantierte Gen im neuen Wirt normal funktionieren kann. Plasmide spielen auch bei der Evolution bakterieller Resistenzen und der krankheitserregenden Kapazität von Mikroben eine große Rolle.

Plasmide können sich unabhängig von Chromosomen selbst in der Zelle kopieren. Sie verfügen häufig über Replikationsgene und ergänzende Gene. Die Replikationsgene sorgen für die Vermehrung und den Unterhalt der Plasmide. Die ergänzenden Gene sind für das Überleben des Wirts nicht von Bedeutung, können aber Funktionen codieren, die ihm Vorteile bieten. Mögliche Funktionen: Abbau von Schadstoffen und deren Verwendung als Quelle von Kohlen- und Stickstoff oder Schutz vor giftigen **Antibiotika** oder Schwermetallen. Ferner können Plasmide zwischen Bakterienarten übertragen werden. Dies ist ein wichtiger Mechanismus, mit dem Bakterien sich schnell zahlreiche Eigenschaften aneignen, mit denen sie sich an veränderte Umgebungen anpassen können.

Plasmide wurden im großen Maßstab als gentechnsiche Werkzeuge verwendet: beim Klonen, in der Gentherapie und zur Herstellung von rekombinanten Eiweißen. 1978 stellte Boyer, Gründer des pharmazeutischen Biotechnologieunternehmens Genentech, mit dieser Technik synthetisches menschliches Insulin her. Ein fremdes DNA-Element – hier: das Gen für Insulin – wurde in ein Plasmid eingebracht, das in eine Bakterienzelle eingepflanzt wurde. Die Replikation des Plasmids in der Zelle führte zu einer hohen Anzahl an Kopien des rekombinanten Insulins.

SIEHE AUCH: Apoptose (programmierter Zelltod) (1842), Antibiotika (1928), Bakteriengenetik (1946), Aminosäuresequenz von Insulin (1952), Bakterielle Resistenz gegen Antibiotika (1967).

Joshua Lederberg während der Arbeit in seinem Labor an der University of Wisconsin-Madison (1958). Neben der Entdeckung des Genaustauschs bei Bakterien ist er auch für seine Beiträge zu künstlicher Intelligenz und Raumfahrtforschung bekannt.

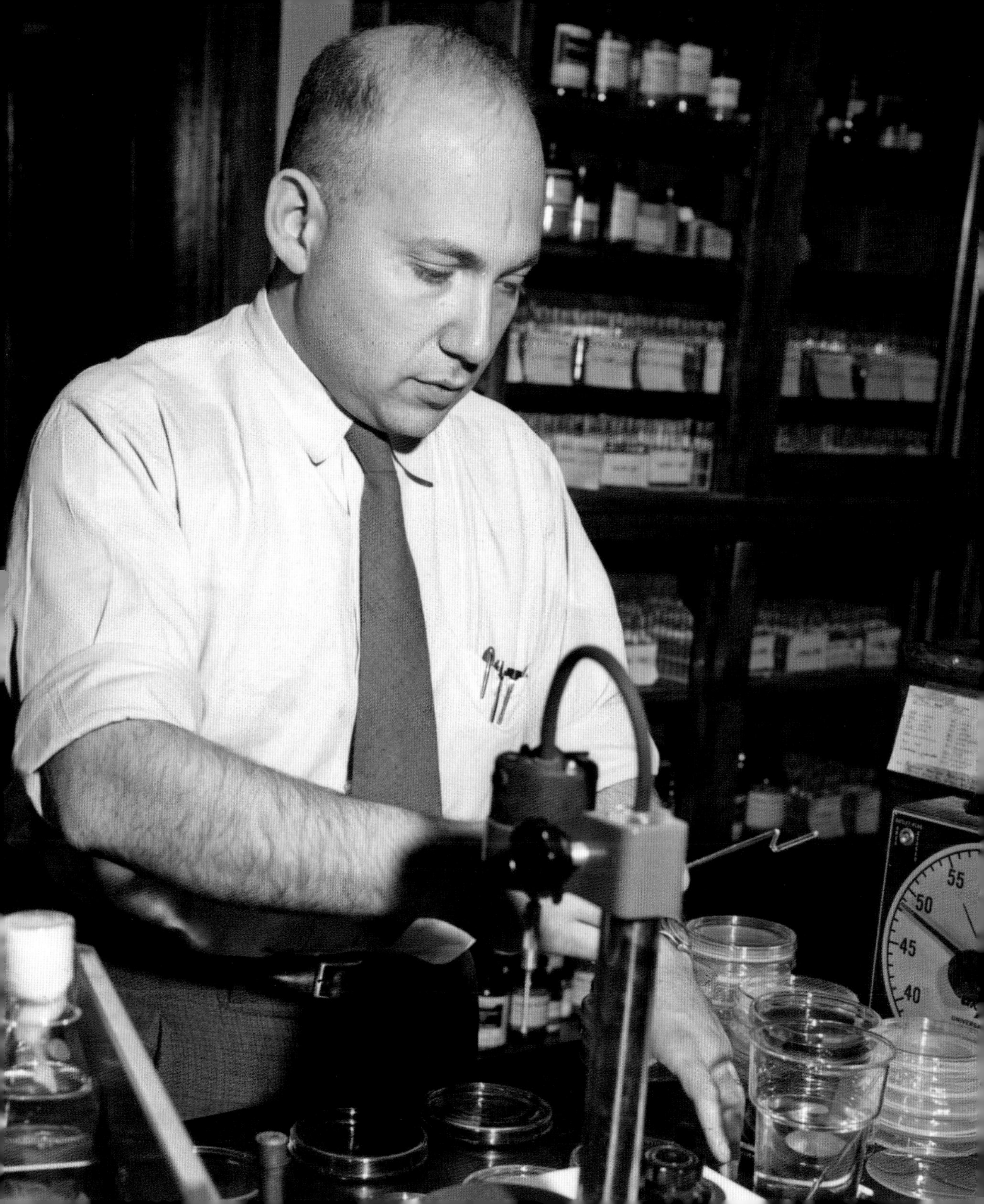
55
50
45
40

1952

Nervenwachstumsfaktor

Viktor Hamburger (1900-2001), **Rita Levi-Montalcini** (1909-2012), **Stanley Cohen** (geb. 1922)

Zwei Jahre, nachdem Rita Levi-Montalcini ihr Medizinstudium 1938 an der Universität Turin abgeschlossen hatte, erließ Mussolini ein Dekret, das Juden Berufsverbot erteilte. Daher richtete sie zuhause ein kleines Labor ein, wo sie, von der Arbeit Viktor Hamburgers inspiriert, an Embryos von Küken forschte. Im Jahr 1947 schloss sie sich Hamburger an, der an der Washington University in St. Louis, Missouri, das Wachstum von Nervengewebe untersuchte. 1948 entfernte sie einem Hühnerembryo die Flügelanlagen und pflanzte ihm Gewebe aus einem Mäusetumor ein – woraufhin das Wachstum benachbarter Nerven angeregt wurde.

Im Jahr 1953 schloss sich Stanley Cohen, ein Biochemiker, Levi-Montalcini an und isolierte das aktive Eiweiß aus einem Tumor, „nerve growth factor" (NGF) genannt, Nervenwachstumsfaktor. Der NGF schien essentiell für normales Wachstum und die Versorgung der Nerven im peripheren Nervensystem (neben Gehirn und Rückenmark) und für cholinerge Nerven im Gehirn. Im Jahr 1959 entdeckte und isolierte Cohen an der Vanderbilt University einen weiteren Wachstumsfaktor aus dem NGF-haltigen Tumor. Dieser Faktor regte das Wachstum der Epidermis der Haut an, ließ neugeborene Mäuse die Augen früher als normal öffnen und wurde „epidermaler Wachstumsfaktor" (EGF) genannt. Im Jahr 1986 erhielten Cohen und Levi-Montalcini zusammen den Nobelpreis für die Entdeckung der Wachstumsfaktoren.

NGF war der erste von 50 identifizierten, wachstumsfördernden Stoffen, die aus diversen Geweben ins Blut gelangen. Sie fungieren als Signalmolküle, die das Wachstum spezifischer Zellen fördern. Diese Faktoren fördern vor allem das Wachstum, die Replikation und Differenzierung (Spezialisierung) von Zellen. Sie kommen bei den unterschiedlichsten Organismen vor, zum Beispiel bei Pflanzen, Insekten und Wirbeltieren. Wachstumsfaktoren werden in der Krebsbehandlung und bei Herz- und Kreislauferkrankungen eingesetzt. Einer der bekanntesten Wachstumsfaktoren ist Erythropoetin (EPO), das in den Nieren entsteht und die Produktion roter Blutkörperchen anregt. EPO ist inzwischen als Dopingmittel im Radrennsport und bei anderen Ausdauersportarten berüchtigt.

SIEHE AUCH: Kommunikation des Nervensystems (1791).

Von den etwa 50 wachstumsfördernden Mitteln, die seit 1953 entdeckt wurden, ist Erythropoetin (EPO) das bekannteste. Es regt die Produktion roter Blutkörperchen an. Inzwischen ist EPO als Dopingmittel berüchtigt, da es den Sauerstofftransport in die Muskeln erhöht und so die Ausdauer steigert.

3

1953

Miller-Urey-Experiment

Louis Pasteur (1822-1895), **J.B.S. Haldane** (1892-1964), **Harold C. Urey** (1893-1981), **Alexander Oparin** (1894-1980), **Stanley L. Miller** (1930-2007)

Was war **der Ursprung des Lebens** auf der Erde? Über Jahrtausende glaubte man an Spontanzeugung – Leben entsteht aus unbelebter Materie – eine Theorie, die 1859 scheinbar von Louis Pasteur verworfen wurde. Unabhängig voneinander erklärten der britische Evolutionsbiologe J.B.S. Haldane und der russische Biochemiker Alexander Oparin in den 1920er Jahren, die Umstände auf der Erde seien vor vier Milliarden Jahren so gewesen, dass organische Moleküle aus einfacheren anorganischen Molekülen entstanden sein konnten.

In den 1950er Jahren stieg das wissenschaftliche Interesse am Ursprung des Lebens, ein Interesse, das Harold Urey, Nobelpreisträger im Jahr 1934, sein Leben lang verfolgte. Zugleich war es auch das Thema des Miller-Urey-Experiments, das Ureys Doktorand Stanley Miller 1952 ausführte und ein Jahr später publizierte. Die Versuchsbedingungen sollten die Erdatmosphäre von vor 4 Milliarden Jahren nachahmen, wie von Oparin 1924 beschrieben. Dafür wurde eine Mischung aus Wasser mit den Gasen Ammoniak, Methan und Wasserstoff kontinuierlich elektrischen Funken ausgesetzt, die Gewitterstürme simulieren sollten, wie sie zu jener Zeit oft vorkamen. Nach einer Woche entstanden organische Moleküle und, viel wichtiger, 2 % davon waren Aminosäuren, die Bausteine des Lebens. Anfangs galt der Versuch als Beweis für die These, dass Leben auf der Erde aus einfachen organischen Elementen entstehen konnte. Laut den meisten Evolutionsbiologen hat sich das heutige Leben aus einer gemeinsamen Stammform entwickelt.

Später unterzog man das Experiment einer kritischen Analyse, wobei die Gültigkeit, die Resultate und Schlussfolgerungen in Frage gestellt wurden. Man zweifelte daran, dass die Verbindungen der früheren Atmosphäre mit denen im Experiment übereinstimmten, und ob die Stoffe im Experiment nicht mehr elektrischer Energie ausgesetzt waren als in Wirklichkeit der Fall. Eine andere Frage war, ob die irdischen Aminosäuren nicht aus einer außerirdischen Quelle stammen könnten. Im Jahr 1969 schlug ein Meteorit im australischen Murchison ein, der über 90 Aminosäuren enthielt. Die Suche nach außerirdischem Leben geht weiter.

SIEHE AUCH: Der Ursprung des Lebens (ca. 4 Milliarden Jahre v. Chr.), Widerlegung der Theorie der Spontanzeugung (1668).

Das Miller-Urey-Experiment sollte die Bedingungen von vor 4 Milliarden Jahren nachahmen und führte zur Produktion organischer Verbindungen, auch Aminosäuren. Im Experiment wurden einfache Moleküle ständig mit elektrischen Funken bombardiert, die die Gewitterstürme der frühen Erdgeschichte simulieren sollten.

1953

Doppelhelix

Linus Pauling (1901-1994), **Francis Crick** (1916-2004), **Maurice Wilkins** (1916-2004), **Rosalind Franklin** (1920-1958), **James D. Watson** (geb. 1928)

Sechzig Jahre nach Entdeckung der DNA-Struktur im Jahr 1953 lautet die Frage immer noch, wem diese Entdeckung zuzuschreiben ist. Die zentrale Bedeutung der **DNA** in der Übertragung der Erbinformationen, oder die Tatsache, dass es sich um eine der größten wissenschaftlichen Entdeckungen handelt, steht jedoch außer Frage. In den 1950er Jahren wusste man bereits, dass die DNA-Struktur aus Stickstoffbasen – Adenin, Cytosin, Guanin und Thymin – und Zucker- und Phosphatgruppen besteht. Über die Beziehungen der Komponenten zueinander herrschte jedoch Unklarheit. Die Wettstreit der Entdeckung spitzte sich auf Linus Pauling am California Institute of Technology und auf das Team um James Watson und Francis Crick vom Cavendish-Labor der Cambridge University zu.

Pauling zählt zu den wichtigsten Wissenschaftlern des 20. Jahrhunderts, der später zwei Nobelpreise erhalten sollte. Er behauptete, die DNA sei eine dreifache Helix - auf der Grundlage einer Reihe fundamentaler Fehler, die ihn auf die falsche Fährte brachten. Zu Anfang des Jahres 1953 setzten Watson und Crick auf ein Modell mit zwei Strängen, die in entgegengesetzter Richtung umeinander gedreht waren – eine doppelte Helix – mit abwechselnd Zucker- und Phosphatgruppen. Ihr Modell wurde durch fotografische Röntgenbeugungsbilder von Maurice Wilkins und Rosalind Franklin am King's College in London unterstützt. Am 25. April 1953 erschien in *Nature* der Watson-Crick-Artikel, der Franklins und Wilkins' „unveröffentlichten Beitrag" nur in einer kurzen Fußnote erwähnte.

Noch vor Einsendung des *Nature*-Artikels wurden Franklins hervorragende Fotos, ohne ihre Zustimmung, Watson gezeigt. Eines dieser Fotos war schließlich ausschlaggebend für die Entdeckung der Doppelhelix. Das Gewicht und die Bedeutung von Franklins Beitrag sind schwer einzuschätzen. Fest steht immerhin, dass sie zu Lebzeiten keine Anerkennung bekam und bei der Verleihung des Nobelpreises nicht geehrt oder von den Preisträgern Watson, Crick oder Wilkins auch nur namentlich genannt wurde. (Pauling erhielt in dem Jahr den Friedensnobelpreis). Franklin starb 1958 mit nur 37 Jahren an Eierstockkrebs, und verstorbene Personen können den Nobelpreis nicht mehr bekommen.

SIEHE AUCH: Desoxyribonukleinsäure (DNA) (1869), DNA als Träger genetischer Informationen (1944), Entschlüsselung des genetischen Codes der Eiweißsynthese (1961).

Diese Doppelhelix-Auffahrt eines unterirdischen, siebenstöckigen Parkhauses in Nantes imitiert die DNA-Struktur.

1953

REM-Schlaf

Henri Piéron (1881-1964), **Nathaniel Kleitman** (1895-1999), **Eugene Aserinsky** (1921-1998)

Schlaf wurde lange als eine Phase ununterbrochener Ruhe angesehen, in der Körperprozesse langsamer werden. 1913 publizierte der französische Psychologe Henri Piéron *Le problème physiologique du sommeil*, ein erster Versuch, Schlaf aus physiologischer Sicht zu erforschen. Piéron untersuchte auch, ob sich in der Wachphase ein chemischer Faktor (Hypnotoxin) im Gehirn ansammelte, der zum Schlaf führte.

In den 1920er Jahren gründete der russisch-stämmige, amerikanische Physiologe Nathaniel Kleitman das weltweit erste Schlaflabor an der University of Chicago, und widmete seine ganze Laufbahn der Schlafforschung, die zu der Zeit wenig Interesse fand. Kleitmans *Sleep and wakefulness* (1939) stellte die erste Abhandlung zum Thema dar und gilt noch heute als Klassiker. Darin behauptete er, dass Schlaf aus einem Ruhe-Aktivität-Zyklus besteht. Oft fungierte Kleitman selbst als Testperson und blieb einmal 180 Stunden wach, um die Effekte von Schlafmangel zu untersuchen.

Im Jahr 1953 erforschte Kleitmans Doktorand Eugene Aserinsky die Aufmerksamkeitsspanne von Kindern und bemerkte, dass das Augenschließen mit nachlassender Aufmerksamkeit verbunden war. Sein erstes Forschungsobjekt war sein eigener 8-jähriger Sohn. Aserinsky hielt Augenbewegungen von Kindern elektronisch fest und beobachtete die Hirnströme per Elektroenzephalogramm (EEG). Die Ergebnisse im EEG-Muster schienen mit Träumen verbunden zu sein. Aserinsky erforschte auch die Augenbewegungen von Erwachsenen und entdeckte, dass sich deren Augen einige Male pro Nacht hin und her bewegten. Dieses Phänomen wurde *rapid eye movements* (REM) genannt, die vor allem in Traumphasen vorzukommen schienen. (Ironischerweise starb Aserinsky 1998, als er, am Steuer eingeschlafen, gegen einen Baum fuhr.)

Schlaf ist kein einheitlicher, verlängerter Ruhezustand. Er besteht aus diversen Phasen, von denen der REM-Schlaf 20-25 % der Zeit einnimmt. Das sind etwa 90-120 Minuten, über vier oder fünf Phasen verteilt. Bei Neugeborenen dauert der REM-Schlaf mit 80 % deutlich länger. Die biologische Funktion von Schlaf ist nicht eindeutig – vielleicht dient er der Konsolidierung von Erinnerungen oder der Entwicklung des Nervensystems bei Neugeborenen. Sicher ist jedoch, dass der Verlust von REM-Schlaf zu erheblichen physiologischen Störungen und Verhaltensstörungen führt.

SIEHE AUCH: Zirkadiane Rhythmen (1729).

Bei Erwachsenen nimmt der REM-Schlaf 20-25 % der Schlafphase ein, bei Neugeborenen dagegen 80 %. Dieses Bild von Hermann Knopf (1870-1928) aus dem Jahr 1928 zeigt ein schlafendes Kind.

1953

Erworbene Immuntoleranz und Organtransplantation

Frank Macfarlane Burnet (1889-1985), **Peter B. Medawar** (1915-1987)

1940 besuchte der britische Biologe Peter Medawar einen schwer verbrannten Piloten, dessen Flugzeug in der Nähe von Medawars Haus in Oxford bei der Schlacht um England abgestürzt war. Das führte zu einer Reihe von Studien, in denen er und ein Kollege mit der Haltbarkeit von Hauttransplantationen experimentierten. Sie entdeckten, dass Transplantationen mit der eigenen Haut des Verbrennungsopfers erfolgreich verliefen, aber dass die Haut eines nicht verwandten Spenders nicht permanent haften blieb und innerhalb von zwei Wochen abgestoßen wurde. Medawar vermutete die Ursache in einer immunologischen Reaktion. Tatsächlich gelang es ihm später, die von ihm postulierte Reaktion mit cortison-artigen Medikamenten zu unterdrücken und so die Abstoßung der Haut zu verzögern.

Unabhängig von ihm untersuchte der australische Virologe Frank Macfarlane Burnet die Immuntoleranz während der Schwangerschaft, wobei weder der Fötus noch die **Plazenta** – beides Fremdgewebe – vom Immunsystem der Mutter abgestoßen werden. Er führte die Konzepte *körpereigen* und *körperfremd* ein, womit auch das Phänomen der Autoimmunität verständlich wird: In diesem Fall generiert der Körper Antikörper gegen eigenes Gewebe, weil es dieses als körperfremd ansieht und vernichten will.

Burnet legte die theoretische Basis für erworbene Immuntoleranz. 1953 lieferte Medawar den experimentellen Nachweis für diese Theorie, die zu der erfolgreichen Transplantation von Organen führte und für die beide 1960 den Nobelpreis erhielten. Medawar stellte fest, dass während der embryonalen Entwicklung Immunzellen entstehen, die körperfremde Zellen vernichten können. Bei seinem Schlüsselexperiment von 1953 injizierte Medawar Gewebezellen von erwachsenen Mäusen (Spender) in evolvierende Mäuseembryos (Empfänger). Nach ihrer Geburt akzeptierten Empfängermäuse Hauttransplantationen ihres Spenders, aber nicht von nicht verwandten Mäusen. Dies bestätigte die Idee der erworbenen Immuntoleranz und bildete die Basis für spätere Studien nach der Unterdrückung der Abstoßungsreaktion bei Organ- und Gewebetransplantationen.

SIEHE AUCH: Plazenta (1651), Angeborene Abwehr (1882), Erworbene Abwehr (1897), Ehrlichs Seitenkettentheorie (1897).

Diese Briefmarke von 1998 wirbt für die Organ- und Gewebespende. Organe, die transplantiert werden können, sind z. B. Nieren, Herz, Lunge, Leber, Pankreas und der Darm. Gewebe sind unter anderem Augenhornhaut, Herzklappen, Knochen, Knorpel und Bänder.

1998
Organ & Tissue Donation
Share your life . . .
USA
32

1954

Gleitfilament-Theorie der Muskelkontraktion

Thomas Henry Huxley (1825-1895), **Aldous Huxley** (1894-1963), **Alan L. Hodgkin** (1914-1998), **Andrew F. Huxley** (1917-2012), **Hugh E. Huxley** (1924-2013)

Der grundlegende Mechanismus der Muskelkontraktion ist bei allen Tieren und Menschen gleich – vom Tintenfisch, der seine Beute greift bis hin zum Athleten beim 100-Meter-Lauf. 1954 entdeckten zwei englische Biologen, die beide Huxley hießen, aber nicht mit einander verwandt waren, unabhängig von einander den Mechanismus, mit dem sich (willkürliche) Skelettmuskeln zusammenziehen. Sie veröffentlichten ihre Befunde in der selben Ausgabe von *Nature*.

Der ältere der beiden, Andrew, kam aus einer renommierten Familie, zu der auch der Biologe Thomas Huxley (Großvater) sowie der Schriftsteller Aldous Huxley (Halbbruder) gehörten. Beide Huxleys studierten in Cambridge und mussten ihr Studium beim Ausbruch des Zweiten Weltkriegs unterbrechen. Nach dem Krieg nahm Andrew mit Alan Hodgkin seine Studien nach dem Nervenaktionspotenzial wieder auf. Dafür bekamen beide 1963 den Nobelpreis. 1952 entdeckte er mit einem selbst gebauten Mikroskop, wie Muskeln sich zusammenziehen. Hugh Huxley setzte seine Studien 1948 fort und erforschte mithilfe von Röntgenstrukturanalyse und Elektronenmikroskopie den molekularen Bau und die Funktion von Skelettmuskeln. 1952 wechselte er ans Massachusetts Institute of Technology fort. 1954 veröffentlichte er seine Gleitfilament-Theorie der Muskelkontraktion, womit er auf einem anderen Weg als Andrew Huxley zur gleichen Basisschlussfolgerung gekommen war.

Skelettmuskeln bestehen aus Fasern, die parallel zur Länge des Muskels verlaufen. In jeder Faser (Muskelzelle) befinden sich Myofibrillen, die aufgrund einer sich wiederholenden Reihe von Tausenden von Sarkomeren, die Kontraktionseinheit des Muskels, gestreift aussehen. In jedem Sarkomer befindet sich eine Reihe von (dünnen) Aktin- und (dicken) Myosinfilamenten neben einander. Bei der Kontraktion ändern die dünnen Aktinfilamente ihre Länge, während die der Myosinfilamente gleichbleibt. Hugh Huxley erklärte, dass Muskelspannung ensteht, wenn das Aktin am Myosin entlangreibt.

SIEHE AUCH: Fortbewegung bei Tieren (1899), Röntgenstrukturanalyse (1912), Elektronenmikroskop (1931), Aktionspotenzial (1939).

Atlas spannt seine Muskeln in diesem Standbild in Pathos, Zypern. Er wird meistens mit einer Erdkugel auf seinen Schultern abgebildet, aber im Originalmythos musste er zur Strafe das Gewicht des Himmelsgewölbes tragen.

1955

Ribosomen

Albert Claude (1898-1983), **George Palade** (1912-2008)

Die Kombination von Zellfraktionierung und Elektronenmikroskopie eröffnete neue Wege in der Biologie: Sie ermöglichte die Visualisierung von Zellbestandteilen und die Bestimmung ihrer biologischen Funktion. 1930 entwarf der belgische Biologe Albert Claude am Rockefeller Institute das Zellfraktionierungsverfahren. Dabei werden die Zellen aufgeschlossen und anschließend bei unterschliedlichen Geschwindigkeiten zentrifugiert, um die unterschiedlichen Bestandteile nach Gewicht zu trennen. Dieses Verfahren wurde 1955 von Claudes rumänisch-amerikanischem Schüler George Palade verfeinert, der die Zellfraktionen mit einem Elektronenmikroskop untersuchte. Er beobachtete und beschrieb als erster „kleine Körner", die 1958 die Bezeichnung *Ribosomen* erhielten, und die in der Zelle für die Eiweißsynthese verantwortlich sind. Claude und Palade erhielten dafür beide 1974 den Nobelpreis.

Die Eiweissfabrik. Alle lebenden Organismen verfügen in ihren Zellen über Ribosomen, die vom genetischen Code gesteuert werden, sozusagen als kleine Fabriken zur Synthese von Eiweißen. Zellen mit einer hohen Eiweißproduktion, wie die der Bauchspeicheldrüse, haben Millionen von Ribosomen. DNA überträgt Instruktionen auf *messenger*-RNA (mRNA) zum Bau von spezifischen Eiweißen. *Transfer*-RNA fügt dann dem Ribosom die Aminosäuren hinzu, wo sie in einer Reihe zu einer wachsenden Eiweißkette angeordnet werden.

Ribosomen in eukaryotischen Zellen (Tiere, Pflanzen, Pilze) und prokaryotischen Zellen (Bakterien) haben vergleichbare Strukturen und Funktionen. In eukaryotischen Zellen haften sie am endoplasmatischen Retikulum und in prokaryotischen liegen sie in der Suspension im Zytosol, dem flüssigen Teil des Zytoplasmas. Dass Ribosomen in allen Lebensreichen vorkommen, weist darauf hin, dass sie bereits früh im Evolutionsprozess entstanden sind. Palade stellte fest, dass Ribosomen aus großen und kleinen Subeinheiten bestehen und dass es subtile Unterschiede in Dichte (Masse pro Volumen-Einheit) zwischen Ribosomen in prokaryotischen und eukaryotischen Zellen gibt. Dies ist von praktischer Bedeutung bei der Behandlung von bakteriellen Infektionen. Bestimmte **Antibiotika**, wie Erythromyzin und Tetrazyklin, bremsen selektiv die Eiweißsynthese in Bakterien, aber nicht in den Zellen des Patienten.

SIEHE AUCH: Prokaryoten (ca. 3,9 Milliarden Jahre v. Chr.), Eukaryoten (ca. 2 Milliarden Jahre v. Chr.), Zellkern (1831), Zelltheorie (1838), Antibiotika (1928), Elektronenmikroskop (1931), Lysosomen (1955), Entschlüsselung des genetischen Codes der Eiweißsynthese (1961).

Die Hauptfunktion von Ribosomen ist die Eiweißproduktion. Die Abbildung zeigt ein Modell eines eukaryotischen Ribosoms, das sich in seiner Struktur von einem prokaryotischen Ribosom unterscheidet.

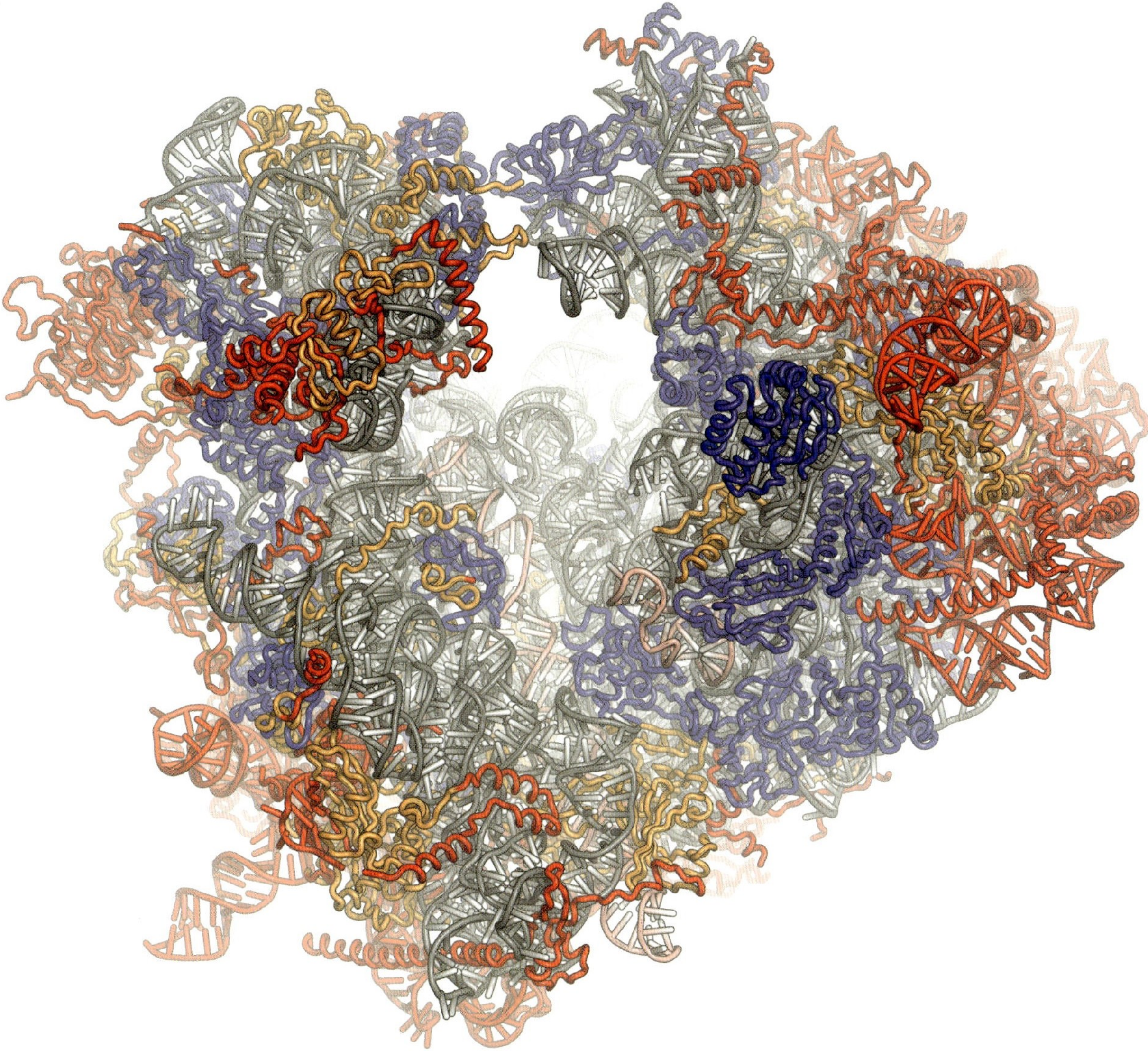

1955

Lysosomen

Alex B. Novikoff (1913-1987), **Christian de Duve** (1917-2013)

Der Zytologe und Biochemiker Christian de Duve von der Universität Löwen verwendete eine Ultrazentrifuge, um den Inhalt von Zellen zu trennen und zu untersuchen. Als er 1949 die Aktionen von Insulin in Leberzellen betrachtete, erregte etwas Unerwartetes seine Aufmerksamkeit. Bevor er Zellen in die Zentrifuge tat, homogenisierte er sie mithilfe eines Mörsers oder Mixers, um anschließend das **Enzym** saure Phosphatase hinzuzufügen. Zu seiner Überraschung verlor nur die Zellfraktion, die mit einem Mixer homogenisiert worden war, fast ihre gesamte Enzymaktivität. Weitere Studien ließen auf die Existenz eines bislang unbekannten Organells von blasenähnlicher Struktur schließen, das von einer Membran umhüllt war.

Der Inhalt dieses Organells hatte lytische (gewebeabbauende) Eigenschaften, und De Duve nannte es *Lysosom*. In einer Zusammenarbeit mit dem Elektronenmikroskopbauer Alex Novikoff wurde die Existenz von Lysosomen optisch bestätigt. De Duve kehrte nicht zu seiner Insulin- und Leberzellforschung zurück, sondern erhielt 1974 gemeinsam mit anderen Nobelpreis für seine Entdeckung der Lysosomen.

Ein zellulares Verdauungssystem. Lysosomen spielen eine wichtige Rolle bei Gesundheit und Krankheit. Bei normaler Funktion enthalten sie etwa verschiedene 50 saure Hydrolasen, die Eiweiße, Nukleinsäuren, Kohlenhydrate und Fette abbauen können. Es ist unklar, ob sich entsprechende Enzyme auch auch in Pflanzen befinden, aber sie befinden sich auf jeden Fall in allen tierischen Zellen – wobei sich die höchsten Konzentrationen in Abwehrzellen wie Weißen Blutkörperchen finden. Sie fungieren als Verdauungssystem der Zelle, indem sie Viren, Bakterien und andere Fremdkörper abbauen. Sie spielen zudem eine Rolle beim internen Zellhaushalt, indem sie überflüssige und verschlissene Organellen entfernen. Lysosomen tragen ebenfalls zum Schutz der Zelle bei langfristigem Nahrungsmangel bei. Über Autophagie („Selbstfressen") können Lysosomen intrazellulare Komponenten verdauen und die Zwischenprodukte in Moleküle umsetzen, die wesentlich sind für das Überleben der Zelle.

Wenn Lysosomen die Abfallprodukte nicht abbauen können, häufen sich diese Substanzen an und verursachen zelluläre Fehlfunktionen und Organschäden. Es gibt etwa 50 dieser seltenen genetischen lysomalen Speicherkrankheiten, wie das Gaucher- und das Tay-Sachs-Syndrom.

SIEHE AUCH: Stoffwechsel (1614), Leber- und Glukosestoffwechsel (1856), Enzyme (1878), Insulin (1921), Erbliche Stoffwechselkrankheiten (1924), Ribosomen (1955).

Auf diesem Bild der internen Struktur einer Pflanzenzelle sind Lysosomen als kleine orangefarbige Knöllchen abgebildet. Im Unterschied zu tierischen Zellen haben Pflanzenzellen eine Zellwand.

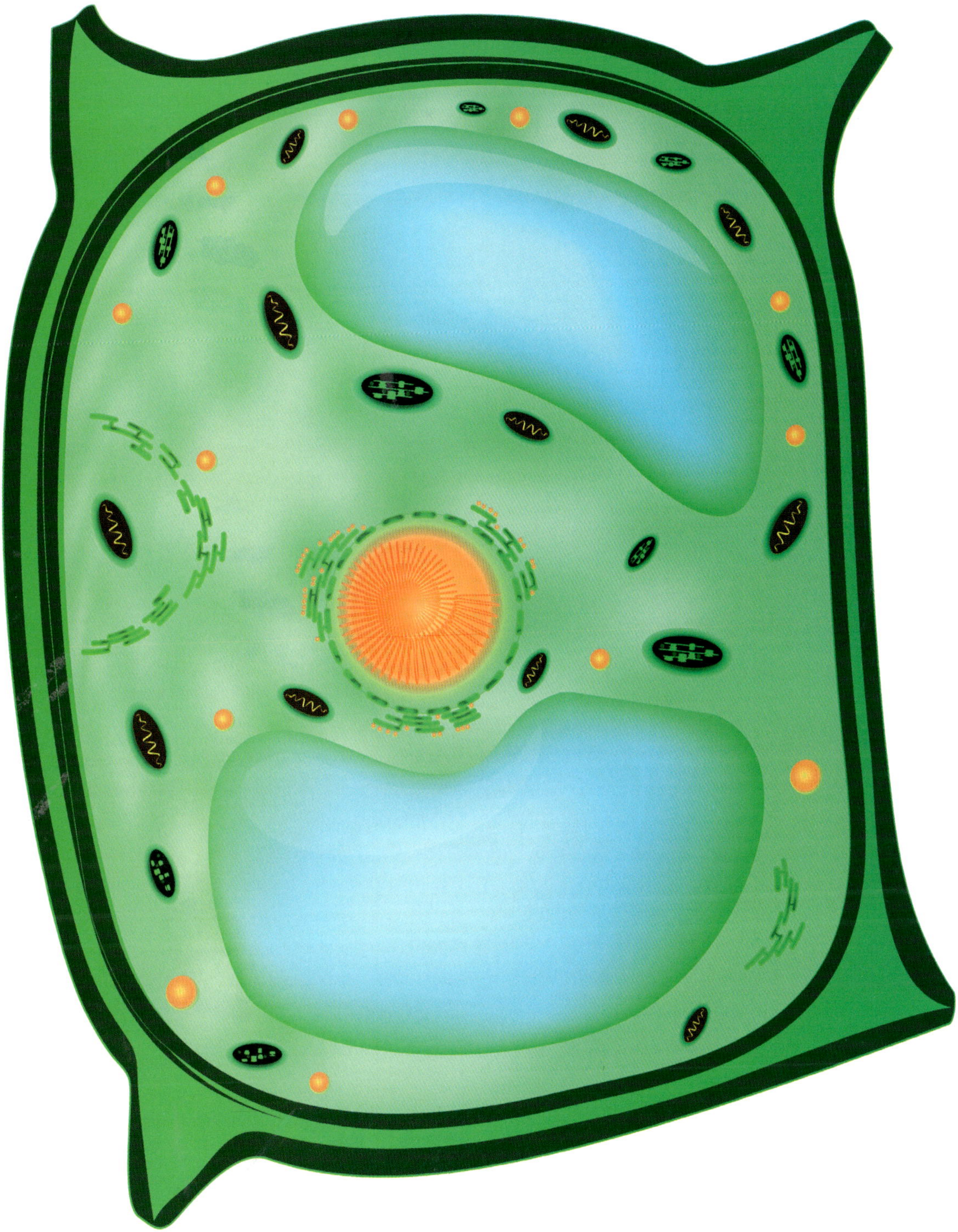

1956

Pränatale Diagnostik

John H. Edwards (1928-2007), **Giuseppe Simoni** (geb. 1944)

Chromosomabweichungen kommen bei einem von 200 Neugeborenen vor, auch wenn die meisten Föten mit solchen Abweichungen bereits vor der Geburt sterben. Zu den risikoerhöhenden Faktoren gehören Schwangerschaften nach dem 35. Lebensjahr, ein voriges Kind mit einer Abweichung und einer Familiengeschichte mit Chromosomabweichungen. Es gibt zahlreiche Tests, um einen Fötus auf genetische Abweichungen zu testen. Nach dem dritten Schwangerschaftsmonat kann mithilfe von Ultraschall nach möglichen Defekten gesucht werden.

Fruchtwasserpunktionen für medizinische Studien wurden bereits Ende der 1870er Jahre vorgenommen. 1956 beschrieb John H. Edwards den Einsatz von Fruchtwasser zur „pränatalen Detektion von erblichen Störungen". Diese Flüssigkeit umringt den Fötus und enthält Zellen, von denen ein Karyotyp erstellt wird, um die paarweise Anordnung von Chromosomen sichtbar zu machen. Das Verfahren findet in der Regel zwischen der 15. und 20. Woche statt, um Krankheiten wie das Down-Syndrom (Trisomie-21; d.h., mit einem zusätzlichen Chromosom 21), Spina bifida, zystische Fibrose oder das Tay-Sachs-Syndrom aufzuspüren.

Eine Alternative ist der Flockentest bzw. die Chorionzottenbiopsie, die meistens in der 10. bis 12. Schwangerschaftswoche erfolgt, sodass die Ergebnisse früher bekannt sind. Der Test wurde 1983 erstmals vom italienischen Biologen Giuseppe Simoni durchgeführt und kann über 200 Abweichungen aufspüren. Das Chorion ist die äußere Schicht der Fruchthüllen um den Embryo. Die Chorionzotten sind kleine, fingerartige Ausstülpungen im Chorion, die zur weiteren Untersuchung entfernt werden. Da die Zotten fetalen Ursprungs sind, vermitteln sie einen Überblick über die genetische Ausstattung des Fötus.

Seit 2011 lässt sich auch zellfreie fetale DNA analysieren. Entsprechende Tests sind für die Mutter weniger belastend als eine Fruchtwasserpunktion oder der Flockentest, denn sie umfassen nur einen Bluttest in der 10. Schwangerschaftswoche. Da hierbei nur DNA-Fragmente im Blut ausgewertet werden, wird der Test nur zum screening (z. B. auf Down-Syndrom) eingesetzt und nicht, wie die älteren Tests, einen diagnostischen Test zur Ermittlung eines genetischen Defekts.

SIEHE AUCH: Plazenta (1651), Eugenik (1883), Erbliche Stoffwechselkrankheiten (1923).

Während der Schwangerschaft werden zwei Arten von Tests zum Nachweis des Down-Syndroms angewandt: Ultraschall, der einen Hinweis darauf liefert, ob ein erhöhtes Risiko besteht und ein diagnostischer Test, z.B. Fruchtwasserpunktion oder Flockentest, die eine sichere Diagnose ermöglichen.

1956

DNA-Polymerase

Francis Crick (1916-2004), **Arthur Kornberg** (1918-2007), **James D. Watson** (geb. 1928)

Watson und Cricks klassischer Artikel über die chemische Struktur von **DNA** erschien 1953 und rief bei manchen Wissenschaftlern Zweifel über seinen Wert hervor. Watson und Crick meinten, dass ein Mechanismus zum Kopieren von DNA noch gefunden werden müsste. Der amerikanische Biochemiker Arthur Kornberg von der Mikrobiologiefakultät an der Washington University in St. Louis, Missouri, erkannte jedoch die Bedeutung des Artikels. Er fragte sich, wie der Körper Nukleinsäuren synthetisierte, und zwar insbesondere DNA. Während seiner Forschung mit dem recht einfachen Bakterium *Escherichia coli* entdeckte er 1956 das **Enzym**, das die DNA aus ihren Bausteine zusammenfügt. Dieses Enzym, die DNA, ist in verschiedenen Varianten in jedem Lebewesen vorhanden. Kornbergs Befunde wurden zunächst abgelehnt, letztlich jedoch angenommen und 1957 in der renommierten Fachzeitschrift *Journal of Biological Chemistry* veröffentlicht. 1959 bekam er den Nobelpreis für die Entdeckung der „Mechanismen in der biologischen Synthese von DNA".

Biologisches Kopiergerät. Die Entdeckung der DNA-Polymerase I, kurz: Pol I, ist von großer Bedeutung in der Biologie, weil sie eine zentrale Rolle im Lebensprozess spielt und uns zeigt, wie DNA kopiert und repariert wird. Vor der Zellteilung dupliziert Pol I den gesamten Inhalt der DNA einer Zelle. Anschließend liefert die Elternzelle eine Kopie ihrer DNA an jede Tochterzelle, wodurch genetische Informationen von einer Generation zur nächsten weitergegeben werden. Kornberg entdeckte, dass Pol I einen intakten DNA-Strang liest und diesen als Form verwendet, um einen neuen Strang zu synthetisieren, der identisch mit dem ursprünglichen Strang ist; ein Prozess, der mit dem eines Kopiergeräts vergleichbar ist.

Anders als ein Kopiergerät, das blind und unabhängig von ihrem Inhalt Dokumente kopiert, können manche Elemente der Unterklasse der DNA-Polymerasen – wie Pol I – die DNA-Form „probelesen" und Fehler entdecken, entfernen und korrigieren. Andere DNA-Polymerasen replizieren nur und reparieren nicht, sodass Mutationen im Genom sich leichter etablieren können oder gar zum Absterben der Zelle führen.

SIEHE AUCH: Desoxyribonukleinsäure (DNA) (1869), Enzyme (1878), Bakteriengenetik (1946), Doppelhelix (1953), Zentrales Dogma der Molekularbiologie (1958), Polymerase-Kettenreaktion (1983).

Es gibt sieben Unterklassen der DNA-Polymerase. Manche, z. B. Pol I, führen Qualitätskontrollen durch und lesen, detektieren und korrigieren Fehler in der DNA, bevor sie eine Kopie erstellen.

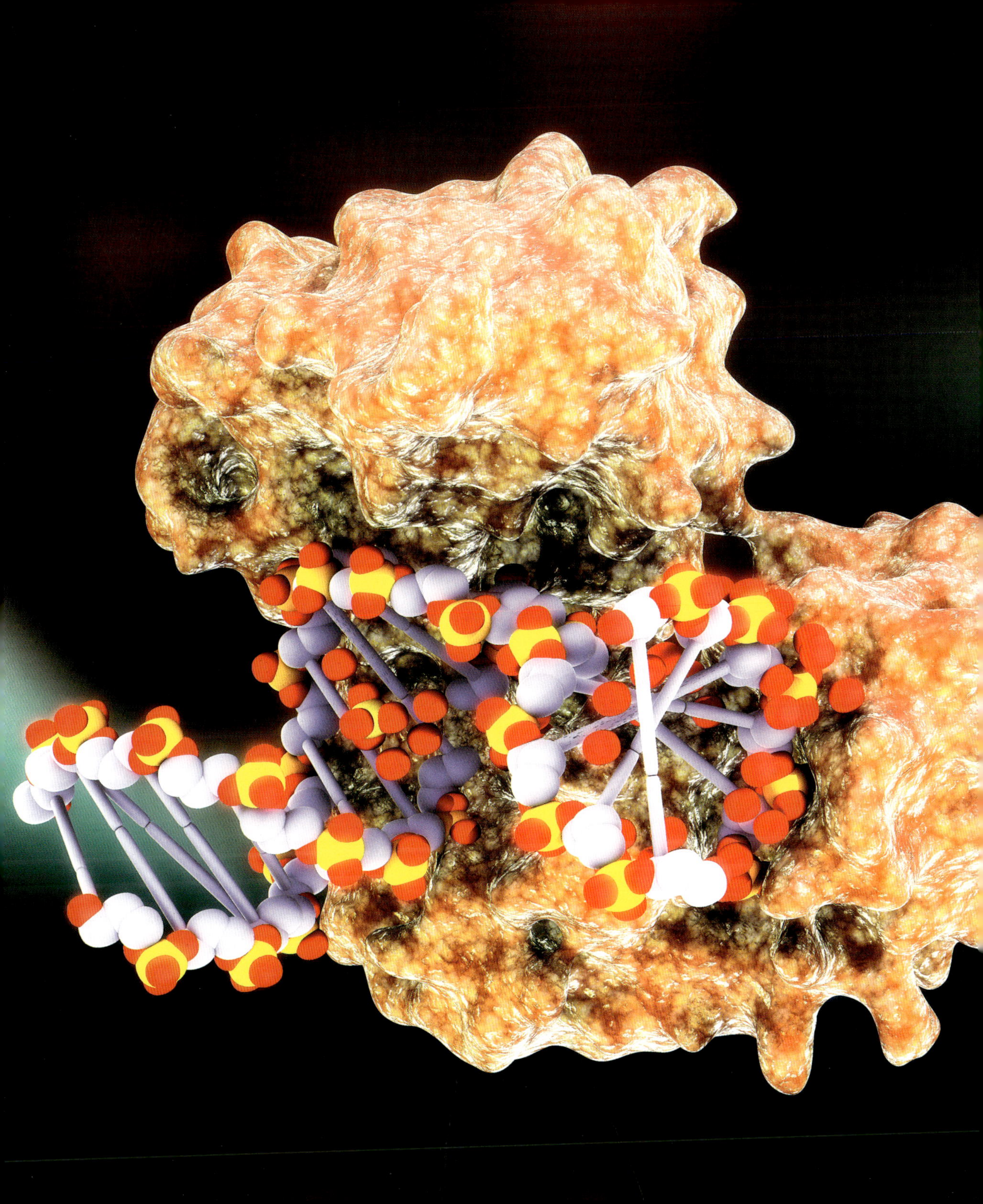

1956

Sekundäre Botenstoffe

Earl W. Sutherland jr. (1915-1974)

Bei der Konfrontation mit einem Raubtier hat das potenzielle Beutetier zwei Möglichkeiten: Kampf oder Flucht. Zur Vorbereitung auf die Aktion reagiert der Körper mit beschleunigtem Herzschlag und schnellerer Atmung, der Aktivierung der Skelettmuskulatur und einer Erhöhung des Blutzuckerspiegels. Diese Stressreaktionen werden durch Freisetzung des Hormons Adrenalin aus den Nebennieren gesteuert. Der Zucker (Glukose) aus Kohlenhydratquellen kann direkt in Energie umgesetzt werden. Freigesetztes Adrenalin bindet an ein Rezeptoreiweiß an der Außenseite von Leber oder Muskeln und dient so als Signal, das eine Reihe von biochemischen Reaktionen auslöst und in Glukoseabgabe resultiert. Es ist ein dreistufiger Prozesse: Zuerst bindet das Hormon an den Rezeptor (Rezeption), zuletzt wird Glukose gebildet (Reaktion). Was dazwischen passiert, war lange ein Rätsel.

Der amerikanische Pharmakologe Earl Sutherland untersuchte diese Reaktionen in den 1940er und 1950er Jahren und erkannte, dass das **Enzym** Glykogenphosphorylase direkt daran beteiligt war. Wenn er jedoch Leberstücken dieses Enzym sowie Adrenalin beifügte, entstand keine Glukose. Sutherland versuchte, die Natur der fehlenden Zwischenstufe (Transduktion) zu verstehen und die vermittelnde Substanz zu identifizieren, die das Signalmolekül auf der Leberzellenoberfläche zu einer Reaktion in der Zelle veranlasst.

Dieser vermittelnde Stoff – das sekundäre Signalmolekül – entpuppte sich als zyklisches Adenosinmonophosphat, kurz: cAMP. In einer Reihe zwischen 1956 und 1957 publizierter beschrieb Sutherland die Reihenfolge: Die Adrenalinrezeptoreinheit aktiviert das Enzym Adenylylzyklase auf der Leberoberfläche, die ihrerseits die Umsetzung von Adenosintriphosphat (ATP) in cAMP anregt. Bei einer Reihe von nachfolgenden enzymatisch katalysierten Reaktionen wird Glykogenphosphorylase aktiviert und Glykogen zu Glukose abgebaut. Sutherland erhielt 1971 den Nobelpreis für den Nachweis der biologischen Rolle von cAMP. Als sekundärer Botenstoff spielt cAMP eine Rolle bei verschiedenen Zellaktivitäten, z. B. Energiemetabolismus, Teilung und Differenzierung, Ionenbewegung und Muskelkontraktionen sowie der Signaltransduktion bei Tieren, Pflanzen, Pilzen und Bakterien.

SIEHE AUCH: Stoffwechsel (1614), Leber- und Glukosestoffwechsel (1856), Enzyme (1878), Negatives Feedback (1885), Sekretin: das erste Hormon (1902).

Bei der Konfrontation mit einem Gegner gibt es nur Kampf oder Flucht. Auf beide Aktionen bereitet der Körper sich vor, indem er Adrenalin ausschüttet, das den Glukosespiegel im Blut erhöht. Der sekundäre Botenstoff cAMP vermittelt zwischen der Aktivierung eines Rezeptors auf der Leberzellenoberfläche und der Abgabe von Glukose.

1957

Eiweißstrukturen und Eiweißfaltung

Christian B. Anfinsen (1916-1995)

Im Allgemeinen erkennen Eiweiße andere Moleküle und binden diese. Dazu muss die Form des Eiweißes zu der Form des anderen Moleküls passen. Das geschieht z.B. wenn ein Antikörper – ein Eiweiß – mit einem Antigen reagiert oder der Opioidrezeptor – ebenfalls ein Eiweiß – mit Morphin oder Heroin interagiert.

Alle Eiweiße haben drei, manchmal vier Strukturebenen: Die primäre Struktur besteht aus einer einfachen, linearen Aminosäurekette. Die sekundäre Struktur ist eine Faltung von Strukturelementen. Die tertiäre Struktur ist die dreidimensionale Form eines gefalteten Eiweißes. Die quartäre Struktur entsteht, wenn zwei oder mehr Peptide zusammen ein großes Eiweiß bilden. Eiweiße können ihre biologische Funktion nur erfüllen, wenn ihre Ketten in dreidimensionaler Form gefaltet sind.

Seit Mitte der 1950er Jahre untersuchte der amerikanische Biochemiker Christian B. Anfinsen vom National Institute of Health die Beziehung zwischen Eiweißstruktur und Eiweißfunktion. Dazu wählte er das Eiweiß Ribonuklease, ein **Enzym**, das Ribonukleinsäure (RNA) abbaut. Ribonuklease ist stabil, klein, gut erforscht und problemlos in reiner Form erhältlich. 1957 stellte Anfinsen fest, dass Ribonuklease, nachdem ihre dreidimensionale Struktur zerstört worden war und sie ihre biologische Aktivität verloren hatte, sich spontan neu faltete und wieder ihre normale, vollständig funktionierende Form und Enzymaktivität zurückerhielt. Viele andere Eiweiße reagieren auf die gleiche Weise wie Ribonuklease.

Aus diesen Experimenten schlussfolgerte Anfinsen, dass die Informationen, die ein Eiweiß braucht, um seine endgültige dreidimensionale Form anzunehmen, in der Primärstruktur, nämlich der Aminosäuresequenz codiert ist. Außerdem nimmt Ribonuklease, gemäß Anfinsens „thermodynamischer Hypothese", eben jene Struktur stets deshalb an, weil sie die stabilste ist. 1972 erhielt Anfinsen den Nobelpreis für Chemie für die Entdeckung einer Verbindung zwischen der Aminosäuresequenz eines Eiweißes und seiner biologisch aktiven Form. Einige Krankheiten – wie Alzheimer, Parkinson und Huntington – wurden mit einer Anhäufung von fehlerhaft gefalteten, ursprünglich amyloiden Eiweißen in Zusammenhang gebracht, die vermehrt im Alter auftritt und möglicherweise einen genetischen Ursprung hat.

SIEHE AUCH: Enzyme (1878), Erworbene Abwehr (1897), Ehrlichs Seitenkettentheorie (1897), Erbliche Stoffwechselkrankheiten (1923).

Immunoglobulin M (rechts), der mit Abstand größte Antikörper im menschlichen Blut, ist gleichzeitig auch der erste Antikörper, der bei einer Entzündung entsteht. Daher wird er häufig zur Diagnose von Infektionskrankheiten verwendet.

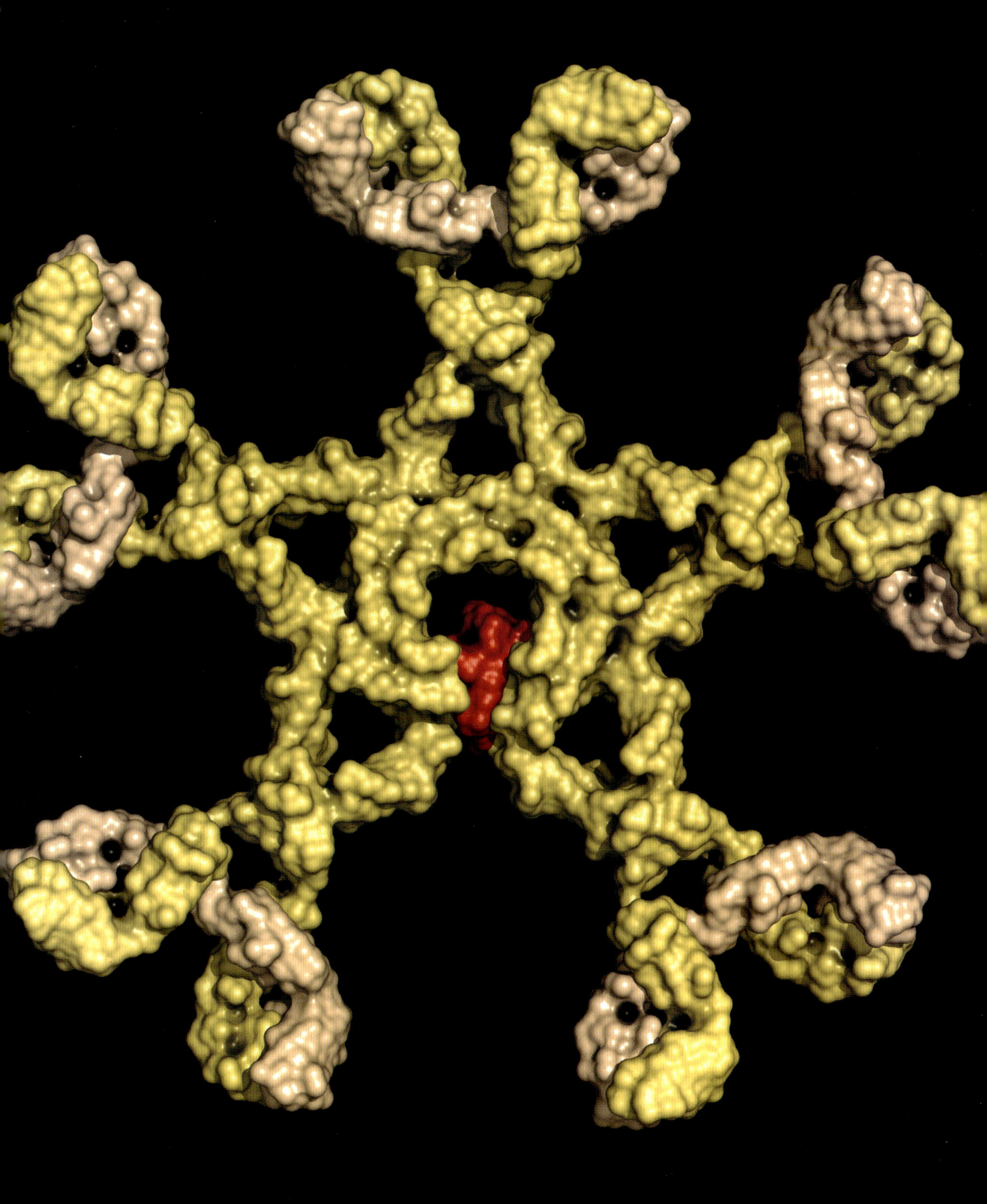

1957

Bioenergetik

Rudolf Clausius (1822-1888), **William Thomson (Lord Kelvin)** (1824-1907), **Hans Krebs** (1900-1981), **Hans Kornberg** (geb. 1928)

Die Bioenergetik beschreibt, wie lebende Organismen ihrer Umgebung Energie entziehen, um basale energiekonsumierende Aktivitäten zu befeuern. Ein gutes Beispiel ist der Einsatz von Adenosintriphosphat (ATP) als chemische Energiequelle. Lebewesen können ihre Energie autotroph oder heterotroph beziehen. Autotrophe Organismen (wie Pflanzen und Algen) nutzen den sehr effizienten **Photosynthese**prozess, der Sonnenenergie in ATP umsetzt. Heterotrophe Organismen nehmen komplexe organische Moleküle aus extern erhaltenen Nährstoffen auf und bauen diese ab, um Energie zu generieren.

In Anbetracht der enormen Vielfalt lebender Organismen sollte man erwarten, dass zahlreiche Mechanismen entwickelt wurden, um Energie zu erzeugen. Doch dem ist nicht so. Bakterien nutzen zum Abbau von Glucose dieselben Mechanismen wie höhere Organismen. Alle Lebewesen verwenden ATP als Zwischenschritt beim Energiestoffwechsel. Der **Stoffwechsel** umfasst alle chemischen Reaktionen, die komplexe Stoffe abbauen, um Energie zu generieren und ATP herzustellen (Katabolismus) sowie alle chemischen Reaktionen, die Energie und ATP kosten, um komplexe Moleküle aus einfacheren (Anabolismus) herzustellen.

1957 schrieben die beiden deutschen Biochemiker Hans Krebs und Hans Kornberg das Buch „Energy transformations in living matter“, die erste Veröffentlichung über Thermodynamik in lebenden Wesen, die die Biologie mit der Biochemie verknüpfte. Es gibt zwei Gesetze der Thermodynamik, die im Laufe des 19. Jhd. von Wissenschaftlern wie William Thomson (Lord Kelvin) 1848 und Rudolf Clausius 1850 entwickelt wurden. Das erste Gesetz besagt, dass alle Energie im Universum konstant ist und weder kreiert noch vernichtet, sondern nur transformiert werden kann. Die chemische Energie aus Nahrung wird in Energie umgesetzt, die zur Nahrungsproduktion für die anabolen Reaktionen und Lebensprozesse verwendet wird. Das zweite Gesetz besagt, dass Energietransformationen ineffizient sind, weil immer Energie verloren geht. Ein Beispiel dafür ist der Verlust von Körperwärme, z. B. beim Sport. **Energiehaushalt** ist der Aspekt der Bioenergetik, der die Harmonie des Körpers zwischen Aufnahme und Abgabe von Energie untersucht.

SIEHE AUCH: Stoffwechsel (1614), Photosynthese (1845), Homöostase (1854), Enzyme (1878), Mitochondrien und Zellatmung (1925), Energiehaushalt (1960).

Glukose ist eine sekundäre Energiequelle und ein Zwischenprodukt bei der ATP-Produktion. Es wird vom Menschen und Bakterien über dieselben chemischen Reaktion abgebaut. Die nebenstehende Abbildung zeigt die dreidimensionale Struktur von alfa-D-Glukopyranose, wobei Weiß für die Wasserstoffatome steht, Schwarz für Kohlenstoff und Rot für Sauerstoff.

1958

Zentrales Dogma der Molekularbiologie

Francis Crick (1916-2004), **James D. Watson** (geb. 1928), **Howard Temin** (1934-1994), **David Baltimore** (geb. 1938)

1958, fünf Jahre nachdem James Watson und Francis Crick die Molekülstruktur von **Desoxyribonukleinsäure (DNA) – die Doppelhelix** – entdeckten, formulierte Crick das zentrale Dogma der Molekularbiologie. 1970 erläuterte er eingehend, was darunter zu verstehen ist: Das zentrale Dogma besagt, dass genetische Information nur in eine Richtung übertragen wird, von DNA („Transkription“) auf RNA („Translation“) auf Eiweiße.

Informationen werden von einem Teil der DNA auf ein neues zusammengesetztes Molekül messenger-RNA (mRNA) „überschrieben“. Die mRNA macht eine Kopie einer der beiden DNA-Stränge, die als Form dient. Anschließend wandert die mRNA vom Zellkern ins Zytoplasma und bindet dort an ein Ribosom. Das Ribosom übersetzt die Anweisungen in ein Codon um. Jedes Codon codiert eine bestimmte Aminosäure, die der wachsenden Peptidkette hinzugefügt wird. Der letzte Schritt ist die getreue Kopie der DNA für eine Tochterzelle über die **Mitose**.

Nach diesem Dogma wird die Reihe niemals von RNA nach DNA zurückübersetzt. Als Howard Temin von der University of Wisconsin-Madison und David Baltimore vom MIT 1970 das Enzym *Reverse Transkriptase* entdeckten, revidierten sie diesen Aspekt des Dogmas. Temin und Baltimore bekamen dafür beide 1975 den Nobelpreis. Später entdeckte man, dass sich Reverse Transkriptase in Retroviren befindet, z. B. im „Human Immunodeficiency Virus“ (HIV), und RNA in DNA übersetzt. Eine andere Ausnahme zum zentralen Dogma ist, dass nicht die gesamte DNA an der Programmierung der Eiweißsynthese beteiligt ist. Etwa 98 % der menschlichen DNA ist nichtcodierende DNA (so genannte „junk-DNA“), deren biologische Funktion noch unklar ist.

Es gab auch Kritik an der Wortwahl. In seiner Autobiografie *What mad pursuit: a personal view of scientific discovery* (1988), schrieb Crick, dass der Begriff „Dogma“ etwas ungeschickt formuliert war. Er hätte besser das Wort „Hypothese“ verwendet. Dogma ist ein Glaube, an dem nicht gezweifelt werden kann. Und so war es bestimmt nicht gemeint.

SIEHE AUCH: Desoxyribonukleinsäure (DNA) (1869), Mitose (1882), Doppelhelix (1953).

Schema der Informationsvermittlung von DNA über RNA zu den Aminosäuren, die sich zu einem Eiweiß formieren.

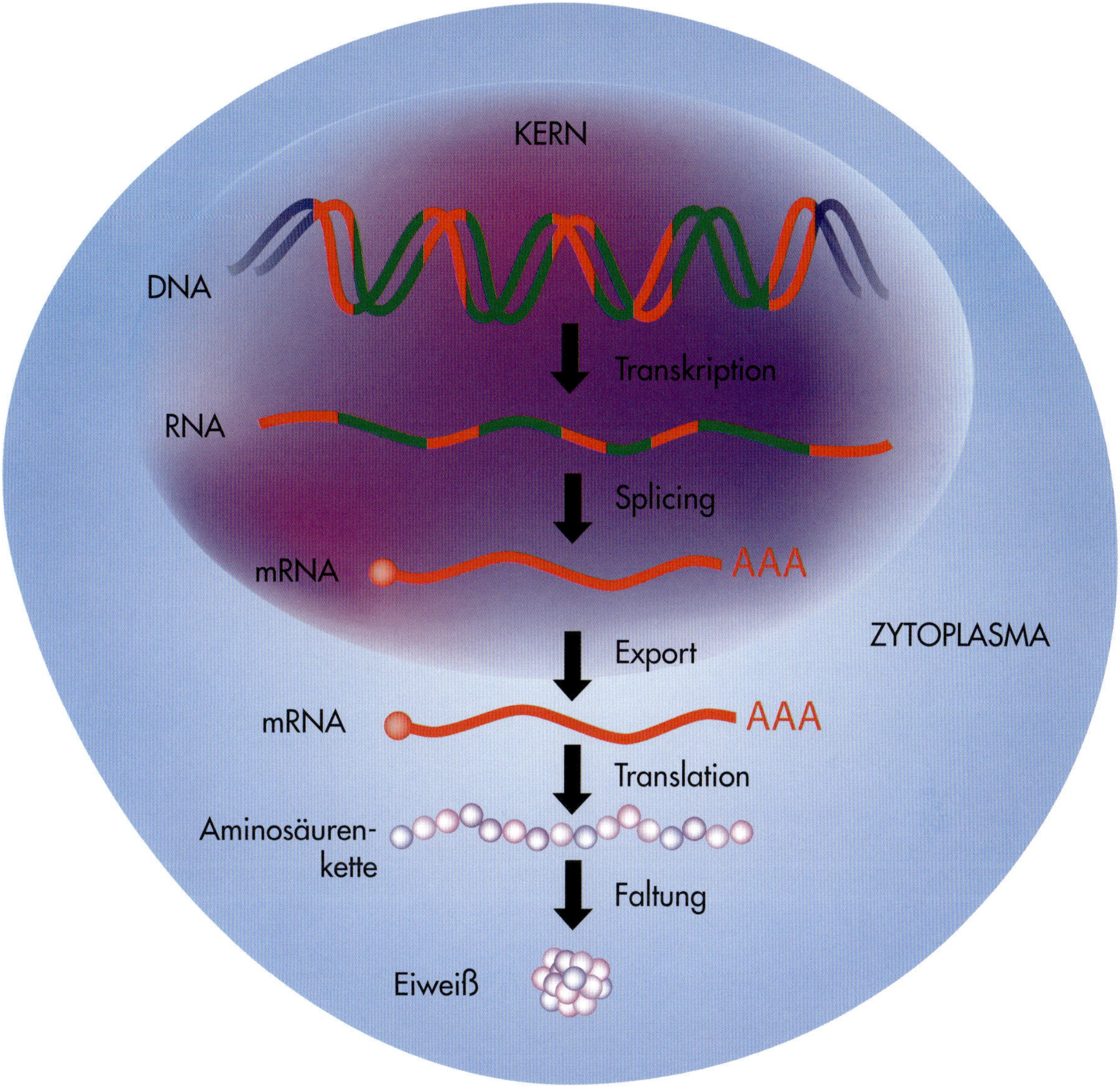
KERN
DNA
Transkription
RNA
Splicing
mRNA
AAA
ZYTOPLASMA
Export
mRNA
AAA
Translation
Aminosäuren-
kette
Faltung
Eiweiß

1958

Bionik und Cyborgs

Jack Steele (1924-2009), **Manfred E. Clynes** (geb. 1925), **Nathan S. Kline** (1916-1883), **Martin Caidin** (1927-1997)

Bionische Männer und Frauen, so genannte Cyborgs – Mischwesen aus Mensch und Maschine – geistern seit den 1970er Jahren in Comicgeschichten, TV und Filmen herum. Der englische Begriff *bionics* wurde 1958 von Jack Steele erfunden, einem amerikanischen Arzt bei der Luftwaffe. Er wurde entweder in der Bedeutung von „lebensähnlich" oder als Wortkreuzung zwischen Biologie und Elektronik aufgefasst. Zwei Jahre später stellten der Forscher Manfred Clynes und der Psychopharmakologiepionier Nathan Kline den *cyborg* („cybernetic organism") vor, ein verbesserter Mensch, der in einer außerirdischen Umgebung überleben kann. *Cyborg* war ebenfalls der Titel von Martin Caidins Roman von 1972, der der TV-Serie *Der-Sechs-Millionen-Dollar-Mann* (1974-1978) und dem Ableger *Die-Sieben-Millionen-Dollar-Frau* (1976-1978) als Vorlage diente. Der berühmteste Cyborg ist der Terminator aus den gleichnamigen Filmen. Ein Cyborg ist meistens ein Organismus, der mit besseren mentalen und physischen Fähigkeiten ausgestattet wurde, wobei die Begriffe bionisch und Cyborg durcheinander verwendet werden.

Bionik hat in der Technologie und Biomedizin eine andere Bedeutung. In der Wissenschaft und Technologie steht Bionik (auch Biomimikry oder Biomimetik) für die Übertragung von biologischen Phänomenen aus der Natur auf technische Systeme, wobei weniger die Struktur als vielmehr deren Funktion kopiert wird. Zu solchen Produkten gehören z. B. der Klettverschluss (1948), basierend auf der Art und Weise, in der die Häkchen und Ösen von Kletten an Kleidung und Tierfell kleben bleiben. Es gibt auch Stoffe, die ähnlich wie die Oberfläche eines Lotusblatts Wasser und Schmutz abstoßen („Lotuseffekt"). Sonar und Echografie liegt die Echoortung von Fledermäusen zu Grunde.

In der Biomedizin liegt der Schwerpunkt der Bionik auf dem Austausch von Organen oder Körperteilen durch eine funktionierende mechanische oder synthetische Version. Hörschnecken-Implantate werden seit den 1970er Jahren erfolgreich bei schwerer Taubheit eingesetzt. Seit 2004 gibt es ein voll funktionsfähiges Kunstherz. Heute wird die Entwicklung von bionischen Händen und Gliedmaßen erforscht.

Wird die Definition von Kernfamilie in Zukunft auch bionische Eltern und ihre Kinder umfassen?

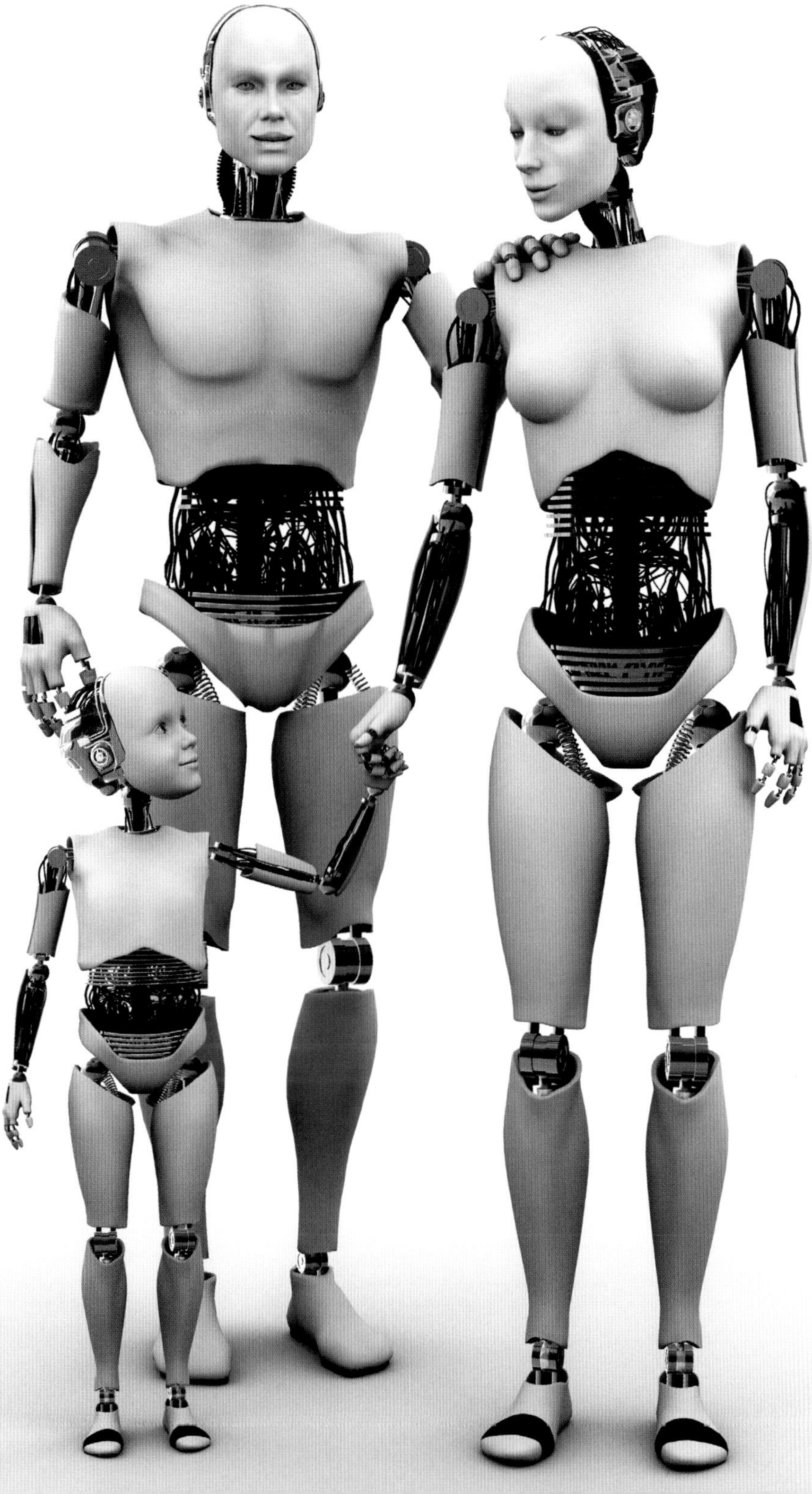

1959

Pheromone

Adolf Butenandt (1903-1995), **Martha McClintock** (geb. 1947)

Die Paarung von Motten beginnt nicht selten als Fernbeziehung. Wenn weibliche Motten zur Paarung bereit sind, senden sie ein Signal aus, das von potenziellen Partnern 10 Kilometer weiter entfernt aufgefangen werden kann. Welcher Art ist dieses Signal? Adolf Butenandt vom damaligen Max-Planck-Institut für Verhaltensphysiologie in Seewiesen bei München beantwortete diese Frage 1959 mithilfe von Seidenschmetterlingen (Bomyx mori). Dazu entfernte er eine bestimmte Drüse am hinteren Körperende von rund 500 000 weiblichen Faltern und isolierte daraus einen chemischen Stoff, den der *Bombykol* nannte. Wenn männliche Schmetterlinge diesem Stoff ausgesetzt wurden, begannen sie in einer Art „Flattertanz" wild mit ihren Flügeln zu schlagen. Butenandt, der 1939 den Nobelpreis für Chemie erhalten hatte, fasste solche chemischen Faktoren, die bei Artgenossen ein typisches Verhalten auslösen, unter der Bezeichnung *Pheromone* zusammen.

Duftrezeptoren sind die ältesten aller Sinnesorgane. Alle Organismen, einschließlich Bakterien, verfügen darüber. Neben Paarungssignalen gibt es auch Duftsignale, die vor der Anwesenheit von Raubtieren warnen oder auf eine Nahrungsquelle hinweisen. Wenn eine Ameisenarbeiterin Nahrung entdeckt, legt sie eine Pheromonspur für ihre Schwestern. Das Pheromon der Bienenkönigin zieht Männchen während ihres Aufenthalts außerhalb des Stocks an. (Der indische Elefant nutzt das gleiche Pheromon wie 140 Mottenarten.) Bei Insekten wie Motten und anderen Schmetterlingen detektieren Männchen Pheromone über haarförmige Duftrezeptoren auf ihren Fühlern.

Bei Säugetieren, Reptilien und Amphibien werden Pheromone vom Jacobsonschen Organ unten an der Nasenzwischenwand aufgespürt und ans Gehirn weitergeleitet. 1971 entdeckte Martha McClintock vom Wellesley College, dass der Menstruationszyklus bei weiblichen Studenten, die nahe zusammen wohnten, synchron verliefe. Das ist der so genannte „McClintock-Effekt". Sie sammelte ebenfalls Substanzen aus den Achseln von Frauen in verschiedenen Phasen ihrer Menstruation, die den Verlauf der Zyklen bei anderen Frauen beeinflussten. Die Gültigkeit des McClintock-Effekts wird inzwischen wegen methodischer Mängel und fragwürdiger Daten angezweifelt. Auch die Existenz von Pheromone und des Jacobsonschen Organs wird in Frage gestellt.

SIEHE AUCH: Insekten (ca. 400 Millionen Jahre v. Chr.), Bienentanz (1927), Geruchssinn (1991).

Pheromone spielen eine wichtige Rolle bei der Paarung von Insekten, z. B. Motten, bei denen die Männchen manchmal über viele Kilometer hinweg der Spur eines weiblichen Pheromons folgen. Zur Insektenbekämpfung werden auch Pheromonfallen verwendet. Nebenstehend ein Seidenschmetterling (Bombyx mori)*, das Insekt, das Adolf Butenandt verwendete, um das erste Pheromon zu isolieren.*

1960

Energiehaushalt

Nicholas Clément (1779-1842), **Claude Bernard** (1813-1878)

Bei seiner Bemühung, sein Wohlergehen zu erhalten, versucht der Körper Homöostase zu erreichen. Dieses Konzept, das das stabile und konstante interne Milieu beschreibt, stellt Claude Barnard 1854 vor. Zu einer solchen Stabilität gehören in der Regel Körpertemperatur und pH-Wert sowie Energie. **Bioenergetik** beschäftigt sich mit dem Energiehaushalt in lebenden Organismen. Um ihn im Gleichgewicht zu halten, muss unsere Energieaufnahme gleich der Energieabgabe sein. Die Aufnahme wird durch das Menü bestimmt: die Menge und die Energie (Kalorien) der Nahrung. Die Abgabe erfolgt durch externe körperliche Arbeit und durch intern erzeugte Wärme. Zu dieser Wärme gehört der basale Stoffwechsel (BMR). Das ist die Energiemenge, die im Ruhezustand verwendet wird, um vitale Organe und Systeme normal funktionieren zu lassen. Der thermische Effekt von Nahrung ist die Energie, die es kostet, um Nahrung biologisch für den Gebrauch oder zur Speicherung zur späteren Verwendung zu verarbeiten.

Es ist entsteht ein Ungleichgewicht, wenn die Energieaufnahme die Energieabgabe übertrifft, was in der Regel die Folge von übermäßigem Essen und übermäßigem Sitzen ist. Überflüssige Energie wird in Form von Fett gespeichert, was zu Gewichtszunahme führt. Wenn die Energieaufnahme zu niedrig ist, passiert das Gegenteil. Das kann die Folge von zu geringer Nahrungsaufnahme, Verdauungsstörungen oder anderen Krankheitssymptomen sein.

1960 entstand das Internationale Einheitensystem, eine Reihe von Standards zum Einsatz in Handel und Wissenschaft, die von fast allen Ländern der Welt eingeführt wurde. Nur die USA waren eine auffallende Ausnahme. In der Ernährung ist das Joule (J) oder Kilojoule (kJ) die Einheit für Energie. In der EU steht auf den Verpackungen sowohl kJ als auch die metrische Einheit der Kalorie (c) oder Kilokalorie (kcal). In den USA steht auf den Etiketten nur Cal (1 Cal = 1 EU kcal oder 4,2 kJ). Eine Cal (kcal) ist definiert als die Menge an Energie, die nötig ist, um die Temperatur von 1 Liter Wasser um 1 °C zu erhöhen. Viele haben die Kalorie in einem Nahrungskontext verwendet. Nicholas Clément war 1824 sicherlich einer der ersten.

SIEHE AUCH: Stoffwechsel (1614), Homöostase (1854), Bioenergetik (1957), Theorie der optimalen Nahrungssuche (1966).

Die internationale Energieeinheit, das Joule, ist nach dem britischen Physiker James Prescott Joule (1818-1869) benannt. Er entwart 1845 einen „Wärmeapparat" entwarf, der das „mechanische Wärmeäquivalent" bestimmen konnte: Damit ist die Arbeit gemeint, die nötig ist um die Temperatur eines feststehenden Volumens von Wasser um 1 °C steigen zu lassen.

1960

Werkzeuggebrauch bei Schimpansen

Louis Leakey (1903-1972), **Jane Goodall** (geb. 1934)

Die Fähigkeit zur Herstellung und Verwendung von Werkzeug stammt von unseren frühesten Vorfahren. Lange Zeit dachte man, dass sie dem Menschen vorbehalten war. Diese Idee wurde 1960 durch die Beobachtungen von Jane Goodall umgeworfen, einer 26jährigen Frau ohne akademische Ausbildung.

Goodall wurde 1934 in England geboren und entwickelte bereits als Kind leidenschaftliches Interesse und Liebe für Afrika und seine Tiere. 1958 engagierte der berühmte Paläontologe Louis Leakey Goodall in Kenia als Sekretärin. Leaky war so beeindruckt von der Art, in der sie seine Aufzeichnungen für Präsentationen organisierte, dass er sie 1960 ins Gombe Stream-Wildreservat in Tanganyika (heute Tansania) schickte, um Schimpansen zu beobachten. Innerhalb von drei Monaten machte sie zwei verblüffende Entdeckungen. Bis dahin hatte man angenommen, dass Schimpansen Herbivoren waren, aber sie beobachtete sie dabei, wie sie auch Insekten fraßen. Außerdem jagte eine Gruppe von Affen junge Schweine und kleinere Affen.

Noch spektakulärer war ihr Gebrauch von Werkzeugen. Mit einem dicken Grashalm bohrte ein Schimpanse Löcher in einen Termitenhaufen, wonach er den Halm wiederholt in den Haufen steckte, ihn – nun bedeckt mit Temiten – wieder heraus und anschließend die Insekten verspeiste.

Andere Wissenschaftler haben Schimpansen einen Stock verwenden sehen, um Nahrung aufzunehmen – ähnlich wie Menschen, einen Löffel benutzen. Manche Schimpansen lernen Blätter zu verwenden, um Wasser aus Hohlräumen hoch oben in Bäumen zu schöpfen: Dazu nehmen sie eine Handvoll Blätter, kauen darauf und tauchen den „Schwamm" dann in den Hohlraum und saugen das Wasser auf. Sie besitzen auch rudimentäre technische Fähigkeiten. Zum Beispiel entfernen sie einen Zweig von einem Baum, streifen die Blätter ab und verwenden den Zweig, um Insekten zu fangen. Nüsse knacken sie mit einem Stein. Leaky sagte dazu: „Nun müssen wir Mensch und Werkzeug neudefinieren oder Schimpansen als Menschen akzeptieren."

SIEHE AUCH: Primaten (ca. 65 Millionen Jahre v. Chr.), Anatomisch moderne Menschen (ca. 200 000 v. Chr.).

Vor Jane Goodalls Beobachtung, dass Schimpansen Werkzeuge verwenden, um Nahrung und Wasser zu erhalten, dachte man allgemein, dass nur Menschen Werkzeuge herstellen und verwenden. Je nach Definition des Begriffs Werkzeug verwenden auch andere Säugetiere, Fische, Vögel, Tintenfische und Insekten diese Hilfsmittel.

1961

Zellalterung

Alexis Carrel (1873-1944), **Leonard Hayflick** (geb. 1928)

In der ersten Hälfte des 20. Jhd. nahm man allgemein an, dass tierische Zellen unbegrenzt wachsen. Der französische Nobelpreisträger und Chirurg Alexis Carrel startete 1912 ein Experiment am Rockefeller Institute, bei dem angezüchtete Zellen von Kükenherzen 34 Jahre am Leben blieben. Der Traum von der unsterblichen Zelle endete 1961: Damals wies der amerikanische Zellbiologe Leonard Hayflick vom Wistar Institute in Philadelphia nach, dass die meisten menschlichen Zellen eine natürliche Grenze von 40 bis 60 Reproduktionen haben, bevor sie altern und sterben, das so genannte „Hayflick-Limit". Die Unsterblichkeit von Carrels Zellen ist allerdings der möglicherweise unbeabsichtigten Zugabe von frische Zellen zuzuschreiben. Manche Zellen, wie die menschlichen Ei- und Samenzellen oder Zellen von mehrjährigen Pflanzen, Schwämmen, Krebsen, Hydras – aber auch Krebszellen – können sich allerdings, wenn sie nicht getötet werden, unendlich weiterteilen. Worin liegt der Unterschied?

Chromosomen mit DNA befinden sich im Kern unserer Zellen. Am Ende des spulenförmigen Chromosoms befindet sich das so genannte Telomer: Es verhindert, dass die Enden von Chromosomen aneinander kleben und sich individuelle DNA-Stränge verbinden. Aber Telomere haben eine weitere Funktion: Zellalterung. Sie werden auch mit zellularen Uhren verglichen, die bestimmen, wie schnell Zellen altern und sterben. Jedes Mal, wenn sich eine Zelle teilt (**Mitose**), wird das Telomer etwas kürzer, und wenn es zu kurz wird, stirbt die Zelle. Die Beschränkung auf eine endliche Zahl von Zellteilungen kann nützlich sein, um die Zelle davor zu schützen, dass sich Krebs entwickelt.

Bei Krebszellen wachsen die Telomere bei jeder Teilung, was dem Enzym Telomerase zugeschrieben wird. Zwar verfügen auch gesunde Körperzellen über Telomerasen, doch dafür verantwortliche Gen wird unterdrückt. Das scheint diverse faszinierende Möglichkeiten zu bieten, die jedoch bislang nicht umgesetzt wurden. Es werden potenzielle Anti-Krebsmedikamente getestet, die verhindern, dass Krebszellen Telomerase produzieren. Und man könnte Telomerase als Anti-Alterungsmittel verwenden – ein moderner Jungbrunnen – oder gegen vorzeitige Alterung, aber dieser Vorteil kann ein erhöhtes Krebsrisiko mit sich bringen.

SIEHE AUCH: Mitose (1882), Die unsterblichen HeLa-Zellen (1951), Zellzyklus-Kontrollpunkte (1970).

Krebse werden schätzungsweise 60 Jahre alt und wachsen ihr ganzes Leben weiter, ohne schwächer oder unfruchtbar zu werden. Das liegt nicht sosehr daran, dass sie aus dem „Jungbrunnen" trinken, sondern dass sie ihr gesamtes Erwachsenenleben Telomerase produzieren.

1961

Entschlüsselung des genetischen Codes der Eiweißsynthese

George Gamow (1904-1968), **Francis Crick** (1916-2004), **Rosalind Franklin** (1920-1958), **Robert W. Holley** (1922-1993), **Har Gobind Khorana** (1922-2011), **Marshall Warren Nirenberg** (1927-2010)

Die Struktur von DNA wurde 1953 von Watson, Crick und Franklin entdeckt und besteht aus Strängen einer Doppelhelix aus vier Nukleotiden: Adenin (A), Thymin (T), Cytosin (C) und Guanin (G); in RNA ersetzt Uracil (U) Thymin. Wie aber wird die genetische Information im DNA-Molekül in die Biosynthese eines Eiweißes übersetzt?

George Gamow postulierte, dass ein Code, der auf Dreier-Kombinationen der vier verfügbaren Nukleotide basiert, bis zu 64 Aminosäuren definieren kann. Das sind mehr als genug für alle 20 für Eiweiße verwendete Aminosäuren. 1961 versuchten Marshall Nirenberg und J. Heinrich Matthaei herauszufinden, welche Aminosäure entsteht, wenn einem Reaktionsgemisch nur eine Sorte Nukleotide hinzugefügt wurde. UUU erbrachte die Aminosäure Phenylalanin, womit der erste Buchstabe des genetischen Codes geknackt war. Kurz darauf entstand aus CCC Prolin. Har Gobind Khorana von der University of Wisconsin-Madison produzierte komplexere, wiederholende Zwei-Nukleotidsequenzen. Die erste war UCUCUC, wobei UCU Serin codierte und CUC Leucin. Danach wurden die übrigen Codons bestimmt.

1984 entdeckte Robert Holley von der Cornell University die chemische Struktur von Transfer-RNA (tRNA), womit er die Beziehung zwischen der Rolle von messenger RNA (mRNA) und **Ribosomen** fand. Die Information, die für die Herstellung eines Eiweißes nötig ist, wird zuerst an tRNA angedockt und anschließend an mRNA in einem Ribosom übersetzt. Jede tRNA erkennt nur einen Satz von drei Nukleotiden in mRNA, und tRNA bindet sich nur an eine der 20 Aminosäuren. Ein Eiweiß wird gebildet, indem betimmte Aminosäuren eine nach der anderen miteinander verknüpft werden. Nirenberg, Khorana und Holley bekamen 1968 zusammen den Nobelpreis. Abgesehen von einigen Variationen stimmen die genetischen Codes aller Lebensformen stark überein. Laut der Evolutionstheorie muss dieser Code sehr früh in der Geschichte des Lebens entstanden sein.

SIEHE AUCH: Desoxyribonukleinsäure (DNA) (1869), DNA als Träger genetischer Informationen (1944), Doppelhelix (1953), Ribosomen (1955), Zentrales Dogma der Molekularbiologie (1958), Bioinformatik (1977), Genomik (1986), Humangenomprojekt (2003).

Die Beziehung zwischen dem Codon (das Nukleotid-Triplett von Adenosin, Thymin, Cytosin, Guanin oder Uracil) und der Codierung von Aminosäuren.

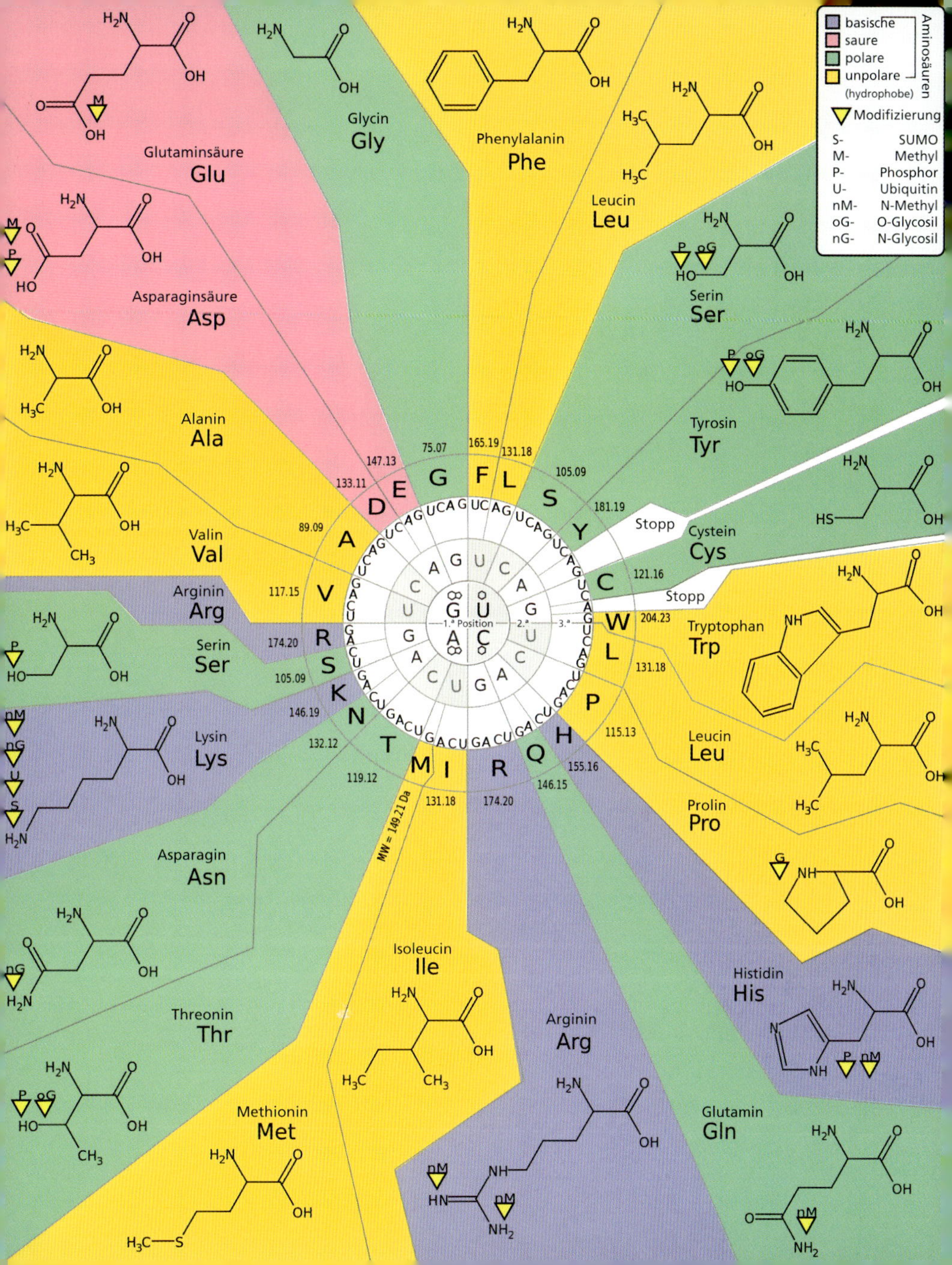

basische
saure
polare
unpolare
(hydrophobe)
Aminosäuren
Modifizierung
S- SUMO
M- Methyl
P- Phosphor
U- Ubiquitin
nM- N-Methyl
oG- O-Glycosil
nG- N-Glycosil
Glutaminsäure Glu
Glycin Gly
Phenylalanin Phe
Leucin Leu
Asparaginsäure Asp
Serin Ser
Tyrosin Tyr
Alanin Ala
Cystein Cys
Valin Val
Stopp
Stopp
Tryptophan Trp
Arginin Arg
Serin Ser
Leucin Leu
Lysin Lys
Prolin Pro
Asparagin Asn
Isoleucin Ile
Histidin His
Threonin Thr
Arginin Arg
Glutamin Gln
Methionin Met
1.ª Position
2.ª
3.ª
MW = 149.21 Da
75.07
165.19
131.18
147.13
133.11
105.09
181.19
89.09
121.16
117.15
204.23
174.20
105.09
131.18
146.19
115.13
132.12
155.16
119.12
146.15
131.18
174.20

1961

Operon-Modell der Genregulation

Jacques Monod (1910-1976), **François Jacob** (1920-2013)

Zellen vergeuden nicht gerne Energie und es kostet einiges an Energie, um Eiweiße zu synthetisieren. Daher wäre es sehr ineffizient und verschwenderisch für Zellen, Eiweiße zu produzieren, die nicht notwendig sind. Die französischen Biologen François Jacob und Jacques Monod vom Institut Pasteur in Paris entdeckten, wie dieser Prozess in eukaryotischen Zellen verläuft. Sie verwendeten dabei *Escherichia coli* als Modell, ein Bakterium, das im Darm von Menschen und Tieren angesiedelt ist.

Glukose ist eine äußerst effiziente Energiequelle und wird, falls vorhanden, von *E. coli* bevorzugt. Falls alternativ nur Laktose (Milchzucker) zur Verfügung steht, muss diese zunächst vom Enzym ß-Galaktosidase in zwei einfache Zucker – Glikose und Galaktose – gespalten werden. Als Jacob und Monod *E. coli* in Glukose kultivierten, wurden nur drei Einheiten ß-Galaktosidase produziert. Als sie Glukose durch Laktose austauschten, stieg seine Produktion in 15 Minuten um den Faktor 1000. In ihrer klassischen Studie von 1961 zeigten sie, dass dieses Enzym erzeugt werden konnte – dass die Produktion, falls erforderlich, „eingeschaltet" werden konnte – durch das *lac*-Operon.

Das *lac*-Operon besteht aus drei Genen, die **Enzyme** erzeugen, die den Abbau von Laktose steuern. Normalerweise wird das lac-Operon durch einen Repressor ruhig gestellt. Bei Abwesenheit von Laktose und wenn das ß-Galaktosidase-Enzym nicht benötigt wird, ist das *lac*-Operon also inaktiv. Sobald Laktose vorliegt, wird der Repressor neutralisiert und das *lac*-Operon in die messenger-RNA transkribiert, um dort die erforderlichen Enzyme zu produzieren. Je mehr Laktose abgebaut wird und das Niveau in der Zelle sinkt, desto mehr wird das Repressor-Eiweiß wieder verfügbar, um das *lac*-Operon auszuschalten und die Enzymproduktion zu beenden. Jacob und Monod erhielten beide die höchste französische Auszeichnung für ihre Verdienste während des Zweiten Weltkriegs und 1965 den Nobelpreis für die Entdeckung der Art und Weise, in der der Operon-Kontroll-mechanismus auf genetischem Niveau funktioniert.

SIEHE AUCH: Prokaryoten (ca. 3,9 Milliarden Jahre v. Chr.), Stoffwechsel (1614), Enzyme (1878), Ein-Gen-ein-Enzym-Hypothese (1941), Doppelhelix (1953), Zentrales Dogma der Molekularbiologie (1958).

Escherichia coli, *ein häufiger Gast im Darm von Mensch und Tier, half Jacob und Monod, ihr Modell der genetischen Kontrolle der Enzymproduktion zu entwickeln.*

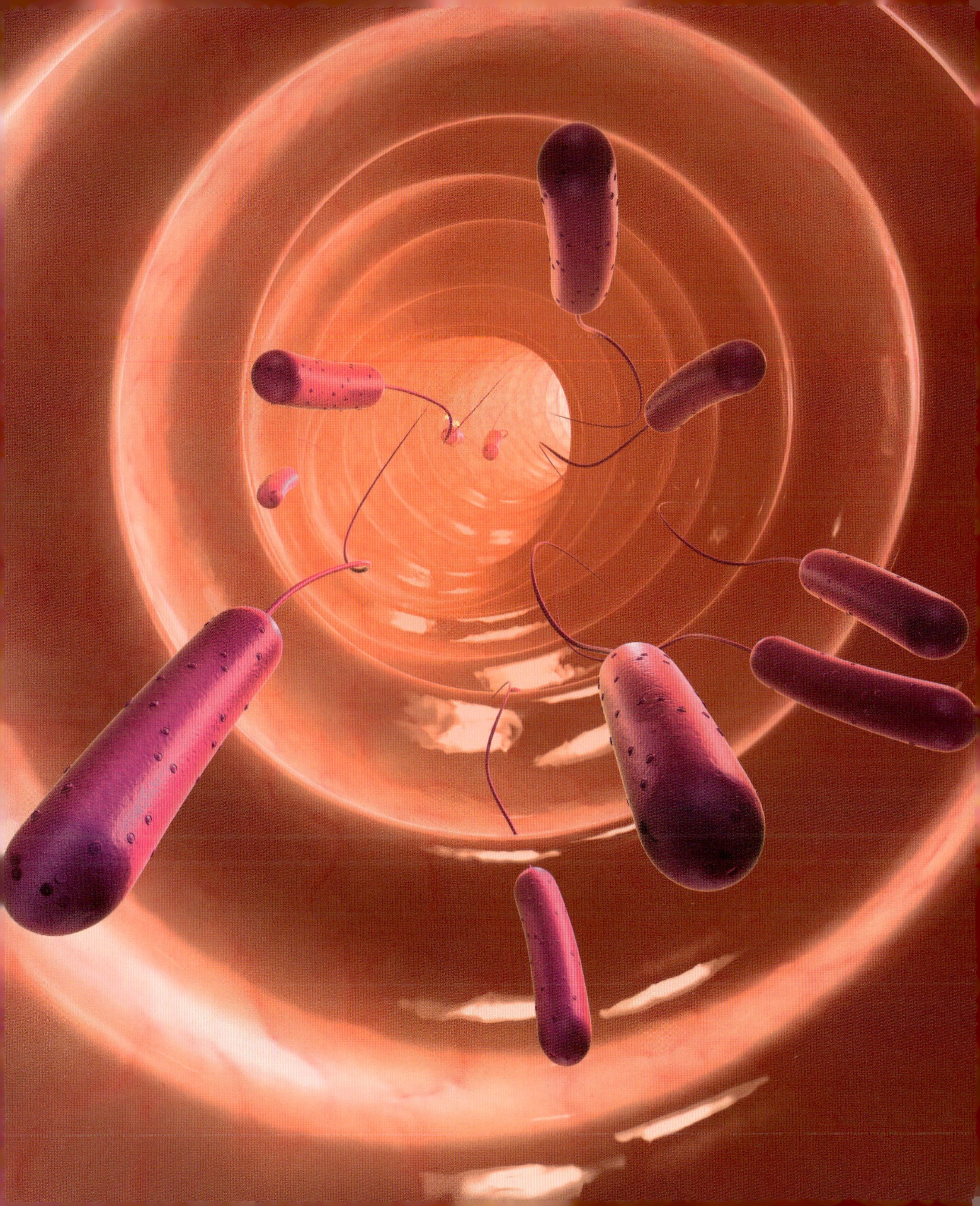

1962

Hypothese der sparsamen Gene

James V. Neel (1915-2000)

Adipositas hat in vielen Ländern epidemische Formen angenommen. In den USA wiegen zwei Drittel der Erwachsenen zu viel, die Hälfte davon gilt als korpulent. Adipositas ist weltweit die häufigste vermeidbare Todesursache und kann unmittelbar mit Krankheiten wie Diabetes Typ 2 und Herzbeschwerden in Zusammenhang gebracht werden. 1962 formulierte der Genetiker James Neel von der Universität von Michigan die „Hypothese der sparsamen Gene", womit er die Tendenz zur Entwicklung von Adipositas und Diabetes bei manchen ethnischen Gruppen (wie Indianern) zu erklären versuchte. Nach zusätzlichen Erkenntnissen über die Mechanismen, die zu Diabetes führen sowie über den Unterschied zwischen Diabetes Typ 1 (insulinabhängig) und Typ 2 (nicht insulinabhängig) und alternative Theorien über Faktoren, die zu Adipositas führen, revidierte Neel seine ursprüngliche Hypothese zu einer allgemeineren und nicht diabetesspezifischen Hypothese.

Fett wurde nicht immer negativ beurteilt. Es bot im Gegenteil sogar bestimmte Vorteile, wie ein Depot zur langfristigen Energielagerung. In der Geschichte der Menschheit war die Nahrungsversorgung für den Jäger und Sammler aufgrund von Hunger, schlechten Klimabedingungen oder nicht vorhandener Beute meistens problematisch. Menschen entwickelten komplexe physiologische und genetische Systeme (wie Neels „sparsame Gene") gegen Verhungern und zur Fettspeicherung. Außerdem liefert Fett dem Körper die nötige Wärme. Das war sehr nützlich, als der frühe Mensch das warme Klima Afrikas verließ und in kältere Gebiete, insbesondere die in Nordeuropa, zog. Fett bot auch körperlichen Schutz, wie bei schwangeren Frauen zu sehen ist, die eine zusätzliche Fettschicht anlegen, um den Fötus warm und geschützt zu halten.

Die Hypothese der sparsamen Gene wurde oft kritisiert. Es gibt keinen Beweis, nicht einmal einen Hinweis darauf, dass sie wirklich existiert. Für Adipositas wurden auch einfache, logische Erklärungen abgegeben: Im vergangenen Jahrhundert haben allerlei energiesparende Geräte die Notwendigkeit für schwere körperliche Arbeit überflüssig gemacht. Fast alle Experten sind sich in ihrem Urteil einig, dass die heutige Adipositaswelle das Ergebnis unseres relativen Mangels an körperlicher Betätigung sowie des Überflusses und Konsums von zucker- und fetthaltigen, ungesunden Lebensmitteln ist.

SIEHE AUCH: Leptin: das „Schlankheitshormon" (1994).

Im 18. und 19. Jhd. halfen Korsetts, den damals gewünschten Taillenumfang von 48 Zentimetern zu erreichen. Thomas Rowlandson (1756-1827) hat diese Prozedur 1791 in einer Karikatur festgehalten.

A LITTLE TIGHTER

1962

Der stumme Frühling

Paul Müller (1899-1965), **Rachel Carson** (1907-1964)

Das 1962 erschienene Buch *Der stumme Frühling (Silent Spring)* wird häufig als Ausgangspunkt der weltweiten Umweltbewegung in den USA betrachtet. Die Autorin, Rachel Carson, war Meeresbiologin und ehemalige Wissenschaftsredakteurin von Veröffentlichungen des US Fish & Wildlife Service. Davor schrieb sie unter anderem *Wunder des Meeres* (1951), das 86 Wochen lang auf der Bestsellerliste der *New York Times* stand.

Für *Der stumme Frühling* sammelte sie vier Jahre lang Hinweise darauf, dass Pestizide einen nachteiligen Einfluss auf die Umwelt haben, der wesentlich größer ist als die beabsichtigte Insektenbekämpfung und zudem schädlich für Fische, Vögel und sogar Menschen. Sie fand die Bezeichnung „Biozide" zutreffender. Der Titel weist auf einen Frühling hin, in dem keine Vögel mehr singen, weil sie alle durch Pestizide verschwunden sind. Carson wollte kein Verbot, sondern einen sorgfältigeren Umgang mit Pestiziden und mehr Erkenntnisse über ihre Auswirkungen auf das Ökosystem.

Sie befasste sich vor allem mit DDT, das 1939 von Paul Müller erfunden worden war und sich im Zweiten Weltkrieg als sehr effektiv zur Bekämpfung von Malariamücken in Ostasien und Ozeanien sowie typhusverursachenden Läusen in Europa herausgestellt hatte. DDT-haltiges Wasser wurde jedoch in die Wassergräben geschüttet und von den Fischen aufgenommen, die wiederum Beute des Weißkopf-Seeadlers – Amerikas Nationalsymbol seit 1782. DDT beeinflusste den Kalziumstoffwechsel des Adlers, wodurch seine Eierschalen so brüchig wurden, dass sie beim Brüten zerbrachen. Die Populationen von Adlern, Wanderfalken und Braunpelikanen sanken drastisch und die Vögel kamen auf die Liste der bedrohten Tierarten.

Trotz des Sperrfeuers an Kritik von Seiten der chemischen Industrie wurde *Der stumme Frühling* in Wissenschaftskreisen ebenso wie in der breiten Öffentlichkeit positiv aufgenommen. 1970 wurde die amerikanische Umweltbehörde EPA gegründet. 1972 wurde DDT in den USA, später fast weltweit, verboten. Die Adlerpopulation hat mittlerweile wieder einen gesunden Umfang erreicht. Kritiker des Verbots beharren darauf, dass das DDT-Verbot Millionen Menschen den Tod durch Malaria gebracht hat.

SIEHE AUCH: Nahrungsnetze (1927), Einflussfaktoren auf das Bevölkerungswachstum (1935), Grüne Revolution (1945), Biomagnifikation (1979), Abbau der Ozonschicht (1987).

Allgemein wird angenommen, dass DDE, ein metabolisches Abbauprodukt von DDT, dünne Eierschalen bei vielen Vogelarten verursacht, z. B. beim beim amerikanischen Weißkopf-Seeadler. Folglich kann die Schale das Gewicht des brütenden Vogels nicht mehr tragen und zerbricht.

1963

Hybride und Hybridzonen

Ernst Mayr (1904-2005)

Nach der Definition des Evolutionsbiologen Ernst Mayr von 1942 bilden Tiere eine Art, wenn sie sich untereinander fortpflanzen können und ihre Nachkommen lebensfähig und fruchtbar sind. Eine Art kann sich in zwei Arten aufteilen, wenn zwei Populationen einer Art nach und nach geografisch getrennt werden. Die physische Trennung funktioniert dann als Reproduktionsbarriere. In seinem Werk *Artbegriff und Evolution* (1963) beschrieb Mayr, was passiert, wenn zwei verschiedene, aber eng verwandte Arten mit einander in Kontakt kommen und hybride Nachkommen hervorbringen. Trotz dieser Kreuzungen sind Hybride und ihre beiden Elternpopulationen deutlich verschieden. Weil Hybride oft steril sind, werden die Gene nicht von der einen auf die andere Population übertragen, und die Arten bleiben getrennt.

Hybridzonen sind überlappende geografische Regionen von einigen Dutzend Metern bis zu Tausenden von Kilometern Ausdehnung, in denen eng verwandte, aber genetisch verschiedene Arten und Hybride vorkommen. Evolutionsbiologen interessieren sich sehr für Hybridzonen, weil diese drei mögliche Beispiele dafür bieten, wie die Artbildung in der Natur entstehen kann. Wenn die Reproduktionsbarrieren verstärkt werden, hören Kreuzungen auf und entstehen weniger Hybriden. Wenn die Barrieren schwächer werden oder verschwinden, können sich die beiden Elternarten frei kreuzen. Anders als bei sterilen Hybriden, können die Genpools der beiden Populationen sich vermischen, wodurch sie einander ähnlicher werden und schließlich eine Art werden. Die dritte Möglichkeit ist der Erhalt des Status quo und der Hybridzone: Die Reproduktionsbarrieren bleiben intakt und es entstehen weiterhin hybride Organismen.

Hybridzonen kommen sowohl bei Pflanzen als auch bei Tieren vor, aber Pflanzen bilden einfacher Hybride als Tiere, sowohl von Natur aus als durch gartenbautechnische Eingriffe. Pflanzenhybriden sind oft auch fruchtbar. Bei Tieren ist ein Liger eine Hybride eines Löwen und eines Tigers, und Miesmuscheln kreuzen sich weltweit. Das ist nicht immer von Erfolg gekrönt. Als man die europäische Honigbiene mit der afrikanischen kreuzte, um eine zahmere, hantierbarere Hybride zu erhalten, entstand stattdessen die aggressive „Killerbiene".

SIEHE AUCH: Darwins Theorie der natürlichen Selektion (1859), Evolutionsgenetik (1937), Biologisches Artkonzept und reproduktive Isolation (1942), Punktualismus (1972).

Hybride sind das Produkt der Paarung von zwei Vertretern verschiedener Arten, aber derselben Gattung. So ist z. B. ein Liger der Nachkomme eines Löwen und eines Tigers. Die Hybride hat Züge beider Eltern und ist meistens steril, sodass die Gene nicht von der einen Art auf die andere übergehen können und die Arten getrennt bleiben.

1964

Lateralisation des Gehirns

Wilder Penfield (1891-1976), **Herbert Jasper** (1906-1999), **Roger Wolcott Sperry** (1913-1994), **Michael Gazzaniga** (geb. 1939)

In den 1940er Jahren behandelte der kanadische Neurochirurg Wilder Penfield im neurologischen Institut der McGill-Universiy in Montreal schwer epileptische Patienten. Er entfernte ihnen spezifische Gehrinbereichen, von denen man dachte, dass sie die Anfälle auslösten. Vor der Operation führte er einen leichten elektrischen Reiz durch die verschiedenen Regionen der motorischen Rinde und den *Gyrus praecentralis*. Zusammen mit seinem Kollegen, dem Neurologen Herbert Jasper, erstellte er auf diese Weise die Karte eines *Homunculus* („kleiner Mensch"), auf der zu sehen ist, welche spezifischen Körperteile von welchen Gebieten der motorischen Rinde gesteuert werden.

In den 1960er Jahren erbrachten Studien am California Institute of Technology weitere Einsichten zur Gehirnlateralisation (funktionale Spezialisierung). Die linke und rechte Gehirnhälfte sehen fast identisch aus, unterscheiden sich jedoch in ihren Funktionen. Die beiden Gehirnhälften kommunizieren normalerweise mit einander über den *Corpus callosum*, ein dickes Bündel an Nervenfasern. Ab den 1940er Jahren schnitt man bei schweren Epilepsieanfällen große Teile dieses Bündels durch. Patienten hatten dadurch ein gespaltenes Gehirn. Der Psychobiologe Roger Sperry und Promovend Michael Gazzaniga testeten das individuelle Funktionieren jeder Gehirnhälfte bei solchen Patienten und bei Affen. Um 1964 entdeckten sie, dass beide Hälften zwar selbständig lernen können, dass die eine Hälfte jedoch keine Ahnung hat, was die andere Hälfte lernt oder erfährt.

Die Ergebnisse dieser Studie führten zu der Schlussfolgerung, dass die linke und rechte Gehirnhälfte sich jeweils in verschiedenen Funktionen spezialisiert hat. Die linke Hälfte ist vor allem an analytischen, verbalen und sprachverarbeitenden Aufgaben beteiligt, während rechts sich mit Sinnesorganen, Kreativität, Gefühlen und Erkennung von Gesichtern befasst. Sperry erhielt 1981 den Nobelpreis für diese Entdeckungen.

Individuen werden oft danach eingeteilt, mit welcher Gehirnhälfte sie denken. Linksdenker sollen eher logisch, fakten-, struktur- und sprachorientierte und lineare Denker sein, während Rechtsdenker intuitiv, kreativ, musisch und gefühlsorientiert sein sollen. Das ist interessanter Gesprächsstoff auf einer Party. Es gibt jedoch keine überzeugenden anatomischen oder physiologischen Hinweise dafür und die meisten Wissenschaftler betrachten diese Typisierung als einen Mythos.

SIEHE AUCH: Lokalisierung von Gehirnfunktionen (1861).

Der linken Gehirnhälfte wird analytisches, strukturiertes Denken nachgesagt, die rechte Hälfte soll für Kreativität zuständig sein. Diese Links-Rechts-Verteilung ist eine weitverbreitete Idee, wird aber von den meisten Neurowissenschaftlern abgelehnt.

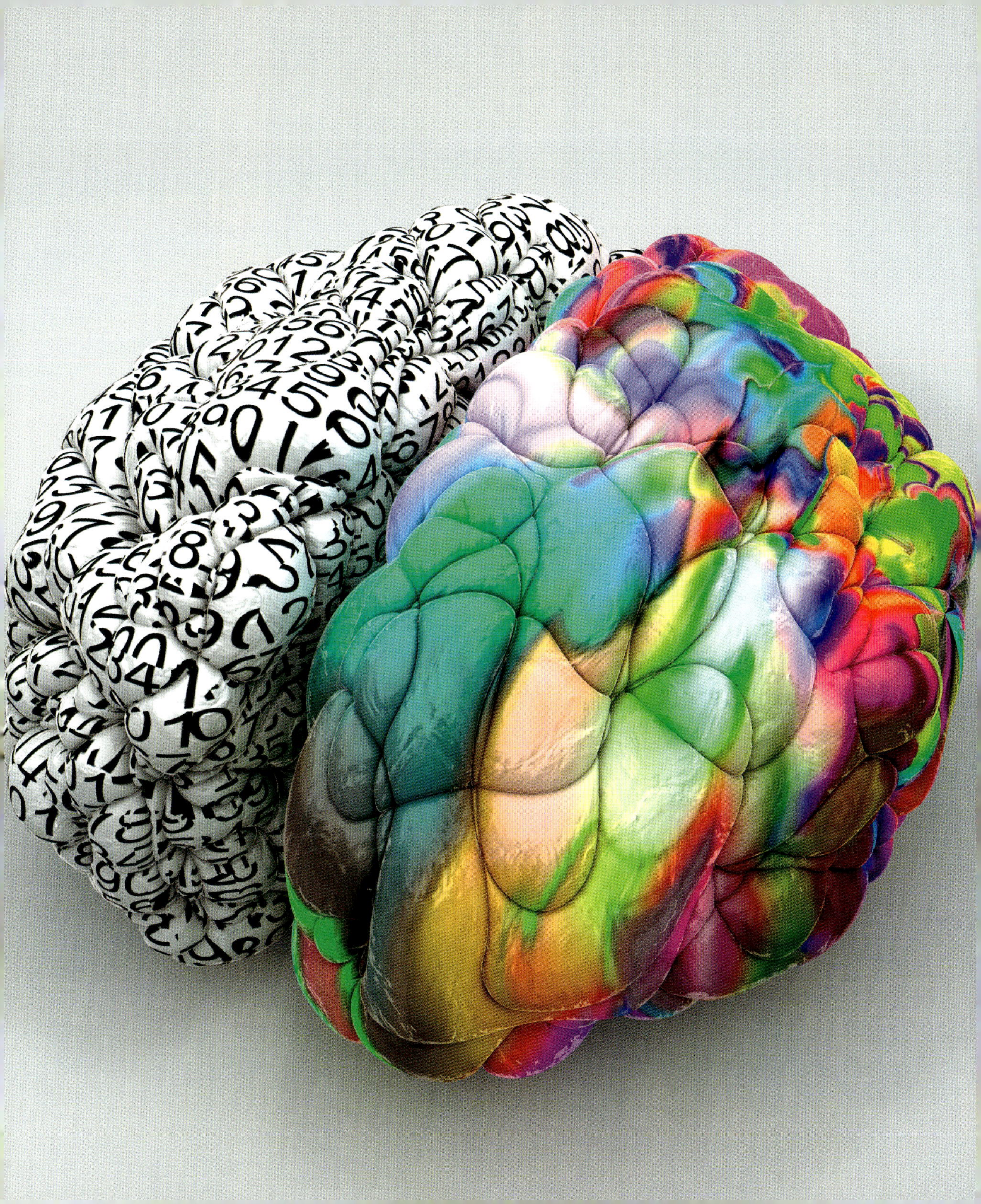

1964

Altruismus bei Tieren

Charles Darwin (1809-1882), **William D. Hamilton** (1936-2000)

Altruismus – uneigennütziges, selbstloses Handeln – ist eine traditionelle Tugend in vielen Kulturen. Die Nächstenliebe ist ein Kernwert in vielen Religionen. Ein Mensch ist altruistisch, wenn er eine Handlung mit der bewussten Absicht verrichtet, anderen zu helfen. Es gibt jedoch auch altruistisches Verhalten bei Tieren, auch wenn bei ihnen nicht davon ausgegangen wird, dass sie bewusst handeln können. Bei der Analyse von Altruismus orientieren sich Zoologen an den Konsequenzen einer Handlung, nicht an bewussten Intentionen.

Das Verhalten kann auch andere Organismen auf Kosten des Altruisten begünstigen. Aus evolutionärer Perspektive scheinen solche Handlungen im Widerspruch zu **Darwins Theorie der natürlichen Selektion** zu stehen: Sie besagt, dass Tiere handeln, um selbst zu überleben und sich erfolgreich fortzupflanzen, sodass sie einen Konkurrenzvorteil haben. Der evolutionäre Erfolg eines Organismus' hängt von der Verbreitung möglichst vieler Gene ab. Arbeitsbienen jedoch evolvieren ohne die Fähigkeit, sich zu reproduzieren und existieren ausschließlich für das Wohlergehen des Bienenkorbs und die Fortpflanzung ihrer Königin, die sie mit ihrem eigenen Leben schützen.

1964 stellte W.D. Hamilton, einer der großen Evolutionstheoretiker des 20. Jhd., seine Theorie der Verwandtenselektion als Erklärung für altruistisches Verhalten vor. Er meinte, dass die außergewöhnlich enge genetische Beziehung der sterilen Arbeiterinnen in der gleichen Kolonie sie dazu bringt, für das Überleben der anderen zu sorgen – und somit auch für das Überleben der nicht-sterilen Königin –, wenn die Wahrscheinlichkeit der Genverbreitung mehr vom Überleben der Königin abhängt als von ihrem eigenen individuellen Überleben. Das Eichhörnchen und die Wanderdrossel geben Alarm, wenn sich ein mögliches Raubtier nähert – obwohl sie dadurch ihren eigenen Aufenthaltsort verraten. Vampirfledermäuse teilen ihre Blutmahlzeit mit weniger erfolgreichen Mitgliedern der Kolonie, die sich nicht selbst ernähren können. Altruistisches Verhalten kommt auch bei Nichtverwandten der gleichen Art vor, die Gefälligkeiten austauschen: so genannter „wechselseitiger Altruismus".

Evolutionär gesehen ist es schwer zu erklären, weshalb Hunde verwaiste Katzen und Eichhörnchen adoptieren oder Delphine Menschen vor Haien geschützt haben. Vielleicht weil eine gute Tat sich selbst belohnt.

SIEHE AUCH: Darwins Theorie der natürlichen Selektion (1859).

Gemäß der Verwandtenselektion verhalten sich Tiere ihren Verwandten als gegenüber nicht verwandten Artgenossen. Studien haben zudem ergeben, dass je enger diese Beziehung ist, desto höher auch der Grad des Altruismus' ist.

1966

Theorie der optimalen Nahrungssuche

Robert MacArthur (1930-1972), **Eric Pianka** (geb. 1939)

Verschiedene Tiere haben unterschiedliche Weisen entwickelt, um erfolgreich an Nahrung zu gelangen. Staatenbildende Insekten lernen die Nahrungssuche, indem sie ihr Verhalten gemäß vorherigen Erfahrungen anpassen. Affen lernen, indem sie ihre Artgenossen oder Eltern nachahmen. Bei der Taufliege (*Drosophila melanogaster*) wird dieses Verhalten genetisch beeinflusst.

Kosten-Nutzen-Analyse in der Natur. 1966 entwickelten Robert MacArthur und Eric Pianka von der Princeton University in Anlehnung an die aus der Wirtschaft bekannte Kosten-Nutzen-Analyse die Theorie der „optimalen Nahrungssuche". Tiere suchen Nahrungsquellen, die ihnen einen maximalen kalorischen Nutzen zu den geringsten Energiekosten erbringen. Zu den Beschaffungskosten gehört auch die „Herangehensweise": Suchen und Fangen sowie Fressen und Verdauen der Beute. Die Mühelosigkeit der Nahrungsbeschaffung muss auch gegen das Risiko auf Raubtiere abgewogen werden. Der Maultierhirsch (*Odocoileus hemionus*) aus dem Zion Canyon in Utah sucht auf offenem Gelände nach Pflanzen, obwohl es dort weit weniger gibt als in den Wäldern und es mehr Energie kostet, sie zu finden. Auf offenem Gelände ist dieses Tier jedoch besser vor Pumas (*Puma concolor*) geschützt, weil dieser Räuber seiner Beute lieber versteckt im Wald auflauert.

Die Theorie der optimalen Nahrungssuche beschreibt optimales Verhalten, aber in der Wildnis sind die Verhältnisse ideal und verlangen von Tieren Kompromisse schließen. Wenn das Tier in seiner Nahrung zu spezialisiert ist, muss es viel Energie in seine Suche stecken. Tiere mit einem landläufigeren Geschmack oder weniger wählerische Tiere verspeisen auch nutzlose Nahrung, die wenig Vorteile bietet.

Die Kosten und Nutzen des Nahrungsbeschaffungsverhaltens werden ebenfalls von der Beutetierpopulation in einem bestimmten Gebiet beeinflusst. Ist diese gering, wendet das Raubtier die meiste Zeit für die Suche nach Beute auf und wird es jede Beute verspeisen, die es finden kann. Bei einer umfangreichen Beutetierpopulation steckt es die meiste Energie in den Fang, das Verspeisen und die Verdauung. Das Raubtier kann seine Nahrung gemäß dem günstigsten Kosten-Nutzen-Verhältnis auswählen.

SIEHE AUCH: Stoffwechsel (1614), Bioenergetik (1957), Energiehaushalt (1960).

Der Nutzen für ein Tier, das erfolgreich Nahrung sucht, muss gegen die Kosten abgewogen werden, z. B. den Raubtieren, denen es ausgesetzt ist. Der Maultierhirsch (rechts) sucht lieber Pflanzen auf offenem Gelände anstatt im Wald, wo zwar mehr zu finden wäre – aber auch sein Feind, der Puma, auf ihn lauert.

1967

Bakterielle Resistenz gegen Antibiotika

Als Penicillin in den 1940er Jahren seinen Einzug in die Medizin hielt, brach ein neues Zeitalter in der Behandlung von Infektionskrankheiten an. Es war das erste Antibiotikum, ein Stoff, der Bakterien oder Pilzen entlehnt war, die das Wachstum von anderen Mikroben stoppt oder bremst. Es wurden mehr **Antibiotika** entwickelt, sowohl chemische Modifikationen von natürlichen Antibiotika als auch neue Medikamente.

Vergebliche Hoffnung. Viele Experten meinten anfänglich, dass Antibiotika zahlreiche Infektionskrankheiten, die Mensch und Tier bereits so lang heimsuchten, ausrotten würden. Leider wurde diese Begeisterung gedämpft, als sich herausstellte, dass viele Krankheitserreger resistent gegen Antibiotika geworden waren. 1967 wurde in Australien der erste Penicillin-resistente Staphylokokkenstamm gefunden. Beunruhigender ist ein aktueller Bericht, dass 70 % der Bakterien, die in einem Krankenhaus Infektionen verursachen, resistent gegen mindestens ein Antibiotikum sind.

Bakterielle Resistenz entsteht durch mindestens zwei Mechanismen: durch Mutationen oder horizontalen Gentransfer. Normalerweise bindet sich ein Antibiotikum an ein mikrobielles Eiweiß und verhindert, dass das Eiweiß normal funktioniert. Wenn es sich bei dieser Funktion um die Synthese von DNA handelt, die die Bildung eines essenziellen Eiweißes oder von Bestandteilen der Zellwand codiert, stirbt das Bakterium. Besitzt das Bakterium jedoch eine Mutation in seiner DNA, die die Bindung des Antibiotikums verhindert, überlebt das Bakterium. Auf Basis der natürlichen Selektion hat dieser Bakteriummutant einen Wettbewerbsvorteil und überlebt. Resistenz kann auch durch horizontalen Gentransfer (Austausch von DNA zwischen zwei Arten oder Individuen) entstehen (Austausch-DNA), wobei eine Mikrobe eine Mikrobe Resistenzgene oder sonstige DNA von einer anderen, Antibiotika-resistenten Mikrobe empfängt. Dies ist kein evolutionärer Mechanismus, da keine neue DNA gebildet wird. Resistente Bakterien können ein Antibiotikum chemisch inaktivieren, indem sie verhindern, dass es sich an sie bindet oder dass es in die Bakterienzelle gelangt und sich dort entwickelt. Bakterienresistenz kann verschiedene Konsequenzen haben: höhere und größere Dosen Antibiotika, die Notwendigkeit teurerer Medikamente oder unheilbare Patienten.

SIEHE AUCH: Prokaryoten (ca. 3,9 Milliarden Jahre v. Chr.), Pilze (ca. 1,4 Milliarden Jahre v. Chr.), Darwins Theorie der natürlichen Selektion (1859), Gene auf Chromosomen (1910), Antibiotika (1928), Bakteriengenetik (1946), Plasmide (1952), Humangenomprojekt (2012).

Einige Jahre nach der Einführung des Antibiotikums Meticillin 1959 gingen Meldungen über den Meticillin-resistenten Staphylococcus aureus *(MRSA, rechts) ein.*

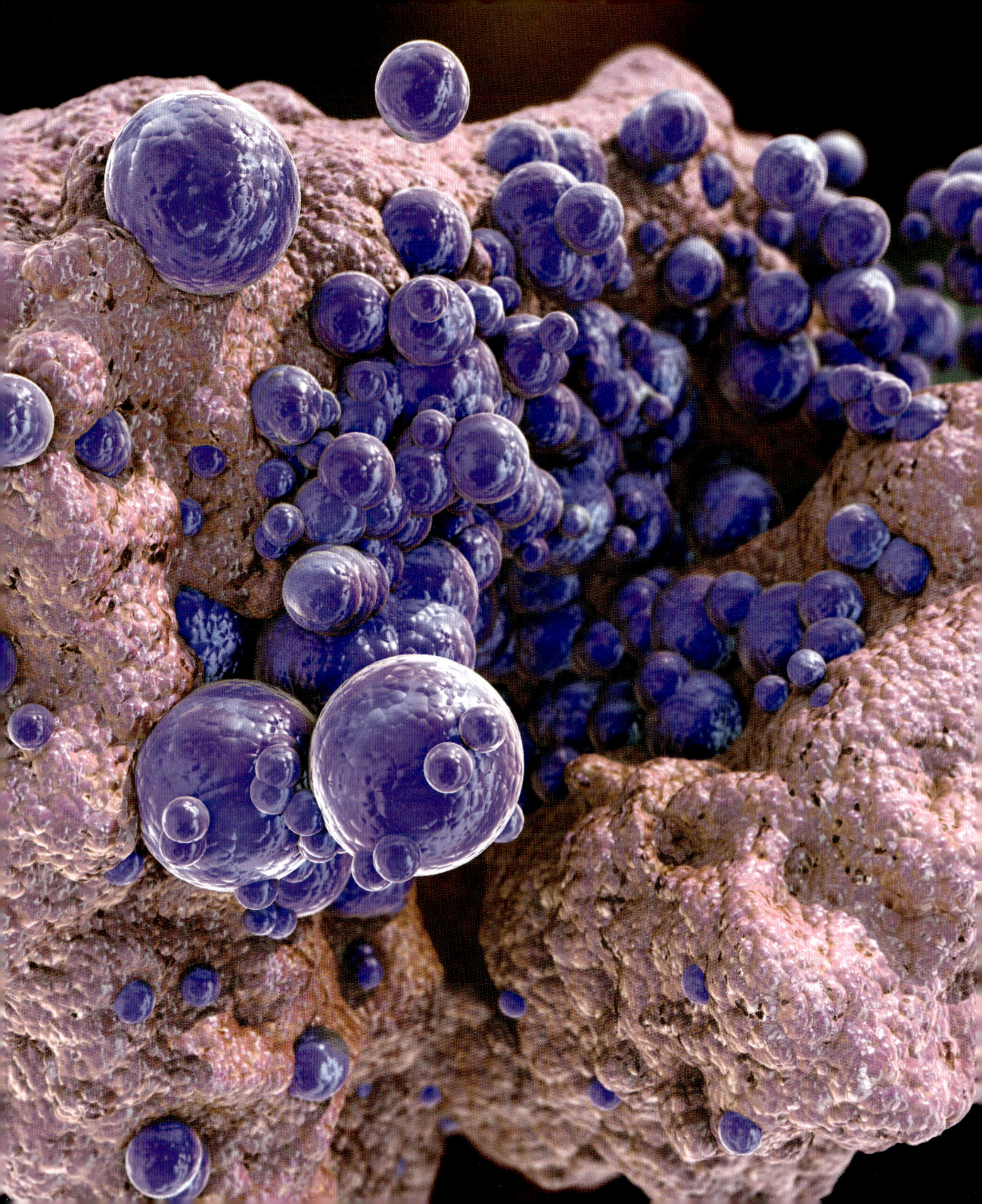

1967

Endosymbiontentheorie

Konstantin Mereschkowski (1855-1921), **Lynn Margulis** (1938-2011)

Die Endosymbiontentheorie hilft uns beim besseren Verständnis der Evolution, denn sie erklärt den Ursprung von Organellen in eukaryotischen Zellen (in Pflanzen, Tieren, Pilze und Protisten). Bei Symbiose, die auf allen Niveaus der biologischen Organisation vorkommt, kooperieren zwei Organismen, um einen Wettbewerbsvorteil zu bekommen, z. B. die Blütenbestäubung durch Insekten oder die Verdauung von Nahrung durch die Darmflora. In eukaryotischen Zellen sind **Mitochondrien** und Chloroplasten die Organellen, die an der Produktion von Energie beteiligt sind. Mitochondrien verwenden Sauerstoff, um organische Moleküle in ATP (Adenosintriphosphat) umzusetzen, während Chloroplasten in Pflanzen über Sonnenenergie Glukose aus Kohlendioxid und Wasser synthetisieren (**Photosynthese**).

Ein Organell nach dem anderen. Gemäß der Endosymbiontentheorie werden kleine, Mitochondrien enthaltende Bakterien (Alphaproteobakterium) von primitiven eukaryotischen Zellen (Protisten) umgeben. Bei der darauf erfolgenden symbiotischen Beziehung sorgt das Bakterium (jetzt *Symbiont* genannt) für die Energie liefernden Mitochondrien, während die eukaryotische Zelle Schutz und Nährstoffe bietet. Über einen analogen Prozess umgibt eine eukaryotische Zelle ein photosynthetisches Cyanobakterium, um nach einer Weile zum Chloroplasten zu evolvieren. Bei der primären Endosymbiose wird ein lebender Organismus von einem anderen umhüllt. Wenn das Produkt dieser primären Endosymbiose von einem anderen Eukaryoten umhüllt wird, liegt eine sekundäre Endosymbiose vor. Dies bietet die Grundlage für die Aufnahme von zusätzlichen Organellen, wodurch sich Eukaryoten neue Lebensräume erschließen können.

Der russische Botaniker Konstantin Mereschkowski (der Darwins Evolutionstheorie verwarf und aktiv die Eugenik befürwortete) stellte 1905 die endosymbiotische Theorie für Chloroplasten auf. 1920 wurde die Idee auf Mitochondrien ausgedehnt. Die Theorie fand wenig Anklang – bis 1967 Lynn Margulis, Ex-Frau des Astronomen Carl Sagan und Biologieprofessorin an der University of Massachusetts, sie erneut aufgriff. Ihr Artikel wurde von 15 Zeitschriften abgewiesen, bevor er angenommen wurde und wird heute als ein Meilenstein der Endosymbiontentheorie betrachtet.

SIEHE AUCH: Prokaryoten (ca. 3,9 Milliarden Jahre v. Chr.), Eukaryoten (ca. 2 Milliarden Jahre v. Chr.), Photosynthese (1845), Darwins Theorie der natürlichen Selektion (1859), Ökologische Interaktionen (1859), Mitochondrien und Zellatmung (1925), Taxonomie von Protisten (2005).

Symbiose zwischen einem Fliegenpilz (Amanita muscaria) *und einer Birke. Der Pilz erhält Glukose* ($C_6H_{12}O_6$) *und Sauerstoff vom Baum im Austausch gegen Mineralien und Kohlendioxid.*

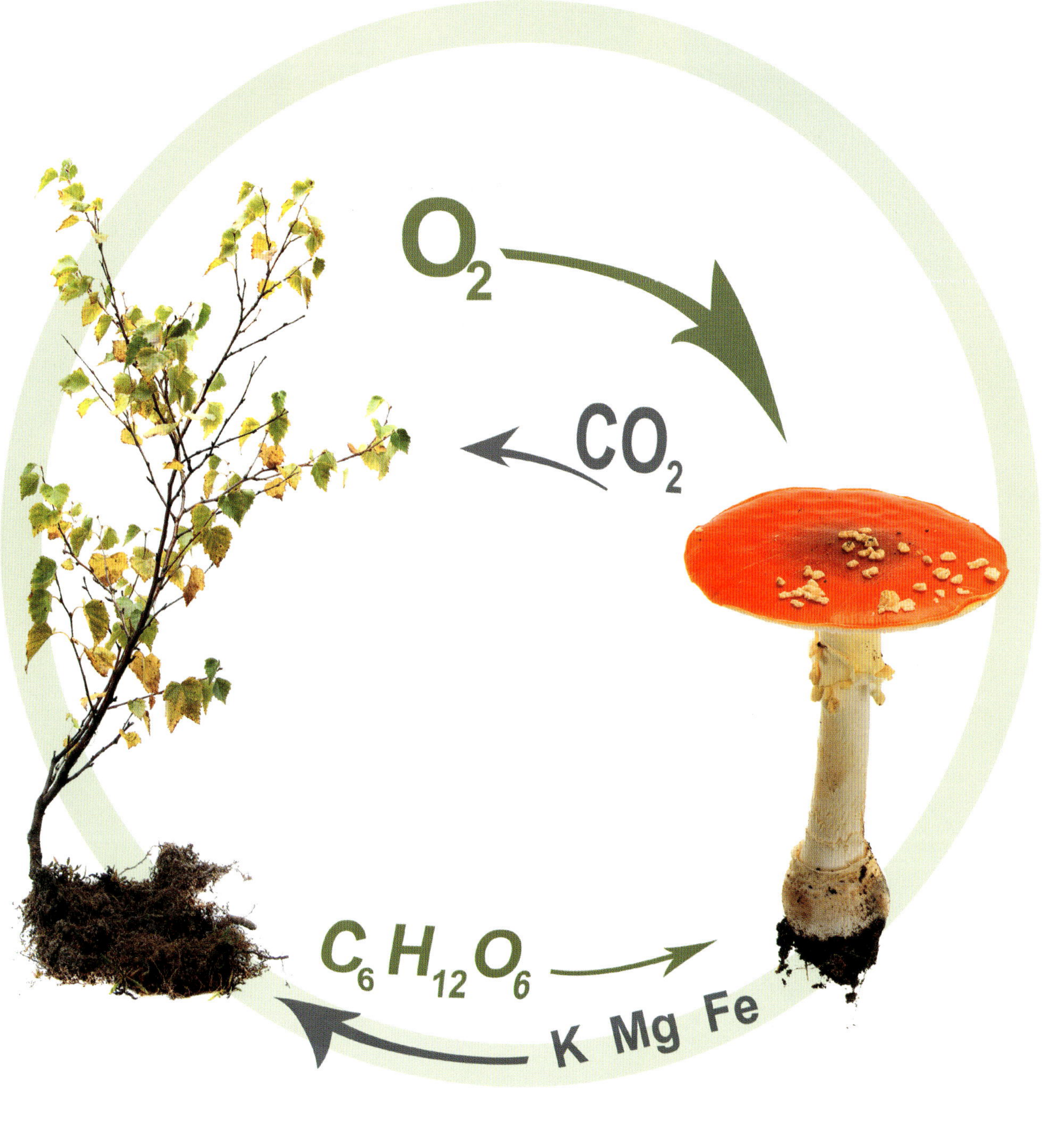

O_2
CO_2
$C_6H_{12}O_6$
K Mg Fe

1968

Multispeichermodell des Gedächtnisses

Aristoteles (384-322 v. Chr.), **William James** (1842-1910), **Richard Atkinson** (geb. 1929)

Das Gedächtnis fasziniert Wissenschaftler und Philosophen bereits seit Jahrtausenden. Aristoteles stellte sich vor, dass Erinnerungen auf den Geist geritzt werden, wie die Kerben in eine Tontafel. Er unterschied zwischen dem Gedächtnis von Tieren und dem von Menschen. Tiere können sich daran erinnern, wo Nahrung zu finden ist. Menschen dagegen sind in der Lage, aktiv ihr Gedächtnis zu bemühen und auf Vergangenheit, Gegenwart und Zukunft zu richten.

1890 stellte der amerikanische Psychologe William James als erster zwei Gedächtnissysteme vor (dichotomisches Gedächtnis). Das Primärgedächtnis, heute Kurzzeitgedächtnis (KZG) genannt, ist der erste Speicherort für Informationen und ist ständig verfügbar. Es ist flüchtig und hält Informationen nur Sekunden oder Minuten bewusst fest. Das Sekundärgedächtnis oder Langzeitgedächtnis (LZG) ist unbegrenzt haltbar.

Das Konzept eines „Multispeicher-Modells“ oder seriellen Modells wurde 1968 von Richard Atkinson und Richard Shiffrin von der Stanford University entwickelt. Es zeigt eine erste Übersicht über die Informationsverarbeitung im Gedächtnis. Im Atkinson-Shiffrin-Modell fließen Informationen vom sensorischen Gedächtnis (SG) über das KZG ins LZG. Das SG speichert die von den Sinnesorganen erfassten Reize weniger als eine Sekunde. Da wir ständig mit sensorischen Informationen überschüttet werden, fließt nur ein Bruchteil in das nächste Stadium: das KZG bzw. den Arbeitsspeicher. SG und KZG haben nur beschränkte Aufnahmefähigkeiten. Informationen im KZG werden 20 bis 30 Sekunden lang gespeichert – lange genug für den unmittelbaren Bedarf, wie das Behalten einer Telefonnummer – und werden dann schnell vergessen. Das LZG bleibt tage- bis jahrelang unbewusst gespeichert, kann aber erforderlichenfalls aus dem Arbeitsspeicher abgerufen werden. Neurowissenschaftler meinen, dass die Informationen im KZG und LZG in der Gehirnrinde gespeichert werden. Evolutionär gesehen ermöglicht die Organisation von Informationen im KZG und LZG sowie die aktive Übertragung vom einen auf das andere die schrittweise Aufnahme des LZG in unsere bestehende Kenntnis- und Erfahrungsspeicherung, wodurch sinnvolle Assoziationen entstehen können, die beim Überleben helfen.

SIEHE AUCH: Lokalisierung von Gehirnfunktionen (1861), Neuronendoktrin (1891), Assoziatives Lernen (1897).

Die Erinnerung von Delphinen reicht mindestens 20 Jahre zurück – und damit länger als beim Elefanten. Die soziale Erinnerung gereicht Delphinen zum Vorteil, da sie mehrmals in ihrem Leben die Gruppe wechseln, in der sie leben.

1968

Hypothalamus-Hypophysen-Nebennierenrinden-Achse

Geoffrey W. Harris (1913-1971), **Rosalyn Yalow** (1921-2011), **Roger Guillemin** (geb. 1924), **Andrew V. Schally** (geb. 1926)

Die Hypophyse, eine traubengroße Drüse unterhalb des Gehirns, besteht aus zwei primären Lappen: Der Vorderlappen schüttet sechs Hormone aus, der Hinterlappen zwei. Die Vorderlappenhormone regen endokrine Drüsen an und regeln deren Hormonausschüttungen. In den 1930er Jahren behauptete der englische Anatom Geoffrey Harris, dass die Hypophyse ihrerseits von Hormonen aus dem Hypothalamus gesteuert wird, der sich unmittelbar darüber befindet. Allerdings konnte er solche Hypothalamushormone nicht identifiziern und seine Hypothese also nicht beweisen. Obwohl er nur so groß wie eine Walnuss ist, steuert der Hypothalamus eine Vielzahl an basalen Körperfunktionen und Emotionen. Ende der 1950er und in den 1960er Jahren identifizierten Roger Guillemin und Andrew V. Schally von der Baylor University in Texas – zunächst in Zusammenarbeit, später als Rivalen – einige Hypothalamushormone. Diese werden an der Unterseite des Hypothalamus ausgeschieden und wandern über die Blutgefäße zum vorderen Hypophyselappen, wo sie die Absonderung spezifischer Hormone anregen oder bremsen.

1968 wurde das erste Hypothalamushormon isoliert und chemisch charakterisiert: das Thyreotropin-freisetzende Hormon (TRH), das die Ausschüttung des Thyreoid-anregenden Hormons (TSH) aus dem Hypophyse-Hinterlappen aktiviert. TSH wandert durch das Blut zur Schilddrüse und fördert dort die Ausschüttung von Schilddrüsenhormonen. Der Hypothalamus und der Hinterlappen funktionieren nicht isoliert. Sie erhalten Nachrichten oder **negatives Feedback** von Nerven im ganzen Körper, die die Ausschüttung von zusätzlichem TRH und TSH regeln oder einstellen. Andere Hypothalamushormone sind Gonadotropin, Adrenocorticotropin und Somatotropin. Guillemin und Schally, die Väter der Neuroendokrinologie – die Interaktion zwischen dem Zentralnervensystem und endokrinen Drüsen – erhielten 1977 den Nobelpreis, den sie sich mit Rosalyn Yalow teilten, die diese Hormone mit der Radioimmunanalyse (RIA) detektierte.

SIEHE AUCH: Kommunikation des Nervensystems (1791), Homöostase (1854), Negatives Feedback (1885), Sekretin: das erste Hormon (1902), Schilddrüse und Metamorphose (1912).

Die Hypothalamus-Hypophyse-Achse. Hormone des Hypothalamus regen die Abgabe von Hormonen aus dem vorderen Hypophysenlappen an oder bremsen sie. Diese Hormone wandern über das Blut zu den endokrinen Drüsen, um dort die Abgabe spezifischer Hormone zu aktivieren.

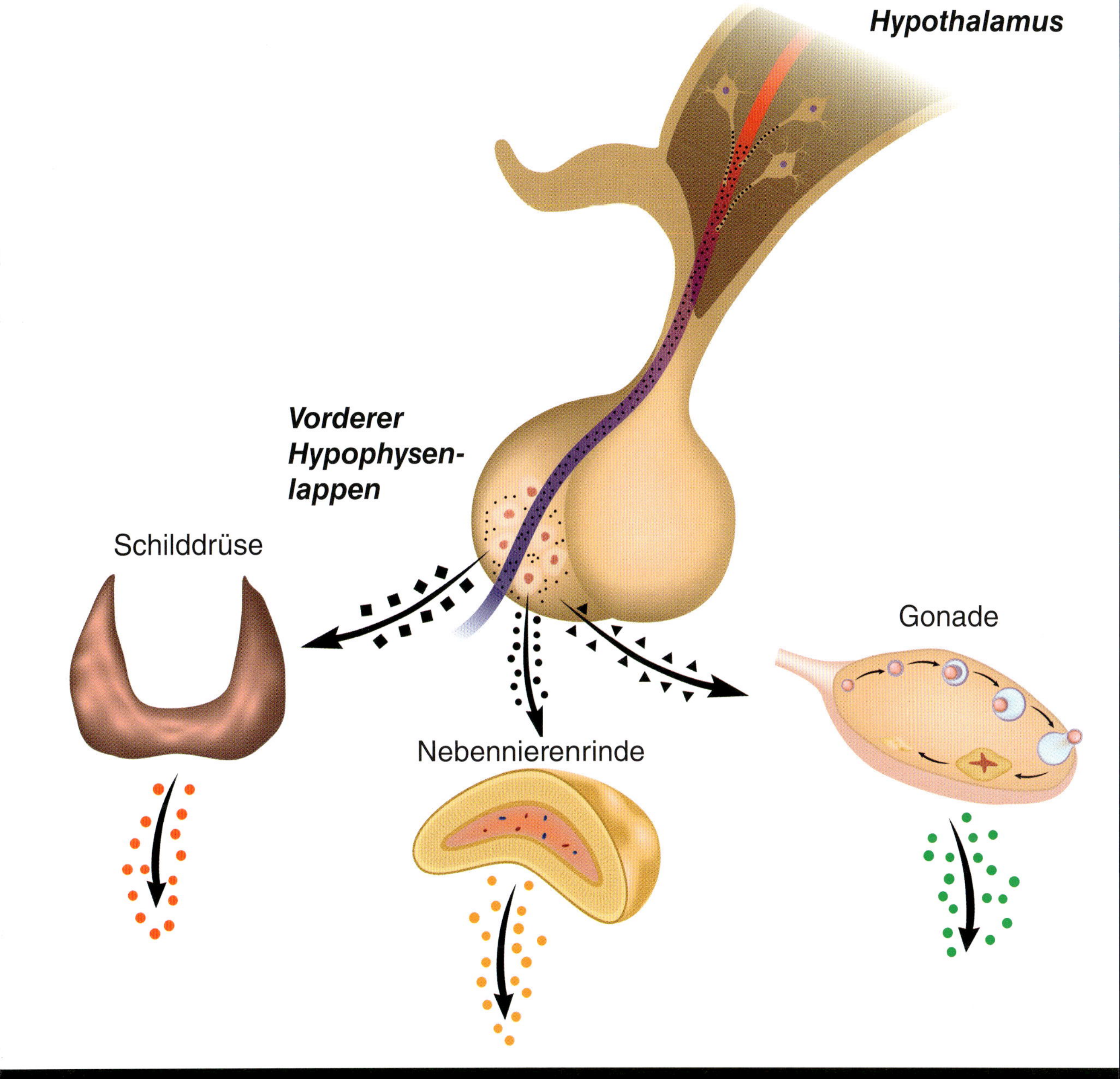
Hypothalamus
Vorderer Hypophysen-lappen
Schilddrüse
Gonade
Nebennierenrinde

1968

Systembiologie

Ludwig von Bertalanffy (1901-1972)

Das Wort *System* steht für eine Gruppe von Bestandteilen, die sich in Interaktion miteinander befinden und voneinander abhängig sind, um ein komplexeres Ganzes zu bilden. Zur Untersuchung von Systemen kann man sowohl auf Mikro- als auch auf Makro-Ebene forschen. Biologen fokussieren sich bei lebenden Organismen traditionell auf die individuellen Komponenten des Organismus'. Nicht selten haben sie, manchmal ihr ganzes Leben lang, intensiv nur ein einziges spezifisches Enzymsystem, einen Gehirnbereich oder photosynthetisches Element untersucht. Dies wird bei wissenschaftlichen Studien auch die reduktionistische Herangehensweise genannt: Sämtliche Informationen über eine individuelle Komponente werden verwendet, um eine komplette Beschreibung des Systems zu vermitteln, auch „Bottom-up"-Methode genannt.

1968 schlug der österreichische Biologe Ludwig von Bertalanffy vor, das reduktionistische Modell um 180 Grad zu drehen, für eine „Top-down"-Herangehensweise, die er mit *allgemeiner Systemtheorie* bezeichnete. Die Basiselemente dieser Theorie sind auf Probleme in vielen Disziplinen anwendbar, unter anderem Technik, Gesellschaftswissenschaften und Biologie. Anstatt individuelle Komponenten isoliert zu untersuchen, betrachten Systembiologen Organismen als ein integriertes Netz von Genen, Eiweißen, biochemischen Reaktionen und physiologischen Reaktionen. In der Systembiologie betrachtet man alle Elemente und Interaktionen zwischen diesen Komponenten als Teil eines einzigen Systems, in dem Interaktionen Form und Funktion des gesamten Systems bestimmen. Das Ganze ist somit mehr als nur die Summe seiner Teile.

Wenige Biologen können ein komplexes biologisches System vollständig begreifen, indem sie ihr begrenztes Spezialwissen zur Untersuchung der individuellen Komponenten einsetzen. Bertalanffy betrachtete die Systembiologie als einen integrierten multidisziplinären Forschungsbereich, der sich auf die Fachkompetenz von Biologen, Physikern, Informatikern, Mathematikern und Ingenieure beruft. Ein solches Systemkonzept kann z. B. für mathematische Modelle verwendet werden, die die Konsequenzen von Klimaveränderungen infolge von weniger Regenfällen voraussagen, was die Ernten beeinflusst und somit die Nahrungsversorgung des Menschen.

SIEHE AUCH: Homöostase (1854), Ökologische Interaktionen (1859), Koevolution (1873), Biosphäre (1875), Erderwärmung (1896), Endosymbiontentheorie (1967), Abbau der Ozonschicht (1987).

Die Erforschung des Universums erfordert seine Betrachtung als System. So können Astrophysiker kosmische Ereignisse Milliarden Jahre vorher voraussagen. Dieses Foto des Katzenpfoten-Nebels besteht aus einer Kombination von Aufnahmen. Der Nebel befindet sich im Sternbild des Skorpions, nahe am Zentrum der Milchstraße – in einer Entfernung von 5500 Lichtjahren, also relativ nahe der Erde.

1969

Zelldetermination

Thomas Hunt Morgan (1866-1945), **Alan Turing** (1912-1954), **Lewis Wolpert** (geb. 1929), **Christiane Nüsslein-Volhard** (geb. 1942)

Wissenschaftler haben sich lange Zeit gefragt, wie sich ein befruchtetes Ei in einen äußerst komplexen, mehrzelligen Organismus ausdifferenzieren kann. Wie wissen Zellen, was sie werden müssen? Weshalb werden manche Zellen zu Neuronen, andere zu Knochen? *Morphogenese* ist der Prozess, der die räumliche Verteilung von Zellen während der Embryonalentwicklung bestimmt und in einem vollständigen Körper endet. 1901 entdeckte der amerikanische Evolutionsbiologe Thomas Hunt Morgan, dass die **Regeneration** von Würmern nicht gleichmäßig über den gesamten Körper verläuft. Morgan meinte, dass Morphogenese entsteht, indem Signale von lokalen Zellgruppen („Organisationszentren") diese Differenzierung der umliegenden Zellen verursacht. Ein halbes Jahrhundert später schlug Alan Turing in seinem Artikel „The chemical basis for morphogenesis" (1952) vor, dass Stoffe, die er *Morphogene* („Musterbilder") nannte, von einer homogenen Verteilung aus beginnen und sich in räumlichen Mustern auf Basis ihrer Konzentration organisieren.

„French-flag-Modell". 1969 stellte Lewis Wolpert, Professor für Entwicklungsbiologie vom University College in London, die These auf, dass Morphogene von einer Gruppe von Quellenzellen abgetrennt werden, die sich in verschiedenen Konzentrationen bewegen, um als Signalmechanismus zu dienen und direkt auf die Zielzellen zu wirken. Die Intensität dieses Responses basiert auf der Morphogenkonzentration der Zielzelle. Er nahm die französische Flagge mit ihren drei breiten vertikalen Streifen in Blau, Weiß und Rot als Beispiel. Zellen nahe an der Quelle (blaue Bahn) erhalten die höchste Konzentration Morphogen, die hochschwellige Zielgene aktiviert. Zellen weiter von der Quelle (weiß) entfernt, erhalten niedrigere Niveaus, die geringaktive Gene aktivieren. Die am weitesten entfernten Zellen (rot) werden nicht aktiviert. Verschiedene Kombinationen von Zielzellen werden auf Basis ihrer Entfernung zur Quelle aktiviert. In den 1980er Jahren bestimmte die deutsche Biologin Christiane Nüsslein-Volhard auf Grundlage der Morphogene und des French-flag-Modells die genetische Basis für den gesamten Körperentwurf der Taufliege, wofür sie 1995 den Nobelpreis erhielt.

SIEHE AUCH: Regeneration (1744), Gene auf Chromosomen (1910), Embryogenese (1924), Musterbildung in der Natur (1952).

Das „French-flag-Modell" wurde verwendet, um zu illustrieren, wie die relative Konzentration von Morphogen die Verteilung von Zellen während der embryonalen Entwicklung bestimmt. Auf diesem Poster begrüßen Kinder mit Spielzeuggewehren und der französischen Flagge am quatorze juillet (14. Juli) *1916 verwundete Soldaten aus dem Ersten Weltkrieg.*

14 JUILLET 1916
JOURNÉE DE PARIS
AU PROFIT DES ŒUVRES DE GUERRE
DE L'HÔTEL DE VILLE
Poulbot 1916
EDITEUR IMP. H. CHACHOIN, 108, rue Folie-Méricourt.

1970

Zellzyklus-Kontrollpunkte

Leland Hartwell (geb. 1939), **R. Timothy Hunt** (geb. 1943), **Paul Nurse** (geb. 1949)

Zellteilung spielt im Leben von Organismen bei essenziellen Funktionen wie Reproduktion, Wachstum und Entwicklung sowie bei der Erneuerung und Reparatur von verschlissenen oder beschädigten Zellen eine wesentliche Rolle. Viele Krebsmedikamente wirken, indem sie spezifische Phasen des Zellzyklus' stören.

Der Zellzyklus ist ein kontinuierlicher Prozess, der zur Bildung von zwei Tochterzellen aus einer sich teilenden Elternzelle führt. Es gibt zwei Hauptphasen im Zellzyklus: die Interphase und die mitotische Phase. In der Interphase wächst die Zelle und die Chromosomen werden verdoppelt. Danach beginnt die mitotische Phase, in der es zur **Mitose** (Kernteilung) und Zytokinese (Cytoplasmateilung) kommt. Die Interphase, die, von ein oder zwei Stunden abgesehen, den gesamten Zellzyklus von 24 Stunden dauert, hat drei Phasen: G1, S und G2. G1 und G2 sind Zwischenperioden jeweils zwischen dem Ende der Zellteilung und der Verdoppelung der DNA und zwischen dieser Verdoppelung und einer erneuten Teilung der Zelle. Jeder Prozess wird vor dem nächsten Schritt auf Fehler kontrolliert.

Diese Kontrollmechanismen in den G-Phasen wurden um 1970 identifiziert. Sie sollen sicherstellen, dass der vorige Schritt im Zellzyklus komplett und korrekt erfolgt ist. Wenn ja, wird das Startsignal für die DNA-Verdoppelung in der S-Phase oder Zellteilung in der mitotischen Phase gegeben. Dieses Signal wird von den Eiweißen Cyclin und der cyclinabhängigen Kinase (CDK) ab gegeben. Wenn ein Fehler auftritt, werden Korrekturen ausgeführt oder wird die Zelle vernichtet. 1991 bekamen Paul Nurse, Leland Hartwell und R. Timothy Hunt den Nobelpreis für ihre Entdeckung dieser Eiweißkontrollpunkte, die die Zellteilung und den Zellzyklus überwachen.

Am Ende des Zellzyklus' ist die Elternzelle im Umfang verdoppelt, hat sich die Anzahl der Chromosomen verdoppelt und ist die Zelle zweigeteilt, mit zwei identischen Tochterzellen, die den Zyklus wieder starten. Die Dauer von Zellzyklen variiert von zehn bis 24 Stunden in schnellwachsenden Darmzellen und einem Jahr in Leberzellen. Erwachsene Nerven- und Muskelzellen teilen sich dagegen nicht mehr.

SIEHE AUCH: Zelltheorie (1838), Meiose (1876), Mitose (1882), DNA als Träger genetischer Informationen (1944).

Der Zellteilungszyklus. Während der Interphase, die aus drei Schritten besteht (G_1, S und G_2), wächst die Zelle und verdoppelt ihre Chromosomen. In der mitotischen Phase (M), die 1-2 Stunden in einem 24-Stundenzyklus dauert, erfolgen Kernteilung (Mitose) und Zellteilung.

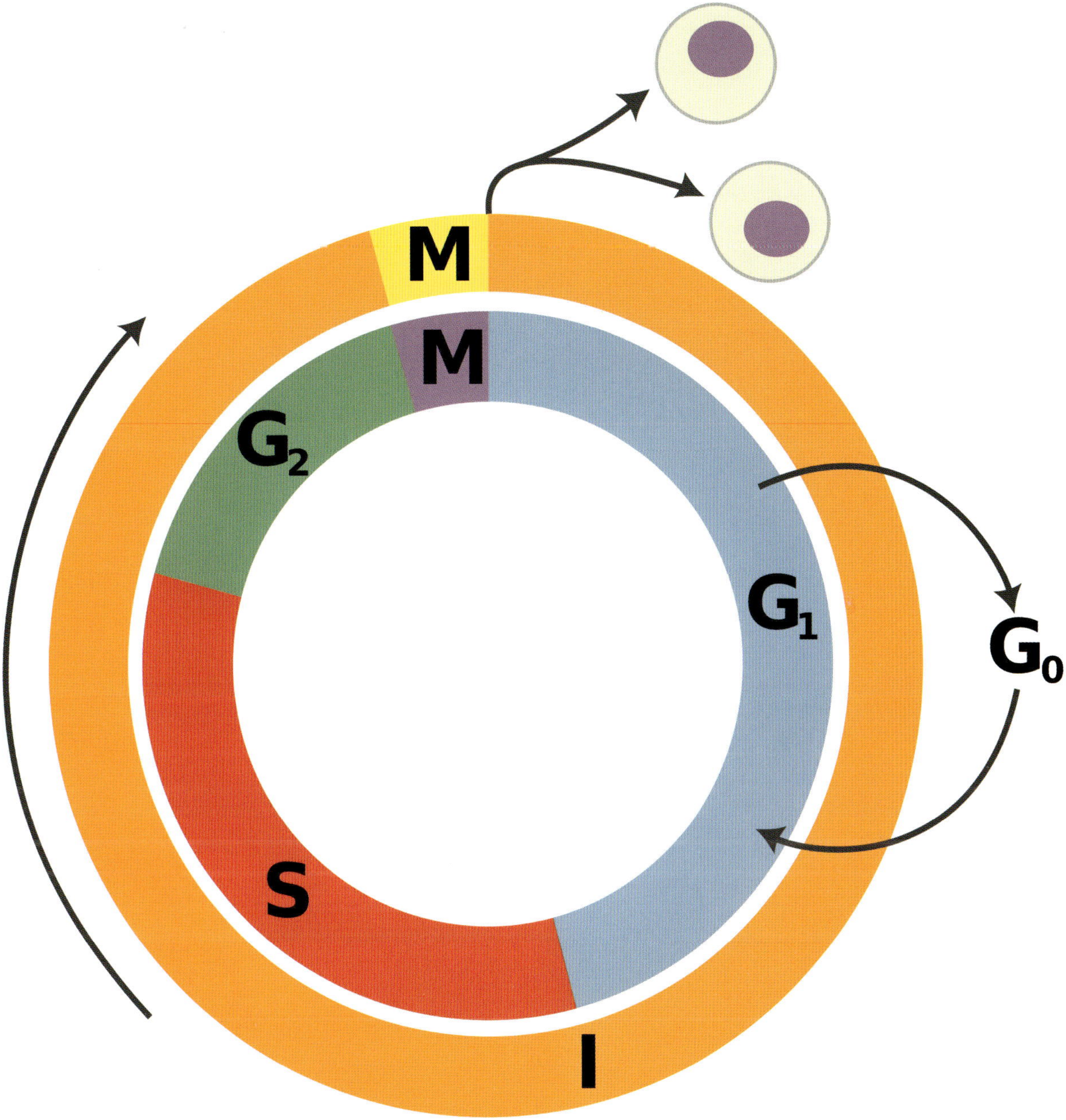
M
M
G2
G1
G0
S
I

1972

Punktualismus

Charles Darwin (1809-1882), **Ernst Mayr** (1904-2005), **Stephen Jay Gould** (1941-2002), **Niles Eldredge** (geb. 1943)

Wie evolvierten Arten? Allmählich in kleinen Schritten – oder plötzlich in großen Sprüngen? Gemäß Darwins *Über die Entstehung der Arten* (1859) verläuft Evolution fließend, mit stetigen und allmählichen Veränderungen der Arten. Diese Evolutionstheorie durch natürliche Selektion wird von Biologen allenthalben anerkannt. Sie erklärt freilich nicht die plötzliche und überraschende Erscheinung zahlreicher neuer Arten unter den Fossilien, deren Vorgeschichte vorläufig noch unbekannt ist. Darwin erkannte diesen Schwachpunkt und meinte, dass er zum Teil die Folge der imperfekten Konservierung mancher Fossilien war. Er bemerkte jedoch auch, dass nicht alle Arten sich im gleichen Tempo und im gleichen Maße verändern.

1972 stellten der Evolutionsbiologe und Paläontologe Niles Eldredge vom American Museum of Natural History und Stephen Jay Gould von Harvard eine alternative Erklärung vor: eine Evolution, die „stoßweise" verläuft und das plötzliche Auftauchen neuer Fossilien erklären kann. Sie nannten dies *punctuated equilibrium* („Punktualismus"). Gemäß dieser Hypothese entstehen die meisten neuen Arten nach einer drastischen Abtrennung einer Elternart und nicht aus einer allmählichen Abweichung des Elternteils. Sehr früh in der unabhängigen Existenz erlebt eine abgezweigte Population in nach geologischen Begriffen kurzer Zeit große äußerliche Veränderungen. Danach bleibt die neue kleine unabhängige Art wieder lange Zeit im Gleichgewicht. Sie weist während ihrer restlichen Existenz nur bescheidene äußerliche Veränderungen auf – eine Periode, die Millionen von Jahren dauern kann.

Die Idee basierte auf Ernst Mayrs seit 1963 allgemein anerkannter Theorie der geografischen (allopatrischen) Artbildung. Die Artbildung von gesonderten Arten aus gemeinsamen Eltern erfolgt laut Mayr, wenn eine kleine Gruppe physisch isoliert wird und sich in relativ kurzer Zeit von der großen Elternpopulation abtrennt – eine Zeit, die zu kurz ist, um sie in den Fossilien wiederzufinden. „Punktualismus" wird als ein wichtiges Evolutionsmodell gesehen, ist jedoch sehr kontrovers und wird in vielen Aspekten oft falsch verstanden, z. B., dass Darwins Evolutionstheorie durch natürliche Selektion dadurch verworfen würde.

SIEHE AUCH: Paläontologie (1796), Fossilien und Evolution (1836), Darwins Theorie der natürlichen Selektion (1859), Gene auf Chromosomen (1910), Evolutionsgenetik (1937), Biologisches Artkonzept und reproduktive Isolation (1942), Hybride und Hybridzonen (1963).

Eine britische Briefmarke von 1981 zeigt Charles Darwin mit zwei Galapagos-Finken. Die in Form und Größe unterschiedlichen Vogelschnäbel inspierten Darwin zur Entwicklung seiner Evolutionstheorie.

26P
C. Darwin

1972

Nachhaltige Entwicklung

Die Erkenntnis, dass natürliche Ressourcen nicht unerschöpflich sind, ist Hunderte von Jahren alt. Sie zeigt sich in den Modellen zur Aufforstung von Wäldern, womit Abholzungen durch entsprechende Neupflanzungen von Bäumen ausgeglichen werden sollten. Das Ziel nachhaltiger Entwicklung ist es, natürliche Ressourcen verantwortungsvoll für den heutigen Bedarf einzusetzen, ohne künftige Generationen zu benachteiligen. Seit einigen Jahrzehnten bedeutet nachhaltige Entwicklung mehr als nur Umweltschutz – der Fokus der „grünen Bewegung“ – und gilt das Interesse auch dem Wirtschaftswachstum, sozialer Gleichheit und dem Schutz von Kulturgütern.

Die UNO-Umweltkonferenz von 1972 in Stockholm war die erste große internationale Zusammenkunft, die den Einfluss von menschlichen Aktivitäten auf die Umwelt thematiesierte – mit besonderem Fokus auf die Verschmutzung, Zerstörung natürlicher Ressourcen und den Schaden an Tier- und Pflanzenarten. Der Weltgipfel in Rio de Janeiro 1992, an dem über 100 Länder teilnahmen, drehte sich um den Klimawandel. Man plädierte für beschränkte Emissionen der Treibhausgase Kohlendioxid und Methan, für den Erhalt der Biodiversität und den nachhaltigen Einsatz von biologischen Ressourcen, z. B. durch Verhinderung von Entwaldung.

Auf internationalen Konferenzen ist es immer wichtig, das Gleichgewicht zwischen den Wünschen der Industrienationen und der Entwicklungsländer zu wahren. Die hochentwickelten Länder sorgen sich immer mehr über Umweltfragen und wollen die Umweltauswirkungen ihrer wachsenden Industrie reduzieren. 80 % der natürlichen Ressourcen werden jedoch von 20 % der Weltbevölkerung benutzt. Immer mehr Nachdruck gilt Investitionen in finanziell realisierbare grüne Technologien, Energieeinsparung und dem Einsatz von umweltfreundlichen nachhaltigen Ressourcen wie Wind- und Sonnenenergie.

Entwicklungsländer streben höhere Niveaus von wirtschaftlichem Wachstum an, als sie in den Industrieländern bereits realisiert wurden. Um mit ihren finanziell beschränkten Mitteln dennoch ihr Ziel zu erreichen, stürzen sie sich auf eine schnelle und billige Energiegewinnung, die auf Kosten der Umwelt geht. Die Herausforderung ist, Fortschritt mit Ökologie harmonisch zu verbinden und wirtschaftliches Wachstum ohne übermäßige Umweltschäden zu erhalten.

SIEHE AUCH: Bevölkerungswachstum und Nahrungsversorgung (1798), Erderwärmung (1896), Einflussfaktoren auf das Bevölkerungswachstum (1935), Grüne Revolution (1945), Energiehaushalt (1960), Abbau der Ozonschicht (1987).

Nachhaltige Energie wird aus Ressourcen gewonnen, die kontinuierlich verfügbar sind, z. B. Sonnenlicht, Wind, Regen, Gezeiten und Geothermie.

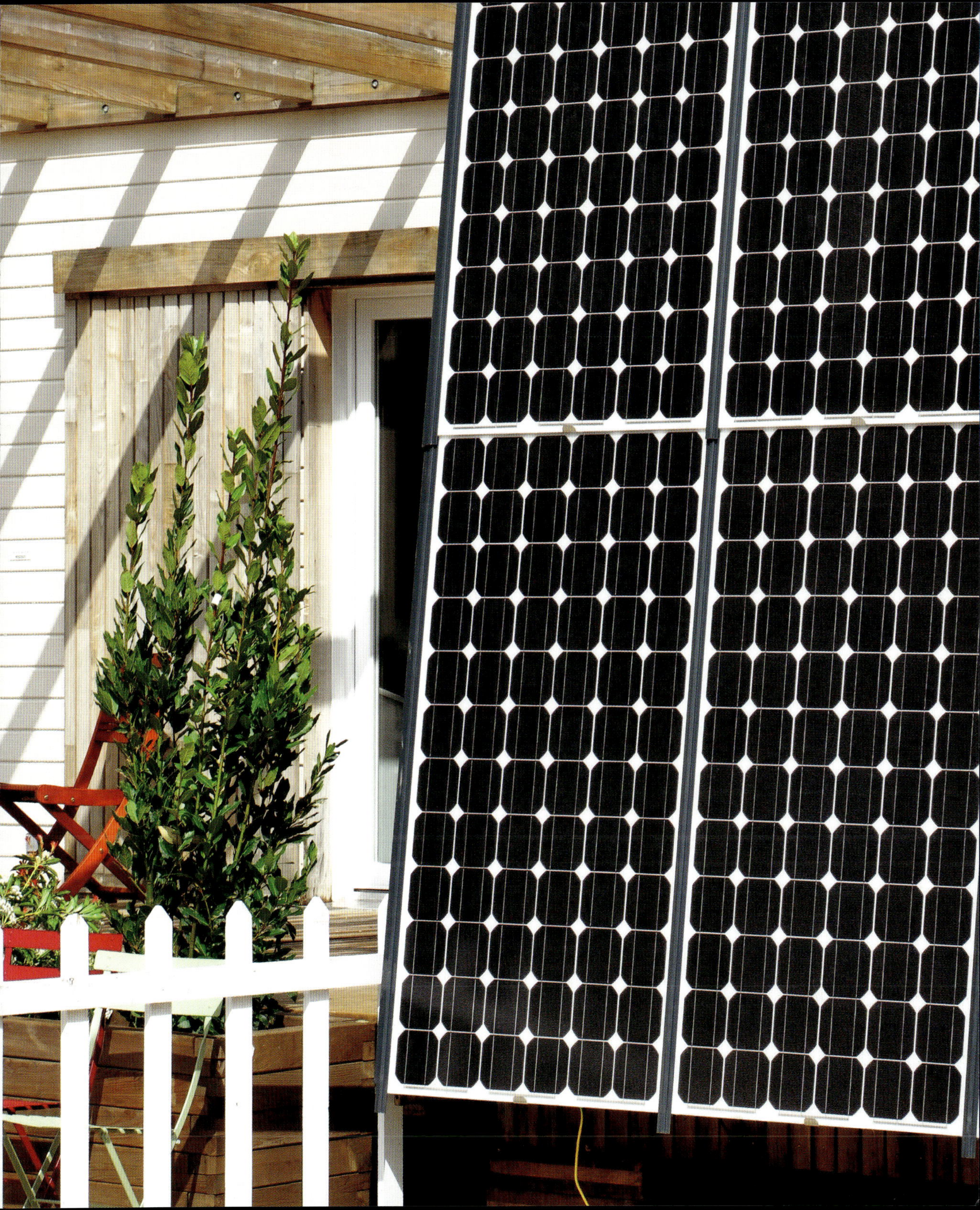

1972

Elterliche Investition und sexuelle Selektion

Robert L. Trivers (geb. 1943)

Das Wohl der Nachkommen oder sogar ihr Überleben und ihr zukünftiger reproduktiver Erfolg hängt von den Bemühungen der Eltern nach der Paarung ab. 1972 stellte der amerikanische Evolutions- und Soziobiologe Robert Trivers von Harvard eine „Theorie der elterlichen Investition" vor. Zeit, Energie und Mittel, die Eltern für ihre Nachkommen aufwenden, sowie die Risiken, die sie eingehen, bilden ihre Investition, wobei Art und Umfang dieser Investition unter taxonomischen Gruppen und zwischen den Geschlechtern variieren.

Trivers sagte, dass das Männchen nur wenig Zeit und Mühen aufwendet, um reproduktiv erfolgreich zu sein – gerade genug, um sich zu paaren. Sein evolutionärer Gewinn ist groß. Er verteilt seine Gene, geht weg und kann sich einen neuen Partner suchen. Die weiblichen Mitglieder der Art investieren in die Trächtigkeit, wenden die umfangreichen mentalen und körperlichen Kosten auf, die mit einer Schwangerschaft einhergehen und können sich in dieser Zeit nicht fortpflanzen. Die postnatale elterliche Investition variiert innerhalb der taxonomischen Gruppen. Von einigen Ausnahmen abgesehen, erhalten die Nachkommen von wirbellosen Wassertieren, Fischen und Amphibien wenig bis keine postnatale Pflege. Die prä- und postnatalen Investitionen eines oder meistens beider Vogeleltern aus dem Nestbau, dem Ausbrüten und einer Periode der Versorgung. Bei Säugetieren ist die Investition umfangreich und langjährig, mit neun Monaten Schwangerschaft vor allem beim Menschen, wonach sich beide, oder manchmal auch nur ein Elternteil, oft jahrzehntelange um die Nachkommen kümmern.

Unterschiede bei der Investition von Eltern haben, so Trivers, weitreichenden Einfluss auf die Partnerwahl. Die Weibchen sind dabei viel wählerischer. Männchen konkurrieren miteinander, und ihr Erfolg wird von Faktoren wie Größe, Kraft und klare Farben bestimmt: Hinweise auf Gesundheit und Vitalität. Weibchen haben gerne fitte Männchen, mit ausgezeichneten körperlichen Eigenschaften (d.h., guten Genen zur Weitervererbung) und einem hohen Status (Alphamännchen). Bei Arten, bei denen die Eltern sich die Fürsorge teilen, wählen Weibchen Männchen, die sie für fähig erachten, ihnen zu helfen.

SIEHE AUCH: Sexuelle Selektion (1871), Tierfarben (1890).

Löwinnen jagen in Gruppen von drei bis acht Tieren; die Männchen bewachen derweil die Welpen. Diese sind anfällig für Angriffe von Hyänen und Leoparden. Die größte Bedrohung sind jedoch andere männliche Löwen.

1974

Lucy

Mary Leakey (1913-1996), **Yves Coppens** (geb. 1934), **Maurice Taieb** (geb. 1935), **Donald Johanson** (geb. 1943)

1974 machte Lucy, eine 3,2 Millionen Jahre alte *Australopithecus afarensis*, ihr Debüt – oder besser gesagt: ihre **radiometrisch datierten** Skelettreste. A. *afarensis* ist möglicherweise eines der ältesten Vertreter der Hominiden, der menschliche Zweig des Evolutionsbaums. Anders als bei anderen Funden, bei denen Fossilien oder einige Knochenreste gefunden wurden, fand man hier 40 % eines gesamten Skeletts. Auf Basis der Beckenöffnung leitete man ab, dass es sich um eine Frau handelte. Sie war 1,1 Meter lang und wog etwa 30 Kilo. Jahrelang tourte Lucys Skelett unter großer Anteilnahme der Öffentlichkeit durch die USA. 2013 kehrten ihre Reste wieder nach Hause zurück. Eine Kunststoffreplik ist jetzt im Nationalmuseum von Äthiopien in Addis Abeba zu sehen.

Die ersten Hinweise auf hominide Fossilien bei Hadar im Nordosten Äthiopiens fand der französische Geologe Maurice Taieb. Zur Erforschung der Fundstelle stellte er mit dem amerikanischen Anthropologen Donald Johanson, der britischen Archäologin Mary Leaky und dem französischen Paläontologen Yves Coppens ein internationales Team von Experten zusammen. In der zweiten Hälfte ihrer Feldstudie, 1974, wurde Lucy gefunden und nach dem Beatles-Lied „Lucy in the sky with diamonds“ genannt, das in ihrem Camp erklang.

Die Untersuchung des Beckens und der Beinknochen führte zu der Schlussfolgerung, dass sie ein Zweibeiner war. Ihre Schädelkapazität war vergleichbar mit der eines Affen und betrug etwa ein Drittel der des modernen Menschen. Daraus folgerte man, dass der aufrechte Gang evolutionär vor der Zunahme des Gehirnvolumens erfolgte, während man zunächst das Gegenteil angenommen hatte. Manche Forscher zweifeln, ob Lucy und der A. *afarensis* Vorfahren des modernen Menschen sind. Bei den übrigen, oft im gleichen Teil Afrikas gefundenen Resten bestehen keine Hinweise darauf, dass A. *afarensis* Werkzeug oder Feuer kannte.

SIEHE AUCH: Primaten (ca. 65 Millionen Jahre v. Chr.), Neandertaler (ca. 350 000 v. Chr.), Anatomisch moderne Menschen (ca. 200 000 v. Chr.), Radiometrische Datierung (1907), Älteste DNA und menschliche Evolution (2013).

Rekonstruktion des Australopithecus afarensis, *einer der ältesten und (dank Lucy) bekanntesten frühen Menschenarten. Reste aus Ostafrika sind zwischen 3,85-2,95 Millionen Jahre alt, was vermuten lässt, dass diese Art über 900 000 Jahre lang bestand – fast viermal so lange wie der anatomisch moderne Mensch.*

1974

Cholesterinstoffwechsel

Adolf Windaus (1876-1959), **Feodor Lynen** (1911-1979), **Konrad Emil Bloch** (1912-2000), **Robert B. Woodward** (1917-1979), **Joseph L. Goldstein** (geb. 1940), **Michael S. Brown** (geb. 1941)

Beim Stichwort Cholesterin denken wir unwillkürlich an verkalkte Gefäße, Herzinfarkt und Schlaganfall. Dieses modifizierte Steroid (Sterol) hat jedoch viele lebenswichtige Funktionen: Es sorgt für den Aufbau und Unterhalt von tierischen Zellmembranen sowie ihre Durchlässigkeit und Viskosität, wodurch Eiweiße und andere Verbindungen innerhalb der beiden Membranschichten bewegen können. Es ist auch der Baustein für die Biosynthese von steroiden Verbindungen wie Galle, die eine Rolle bei der Verdauung und Absorption von Fetten und der Vitamine A, D, E und K, der Nebennierenhormone Cortisol und Aldosteron sowie der männlichen und weiblichen Geschlechtshormone spielt. Zudem ist es ein Basisbestandteil der Myelinscheide, die das Axon umringt und isoliert, was die Weiterleitung von Nervenreizen anregt.

Cholesterin wurde 1769 zuerst in der Galle und 1833 in Blut entdeckt. Spätere Studien befassten sich mit seiner Zusammensetzung und seinem **Stoffwechsel** sowie den Gesundheitsrisiken bei erhöhten Niveaus. 1903 fand Adolf Windaus seine chemische Struktur. 1951 gelang dem brillanten Chemiker Robert Woodward seine Synthetisierung. In den 1950er Jahren stellten Konrad Emil Bloch und Feodor Lynen unabhängig voneinander seine Biosynthese fest. Bloch verfolgte die Synthese eines 2-Kohlenstoffacetats bis zur 27-Kohlenstoff-4-Ringsstruktur von Cholesterin, an der 26 Enzyme beteiligt sind. Die Biosynthese von Cholesterin wird über ein **Negativ-Feedback**system der Cholesterinspiegel gesteuert. Mehr Cholesterin im Menü führt zu weniger Biosynthese und umgekehrt. 1974 identifizierten Michael S. Brown und Joseph L. Goldstein von der University of Texas Moleküle, die den Cholesterinstoffwechsel regulieren. Statine, die die Cholesterinsynthese beim geschwindigkeitsbestimmenden Produktionsschritt bremsen, gehören zu den häufigsten Medikamenten weltweit.

Bislang wurden 13 Nobelpreise für die Erforschung des Cholesterins vergeben, und es ist nicht übertrieben zu sagen, dass Cholesterin das „am meisten ausgezeichnete kleine Molekül in der Geschichte" ist. Zu den Nobelpreisträgern gehören Windaus (1928), Woodward (1951), Bloch und Lynen (1964) sowie Brown und Goldstein (1976).

SIEHE AUCH: Stoffwechsel (1614), Negatives Feedback (1885), Progesteron (1929), Stress (1936).

Verstopfte Schlagadern durch Anhäufung von Cholesterin bzw. Aderverkalkung sind eine häufige Todesursache in westlichen Ländern. Wenn der Blutstrom verstopft wird, entstehen Pfropfen in den Adern. Wenn sich diese lösen, können sie den Blutfluss zum Herzen und Gehirn blockieren und einen Herz oder Schlaganfall verursachen.

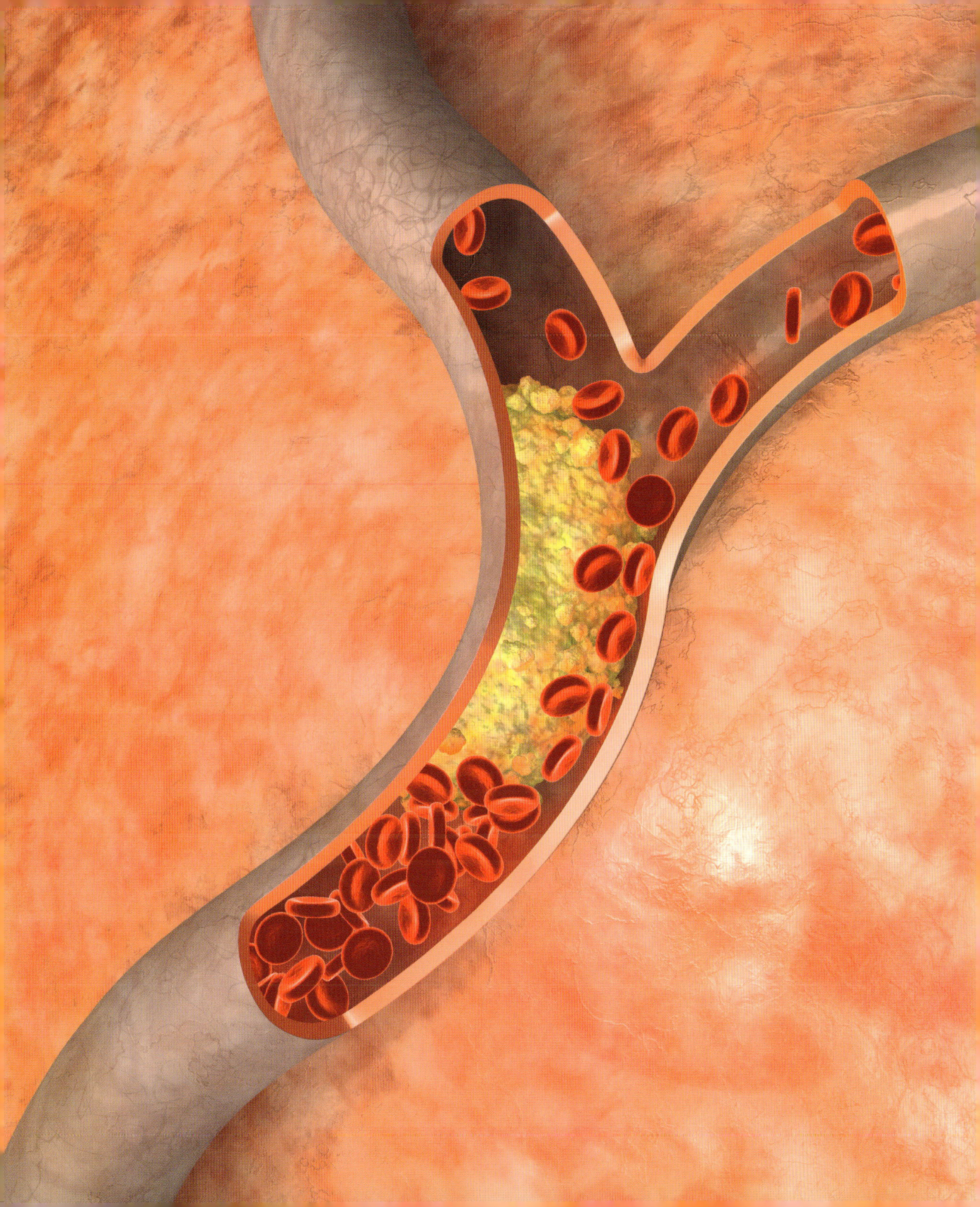

1974

Geschmackssinn

Kikunae Ikeda (1864-1936)

In der Schule haben wir gelernt, dass es vier primäre Geschmacksrichtungen gibt – süß, salzig, sauer und bitter – und dass diese jeweils an einer bestimmten Stelle auf der Zunge geschmeckt werden. Die 1901 vom deutschen Wissenschaftler D.P. Hänig entwickelte „Zungenkarte" wurde von Generationen von Studenten auswendig gelernt. Heute wissen wir, dass es fünf Primärgeschmacksrichtungen gibt. Die fünfte, *umami* (Japanisch für „guter Geschmack"), befindet sich in Nahrung, die Mononatriumglutamat (MSG) enthält. Sie wurde 1907 vom japanischen Chemiker Kikunae Ikeda entdeckt. 1974 fand Virginia Collins heraus, dass es nur geringe Unterschiede in der Geschmacksempfindlichkeit in den verschiedenen Bereichen der Zunge gibt und dass die Geschmacksreize über die gesamte Zunge verteilt sind. Die Zungenkarte ist somit ein Mythos.

Die vier primären Geschmacksrichtungen vermittelten dem frühen Menschen Signale über die Art der Nahrung, die er zu sich nehmen wollte: Süß deutete auf viele Kalorien hin. Salzig stand für Nährwert. Sauer bedeutete verdorben oder unreif. Bitter warnte vor möglicher Giftigkeit. Geschmack wird chemisch von speziellen Rezeptorzellen in den becherförmigen Geschmackspapillen im Zungenepithel (die Erhebungen auf der Zunge) erkannt. Es können sich bis zu 50 Rezeptoren in einer Geschmackspapille befinden. Jeder Primärgeschmack aktiviert einen Rezeptor. Diese besitzen einen Vorsprung, ein Geschmackshaar, das über eine Geschmackspore bis in die Zungenoberfläche reicht. Wenn sich ein Geschmacksmolekül mit Speichel mischt und in die Pore gelangt, wird über ein Rezeptorhaar eine Geschmacksnachricht erzeugt und an das Geschmackszentrum im Hirnstamm weitergeleitet.

In den 1930er Jahren begonnene Studien bestätigten, dass manche Menschen empfindlicher auf Geschmack reagieren als andere. Von der Testsubstanz Propylthiouracil (ein Medikament gegen Schilddrüsenstörungen) fanden 50 % der Versuchspersonen, dass es bitter schmeckte, 25 % schmeckten nichts („Nontaster") und die anderen 25 % fanden es extrem bitter („Supertaster"). Zu den Supertastern gehören mehr Frauen und Personen aus Asien, Afrika und Südamerika. Ihre stärkere Empfindlichkeit wird einer größeren Anzahl an Rezeptorzellen zugeschrieben.

SIEHE AUCH: Kommunikation des Nervensystems (1791), Neuronendoktrin (1891), Aktionspotenzial (1939), Geruchssinn (1991).

Manche Personen empfinden den Geschmack von Kreuzblütlern (wie Rosenkohl und Broccoli) als extrem bitter. Der Geschmack wird vom selben Stoff verursacht, der sich auch in Propylthiouracil befindet.

1975

Monoklonale Antikörper

Kitasato Shibasaburo (1853-1931), **Paul Ehrlich** (1854-1915), **Emil von Behring** (1854-1917), **Michael Potter** (1924-2013), **César Milstein** (1927-2002), **Georges Köhler** (1946-1995)

Anfang des 20. Jhd. schlug der deutsche Physiker Paul Ehrlich das Konzept einer *magischen Kugel* vor: Eine Verbindung, die selektiv einen Krankheitserreger aufspüren und töten kann, ohne dem Patienten zu schaden. Ehrlich dachte bereits früh in seiner Karriere an eine solche magische Kugel, als Emil von Behring und Kitasato Shibasaburo 1890 ein Serum gegen Diphterie und Tetanus einführten. Die Immunität gegen diese Krankheiten resultierte aus der Produktion von spezifischen Antikörpern in Reaktion auf bakterielle Toxine, die als Antigene fungierten. Es bestand und besteht immer noch die Hoffnung, dass monoklonale Antikörper „magische Kugeln" sein können.

In den 1950er Jahren perfektionierte Michael Potter vom amerikanischen Nationalen Krebsinstitut eine Technik zur Entwicklung von Plasmazelltumoren (Plasmazytome) in Mäusen, die sehr spezifische Antikörper als Reaktion auf bestimmte Antigene produzieren. Potter teilte die Mausplasmazellen mit Wissenschaftlern in der ganzen Welt, einschließlich César Milstein und Georges Köhler vom Laboratorium für Molekularbiologie in Cambridge. 1975 mischten Milstein und Köhler, ein deutscher Promovend, Milzzellen von Mäusen – eine reiche Quelle von Betalymphozyten aus den Plasmazytomen – mit Myelomzellen von Mäusen zu Hybridomen.

Diese Hybridome produzieren *monoklonale Antikörper* bzw. Antikörper, die identisch sind, weil sie von einem Immunzellentyp produziert werden. Sie können zudem unbegrenzt hergestellt werden. Die Entwicklung von monoklonalen Antikörpern wird als eine der wichtigsten Fortschritte in der biomedizinischen Forschung im 20. Jhd. betrachtet und brachte Milstein und Köhler 1984 den Nobelpreis ein. Milstein beantragte für seine Technik kein Patent, was zu großem Aufsehen in den höchsten britischen Regierungskreisen führte. Man sagte voraus, dass monoklonale Antikörper eine breite Skala an therapeutischen Anwendungsmöglichkeiten bekommen würden, sicher im Einsatz, selektiv in ihrer Wirkung und einfach in der Herstellung. Bis Juni 2014 hatten befugte Instanzen mittlerweile 30 auf der Basis von monoklonalen Antikörpern erzeugte Wirkstoffe als diagnostische Mittel und zur Behandlung verschiedener Krebsarten, Autoimmunkrankheiten und Entzündungsstörungen zugelassen.

SIEHE AUCH: Erworbene Abwehr (1897), Ehrlichs Seitenkettentheorie (1897).

Dieser monoklonale Antikörper ist ein Immunoglobulin-Molekül (IgG) aus der häufigsten Klasse der Antikörper in Blut und Lymphe.

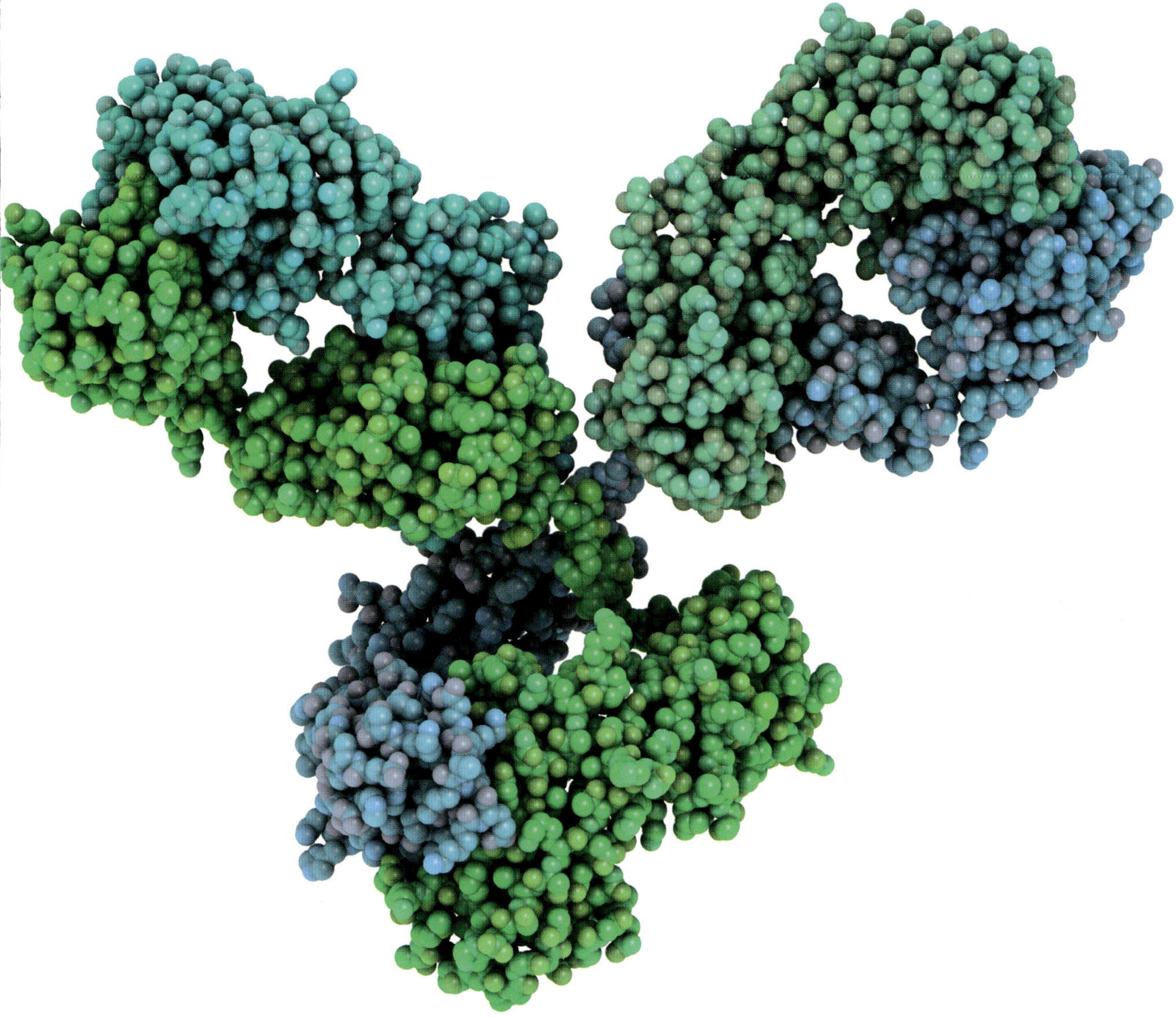

1975

Soziobiologie

Edward O. Wilson (geb. 1929), **Stephen Jay Gould** (1941-2002)

Gemäß den Regeln der natürlichen Selektion werden sich Individuen mit genetischen Varianten, die ihre Chance auf Überleben und den Fortpflanzungserfolg fördern, auf Kosten jener vermehren, die weniger günstige Gene haben. 1975 veröffentlichte der amerikanische Biologe und Entomologe E.O. Wilson *Sociobiology: the new synthesis*, in dem er Tier- und Menschenverhalten anhand der Evolutionstheorie und natürlicher Selektion versuchte zu erklären: Demnach versuchen Arten durch ihr Verhalten die Chance zu maximieren, dass ihre Gene an nächste Generationen weitergegeben werden. Bei vielen Säugetieren soll das angeborene Schutzverhalten der Mutter sicherstellen, dass die Nachkommen überleben und sich fortpflanzen können.

Soziobiologen fokussieren vor allem auf Instinktverhalten und auf das Verhalten der Gruppe anstatt des Individuums. Angeborenes Anpassungsverhalten bei Tieren wird allgemein anerkannt und ist ein aktives Forschungsgebiet. Aber nach Wilson wird auch menschliches Verhalten mindestens ebenso stark, wenn nicht sogar stärker, durch genetische Faktoren beeinflusst als durch Kultur. Er ist der Auffassung, dass soziale Faktoren und Umweltfaktoren die Änderung unseres Verhaltens nur beschränkt beeinflussen. Die Anwendung der Soziobiologie auf Menschen hat viel Kontroverse und Kritik verursacht.

Zu Wilsons schärsten Kritikern gehörte Stephen Jay Gould, Paläontologe und Autor populärwissenschaftlicher Bücher. Auch einige Evolutionsbiologen verwerfen diesen biologischen Determinismus und meinen, dass menschliches Verhalten zwar durch die genetische Ausstattung beeinflusst, jedoch nicht davon bestimmt wird. Die Idee, dass die Genausstattung hartnäckig ist und das Schicksal des Einzelnen bestimmt und man wenig daran ändern kann, kann von den herrschenden Eliten dazu missbraucht werden, ihre autoritäre Politik zu legitimieren und soziale Ungerechtigkeiten wie Rassismus und Sexismus aufrechtzuerhalten.

Vor den 1980er Jahren waren Soziobiologie und Verhaltensökologie fast Synonyme. Verhaltensökologie erforscht die ökologische und evolutionäre Basis von Tierverhalten. Zur Vermeidung der Kontroverse bei Versuchen, Theorien der Tierevolution auf den Menschen anzuwenden, beschränken Forscher sich in diesem Bereich auf Tiere und nennen sie sich lieber „Verhaltensökologen“.

SIEHE AUCH: Insekten (ca. 400 Millionen Jahre v. Chr.), Darwins Theorie der natürlichen Selektion (1859), Eugenik (1883), Assoziatives Lernen (1897), Elterliche Investition und sexuelle Selektion (1972).

Die Soziobiologie erklärt das angeborene Schutzverhalten dieses japanischen Makaken als einen Versuch, seinem Baby zu helfen. Wenn es selbst überlebt und sich fortpflanzt, ist auch die Verbreitung seiner Gene garantiert.

1976

Krebserregende Gene

Francis Peyton Rous (1879-1970), **J. Michael Bishop** (geb. 1936), **Harold Varmus** (geb. 1939)

1911 entdeckte Peyton Rous, dass ein onkogenes Virus (später das Rous-Sarkom-Virus (RSV) genannt) Krebs bei Hühnern verursachen kann. Dieser erste Hinweis darauf, dass ein Virus Krebs verursachen kann, wurde erst 50 Jahre später vom Nobelpreiskomitee anerkannt. Man schrieb das jahr 1963, und Rous war inszwischen 84 Jahre alt. RSV stellte sich später als Retrovirus heraus, das RNA anstatt DNA enthält. RNA wird vom viruseigenen Enzym Reverse Transkriptase in DNA umgeschrieben. Diese abnormale DNA kann in die Chromosomen von normalen Zellen eindringen und ihre Aktivität anders ausrichten, was zu Krebs führt.

1976 verwendeten Michael Bishop und Harold Varmus von der University of California RSV, um nachzuweisen, wie bösartige Tumore aus normalen Zellgenen gebildet werden. Der Begriff „Onkogene" steht für spezifische Teile des Genmaterials von **Viren**, die die Transformation einer normalen Zelle in eine Krebszelle steuern, entweder unter Einfluss von anderen Teilen des Virus, von Strahlen oder von bestimmten Chemikalien. Sie entdeckten, dass das Onkogen in RSV kein echtes virales Gen war, sondern ein normales Zellgen – ein Proto-Onkogen – das das Virus während der Replikation in der Gastzelle übernommen hatte. Proto-Onkogene codieren (geben die Bauanleitung für) ein Kinase-Enzym, das Signalstoffe bereitstellt, die normales Zellwachstum und Zellteilung anregen. Die Bishop-Vargus-Entdeckung führte zu der Isolierung vieler Zellgene, die normalerweise Wachstum und Entwicklung kontrollieren, aber in mutierter Form Krebs verursachen können.

Während des Zellzyklus' wird beschädigte DNA in Genen normalerweise repariert oder vernichtet. Wenn dieser Mechanismus nicht gut funktioniert, häufen sich die Mutationen alias Genschäden und werden auch auf die Tochterzellen übertragen. Krebs entsteht, wenn sich das genetische Material von normalen Zellen im Körper irreversibel ändert. Zwei Arten von Genen regeln das Zellwachstum: Proto-Onkogene und Tumorsuppressorgene (TSG). Mutationen bei einem der beiden können zu Krebs führen. Mutationen in den TSG können die Bremse beseitigen, die das Zellwachstum kontrolliert.

SIEHE AUCH: Viren (1898), Krebserregende Viren (1911), Bakteriengenetik (1946), Zentrales Dogma der Molekularbiologie (1958), HIV und AIDS (1983).

Vorlesung von Harold Varmus, Direktor des amerikanischen Krebsinstituts und 1989 Mit-Gewinner des Nobelpreises für die Entdeckung, wie virale Onkogene Krebs verursachen können.

1977

Bioinformatik

Frederick Sanger (1918-2013), **Paulien Hogeweg** (geb. 1943)

Biologische Daten aus multidisziplinären Laboren auf der ganzen Welt werden in einem so verblüffenden Tempo generiert, dass sogar die führenden Forschungsteams davon überwältigt sind. Das zeigt sich vor allem in der Molekularbiologie, die durch den Fortschritt in der Genomtechnologie vorangetrieben wird. **Genomik** ist das Teilgebiet der Genetik, das sich mit der Reihenfolge und Zusammensetzung des kompletten DNA-Satzes in der Zelle eines Organismus' sowie der Analyse seiner Struktur und Funktion befasst. 1975 entwickelte Frederick Sanger, der zwei Jahrzehnte zuvor die **Aminosäuresequenz von Insulin** aufklärte, die erste DNA-Sequenztechnik. 1977 entdeckte er die 5368 Nukleotiden des ersten, dieser Technik unterzogenen Genoms eines **Bakteriophagen** (ein Virus, das Bakterien infiziert). Seitdem ist die Weiterentwicklung in diesem Bereich um das Hundertmillionenfache gestiegen. Das 2003 abgeschlossene Humangenomprojekt kam auf 20 500 Gene. Nicht der Zugang zu Informationen ist das Problem, sondern deren sinnvolle Auswertung zum Gewinn neuer Erkenntnisse.

Daten auswerten. Bioinformatik, ein 1970 von der niederländischen theoretischen Biologin Paulien Hogeweg eingeführter Begriff, vereint Biologie und Informatik zu einer Disziplin. Man verwendet Informationstechnologie, um Informationen in biologischen Datenbanken zu erwerben, zu speichern, zu verwalten und zu analysieren. Diese Datenbanken sind so angelegt, dass Forscher Informationen abrufen und neue Informationen einführen können, sobald diese generiert werden. Auf dem nächsten Niveau versucht man Algorithmen, Datamining-Techniken und andere Hilfsmittel zur Analyse der vorhandenen Daten und ihres Vergleichs mit bestehenden Informationen zu entwickeln. Letztlich will man so zu neuen Einsichten gelangen und eine ganzheitliche Übersicht erhalten, aus der fundamentale Konzepte in der Biologie ermittelt werden können. Ein allumfassendes Bild der normalen Zellaktivitäten bietet eine Grundlage für das Verständnis, wie sie in Krankheit münden konnten.

Neben DNA- und Aminosäuresequenzen, kann man mithilfe der Bioinformatik auch die Evolution von Organismen nachvollziehen: Dazu beobachtet man die Veränderungen in der DNA und banalysiert komplexe Regelsysteme, die zu einer verändernden Aktivität von Eiweißen führen und Mutationen in Krebszellen suchen.

SIEHE AUCH: Bakteriophagen (1917), Aminosäuresequenz von Insulin (1952), Kreberregende Gene (1976), Genomik (1986), Humangenomprojekt (2003), Human Microbiome Project (2012), Älteste DNA und die menschliche Evolution (2013).

Forscher drohen unter einer Lawine von neuen und immer detaillierteren Daten und Informationen verschüttet zu werden, die mit dieser Art von Platinen generiert werden.

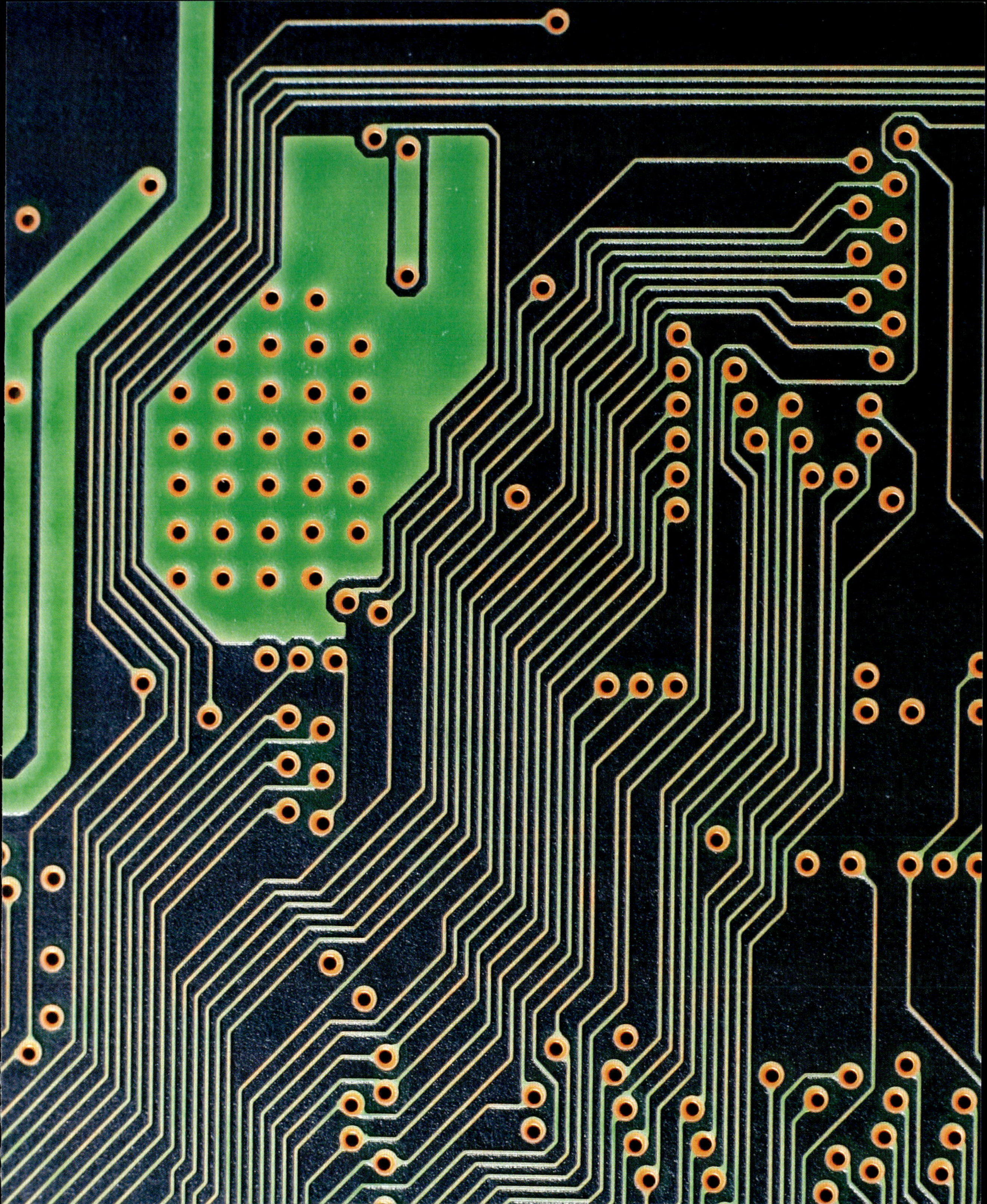

1978

In-vitro-Fertilisation (IVF)

Walter Heape (1855-1929), **Gregory G. Pincus** (1903-1967), **Min Chueh Chang** (1908-1991), **Patrick C. Steptoe** (1913-1988), **Robert G. Edwards** (1925-2013)

1978 wurde ein fast 100 Jahre alter Traum wahr: Dank der jahrzehntelangen Bemühungen des Gynäkologen Patrick Steptoe und des Physiologen Robert Edwards wurde im englischen Oldham Louise Joy Brown geboren, das erste, erfolgreich über In-vitro-Fertilisation (IVF) befruchtete Baby. Die Reaktionen auf dieses Ereignis waren kontrovers. Kinderlose Ehepaare waren erfreut, manche Kirchenführer dagegen warnten davor, „Gott zu spielen". Als Edwards 2010 den Nobelpreis bekam (Steptoe war verstorben), waren bereits 4 Millionen „Reagenzglasbabys" geboren. Louise Brown wurde 1999 auf natürlich Weise schwanger.

Alles begann 1891 in Cambridge, als Walter Heape erfolgreich Embryos in ein Kaninchen transplantierte, das später sechs Junge warf. 1934 brachten der Biologe Gregory Pincus (Jahrzehnte später Mitentdecker der Verhütungspille) und E.V. Enzmann von Harvard vor, dass Eizellen von Säugetieren sich *in vitro* (außerhalb des Körpers) normal entwickeln konnten. Die Idee, Embryos in einem Labor zu kreieren, kam zwei Jahre zuvor in Aldous Huxleys *Schöne Neue Welt* auf. Fiktion wurde 1959 Wirklichkeit, als M.C. Chang, Biologe an der Worcester Foundation für Experimentelle Biologie, als erster IVF ausführte, indem er aus Kaninchen gewonnene Eizellen in einem Reagenzglas mit Spermazellen befruchtete.

IVF erscheint recht einfach. Doch es dauerte ganze zehn Jahre, bis Septoe und Edwards die Bedingungen für die Befruchtung optimiert hatten. Normalerweise produzieren Frauen eine Eizelle im Monat. Bei IVF wird ihnen ein Fruchtbarkeitsmedikament verabreicht, um eine „Superovulation" mit mehreren Eizellen zu erreichen. Diese werden durch Punktion aus den Eierstöcken abgesaugt. Alternativ können auch gespendete Eizellen verwendet werden. Sperma und Eizelle(n) werden in-vitro gemischt (Insemination). Das Ei wird meistens nach einigen Stunden befruchtet. Sperma kann auch geradewegs in eine Eizelle injiziert werden (intrazytoplasmatische Spermainjektion bzw. ICSI). Die befruchtete Eizelle teilt sich und wird zu einem Embryo, das nach drei bis fünf Tagen Inkubationszeit in die Gebärmutter eingesetzt wird. Die Erfolgsquote von IVF sinkt mit dem Alter: 41-43 % bei Frauen unter 35 Jahren 13-18 % bei jenen über 41.

SIEHE AUCH: Plazenta (1651), Spermatozoen (1677), Theorien der Keimung (1759), Eierstöcke und weibliche Fortpflanzung (1900), Fruchtbarkeitsbestimmung (1924).

Digitale Abbildung einer Glasnadel, die eine Samenzelle in eine Eizelle injiziert.

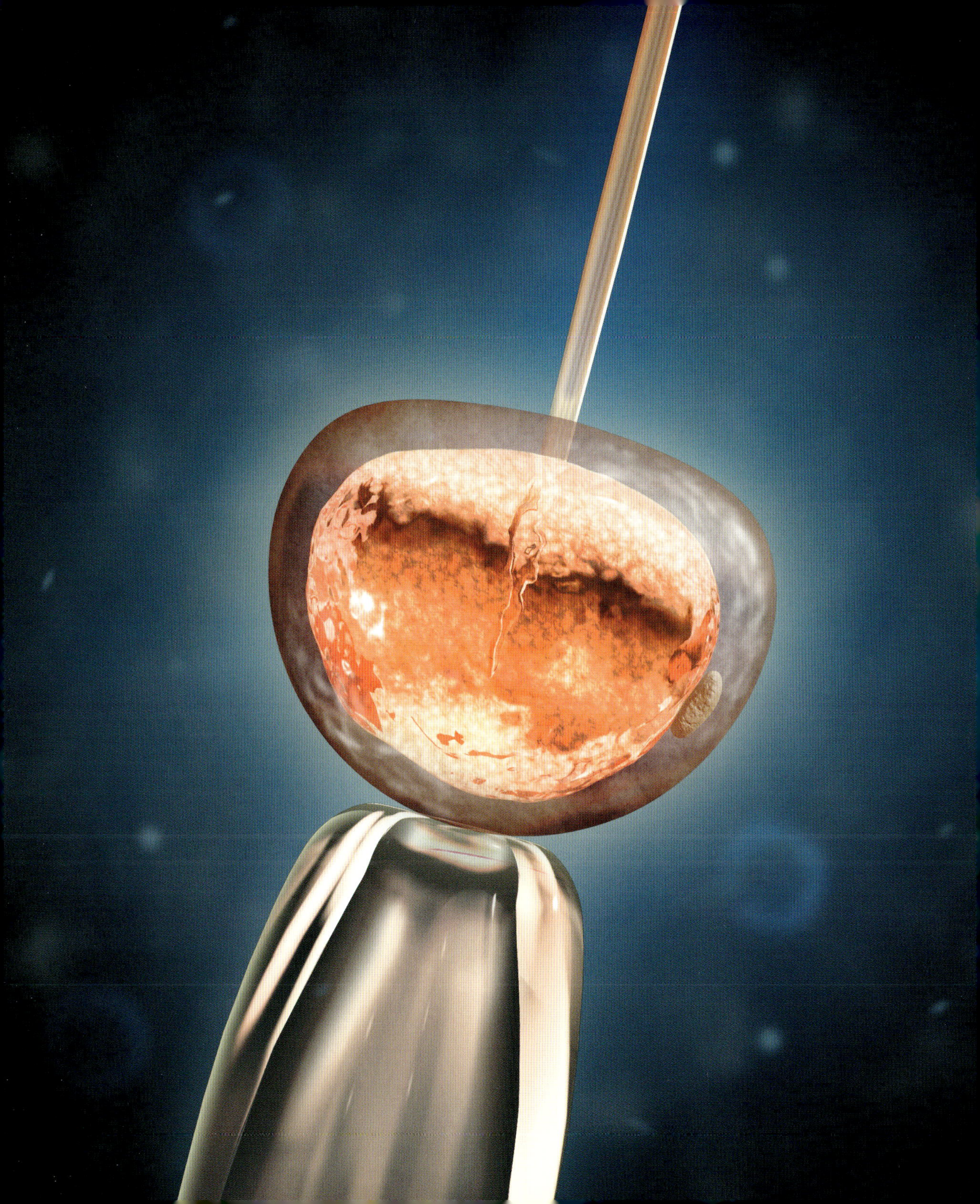

1979

Biomagnifikation

Rachel Carson (1907-1964)

Polychorierte Biphenyle wurden von 1929 bis 1979 für viele industrielle und kommerzielle Zwecke verwendet. Leckende Geräte und illegale oder ungesetzliche Verklappungen von PCB haben zu Umweltverschmutzungen geführt, die heute noch verheerende Folgen haben. Aufgrund der zunehmenden Indizien dafür, dass PCB krebserregend sind und zudem nachteilige Auswirkungen auf das Immun-, Reproduktions-, Hormon- und Nervensystem haben, wurde ihre Produktion 1979 in den USA verboten. Ein generelles Verbot existiert seit 1989.

PCB sind sehr stabil und werden biologisch kaum abgebaut. Sie sind wasserunlöslich, reichern sich jedoch im Fettgewebe an und bleiben sehr lange im Körper nachweisbar. PCB sind also perfekte Stoffe zur Biomagnifikation. Vergleichbare und viel verwendete giftige Substanzen sind Pestizide wie DDT und Schwermetalle (Arsen, Quecksilber und Blei). Wenn fettlösliche Giftstoffe von Vögeln oder Säugetieren aufgenommen werden, sammeln sie sich im Gewebe und den inneren Organen an. Anders als wasserlösliche Chemikalien werden sie kaum mit dem Urin ausgeschieden. Dadurch konzentrieren sie sich im Körper und steigern dadurch ihr toxisches Potenzial.

Biomagnifikation heißt der Prozess, bei dem die Konzentration einer schädlichen Substanz bei zunehmender Länge der Nahrungskette immer höher wird. Das kann anhand der immer höheren PCB-Konzentrationen (in Teilen von einer Million) in immer höheren Ebenen der Nahrungskette in den Great Lakes illustriert werden: Phytoplankton, die Basis der Kette (0,025) → Zooplankton (0,123) → Europäischer Stint (1,04) → Forelle (4,83) → Silbermöweneier (124): 5000 Mal so viel wie an der Basis!

Der planlose Einsatz von DDT führte zum Rückgang von Weißkopfadlern, Wanderfalken und Braunpelikanen, der in Rachel Carsons *Der stumme Frühling* (1962) angeprangert wird. 1972 wurde DDT in den USA verboten. Von 1932 bis 1968 verklappte die japanische Chisso Corporation Methylquecksilberiodid in der Meeresbucht von Minamata, das sich in den Fischen und Schalentieren anhäufte – die Nahrung für die lokale Bevölkerung. Die Folge war ein extrem schweres neurologisches Syndrom (Minamata-Krankheit), an dem etwa 1800 Menschen starben.

SIEHE AUCH: *Der stumme Frühling* (1962).

Die Geschichte kennt zahlreiche Beispiele von Schwermetallen, Chemikalien und Pestiziden, die in die Nahrungskette gelangen und über die Biomagnifikation Tod und Verderben unter Tierpopulationen verursachen.

1980

Können lebende Organismen patentiert werden?

Louis Pasteur (1822-1895), **Ananda Chakrabarty** (geb. 1938)

In der petrochemischen Industrie wusste man schon lange, dass manche Bakterien Kohlenwasserstoffe in einfachere, unschädliche Substanzen umsetzen können. Weil es jedoch nicht einen einzigen Bakterienstamm gab, der alle Kohlenwasserstoffe in Rohöl umsetzen konnte, wurden bei Ölleckagen mehrere Stämme verwendet. Nicht alle Stämme konnten unter den verschiedenen Umweltbedingungen überleben und manchmal konkurrierten sie auch miteinander, wodurch sie weniger effektiv waren.

1971 entdeckte der amerikanische Mikrobiologe Ananda Chakrabarty von General Electric **Plasmide**, die Rohöl abbauen konnten. Diese Plasmide wurden in das Bakterium *Pseudomonas* eingebracht. Es entstand eine gentechnisch veränderte Art, die nicht in der Natur vorkommt. Dieses „öl-fressende" Bakterium konnte größere Mengen Öl schneller konsumieren als die zuvor eingesetzten vier Stämme und zwei Drittel der Kohlenwasserstoffe eines typischen Lecks abbauen. Das Bakterium war also sehr effektiv. Aber konnte man einen lebenden Organismus patentieren?

Jeder hat das Recht, ein Patent zu beantragen, „um den Fortschritt von Wissenschaft und Technik zu fördern". Dieses Patent garantiert dem Erfinder ein Monopol in der Vermarktung seines Wissens zum Wohl der Öffentlichkeit. Louis Pasteur erhielt 1873 in den USA das Patent für eine gereinigte Hefezelle. Nach dem *Plant Patent Act* von 1930 zur Förderung der agrarischen Innovation kamen auch Pflanzen für Patente in Betracht. 1980 zweifelte Sydney Diamond, Leiter des amerikanischen Patentamtes, an dem Patent für den Öl-Fresser *Pseudomonas*, da es sich um ein Naturprodukt handele. 1980 urteilte das amerikanische Hohe Gericht, dass „die Tatsache, dass Mikroorganismen lebend sind, keine juristische Bedeutung für den Zweck des Patentgesetzes hat" und dass „alles unter der Sonne, was vom Menschen gemacht ist, patentierbar ist". Auf dieses bahnbrechende Urteil folgte eine Lawine von **Biotechnologie**-Patenten, unter anderem die Harvard-Maus (1988) und gentechnisch veränderte Nutzpflanzen (1990). In Kanada sind Patente auf höhere Lebensformen, z. B. Mäuse, nicht möglich, und im Juni 2013 urteilte der Hohe Gerichtshof der USA, dass natürlich vorkommende DNA-Sequenzen nicht patentierbar sind.

SIEHE AUCH: Künstliche Selektion (1760), Mikrobielle Fermentation (1857), Biotechnologie (1919), Plasmide (1952), Gentechnisch veränderte Nutzpflanzen (1982), Deepwater Horizon (BP) Ölkatastrophe (2010).

Das Urteil des Hohen Gerichts der USA von 2013, das Patente für menschliche Gene abwies, betraf einen Brustkrebstest für ein defektes BRCA1-Gen. Dieses Urteil kann sich auch auf andere natürliche Stoffe beziehen, wie aus Pflanzen isolierte Substanzen und Eiweiße aus menschlicher oder tierischer Quelle.

1982

Gentechnisch veränderte Nutzpflanzen

Der Einsatz von gentechnisch veränderten Nutzpflanzen ist umstritten – emotional ebenso wie politisch und ökonomisch. Während Befürworter die Vorteile dieser Art von **Biotechnologie** preisen, mahnen Gegner vor ihren unabschätzbaren ökologischen und gesundheitlichen Risiken. Viele Wissenschaftler und Gesundheitsorganisationen behaupten, dass sie „grundsätzlich" den konventionellen Sorten gleichen und keiner gesonderter GV-Auszeichnung („gentechnisch verändert") bedürfen. Einige der 28 EU-Mitgliedstaaten sind jedoch nicht davon überzeugt, dass diese Nahrungsmittel gefahrlos sind und haben Import sowohl die Einfuhr von GM-Nutzpflanzen, als auch ihen Anbau verboten.

GVO basieren auf der 1947 entdeckten genetischen Rekombination: die natürliche Übertragung von DNA zwischen Organismen. Bei GVO wird die genetische Zusammensetzung von Pflanzen verändert, indem ihrem Genpool zur Verstärkung der gewünschten Eigenschaften ein oder mehrere Gene hinzugefügt werden. Dies erfolgt meistens mit einer so genannten „Genkanone", die unter Hochdruck DNA in eine Pflanze „schießt", oder mithilfe von Agrobakterien – bakterielle Pflanzenparasiten, die auf natürliche Weise Gene übertragen. Besonders häufig wird *Bacillus thuringiensis* (Bt) einsetzt: Er produziert ein natürliches Pestizid (Bt-Toxin), das den Bedarf an synthetischen Chemikalien verringert. **Tabak** war 1982 der erste GVO, der mit einer Herbizid-Resistenz ausgestattet wurde. Er ist immer noch die häufigste „Modellpflanze" zur Erforschung der Pflanzengenetik. Das erste kommerziell verfügbare GM-Gewächs in den USA (1994) war die Flavr-Savr-Tomate, die länger haltbar blieb. Die häufigsten GVO heute sind Mais, Papaya und Soja.

Kritiker haben Sicherheitsbedenken: Sie fürchten, GVO könnten bei Konsumenten allergische Reaktionen verursachen oder versehentlich konventionelle Sorten kontaminieren (und dabei „Monsterpflanzen" mit ungebremstem Wachstum erzeugen) und die natürliche Artenvielfalt bedrohen. Außerdem weist man auf die zunehmende Machtkonzentration innerhalb der Agro-Industrie hin: Schon heute hält der Weltkonzern Monsanto 90 % der Patente auf GV-Saatgut. Dem gegenüber stehen die Vorteile einiger GVO: Sie sind resistent gegen Viruskrankheiten, Trockenheit und Frost, und ermöglichen eine hochwertigere Nahrungsversorgung in Entwicklungsländern.

SIEHE AUCH: Tabak (1611), Bevölkerungswachstum und Nahrungsversorgung (1798), Mendelsche Regeln (1866), Biotechnologie (1919), Grüne Revolution (1945), Bakteriengenetik (1946).

Phantasiebild eines gentechnisch veränderten Organismus': Mais wächst in einer Erbsenhülse.

1983

HIV und AIDS

Luc Montagnier (geb. 1932), **Robert Gallo** (geb. 1937), **Françoise Barré-Sinoussi** (geb. 1947)

Ab 1981 litten immer mehr Homosexuelle und Heroinabhängige an einem auffälligen Mangel an weißen Blutzellen. Diese sind essentiell für das Immunabwehrsystem. Das so genannte *Acquired Immunodeficiency Syndrome* (AIDS) verbreitete sich rasend schnell und entflammte einen grimmigen Wettkampf unter Wissenschaftlern, die die Ursache finden wollten. Nirgends war dieser Wettkampf intensiver als zwischen Robert Gallo und Luc Montagnier.

1976 gelang es Gallo und seinen Kollegen vom amerikanischen Krebsinstitut, T-Zellen (einen weißen Blutzellentyp) zu kultivieren. 1981 entdeckten sie HTLV, das erste in Menschen gefundene Retrovirus. 1984 veröffentlichte Gallo eine Reihe von Artikeln in *Science*, in der er berichtete, dass er ein verwandtes Retrovirus (HTLV-III) isoliert hatte, das AIDS verursache. Ebenfalls in *Science* beschrieb Montagnier vom Institut Pasteur in Paris ein Virus, LAV, das er aus einem AIDS-Patienten isoliert hatte und dessen Rolle bei AIDS „noch zu bestimmen" sei.

Über die Frage, wer die virale Ursache von AIDS als erster entdeckt hat, stritten sich nicht nur die Wissenschaftler, sondern auch auf internationalem Niveau die Regierungen der USA und Frankreich, wobei sich sogar die beiden Präsidenten – Ronald Reagan und François Mitterrand – einschalteten. Es ging darum, welche Regierung das Patent für das Testen und Aufspüren der Viren bekam. Das salomonische Urteil lautete, dass beide Personen gleich viel Anerkennung für die Entdeckung bekommen und dass die Patentrechte gleichmäßig verteilt werden sollten. Und das Virus bekam einen neutralen Namen: Human Immunodeficiency Virus of HIV.

2008 bekamen Montagnier und sein Kollege Françoise Barré-Sinoussi den Nobelpreis, Gallo jedoch nicht, was Montagnier „überraschte". Man ist sich heute mehr oder weniger einig, dass Montagniers Labor zwar als erstes HIV isolierte, aber dass Gallo als erster den Zusammenhang mit AIDS erkannte und die zugrundeliegende Kenntnis schuf, die die Entdeckung von HIV ermöglichte. 2013 gab es nach Schätzung 34 Millionen Menschen mit AIDS.

SIEHE AUCH: Erworbene Abwehr (1897), Viren (1898), DNA als Träger genetischer Informationen (1944), Virusmutationen und Pandemien (2009).

Die Entdeckung, dass das Human Immunodeficiency Virus *(HIV; rechts) die Ursache von AIDS ist, führte zu einer veränderten Einschätzung des Leidens: Es gilt nun nicht länger als Todesurteil, sondern als eine chronische, doch behandelbare Krankheit.*

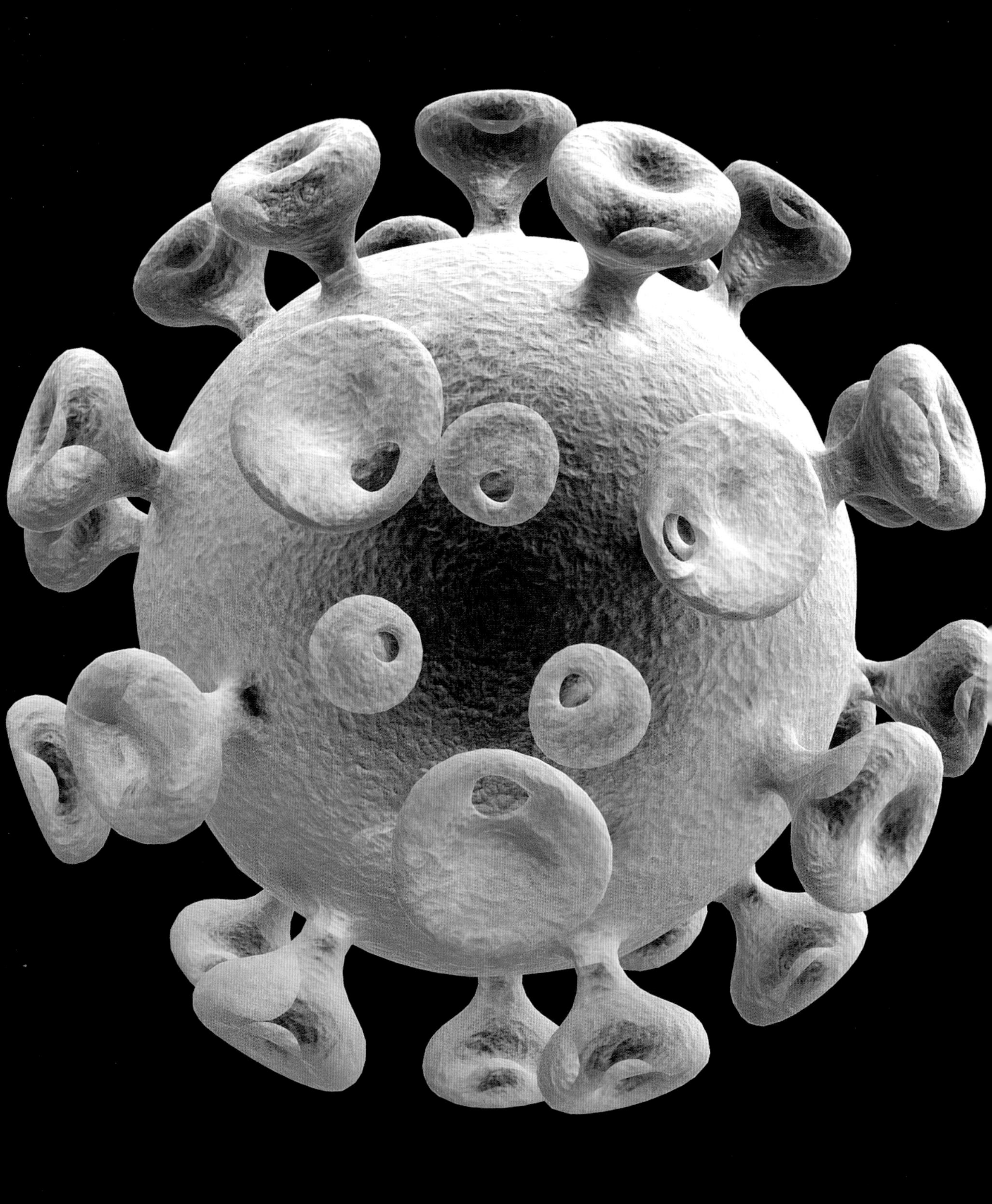

1983

Polymerase-Kettenreaktion

Kary B. Mullis (geb. 1944)

DNA-Massenproduktion. Ausgehend von einer begrenzten Menge an DNA in einer möglicherweise unreinen Probe, lassen sich mittels Polymerase-Kettenreaktion (PCR) im Reagenzglas mit einigen basalen Reagenzien und einer Wärmequelle in nur wenigen Stunden mehrere Millionen gereinigte DNA-Kopien herstellen. Vor der Einführung dieses Verfahrens war die Reproduktion von DNA schwieriger und man musste sie in Bakterienzellen klonen, was Wochen dauerte. PCR wurde 1983 vom amerikanischen Biochemiker Kary Mullis von Cetus, einem Biotechnologieunternehmen in Kalifornien, entwickelt. 1991 wurde das PCR-Patent für 300 Millionen Dollar verkauft und zwei Jahre später bekam Mullis zusammen mit dem kanadischen Chemiker Michael Smith den Nobelpreis.

Das PCR-Verfahren umfasst drei Primärschritte bei unterschiedlichen Temperaturen. Im ersten Schritt wird die Probe mit dem doppelten DNA-Strang so erhitzt, dass sie sich in zwei Stränge teilt. Jeder Strang dient als Kopiervorlage für neue DNA. Nach Zugabe eines Primers bewegt sich das Enzym Taq-Polymerase entlang dieser Vorlage, liest seine Sequenz ab und erstellt eine Kopie des doppelstrangigen DNA-Moleküls. Dieser Prozess wird 30 bis 40 Mal wiederholt, wobei die Anzahl der Kopien mit jedem Zyklus exponentiell zunimmt.

Die Einsatzbereiche der PCR variieren von molekularbiologischer Forschung bis zur forensischen Analyse des genetischen Fingerabdrucks. PCR wurde zur Schaffung von transgenen Tieren für die medizinische Forschung verwendet, um genetische Defekte zu diagnostizieren, das AIDS-Virus in Zellen aufzuspüren, Vaterschaftstest durchzuführen und Strafverdächtige über Haar- oder Blutproben mit einem Verbrechen in Verbindung zu bringen. Evolutionsbiologen konnten große DNA-Mengen aus Spuren in Fossilresten und einem 40 000 Jahren alten, gefrorenen Mammut hervorbringen. PCR-Analyse weist ebenfalls nach, dass der Kleine Panda enger mit dem Wachbären verwandt ist als mit dem Großen Panda.

SIEHE AUCH: DNA-Polymerase (1956), HIV und AIDS (1983), Genetischer Fingerabdruck (1984), De-Extinktion (2013).

Die Southern-Blot-Methode, eine molekularbiologische Untersuchungsmethode, wird zur Detektion einer spezifischen DNA-Sequenz in einer DNA-enthaltenden Probe eingesetzt. Auf diese Weise lassen sich Vaterschaftstests durchführen oder ein genetischer Fingerabdruck erstellen. Die Methode wurde nach ihrem Erfinder, dem britischen Biologen Edwin Southern (geb. 1938) benannt.

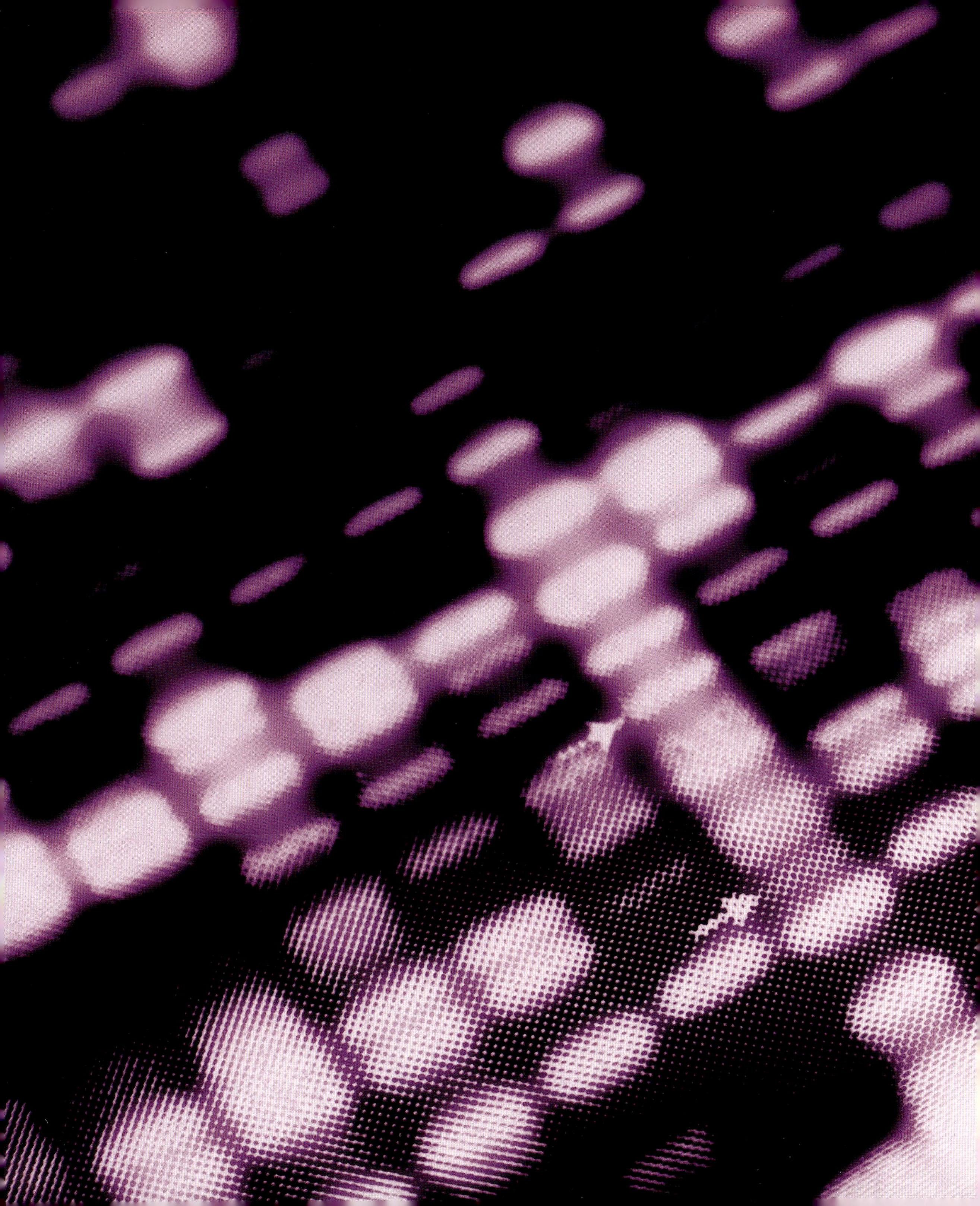

1984

Genetischer Fingerabdruck

Alec Jeffreys (geb. 1950)

Seit Anfang des 19. Jhd. waren Fingerabdrücke ein übliches Verfahren in der Kriminalistik. Damit wurden mehr Verbrechen aufgeklärt als mit jeder anderen Methode. Es bestehen wenig Zweifel über die Einzigartigkeit von Fingerabdrücken (außer bei eineiigen Zwillingen). Es ist jedoch die Frage, ob sie sich im konkreten Fall adäquat interpretieren lassen, vor allem wenn sie unbeabsichtigt am Ort des Verbrechens hinterlassen wurden.

1984 fand Alec Jeffreys, Professor für Genetik an der University of Leicester, unerwartet Übereinstimmungen und Unterschiede zwischen der DNA von den Familienmitgliedern eines Laboranten, während er die Röntgenfilme von DNA untersuchte. Drei Jahre später kamen seine genetischen Fingerabdruck-Methoden auf den Markt. Heute werden sie nicht nur bei forensischen Untersuchungen angewandt, sondern u.a. auch für Vaterschaftstests, Identifizierung von Katastrophenopfern und Stammbaumbestimmung bei Zuchtvieh. 1992 stellte sich durch eine DNA-Untersuchung heraus, dass der Nazi-Arzt Josef Mengele unter falschem Namen in Brasilien begraben worden war.

Forensische Labore können Blut (das beste Medium), Sperma, Speichel, Haar oder Haut verwenden, denn identische DNA befindet sich in jeder Körperzelle. 99,9 % der DNA ist bei allen Menschen identisch – und nur 0,1 % ist individuell einzigartig. Es besteht eine Wahrscheinlichkeit von etwa 1 zu 30 Milliarden, dass zwei Personen, die keine eineiigen Zwillinge sind, identische DNA-Profile haben. Grundlage für die Technik des genetischen Fingerabdrucks ist die Analyse so genannter Mikrosatelliten. Das sind DNA-Sequenzen, die sich stets im Gen wiederholen. Die DNA wird aus einer Zellprobe extrahiert, gereinigt und über ein elektrisches Feld durch ein Gel gezogen, wobei das Profil sichtbar wird (Gelelektrophorese).

Gerichte haben im Allgemeinen die Zuverlässigkeit von DNA-Analysen anerkannt. Zweifel wurden jedoch über die Genauigkeit, die Kosten und die Fähigkeit von Laboranten geäußert, um mögliche Verschmutzungen der Proben zu verhindern oder die Befunde akkurat zu interpretieren. Und es fragt sich, ob ohne Einwilligung entnommene Proben keine Verletzung des Rechts auf Privatsphäre sind. Unter strengen Voraussetzungen kann das Gericht solche Beweise jedoch für rechtlich zulässig erachten.

SIEHE AUCH: DNA-Polymerase (1956), Polymerase-Kettenreaktion (1983), Humangenomprojekt (2003), Human Microbiome Project (2012).

Ein Beispiel für den genetischen Fingerabdruck, wobei zehn Personen auf sechs Loci (die Stelle eines Gens auf einem Chromosom) getestet werden.

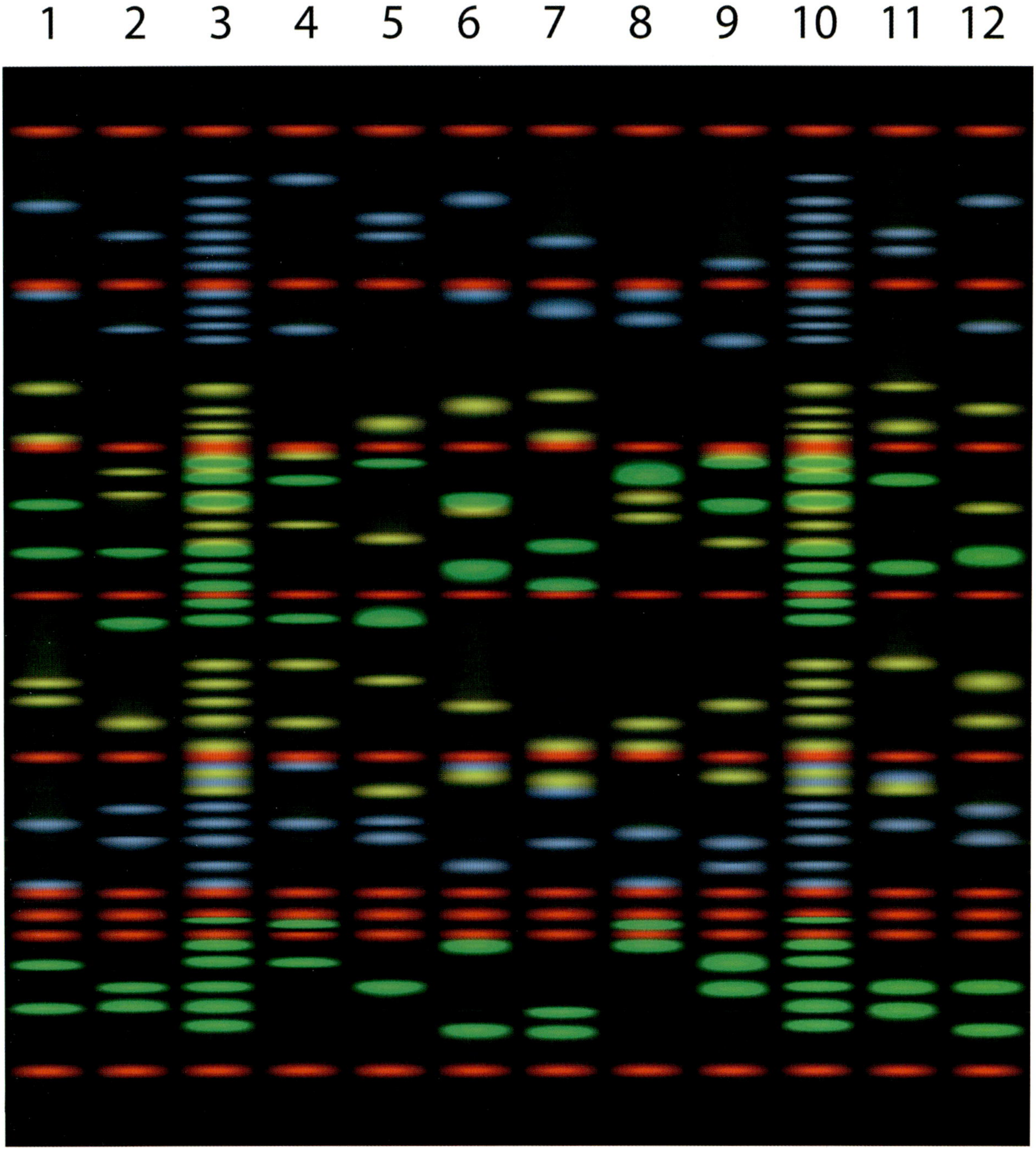

- Molekulargewichtsmarker

Reihen 3 und 10: Allel-Leitern

6 getestete Loci: 2 ; 2 ; 2

1986

Genomik

Francis Crick (1916-2004), **Frederick Sanger** (1918-2013), **Rosalind Franklin** (1920-1958), **James D.Watson** (geb. 1928),**Thomas Roderick** (1930-2013), **Walter Gilbert** (geb. 1932), **Craig Venter** (geb. 1946)

Das Gesamtbild. Genomik ist ein Teilbereich der Genetik. Während die Genetik sich mit individuellen Genen befasst, betrachtet Genomik das gesamte System: die Übersicht über Gene und DNA-Sequenzen und die funktionelle Analyse des Genoms (das gesamte genetische Material eines Organismus'). Die Grundlage wurde in den 1980er Jahren gelegt, als die Erstellung von DNA-Sequenzen und die Analyse der massiven Mengen an Daten möglich wurden. Seither wurden auf diesem Gebiet kontinuierlich Fortschritte verbucht. Den Namen *Genomik* dachte sich 1986 der Genetiker Thomas Roderick vom Jackson-Labor in Bar Harbor aus.

Um sich einen Überblick über das komplette Genom und seine Sequenz zu verschaffen, waren moderne Analysemittel erforderlich. 1953 entdeckten James Watson, Francis Crick und Rosalind Franklin die DNA-Struktur, die aus vier Nukleotidbasen besteht: Adenin, Guanin, Cytosin und Thymin. Die Analyse der DNA-Sequenz – die exakte Reihenfolge dieser Nukleotide im DNA-Molekül – wurde durch Methoden beschleunigt, die Frederick Sanger und Walter Gilbert in den 1970er Jahren einführten (wofür sie 1980 den Nobelpreis erhielten), sowie 1986 und 1987 durch halbautomatische und automatische DNA-Sequenzmaschinen. 1995 sequenzierte Craig Venter vom Institute for Genomic Research das erste Genom mit 1,8 Milliarden Basenparen eines frei lebenden Organismus' (das Bakterium *Haemophilus influenzae*). 2003 folgte das menschliche Genom mit seinen 3,3 Milliarden Basenparen. Eine vergleichbare Herausforderung war die Speicherung der massiven Datenmenge in einem zugänglichen und praktischen Format sowie die Fähigkeit, diese Daten auf funktionale Korrelationen hin zu interpretieren und zu analysieren. Das macht man in der **Bioinformatik**, in der Informationsverarbeitungssysteme entwickelt wurden, um DNA-Sequenzen zu scannen und Informationsbibliotheken für Gene zu durchsuchen, die mit bestimmten Funktionen (z. B. Krankheiten) korrelieren. In der komparativen Genomik vergleicht man DNA-Sequenzen innerhalb und zwischen Organismen. 99,9 % stimmen bei Menschen exakt überein. Es liegt zudem eine große Ähnlichkeit zwischen der DNA von Menschen und Insekten vor, was die Theorie stützt, dass der genetische Code bereits früh in der Geschichte des Lebens entstanden ist.

SIEHE AUCH: Doppelhelix (1953), Bioinformatik (1977), Humangenomprojekt (2003), Human Microbiome Project (2012).

Diese phylogenetische Klassifizierung der Eukaryoten beruht auf der genetischen Verwandtschaft zwischen Pflanzen, Pilze und Tieren, die durch genomische Analysen ermittelt wurde.

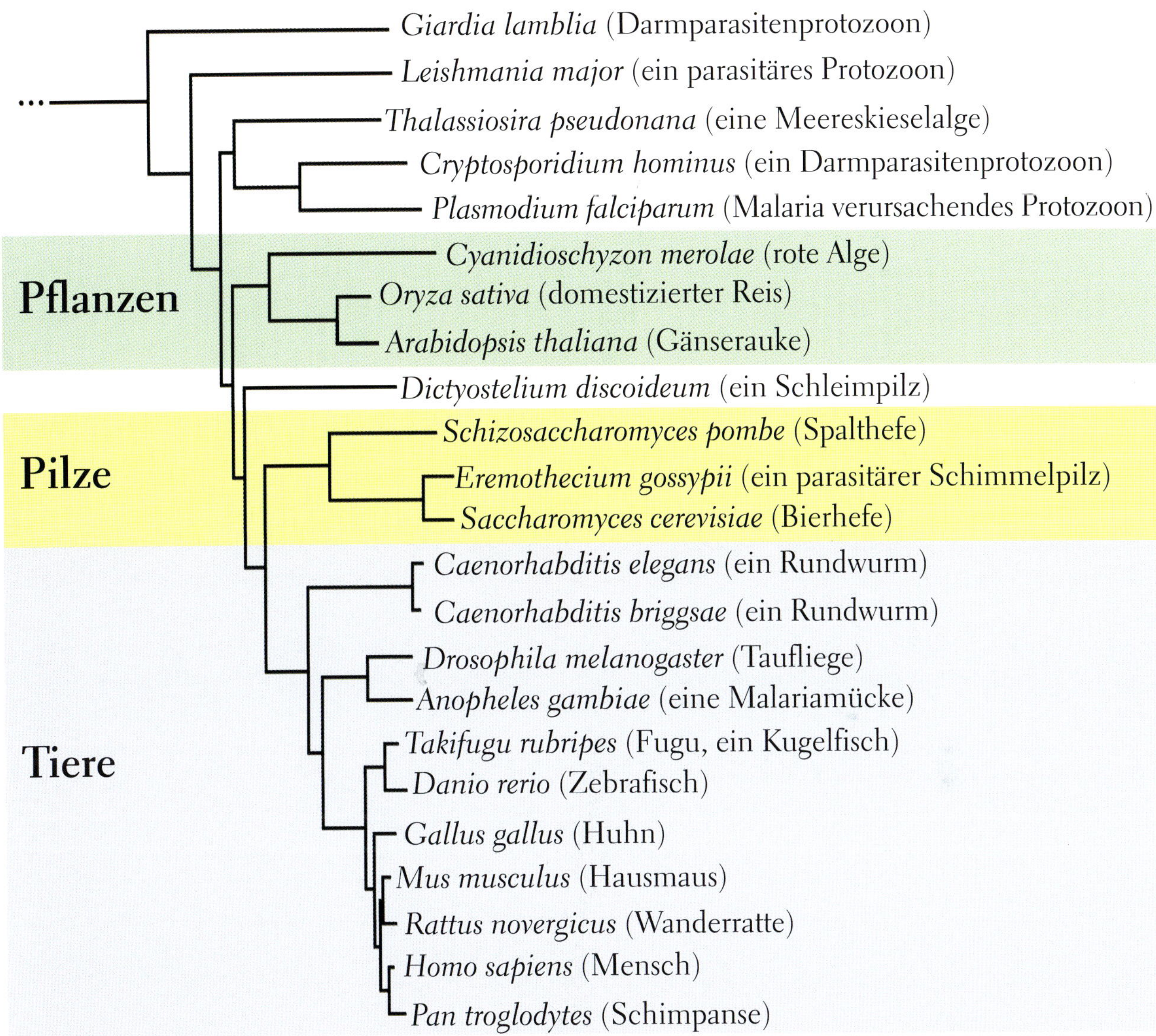
Giardia lamblia (Darmparasitenprotozoon)
Leishmania major (ein parasitäres Protozoon)
Thalassiosira pseudonana (eine Meereskieselalge)
Cryptosporidium hominus (ein Darmparasitenprotozoon)
Plasmodium falciparum (Malaria verursachendes Protozoon)
Pflanzen
Cyanidioschyzon merolae (rote Alge)
Oryza sativa (domestizierter Reis)
Arabidopsis thaliana (Gänserauke)
Dictyostelium discoideum (ein Schleimpilz)
Pilze
Schizosaccharomyces pombe (Spalthefe)
Eremothecium gossypii (ein parasitärer Schimmelpilz)
Saccharomyces cerevisiae (Bierhefe)
Tiere
Caenorhabditis elegans (ein Rundwurm)
Caenorhabditis briggsae (ein Rundwurm)
Drosophila melanogaster (Taufliege)
Anopheles gambiae (eine Malariamücke)
Takifugu rubripes (Fugu, ein Kugelfisch)
Danio rerio (Zebrafisch)
Gallus gallus (Huhn)
Mus musculus (Hausmaus)
Rattus novergicus (Wanderratte)
Homo sapiens (Mensch)
Pan troglodytes (Schimpanse)

1987

Mitochondriale Eva

Allan Wilson (1934-1991), **Rebecca L. Cann** (geb. 1951), **Mark Stoneking** (geb. 1956)

1987 war in der renommierten Zeitschrift *Nature* zu lesen, dass „alle mitochondriale DNA von einer einzigen Frau abstammt“ und dass sie vor etwa 200 000 Jahren in Afrika gelebt hat. Der Beitrag, verfasst von Rebecca L. Cann, Mark Stoneking und deren Doktorvater Allan Wilson an der University of California, Berkeley, erregte seinerzeit viel Aufsehen und sorgt noch heute für manche Kontroverse.

Die Autoren verweisen auf die von ihnen analysierten Proben als „mitochondriale DNA“, die Presse nannten sie jedoch „mitochondriale Eva“, was viel ansprechender, aber auch irreführend ist. Diese Eva war nämlich nicht die einzige Frau, die zu jener Zeit lebte, so wie Eva in der Genesis. Aus einer wörtlichen Bibelinterpretation folgt auch, dass der Mensch einige tausend, aber nicht 200 000 Jahre alt ist. Zudem glaubten viele Evolutionsbiologen, dass Menschen sich zur gleichen Zeit in verschiedenen Teilen der Welt entwickelten, und dass sie nicht als **anatomisch moderne Menschen** in Afrika entstanden und daraufhin weltweit migrierten.

Cann analysierte mit ihren Kollegen die mitochondriale DNA (mtDNA) und nicht DNA aus dem Zellkern. Letztere übermittelt die Augenfarbe, Rassenmerkmale und die Anfälligkeit für bestimmte Krankheiten. Die mtDNA codiert nur den Eiweißaufbau und andere mitochondriale Funktionen. Nukleäre DNA befindet sich in allen Körperzellen und ist eine Mischung aus der DNA vom Vater und der Mutter, während mtDNA fast nur mütterlicherseits vorkommt. Enge Verwandte verfügen über fast identische mtDNA, mit geringen Mutationen, die im Laufe von Tausenden von Jahren entstehen. Je mehr Mutationen auftreten, so die Annahme, desto länger liegt die Zeit zurück, da sich zwei Linien von einem gemeinsamen Vorfahren wegentwickelt haben.

Anhänger der Theorie der mitochondrialen Eva suggerieren nicht, dass jene Eva die erste oder einzige Frau in jener Zeit war. Sie denken vielmehr, dass eine nicht näher beschriebene Katastrophe die Erdbevölkerung auf 10 000-20 000 Menschen dezimierte, und dass nur diese Eva eine durchgehende, weibliche Abstammungslinie hatte. Somit sei Eva der jüngste, gemeinsame Vorfahre, von dem alle Menschen abstammten.

SIEHE AUCH: Anatomisch moderne Menschen (ca. 200 000 v. Chr.), Mitochondrien und Zellatmung (1925), Domänen des Lebens (1990).

Adam und Eva, *von dem deutschen Renaissance-Maler Lucas Cranach dem Älteren (ca. 1472-1553) nach 1536 fertiggestellt.*

1987

Abbau der Ozonschicht

Seit den 1970er Jahren ist das Gesamtvolumen an Ozon in der Ozonschicht jedes Jahrzehnt um 4 % gesunken. Diese Abnahme führt zu einer erhöhten Exposition gegenüber UV-B und hat damit beträchtliche Konsequenzen für das Leben auf der Erde. Zu viel UV-B-Strahlung wird mit einem höheren Hautkrebsrisiko in Verbindung gebracht, außerdem mit Grauem Star und einem schwächeren Immunsystem. Es können auch Veränderungen in der Verteilung und dem Stoffwechsel von Nährstoffen bei Pflanzen und deren Entwicklungsphasen auftreten, was geringere Ernteerträge zur Folge hat. Selbst das Meeresleben ist davon betroffen, wie die verminderte Produktion von Phytoplankton – die unterste Stufe der Nahrungskette im Meer – zeigt. Außerdem können Schäden in den ersten Entwicklungsstadien von Fischen, Krabben, Krebsen und Amphibien entstehen.

Ozon ist ein seltenes, natürlich vorkommendes Gas. Rund 90 % dieses Gases sind in einer Schicht in der Atmosphäre zu finden, die 10-17 km über der Erdoberfläche beginnt und etwa 50 km weit reicht. Dies ist die Stratosphäre. Das enthaltene Ozon wird als „Ozonschicht" bezeichnet. Sonnenlicht ist die gängigste Form der UV-Strahlung (ultraviolett). Ozon absorbiert diese, sodass nur ein kleiner Teil der Strahlen die Erdoberfläche erreicht.

Durch den Ozonabbau ist die Ozonschicht über den Polen im antarktischen Frühling (von September bis Anfang Dezember) um ein Drittel verringert: Das Phänomen wird als Ozonloch bezeichnet. Die primären Ursachen dieses Abbaus liegen bei Fluorchlorkohlenwasserstoffen (FCKW) und Halogenkohlenwasserstoffen (HKW), die als Treibgas in Sprühflaschen, als Kühlstoff, in Schaum, Isolationsmaterial und als Lösemittel genutzt wurden. Diese flüchtigen Substanzen gelangen in die Stratosphäre, wo sie durch die UV-Strahlung abgebaut werden. Ihre Chloratome werden freigesetzt und reagieren mit Ozon (O3), wodurch dieses abgebaut wird.

Das internationale Bewusstsein für die Rolle von FCKW führte 1987 zur Annahme des Montreal-Protokolls, ein internationaler Vertrag, der die Reduktion von FCKW und anderen ozonschädigenden Verbindungen festlegt. 2010 hatten 190 Ländern diesen Vertrag unterzeichnet. Laut Schätzungen kann das normale Ozonniveau durch den Stopp des FCKW-Einsatzes um 2050 wieder hergestellt sein.

SIEHE AUCH: Erderwärmung (1896), Nahrungsnetze (1927), *Der stumme Frühling* (1962), Nachhaltige Entwicklung (1972), Hautfarbe (2000).

Auf diesem NASA-Satellitenbild vom 1.Oktober 1998 ist das Ozonloch über der Antarktis in Lila dargestellt.

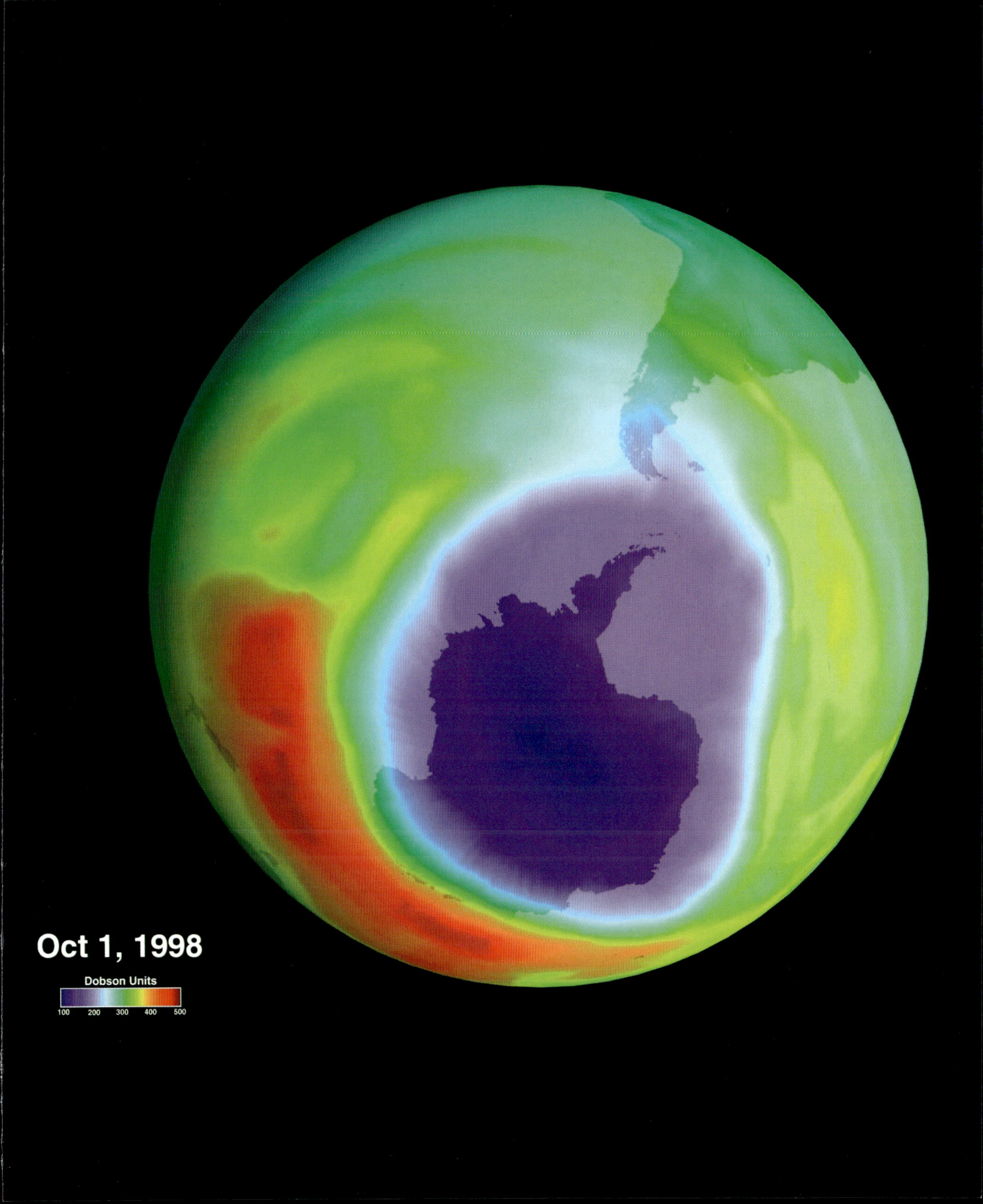
Oct 1, 1998
Dobson Units
100
200
300
400
500

1990

Domänen des Lebens

Carl von Linné (1707-1778), **Ernst Haeckel** (1834-1919), **C.B. van Niel** (1897-1985), **Roger Y. Stanier** (1916-1982), **Carl Woese** (1928-2012), **George E. Fox** (geb. 1945)

Als neue Pflanzen und Tiere im 17. Jahrhundert nach Europa gelangten, bedeutete dies einen Impuls für die Klassifikationen. 1735 entwickelte Carl von Linné, ein Pionier in der Taxonomie, ein hierarchisches System der biologischen Nomenklatur, worin der höchste Grad, inklusive aller niedrigeren Niveaus, ein „Reich" bildete, unterteilt in zwei Teile: das Tier- und das Pflanzenreich. Mit dem wachsenden Bewusstsein, dass einzellige Organismen hierin nicht aufgenommen waren, schlug Ernst Haeckel 1866 noch ein drittes Reich vor, das der *Protisten*.

In den 1960er Jahren entwickelten Roger Y. Stanier und C.B. van Niel eine Klassifikation mit vier Reichen, basierend auf dem Unterschied zwischen Prokaryoten und Eukaryoten, wovon letztere ihren Kern mit einer Zellmembran umschlossen. Zudem schlugen beide Wissenschaftler ein höheres und umfassenderes Niveau vor, die *Domäne*. Die Domäne der Prokaryoten umfasste das Reich der *monera* (Bakterien), die Domäne der Eukaryoten umfasste die Pflanzen-, Tier- und Protistenreiche.

Bis Mitte der 1970er Jahre stützten sich alle Klassifikationssysteme auf das Erscheinungsbild der Zellen, ihrer Anatomie, Morphologie, Embryologie und Struktur. 1977 klassifizierten Carl Woese und George E. Fox, beide von der University of Illinois at Urbana-Champaign, Organismen ausgehend von dem Vergleich ihrer Gene auf Molekularebene. Sie verglichen vor allem die Basensequenzen in der ribosomalen rRNA, also diejenigen Moleküle, die evolutionären Veränderungen unterworfen sind. 1990 führten sie das Konzept von drei Domänen zellulären Lebens ein: die Domäne *Archäa*, die eine Vielzahl von prokaryotischen Organismen umfasst, darunter die ältesten der Welt und fähig, sich an extreme Umstände anzupassen (Extremophilen); die Domäne *Bacteria*; und die Domäne *Eukaryoten*, die in die Reiche *Fungi* (Hefen, Pilze), *Plantae* (Blütenpflanzen, Farne) und *Animalia* (Wirbeltiere, Wirbellose) unterteilt ist. Kürzlich wurde ihr Protistenreich in wieder andere Reiche unterteilt. Das letzte Wort zur Klassifikation ist noch nicht gesprochen, es werden mitunter Systeme mit zwei bis acht Reichen diskutiert.

SIEHE AUCH: Prokaryoten (ca. 3,9 Milliarden Jahre v. Chr.), Eukaryoten (ca. 2 Milliarden Jahre v. Chr.), Pilze (ca.1,4 Milliarden Jahre v. Chr.), Linnésche Klassifizierung der Arten (1735), Endosymbiontentheorie (1967), Taxonomie von Protisten (2005).

Die Regenbogenfarben des *Grand Prismatic Spring im Yellowstone-Park in Wyoming – der drittgrößten Thermalquelle der Welt – verursachen thermophile Mikroben (Extremophile aus der Domäne* Archäa*), die am Quellrand bei Temperaturen von 71 °C gedeihen.*

1991

Geruchssinn

Richard Axel (geb. 1946), **Linda B. Buck** (geb. 1947)

Tiere nutzen ihren Geruchssinn, um Nahrung zu finden, ihr Territorium einzugrenzen, ihre Nachkommen zu identifizieren und um die Präsenz und Empfänglichkeit potenzieller Geschlechtspartner festzustellen. Von allen Tieren mit gut entwickeltem Geruchsinn sticht der Schweißhund besonders hervor. Er wird auch „Nase mit einem Hund dran" genannt. Der Stammbaum der Schweißhunde lässt sich in Europa tausend Jahre weit zurückverfolgen. Sie werden zum Auffinden von vermissten Kindern und geflüchteten Häftlingen eingesetzt. Sie sind so zuverlässig, dass ihre Resultate sogar vor Gericht anerkannt werden. Sie können einer Spur manchmal über 200 km folgen und orientieren sich an einer Geruchsmischung aus Atem, Schweiß und anderen Hautausdünstungen, die bis zu 300 Stunden alt sein kann. Menschen können Tausende von Gerüchen unterscheiden, die Fähigkeit von Schweißhunden ist aber mindestens 1000 Mal größer als die des Menschen, dessen Geruchssinn als recht einfach gilt. Die Riechfähigkeit ist außerdem bei jagenden Fleischfressern am besten entwickelt.

Diese bemerkenswerte Fähigkeit beruht auf dem olfaktorischen Organ in der Nase und besteht aus modifizierten Nervenzellen mit einer Anzahl an Härchen an der Oberfläche. Diese Härchen enthalten olfaktorische Rezeptoren und ragen, eingebettet in Schleim, aus dem Epithel in der oberen Nasenhöhle. Diese Rezeptoren bestehen aus Proteinen auf den Nervenzellen, die Duftmoleküle in der Luft detektieren. Beim Einatmen lösen sich die Duftmoleküle im Schleim auf und binden sich an Rezeptoren, die daraufhin ein elektrisches Signal an den *Bulbus olfactorius* im Gehirn senden. Die für verschiedene Gerüche spezifischen Geruchsrezeptoren sind über die gesamte Nasenhöhle verteilt.

1991 untersuchten Linda Buck und Richard Axel an der Columbia University das Geruchssystem von Laborratten auf der molekularen Ebene, wofür sie 2004 den Nobelpreis erhielten. Bei ihren Studien entdeckten sie eine Familie von über 1000 Genen (3 % aller menschlichen Gene), welche ebenso viele Geruchsrezeptoren codieren. Die Wissenschaftler konnten zeigen, dass jede Rezeptorenzelle nur einen Rezeptor enthält, der auf das Erkennen von wenigen Gerüchen spezialisiert ist.

SIEHE AUCH: Kommunikation des Nervensystems (1791), Neuronendoktrin (1891), Aktionspotenzial (1939), Pheromone (1959).

Der Schweißhund, auch „Nase mit einem Hund daran" genannt, steht zu Recht im Ruf, Personen unermüdlich und über etliche Kilometer hinweg auffinden zu können.

1994

Leptin: das „Schlankheitshormon“

Douglas L. Coleman (geb. 1931), **Rudolph L. Leibel** (geb. 1942), **Jeffrey M. Friedman** (geb. 1954)

1950 tauchten in einer Mäuse mit enormer Fresslust in einer Mäusekolonie im Jackson-Labor in Bar Harbor, Maine, spontan fettleibige Mäuse mit ungebremster Fresslust auf. Die Tiere schienen eine genetische ob-Mutation zu haben („ob“ von *Obesitas*). In den 1960er Jahren entdeckte Douglas Coleman Mäuse mit genetischen db- (für *Diabetes*) und ob-Mutationen. Nach aufwändigen Kreuzungs-Experimenten und genetischen Analysen glaubten Coleman und Rudolph Leibel 1992 die Ursache für beide Mutanten gefunden zu haben: Den ob-Mäusen fehlt ein Hormon, das Nahrungsaufnahme und Körpergewicht regulierte. Die db-Mäuse dagegen produzierten zwar das Hormon, aber nicht den Rezeptor, der das Signal empfängt.

1994 entdeckten Leibel und Jeffrey Friedman an der Rockefeller University das Gen und Hormon, das die Nahrungsaufnahme unterdrückt und das Körpergewicht überwacht. Sie nannten es *Leptin* (vom Griechischen „leptos“: „dünn“). Die ob-Mäuse hatten eine genetische Mutation, die die Produktion von Leptin verhinderte. Dieses Hormon ist ein Protein mit 176 Aminosäuren, das vorrangig in Fettzellen entsteht und auf vielfältige Weise im Hypothalamus seine Wirkung gentfaltet: Es blockiert Neuropeptide Y (NPY), natürliche Essstimulantien aus den Darmzellen und dem Hypothalamus. NPY schien eher ein Schlüsselelement in der Regulation des Appetits zu sein. In kleinen Dosen fördert es Esslust, weshalb die Zerstörung von NPY-Nerven zum Verlust des Appetits führt. Leptin fördert auch die Synthese des Alpha-Melnocyt-stimulierenden Hormons (α-MSH), einem Eiweißhormon im Gehirn, das Esslust unterdrücken kann (auch wenn es vorrangig bei der Hautpigmentierung eine Rolle spielt).

Man vermutet, dass Leptin bei der Anpassung des Körpers an Hunger eine Rolle spielt. Unter normalen physiologischen Bedingungen wird bei der Abnahme von Körperfett auch der Plasmaspiegel von Leptin verringert, was zu mehr Essen und weniger Energieverbrauch führt, und zwar so lange, bis die normale Fettmasse wiederhergestellt ist.

Man hoffte, Leptin könnte in der Behandlung fettleibiger Personen eingesetzt werden. In Tests wurde aber deutlich, dass häufig verabreichte, hohe Dosen nur einen geringen Gewichtsverlust bewirkten. Da Leptin ein Eiweiß ist, muss es injiziert werden – bei oraler Einnahme wird es durch die Magensäure deaktiviert. Die Forschungen dauern an.

SIEHE AUCH: Menschliche Verdauung (1833), Hypothese der sparsamen Gene (1962), Hypothalamus-Hypophysen-Nebennierenrinden-Achse (1968).

Sumo Ringer, dargestellt von Utagawa Kuniyoshi (1797-1861), einem Meister des japanischen Holzschnitts. Es gibt keine Höchstgewichtsgrenze für Sumo-Ringer, manche wiegen über 225 kg.

六ッヶ峰岩之助
一勇斎國芳画
佐七刻

2000

Hautfarbe

Die Haut ist das größte Organ unseres Körpers. Sie wiegt rund 13 kg und ist der primäre Ort der Interaktion mit der Außenwelt. Ihre Farbe ist ebenso vielfältig wie die kulturellen Eigenheiten ihrer Träger. Auch wenn zunächst ihr Aussehen ins Auge sticht, hat die Haut neben dem Schutz vor physischen Verletzungen, Chemikalien und Mikroben, noch eine Reihe anderer wichtiger Funktionen. Sie unterstützt die Regulation des Wasserhaushaltes und der Körpertemperatur, speichert Fett und stellt Hormone sowie Vitamin D3 her.

Melanin ist der wichtigste Faktor für die Hautfarbe des Menschen. Es ist auch im Haar und in der Iris vorhanden und wird von Melanozyten in der untersten Schicht der Oberhaut hergestellt. Bei Sonneneinstrahlung (UV-Strahlen) steigt die Melaninproduktion, wodurch sich die Hautfarbe ändert. Lange wurde angenommen, dass dunkle Hautpigmente den Körper gegen schädliche UV-Strahlen schützen.

Im Jahr 2000 behaupteten die Anthropologin Nina Jablonski von der California Academy of Sciences und ihr Mann George Chaplin, dass die Hautfarbe eine evolutionäre Anpassung an verschiedene Intensitäten von UV-Strahlung darstellte, der Menschen während der Jahrtausende ihrer Wanderungen in alle Regionen der Welt ausgesetzt waren. Die beiden Forscher formulierten eine Theorie anhand ihrer Analyse von Daten des NASA Total Ozon Spektrometers, das 1978 in über 50 Ländern der Welt die UV-Strahlung maß, die die Erdoberfläche erreichte. Das Niveau sank mit größerer Entfernung zum Äquator stetig. Es gab also einen Zusammenhang zwischen schwächerer UV-Strahlung und hellerer Hautfarbe.

Die ersten Menschen hatten dunkles Haar und leicht pigmentierte Haut. Als sie, vor circa 1,2 Millionen Jahren, nach Ostafrika migrierten und näher am Äquator lebten, waren sie nahezu unbehart und hatten dunkle Haut. Jablonski und Chaplon vermuteten, dass Migrationen zu Veränderungen der Hautfarbe führten, um ein Gleichgewicht zwischen schädlichen Effekten von zu viel Strahlung und der für die Vitamin D3-Synthese ausreichenden Strahlendosis zu erreichen. Dieses Vitamin ist notwendig, um genug Kalzium und Phosphor im Blut zu garantieren, was wiederum das Knochenwachstum fördert und für die Fortpflanzung erforderlich ist.

SIEHE AUCH: Anatomisch moderne Menschen (ca. 200 000 v. Chr.), Abbau der Ozonschicht (1987).

Durch die UV-Strahlen der Sonne färbt sich die Haut. Gesellschaftlich gesehen gab es immer gemischte Gefühle hinsichtlich gebräunter Haut. Hellhäutige wünschen sich oftmals braune Haut, obwohl sie auch als Hautkrebsrisiko und Vorbote für früh alternde Haut gilt.

2003

Humangenomprojekt

Thomas Hunt Morgan (1866-1945), **Alfred Sturtevant** (1891-1970), **Francis Crick** (1916-2004), **Frederick Sanger** (1918-2013), **James D. Watson** (geb. 1928)

Es war das biologische Äquivalent zur Mondlandung und das größte Projekt in der Wissenschaft der Biologie, das je unternommen wurde: Ende der 1980er Jahre wollte man das menschliche Genom entschlüsseln – alle DNA und Gene. 2003 waren 99 % davon komplett entschlüsselt. Das Vorhaben zielte in erster Linie darauf ab, die genetische Grundlage für Krankheiten (z. B. Krebs) zu finden sowie die individuellen Varianten im genetischen Code, die manche Menschen für bestimmte Krankheiten anfälliger machen. Das Verständnis dieser Krankheiten auf genetischem Niveau könnte möglicherweise zur Entwicklung spezifischer Biopharmazeutika führen. 2013 hatte man etwa 1800 krankmachende Gene entdeckt. 350 biotechnologische Produkte wurden klinisch getestet.

Mit Unterstützung von zwei amerikanischen Ministerien startete das Genomprojekt 1990 als internationales Forschungsprojekt, mit einem Zeitrahmen von 15 Jahren. 2003 – zwei Jahre vor Ablauf der Frist – war das Projekt, das geschätzte 3,8 Milliarden Dollar gekostet hat, im Wesentlichen abgeschlossen. 2006 wurde die Sequenz des letzten Chromosoms publiziert. Von unseren 23 Chromosomenpaaren bestimmt nur eines das Geschlecht. Der Mensch hat ungefähr 20 000-25 000 Gene (etwa genauso viele wie eine Maus), die aus insgesamt 3,3 Milliarden Basenpaaren bestehen. (Die Taufliege hat 13 767 Gene.) Die DNA aller lebenden Organismen besteht aus denselben vier Basenpaaren, deren Reihenfolge darüber bestimmt, ob der Organismus ein Mensch, eine Taufliege oder eine Pflanze wird.

Tatsächlich hat das Projekt schon beinahe hundert Jahre eher begonnen: 1913 erstellte Alfred Sturtevant die erste Genkarte der Welt (die der Taufliege). Es war seine Doktorarbeit an der Columbia University unter der Leitung von Thomas Hunt Morgan. 1953 beschrieben James Watson und Francis Crick die Doppelhelix der DNA und die Art der Basenpaare Adenin, Thymin, Guanin und Cytosin. 1975 entwickelte Frederick Sanger eine DNA-Sequenzierungstechnik. Morgan, Watson, Crick und Sanger wurden für ihre Leistungen mit dem Nobelpreis ausgezeichnet.

SIEHE AUCH: Desoxyribonukleinsäure (DNA) (1869), Gene auf Chromosomen (1910), DNA als Träger genetischer Informationen (1944), Doppelhelix (1953), Bioinformatik (1977), Genomik (1986), Human Microbiome Project (2012).

Ein ultravioletter Laserstrahl geht durch eine Küvette zur DNA-Bestimmung.

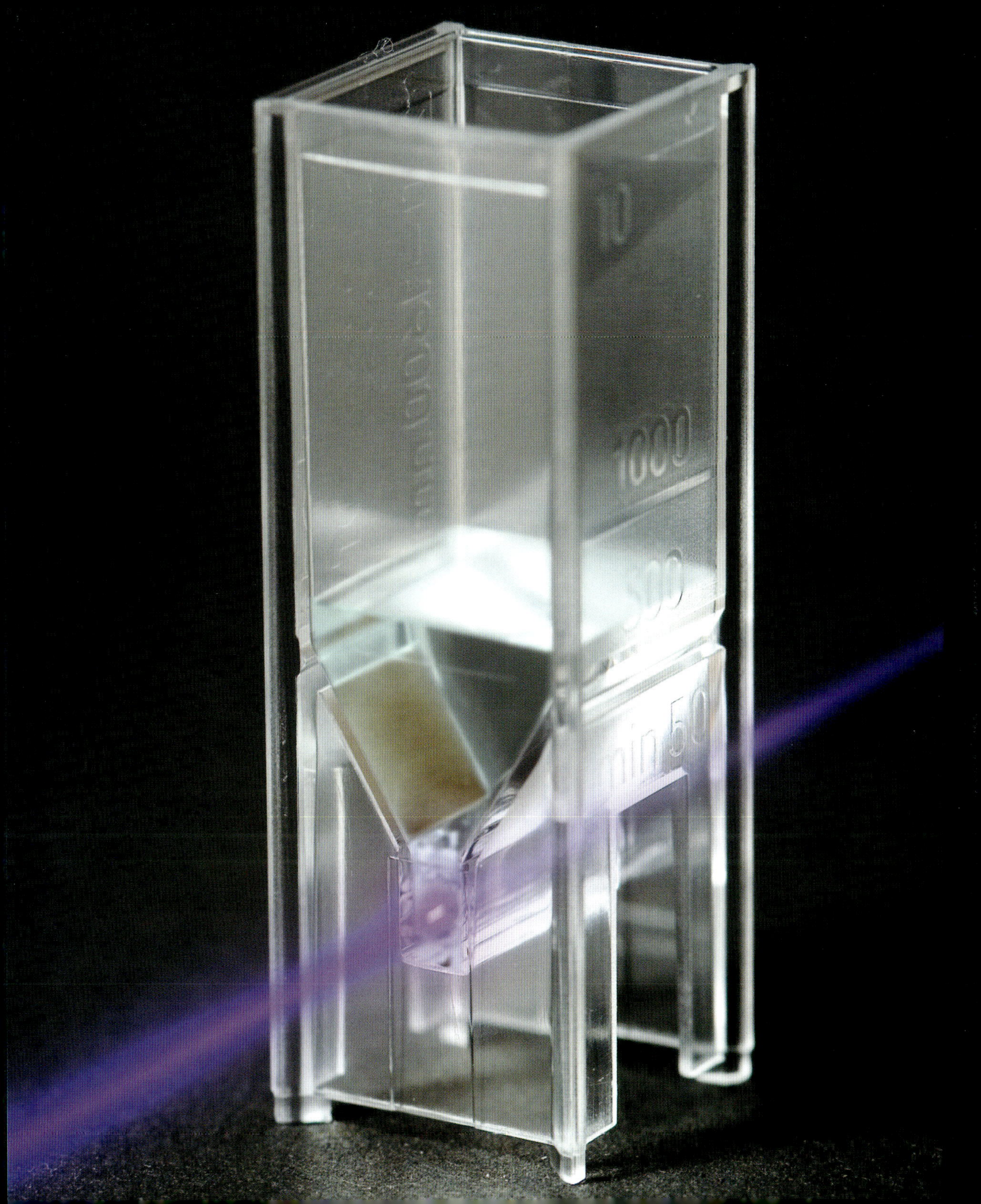
1000

2005

Taxonomie von Protisten

Ernst Haeckel (1834-1919), **Robert H. Whittaker** (1920-1980)

Biologen sind Klassifizierer. Die Erfahrung von fast 200 Jahren lehrt jedoch, dass menschliche Ordnungssysteme der Vielfalt des Lebens oft nicht gerecht werden und revidiert werden müssen. Der alten Klassifikation lebender Organismen in die Reiche der Pflanzen und Tiere fügte Erich Haeckel 1866 ein drittes Reich von einzelligen Organismen hinzu, die er wegen ihrer primitiven Form *Protisten* nannte. 1959 schlug der amerikanische Pflanzenökologe Robert Whittaker fünf Reiche vor, später vier, von denen eines für Protisten reserviert war.

Bis vor kurzem wurden Protisten als eines der vier Reiche innerhalb der Domäne der *Eukaryoten* klassifiziert: Ihre Vertreter zeichnen sich durch Zellen aus, die eine Membran um einen echten Kern sowie Organellen besitzen. Anhand von Ultrastruktur (Organellen), Biochemie und Genetik werden Angehörige des Pflanzen-, Tier- und Pilzreichs als monophyletisch angesehen: Jede Gruppe stammt von einem einzigen Vorfahren und dessen Nachkommen ab. Mehr als 200 000 Arten von Protisten besiedeln diverse Lebensräume, wo Wasser die ganze oder einen Teil der Zeit vorhanden ist. Sie sind meist einzellig und unterscheiden sich in Größe und Form, sowie in der Art der Fortpflanzung, Fortbewegung und Nahrungssuche. Ausgehend von DNA- und Ultrastrukturstudien scheinen Protisten noch vielfältiger als gedacht, wobei manche enger mit Angehörigen anderer Reiche verwandt sind als mit anderen Protisten.

Sie haben keine gemeinsame Abstammung (sie sind polyphyletisch) und bilden nicht wirklich ein Reich, sondern mehr eine Ansammlung eukaryotischer Organismen, die weder Pflanze, Tier noch Pilze sind. Dennoch wird das Wort *Protisten* zur Bezeichnung dieser Organismen benutzt.

2005 schlug die Ökologin Sina M. Adl von der kanadischen Dalhousie University eine Klassifikation vor, die auf die Erbverwandtschaft verzichtet und alle Protisten informell in fünf Supergruppen einteilt, die wiederum in Gruppen nach Art der Fortbewegung und Nahrungssuche unterteilt sind. Eine noch simplere und verständlichere Klassifikation der Protisten ist diese: *Protozoen* oder Tierähnliche, die Nahrung verdauen und sich fortbewegen. *Algen* oder Pflanzenähnliche, für Organismen, die ihre eigene Nahrung über **Photosynthese** herstellen. Pilze, die Nahrung aus ihrer Umgebung aufnehmen.

SIEHE AUCH: Eukaryoten (ca. 2 Milliarden Jahre v. Chr.), Van Leeuwenhoeks mikroskopische Welt (1674), Linnésche Klassifizierung der Arten (1735), Photosynthese (1845), Endosymbiontentheorie (1967).

Ein Stromatolithenriff in Cuatro Ciénegas, Mexiko. Stromatolithen gehören zu den ältesten Fossilien der Welt. Ihre Form entstand durch die Anhäufung mehrerer Schichten prokaryotischer Zyanobakterien (Blaualgen) und Protisten. Bevor man ihr biologische Herkunft erkannt hatte, wurden sie „lebende Steine“ genannt.

2006

Induzierte pluripotente Stammzellen

James Thomson (geb. 1958), **Shinya Yamanaka** (geb. 1962)

In den vergangenen Jahren gab es ein enormes wissenschaftliches und öffentliches Interesse an Stammzellen, sowohl wegen ihres medizinischen Potenzials für Gewebe- und Organtransplantationen, als auch für die Behandlung von Krankheiten wie Diabetes, Alzheimer und Parkinson. Die Nutzung von Stammzellen impliziert jedoch die Vernichtung menschlicher Embryos und die Möglichkeit des **Klonen**s, was einen Sturm ethischer und politischer Kontroversen entfachte und weitere Studien verhinderte. Mit der erfolgreichen Entwicklung induzierter pluripotenter Stammzellen (iPS) hoffte man, die Vorteile zu wahren und die Kritik verstummen zu lassen.

Stammzellen entstehen einige Tage nach Entwicklung des Säugetierembryos, während des Blastozyststadiums. Embryonale Stammzellen sind undifferenzierte Zellen, die sich teilen können, um weitere Stammzellen hervorzubringen. Sie können sich auch zu Zellen von einem der drei Keimblätter differenzieren (Entoderm, Mesoderm und Ektoderm) und spezialisierte Zellen jeden Zelltyps bilden, die erwachsene Zellen und Gewebe reparieren und ergänzen können.

1998 isolierte James Thomson an der University of Wisconsin-Madison menschliche embryonale Stammzellen. Dies ist eine bemerkenswerte, aber aufgrund der Herkunft der Zellen sehr umstrittene wissenschaftliche Leistung. Dieser Disput war 2006 größtenteils überwunden, als Shinya Yamanaka an der Universität Kyoto erwachsene Fibroblasten von Mäusen (Hautzellen) so programmierte, dass sie iPS herstellten. 2007 ging Yamanaka noch einen Schritt weiter, indem er iPS aus menschlichen Hautzellen erzeugte, eine Leistung, die Thomson später im selben Jahr wiederholte. Bei diesem Prozess werden den Hautzellen zahlreiche Transkriptionsfaktoren zugefügt. Transkriptionsfaktoren sind Proteine, die die Übertragung (Transkription) genetischer Information von DNA nach RNA regeln. Yamanaka bekam 2012 den Nobelpreis.

Die frühe Begeisterung über die medizinischen Möglichkeiten von iPS wurde inzwischen etwas gedämpft. Wie sich zeigt, unterscheiden sich diese induzierten Zellen in wesentlichen Eigenschaften von embryonalen Stammzellen und können womöglich Krebs verursachen. In den USA sind sie für den klinischen Einsatz nicht zugelassen.

SIEHE AUCH: Keimblatttheorie (1828), Die unsterblichen HeLa-Zellen (1951), Klonen (Zellkerntransfer) (1952).

Induzierte pluripotente Stammzellen sind genetisch umprogrammierte, erwachsene Zellen. Sie können zu allen möglichen Zelltypen heranwachsen und eignen sich möglicherweise zur Behandlung von Alzheimer, Rückenmarkschäden, Diabetes, Brandwunden und Arthrose.

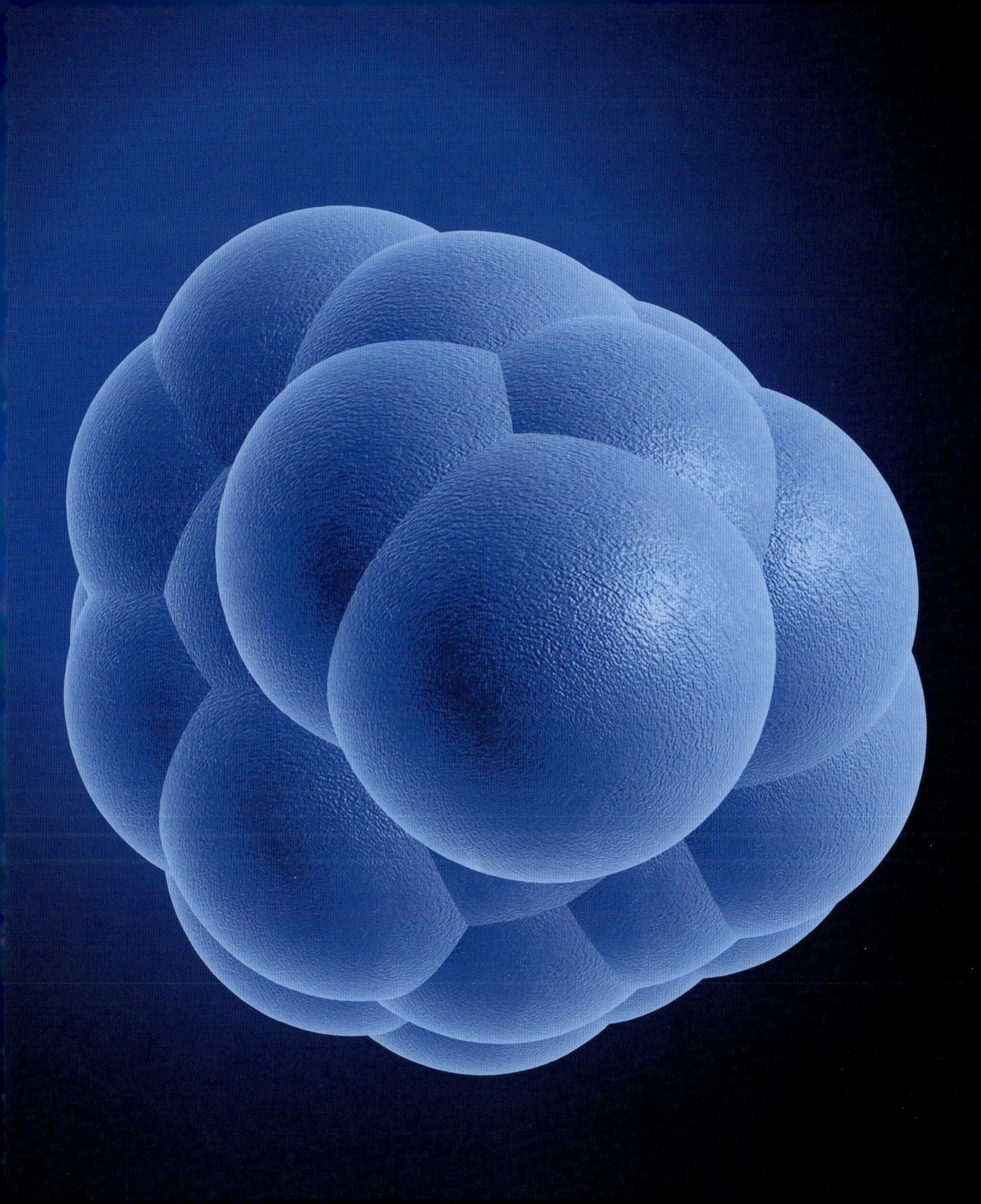

2009

Virusmutationen und Pandemien

Die Grippe-Pandemie von 1918/1919 betraf weltweit 500 Millionen Menschen – ein Fünftel der Weltbevölkerung – und forderte zwischen 20 und 100 Millionen Menschenleben. In den USA gab es 675 000 Tote, mehr als zehnmal so viele wie im Ersten Weltkrieg gefallene Soldaten. Derselbe Virusstamm (H1N1), der die Spanische Grippe verursachte, tauchte 80 Jahre später als Mexikanische Grippe wieder auf, die fast 20 % der Weltbevölkerung traf und in den Jahren 2009-2010 200 000 bis 300 000 Opfer forderte. Der H1N1-Virusstamm ist also keinesfalls harmlos – und nicht mit einer leichten Erkältung zu verwechseln.

Viren binden sich so stark an lebende Organismen, auch Menschen, da sie sich nur in einer Wirtszelle fortpflanzen können. Das Virus bindet seine Proteine an die Oberfläche einer Wirtszelle, injiziert genetisches Material (DNA oder RNA) und nutzt die genetische Maschinerie seines Wirts, um massenhaft Viren zu kopieren, die dann die weitere Wirtszellen befallen. Um eine erneute Infektion mit demselben Virusstamm zu vermeiden, produziert das Immunsystem des Wirtsorganismus' Antikörper, die das Virus an einer Bindung hindern. Viren mutieren, um zu überleben. Sie verändern ihre Oberflächenproteine, wodurch sie den Abwehrmechanismus umgehen können. Abwehrstoffe gegen ein Virus schützen nicht vor einem kürzlich mutierten Stamm. Deshalb sind jede Saison neue und andere Grippeimpfstoffe nötig.

Manche Viren, die aus DNA bestehen – zum Beispiel Pockenviren – kontrollieren ihr Erbgut vor der Kopie durch den Wirt auf Fehler. Dagegen lassen RNA-Viren wie die Gripppe-Erreger den zeitraubenden Kontrollschritt beim Kopieren der genetischen Codes aus und mutieren daher sehr schnell – viel schneller, als die Abwehrreaktion des Wirtes mit der Genese neuer Virenstämme Schritt halten kann.

Das Grippevirus kann Virus-Teilchen von Vögeln, Schweinen und Menschen kombinieren. Dicht gedrängt lebende Schweine übermehmen das Virus schnell von Vögeln und Menschen und teilen er mit Stallgenossen. Schweine tragen das mutierte Virus, werden selbst nicht krank, Menschen dagegen sehr wohl. Solch ein mutierter Stamm – der H1N1 der Spanischen und Mexikanischen Grippe – ist radikal anders als früher mutierte Stämme, weshalb Menschen keine Abwehr dagegen entwickelt haben.

SIEHE AUCH: Erworbene Abwehr (1897), Viren (1898), DNA als Träger genetischer Informationen (1944).

Dieses Foto von 1918 zeigt eine Krankenschwester während der Spanischen Grippe-Pandemie von 1918/1919. Sie füllt eine Kanne an einem Hydranten und trägt einen Mundschutz.

2010

Deepwater Horizon (BP) Ölkatastrophe

Die historisch größte Ölkatastrophe im Meer ereignete sich zwischen April und Juli 2010. Sie war die Folge einer Explosion und des Sinkens der BP-Bohrplattform Deepwater Horizon. Sie forderte den Tod von elf Arbeitern. In 87 Tagen liefen 4,9 Millionen Fässer Öl (780 Millionen Liter) in den Golf von Mexiko – mit schweren ökologischen und ökonomische Katastrophe für die Golfstaaten Louisiana, Mississippi, Alabama und Florida und ihrer Bevölkerung war. 2013 wurden in einem gerichtlichen Vergleich die Schadensersatzzahlungen für BP auf über 42 Milliarden Dollar festgelegt.

Der Ölteppich enthielt 40 % Methan, was das Meeresleben ersticken kann und „tote Zonen" entstehen lässt, wo das Wasser sauerstoffarm ist. Man versuchte, das Öl physisch (mit Saugern und treibenden Barrieren), chemisch (Dispersion) als auch mittels biologischer Sanierung (durch Mikroben) aufzuräumen.

Manche Methoden funktionierten gut, andere verschlimmerten die Situation nur noch. Das Öldispersionsmittel Corexit enthält krebserregende Bestandteile und vergiftete Phytoplankton, Korallen, Austern und Krabben. Dies führte zu Mutationen bei Krabben, Krebsen und Fischen. Aufräumarbeiter und die Bevölkerung hatten mit Atemwegsproblemen und psychischen Problemen, Hautirritationen sowie Leber- und Nierenschäden zu kämpfen. Es führte auch dazu, dass das Öl schneller und tiefer in die Strände sickerte. Laut einer Studie von 2012 wurde das Öl durch Corexit 52 Mal giftiger. Die Sanierung durch die ölfressende Mikrobe *Oceanospirillales* dahingegen war sehr effektiv. Diese Bakterie scheint sich in Millionen von Jahren im Golf entwickelt zu haben und frisst Öl aus natürlichen Quellen. Die Zahl der durch sie entstehenden „toten Zonen", die für die Flora und Fauna des Meeres fatal sind, war geringer als gefürchtet.

Im März 1989 strandete der Öltanker *Exxon Valdez* in der Prince William Sound in Alaska. Dabei verschmutzten 260 000 bis 275 000 Fässer Öl (38 Millionen Liter) gut 2000 km Küstenlinie. Wegen des Öls auf Haut oder Federn verloren Tiere ihre Isolierchicht, was zum Tod durch Unterkühlung führte. Seeotter (1000-2800), Seehunde (300), Meeresvögel (100 000 bis 250 000) und Seeadler (247) fielen dem zum Opfer. Laut Schätzungen dauert es etwa 30 Jahre bis sich die Umwelt wieder regeneriert hat.

SIEHE AUCH: Bevölkerungswachstum und Nahrungsversorgung (1798), Ökologische Interaktionen (1859), Populationsökologie (1927), Können lebende Organismen patentiert werden? (1980).

Ölkatastrophen können „tote Zonen" im Wasser hervorrufen, indem sie den Sauerstoff dezimieren und das Meeresleben ersticken. Zu den schweren ökologischen Schäden kommen auch ökonomische Einbußen, da Touristen die betroffenen Strände meiden.

2011

Translationale biomedizinische Forschung

Wissenschaftliche Forschung wird grundsätzlich in angewandte Forschung oder Grundlagenforschung unterteilt. Grundlagenforschung findet meist in akademischen Instituten oder Forschungszentren statt und richtet sich auf Langzeitziele. Die Belohnung für maßgebliche Entdeckungen wird an Publikationen in wichtigen Zeitschriften, akademischen Graden und Anerkennung aus Wissenschaftskreisen gemessen. Oft liegt der Fokus der Wissenschaftler in der Grundlagenforschung nicht auf Anwendbarkeit der Ergebnisse. Meist sind sie hoch spezialisiert. Die Forschung in kommerziellen Labors dahingegen (biotechnisch, pharmazeutisch, chemisch) ist multidisziplinär, kurzfristig angelegt und auf ein kommerzielles Ziel sowie praktische Brauchbarkeit ausgerichtet.

Die Grenze zwischen angewandter Forschung und Grundlagenforschung wird jedoch immer undeutlicher. Nicht alle Grundlagenforschung ist theoretischer Art. Mit wachsendem Verständnis von Mensch und Mikroben auf molekularem und biochemischem Niveau werden Medikamente entwickelt, die spezifische Krankheitsursachen und sogar genetische Mängel anvisieren. Wenn Unternehmen Grundlagenforschung finanzieren, dann wird dem Sponsor meist das Vorrecht eingeräumt, das Patent für neue Entdeckungen anzumelden. Es gibt auch kluge und innovative biomedizinische, chemische und elektrotechnische Unternehmen, die freie Grundlagenforschung fördern, ohne ein sofortiges kommerzielles Ziel zu verfolgen.

In den vergangenen Jahren haben die Regierungen in Europa und den USA mehr Wert auf *translationale* Forschung gelegt: Fundamental-wissenschaftliche Befunde aus Laboren werden direkt in Anwendungen umgesetzt, die die Gesundheit und das Wohlbefinden der Allgemeinheit fördern. Dieser Impuls hinsichtlich des translationalen Fokus' war nirgendwo so groß wie in der Biomedizin. Im Dezember 2011 wurde in den USA das National Center for Advancing Translational Sciences gegründet. Unter dem Motto „vom Labor ans Bett und wieder zurück" will die translationale Medizin potenziell fruchtbare Ergebnisse der Grundlagenforschung – auf dem Gebiet der **Genomik,** transgener Tiermodelle, struktureller Biologie, Biochemie und der Molekularbiologie – als Ausgangspunkt für klinische Studien nutzen, die, sofern erfolgreich und verfeinert, als Grundlage für die tägliche klinische Praxis dienen können.

SIEHE AUCH: Die wissenschaftliche Methode (1620), Blutdruck (1733), Keimtheorie der Krankheit (1890), Gewebekultur (1902), Antibiotika (1928), Klonen (Zellkerntransfer) (1952), Monoklonale Antikörper (1975), Bioinformatik (1977), Genomik (1986).

Die kranke Frau, *ein Gemälde von Jan Steen (ca. 1625-1679). Vor dem 19. Jhd. standen nur wenige wirksame Medikamente zur Verfügung. Der Erfolg von vielen Behandlungen war eher der Anwesenheit eines sorgsamen Arztes oder dem Placebo-Effekt zuzuschreiben.*

Albumin aus Reis

Albumin ist das am häufigsten vorkommende Plasmaeiweiß bei Säugetieren und stellt 50-55 % aller Plasmaeiweiße beim Menschen dar. Es entsteht in der Leber und fungiert im Blut als Träger von Hormonen, fettverdauenden und fettabsorbierenden Gallensalzen, Bilirubinen und Gerinnungsproteinen. Die wichtigste Funktion von Albumin ist die Regelung des Blutvolumens: Es zieht Wasser in den Blutkreislauf, vor allem in Kapillaren. Medizinisch wird es zur Erhöhung des Blutvolumens eingesetzt, z. B. bei Schock durch extremen Blutverlust und schweren Brandwunden, wie auch zur Stabilisierung von Verletzten, bis Vollblut verfügbar ist. Ein Schock ist die Folge von unzureichend sauerstoffreichem Blut in den Zellen, was irreparable Folgen haben kann. Albumin wird auch für die Herstellung von Medikamenten und Impfstoffen eingesetzt.

Menschliches Serumalbumin (HSA) wird aus menschlichem Blutplasma, dem flüssigen Element des Blutes, extrahiert. Mit der weltweiten Nachfrage von etwa 500 Tonnen reichen die natürlichen Quellen nicht aus. Die synthetische Herstellung von HSA erwies sich als schwierig. In jüngerer Zeit versuchte man, HSA über genetische Modifikation zu produzieren. Die Herausforderung liegt in der Entwicklung eines billigen, aber ertragreichen Systems für ein Produkt mit minimalem Risiko auf allergische Reaktionen. Versuche, Albumin aus Kartoffelpflanzen und Tabakblättern herzustellen, scheiterten am geringen Ertrag.

2005 wurde das Reisgenom entschlüsselt. 2011 meldeten Daichang Yang und sein Team an der Universität Wuhan die erfolgreiche Herstellung von HSA aus Reis (*Oryza sativa*), nachdem sie mit Bakterien der Gattung Agrobakterium ein Gen zur Codierung von Albumin eingebracht hatten. Das Gen wird während der Samenproduktion aktiviert, wodurch im Reiskorn Albumin als Nahrung für den Pflanzenembryo gespeichert wird. Ein Vergleich von Reis-HSA und seinem menschlichen Äquivalent zeigte, dass beide Varianten chemisch und physisch identisch sind, mit derselben Sequenz aus 585 Aminosäuren und der daraus resultierenden dreidimensionalen Form. Es erwies sich auch als biologisch äquivalent zu dem von Ratten. Es wurden ca. 2,8 g HSA aus 1 kg Naturreis hergestellt, wodurch es ein rentabler Prozess ist, mit fast unendlicher Quelle.

SIEHE AUCH: Reisanbau (ca. 7000 v. Chr.), Blutgerinnung (1905), Biotechnologie (1919), Gentechnisch veränderte Nutzpflanzen (1982).

Grünes Reisfeld in Chiang Mai, Thailand.

2012

Human Microbiome Project

Joshua Lederberg (1925-2008)

Der Begriff *Mikrobiom* wurde 2001 von Joshua Lederberg geprägt. Er verweist auf die Gesamtheit aller Mikroben, die auf und in unserem Körper leben. Das Human Microbiome Project (HMP) entdeckte 2012, dass im menschlichen Körper viel mehr Mikroben als menschliche Zellen existieren. Der menschliche Körper verfügt über zehn Mal mehr mikrobiologische wie menschliche Zellen, die 1-3 % unseres Gesamtgewichts ausmachen (0,9 bis 2,7 kg). Das menschliche Genom verfügt über 22 000 eiweiß-codierende Gene, Bakterien haben 360 Mal so viel (rund 8 Millionen).

Der Abschluss des **Humangenomprojekt**s im Jahr 2006, welches das gesamte menschliche Genom entschlüsselte, bot Forschern eine Grundlage zur Unterscheidung menschlicher und mikrobieller Gene. In den USA startete 2008 das Human Microbiome Project, ein Fünf-Jahres-Projekt zur Bestimmung der Mikroben-Population des gesunden Körpers, Erstellung einer Referenzdatenbank und Erforschung, ob Veränderungen oder Unterschiede in einer Population einzelne Personen für Krankheit prädestinieren. Man fand rund 10 000 Mikrobenspezies – vor allem Bakterien, aber auch Protozoen, Hefen und Viren. Im Juni 2012 waren 81 bis 99 % identifiziert. Die meisten befinden sich auf der Haut, in der Genitalregion, im Mund und vor allem im Darm. Es ist nicht überraschend, dass vergleichbare Mikroben sich in vergleichbaren Körperregionen befinden, auch wenn sich die Zusammensetzung der Mikroben-Gemeinschaft im Lauf der Zeit wandelt, vor allem unter dem Einfluss von Krankheit und Medikamenten, wie **Antibiotika**.

Früher ließen sich Mikroben nur durch die zeitraubende Isolierung und Anzucht in Kulturschalen identifizieren. Für das Human Microbiome Project wurden DNA-Sequenzierungsmaschinen und Computeranalysen von Genomsequenzen der ribosomalen RNA (16S rRNA), die nur in Bakterien vorkommt, sowie phylogenetische Untersuchungen zur Klassifizierung und Identifizierung von Mikroben eingesetzt.

Lange Zeit wurde angenommen, dass der menschliche Körper sich selbst gesund erhält und dass Mikroben nur für Infektionen verantwortlich sind. Inzwischen weiß man, dass manche Mikroben eine unverzichtbare Rolle für die Verdauung und Absorption von Nährstoffen spielen, und dass sie zudem für die Synthese einiger Vitamine und natürlicher Entzündungshemmer sowie den Stoffwechsel von Medikamenten und anderer körperfremder Stoffe sorgen.

SIEHE AUCH: Ökologische Interaktionen (1859), Probiotika (1907), Antibiotika (1928), Genomik (1986), Humangenomprojekt (2003).

Enterokokken leben im Darm von Mensch und Tier, können aber auch schwere Infektionen verursachen, insbesondere in Krankenhäusern. Ein großes Problem ist die Resistenz von Enterokokken gegen einige Antibiotika.

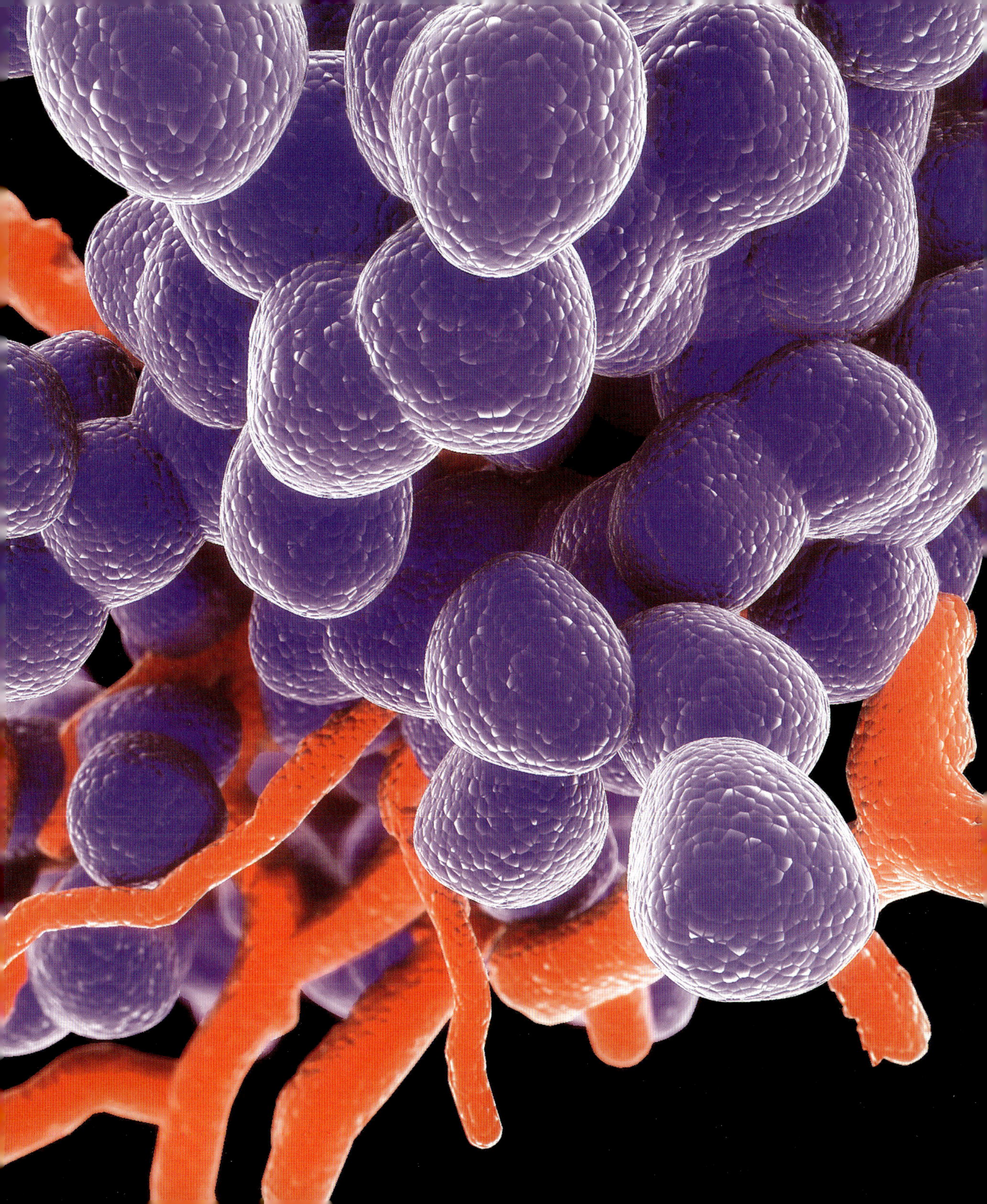

2012

Epigenetik

Jean-Baptiste Lamarck (1744-1829)

Vor 200 Jahren behauptete Jean-Baptiste Lamarck, Umweltfaktoren beeinflussten Merkmale, die auf Nachkommen vererbt werden. Die Vorstellung, dass erworbene Eigenschaften vererbt werden können, wurde von der modernen Biologie strikt abgelehnt. Ausgehend von Forschungen bei Mensch und Tier beginnen Wissenschafter die einst verlachten Ideen Lamarcks ernst zu nehmen.

Fast 60 Jahre nach dem Zweiten Weltkrieg hatten Überlebende des Hungerwinters anormale Methylierungsmuster im Erbgut. Weil sie bestimmte Gene ungewöhnlich stark aktivieren oder inaktivieren, werden sie mit diversen Funktionsstörungen in Verbindung gebracht. Der Hungerwinter begann in den Niederlanden Ende 1944, als die Nahrung so knapp war, dass es weniger als ein Viertel der täglich empfohlenen Menge gab. Der Mangel hielt bis zur Befreiung im Mai 1945 an und forderte 18 000 bis 22 000 Menschenleben. In jener Zeit gezeugte Kinder waren klein, zu leicht und verglichen mit älteren oder jüngeren Geschwistern anfälliger für Fettleibigkeit, Herzprobleme, Diabetes und hohen Blutdruck. Dies war auch nach der Biafra-Hungersnot von 1968 bis 1970 in Nigeria zu sehen. Menschen, die während der großen chinesischen Hungersnot (1958-1961) im Mutterleib zu wenig Nahrung bekamen, hatten ein erhöhtes Risiko auf Schizophrenie.

Merkmale werden von Genen festgelegt. Es sind per DNA übertragene Informationen, die die Produktion von Eiweißen anleiten. Sie werden erst in RNA umgeschrieben, die die Herstellung von Eiweißen steuert und die Verbindung zwischen Erbgut und äußerlichen Merkmalen darstellt. Epigenetik verweist auf alle Genveränderungen außer jenen der DNA-Sequenz. Bei solchen Veränderungen wird meist eine Methylgruppe (-CH3) an das DNA-Rückgrat gekoppelt, die die Übertragung zur RNA stört. Diese Art epigenetischer „Markierungen“ wurde auch bei manchen Krebsarten gefunden.

2012 entdeckte Andrew Feinberg Unterschiede in DNA-Methylierungsmustern bei Arbeitsbienen, die identische Gene, aber verschiedenes Verhalten zeigen: Manche bleiben im Stock bei der Königin, andere sammeln draußen Pollen. Stockbienen und Sammelbienen haben jeweils eigene DNA-Methylierungsmuster. Wenn Stockbienen aus dem Stock entfernt wurden, nahmen die Sammelbienen deren Platz ein, woraufhin sich das Methylierungsmuster in das der Stockbienen umwandelte. Epigenetische „Markierungen“ sind also umkehrbar und an das jeweilige Verhalten gekoppelt.

SIEHE AUCH: Erblichkeit nach Lamarck (1809), Mendelsche Regeln (1866), Wiederentdeckung der Genetik (1900), Gene auf Chromosomen (1910), DNA als Träger genetischer Informationen (1944).

Man fand unterschiedliche DNA-Methylierungsmuster bei genetisch identischen Versorgungs- und Sammlerbienen, was nahelegt, dass das Verhalten die Genexpression verändern kann.

Kastanienrindenkrebs

1900 gab es 4 Milliarden amerikanische Kastanienbäume. Sie machten ein Viertel des nordöstlichen Hartholzes aus und gehörten zu den größten und majestätischsten Bäumen der östlichen Wälder. Wegen ihres 15 Meter langen Stammes unter den ersten Ästen und des harten, geraden und krankheitsresistenten Holzes waren sie bei Schreinern sehr beliebt. 1904 fuhr ein Schiff mit jungen, von Pilzen infizierten, Japanischen Kastanien ein. Dieser Befall übertrug sich auf deren amerikanischen Cousin und dezimierte dessen Bestand. 1950 waren praktisch alle amerikanischen Kastanien durch diese Krankheit ausgerottet.

Der Schlauchpilz *Cryphonectria parasitica* dringt über kleine Wunden oder altersbedingte Risse in die Rinde des Baumes ein. Er wächst und wuchert unter der Rinde weiter, bildet Geschwüre und gibt Oxalsäure ab, wodurch der Baum schnell stirbt. 2013 wurden zwei Ansätze getestet, die die Kastanienkrankheit bekämpfen könnten: die Kreation einer Hybridkastanie und, jüngeren Datums, ein genetisch modifizierter Baum.

Bereits seit 1940 versucht die American Chestnut Foundation, die pilzresistente Chinesische Kastanie mit der Amerikanischen Kastanie zu kreuzen. Die Chinesische Kastanie ist genetisch so ausgestattet, dass sie bei Pilzbefall einen Damm rund um den Eindringling zieht, bevor dieser genug Säure abgibt, um den Baum abzutöten. Die Amerikanische Kastanie reagiert auch so, allerdings viel zu langsam, als dass sie sich selbst retten könnte. Die Foundation will eine hybride Pflanze erzeugen, die alle Eigenschaften der Amerikanischen Kastanie – hart, resistent gegen Kälte und Trockenheit und von Maine bis Louisiana anzusiedeln – und dazu die Resistenz gegenüber dem Pilz besitzt.

Der Baumbiologe William A. Powell und der Genetiker Charles A. Maynard, beide vom College of Environmental Science & Forestry in Syracuse, suchen eine genetische Lösung. Sie arbeiten an ener genetisch modifizierten Kastanie mit einem Gen, das aus Weizen stammt und ein Enzym herstellt, das Oxalsäure deaktivieren kann. Dies verhindert, dass der Pilz den Baum abtötet. Wie bei allen genetisch modifizierten Pflanzen, müssen auch diese Bäume auf isoliertem Testterrain wachsen, sodass ihr Blütenstaub keine anderen Bäume befruchten kann. Die Ergebnisse dieser Ansätze sind erst in einigen Jahren zu erwarten.

SIEHE AUCH: Pilze (ca. 1,4 Milliarden Jahre v. Chr.), Landpflanzen (ca. 450 Millionen Jahre v. Chr.), Nacktsamer (ca. 300 Millionen Jahre v. Chr.), Künstliche Selektion (1760), Biotechnologie (1919), Gentechnisch veränderte Nutzpflanzen (1982).

Vor 100 Jahren gehörte die amerikanische Kastanie zu den am meisten vorkommenden und geschätzten Hartholzbäumen im nordöstlichen Amerika. Nach einem verheerenden Pilzbefall waren 50 Jahre später nur noch wenige übrig. Das hat sich bis heute nicht geändert.

2013

De-Extinktion

Georges Cuvier (1769-1832)

Extinktion beschreibt das Ende einer taxonomischen Gruppe von Lebewesen, das durch den Tod des letzten Mitglieds markiert wird. 1796 zeigte der französische Naturforscher Georges Cuvier überzeugend, dass Extinktionen wirklich stattgefunden haben. Heute schätzt man, dass über 99 % aller Arten, die je lebten, inzwischen ausgestorben sind. Fossilien beweisen, dass es in den letzten 500 Millionen Jahren fünf Mal ein Massenaussterben gegeben hat. Das jüngste fand zum Ende der Kreidezeit statt, vor 65 Millionen Jahren, wobei über die Hälfte aller Meeresarten sowie etliche Familien von Landpflanzen und Tieren ausstarben. Man vermutet den Einschlag eines Planetoiden oder Meteoriten als Ursache. Jüngere Extinktionen werden Klimaveränderungen, genetischen Faktoren, der Zerstörung von Habitaten und Umweltverschmutzung zugeschrieben. Andere Ursachen sind Raubbau durch extensive Jagd und Fischfang, wie auch die Einführung **invasiver Arten** und Krankheiten.

Ausgestorbene Tiere der jüngeren Zeit sind das Mammut (vor 3 000 bis 10 000 Jahren), die Wandertaube (1914), der Beuteltiger (1930) und der Pyrenäische Steinbock (2000). Nicht jeder akzeptiert den Gedanken, dass ein Aussterben endgültig ist und so wurde aktiv versucht, den Prozess umzukehren, um ausgestorbene Tier- und Pflanzenarten zurückzuholen. Im Allgemeinen wird Klonen als beste Methode dafür angesehen, wie in John Brosnans *Carnosaur* (1984) und Michael Crichtons *Jurassic Park* (1990) dargestellt wird. Bei diesem De-Extinktionsprozess wird ein Embryo aus lebensfähigen DNA-Proben einer Art gefertigt, die nicht länger als Tausende von Jahren ausgelöscht ist – also keine Millionen Jahre, wie in den Romanen – und in ein Wirtstier eingesetzt.

Dies war bisher nur begrenzt erfolgreich. 2003 nutzten spanische Forscher tiefgefrorenes Gewebe des letzten Pyrenäischen Steinbocks, der 2000 starb, und implantierten es einer Ziege. Der Versuch misslang. 2009 wurde ein Steinbock-Klon lebend geboren, starb aber sieben Minuten später an einer Atmungsstörung. Das Interesse an De-Extinktion lebte 2013 wieder auf, in Form einer heftigen Debatte und Plänen von russischen und südkoreanischen Wissenschaftlern, die ein Wollhaariges Mammut aus gut konservierten Resten aus Sibirien klonen wollten.

SIEHE AUCH: Devon (ca. 417 Millionen Jahre v. Chr.), Dinosaurier (ca. 230 Millionen Jahre v. Chr.), Paläontologie (1796), Invasive Arten (1859), Der Quastenflosser: „Das lebende Fossil" (1938), Klonen (Zellkerntransfer) (1952), *Der stumme Frühling* (1962), Punktualismus (1972), Polymerase-Kettenreaktion (1983).

Die Illustration zeigt einen pyrenäischen Steinbock aus dem Buch Wild Oxen, Sheep & Goats of All Lands: Living and Extinct (1898) *des englischen Naturforschers Richard Lydekker (1849-1915).*

2013

Die älteste DNA und menschliche Evolution

Svante Pääbo (geb. 1955)

Im Dezember 2013 wurden die weltältesten Belege menschlicher Entwicklung entdeckt, ein Fund, der eine Reihe von Fragen zur Evolution aufwarf. In einer unterirdischen Grotte in Nordspanien, wo seit den 1970er Jahren 28 fast komplette Skelette gefunden wurden, fand man einen fossilen Oberschenkelknochen (Femur). Matthias Meyer und seine Kollegen vom Leipziger Max-Planck-Institut entzogen dem pulverisierten Oberschenkelknochen mitochondriale DNA (mtDNA), die sich als etwa 400 000 Jahre alt herausstellte, 300 000 Jahre älter als frühere humanoide DNA-Proben.

Eine erste anatomische Untersuchung ergab, dass der Femur dem eines Neandertalers ähnelte. Die DNA wies mehr Verwandtschaft mit dem *Homo denisova* auf, dessen DNA anhand von 80 000 Jahre alten Resten aus Sibirien, 6 400 km weiter östlich, analysiert worden war. Der Fund stellte die Theorie menschlicher Entwicklung, die auf früheren DNA-Analysen von Fossilien basierte, in Frage.

Man vermutete, dass Neandertaler und Denisova-Menschen vor 500 000 Jahren gemeinsame Vorfahren in Afrika hatten. Diese Vorfahren trennten sich von anderen Menschenarten, verließen Afrika und spalteten sich vor 300 000 Jahren in Neandertaler und Denisova-Menschen. Erstere zogen westwärts, die anderen nach Osten. Unsere Vorfahren blieben in Afrika und evolvierten zum *Homo sapiens*, der vor 60 000 Jahren nach Europa und Asien migrierte, und kreuzten sich dort mit Neandertalern und Denisova-Menschen, die beide ausstarben. Nach dem neuen DNA-Beweis stellt sich jedoch die Frage: Wie kommt das Denisova-Fossil nach Spanien?

Der neue DNA-Fund war nur durch neue Techniken für die Bergung uralter DNA möglich. Wenn ein Organismus stirbt, dann bricht dessen DNA in kleine Fragmente, die mit der Zeit vermischt und verunreinigt werden mit DNA anderer Arten, vor allem von Bakterien. 1997 entdeckte der auf Evolutionsgenetik spezialisierte schwedische Biologe Svante Pääbo, der auch am Max-Planck-Institut arbeitete, eine neue Technik zur Bergung von DNA-Fragmenten. 2010 entschlüsselte er die Sequenz des Neandertalergenoms. Die Technik wurde auch für die Analyse des spanischen Oberschenkelknochens eingesetzt. Vielleicht muss die Geschichte der Biologie aufgrund solcher Fortschritte neu geschrieben werden.

SIEHE AUCH: Neandertaler (ca. 350 000 v. Chr.), Anatomisch moderne Menschen (ca. 200 000 v. Chr.), Lucy (1974), Genomik (1986), Mitochondriale Eva (1987), Humangenomprojekt (2003).

Die Kieferknochen des Homo heidelbergensis, *eine ausgestorbene Art, die vor 1,3 Millionen Jahren in Europa, Afrika und Westasien lebte. Es war eine Menschenrasse, die als erste in einem kälteren Klima lebte und möglicherweise auch ihre Toten begrub.*

Leseempfehlungen

Für dieses Buch wurden zahlreiche Quellen herangezogen, die nicht alle angegeben sind. Wir haben die nachstehenden Leseempfehlungen aufgenommen, damit sich der Leser weitreichend über die diskutierten Themen informieren kann. Wir freuen uns auf Ihre Reaktionen zu den wichtigen und interessanten Meilensteinen der Biologie. Es ist durchaus möglich, dass wir sie in künftigen Ausgaben dieses Buches berücksichtigen werden. Schreiben Sie uns: mcgeraldweb@gmail.com.

Allgemeine Leseempfehlungen und Quellen

Alberts, B., et al., *Molecular Biology of the Cell*. New York: Garland Science, 2007.
Alcock, J., *Animal Behavior*. Sunderland, MA: Sinauer Associates, 2013.
Gardner, E. J., *History of Biology*. Minneapolis, MN: Burgess Publishing, 1972.
Kandel, E. R. (Hrsg.), et al., *Principles of Neural Science*. New York: McGraw-Hill Professional, 2012.
Kardong, K., *Vertebrates: Comparative Anatomy, Function, Evolution*. New York: McGraw-Hill, 2011.
Mauseth, J. D., *Botany*. Burlington, MA: Jones & Bartlett, 2012.
Nelson, D. L., et al., *Lehninger Principles of Biochemistry*. New York: W.H. Freeman, 2012.
Pierce, B. A., *Genetics: A Conceptual Approach*. New York: W.H. Freeman, 2010.
Reece, J. B., et al., *Campbell Biology*. San Francisco: Benjamin Cummings, 2013.
Sherwood, L., et al., *Animal Physiology: From Genes to Organisms*. Independence, KY: Cengage, 2012.
Smith, T. M., *Elements of Ecology*. San Francisco: Benjamin Cummings, 2012.
Tortora, G. J., et al., *Microbiology: An Introduction*. San Francisco: Benjamin Cummings, 2012.

ca. 4 Milliarden Jahre v. Chr., Der Ursprung des Lebens

Dyson, F, *Origin of Life*. New York: Cambridge University Press, 1999.

ca. 3.9 Milliarden Jahre v. Chr., Letzter allgemeiner gemeinsamer Vorfahre

Woese, CA., *Proceedings of the National Academy of Sciences USA* 1998 **95**(11): 9710.

ca. 3.9 Milliarden Jahre v. Chr., Prokaryoten

Lengeler, J. (Hrsg.), et al., *Biology of Prokaryotes*. New York: Wiley-Blackwell, 1999.
White, D., et al., *The Physiology and Biochemistry of Prokaryotes*. New York: Oxford University Press. 2011.

ca. 2.5 Milliarden Jahre v. Chr., Algen

Graham, J. E., et al., *Algae*. San Francisco: Benjamin Cummings, 2008.

ca. 2 Milliarden Jahre v. Chr., Eukaryoten

Keeling, P., et al., Eukaryotes, http://tolweb.org. Tree of Life Web Project.

ca. 1.4 Milliarden Jahre v. Chr., Pilze

Petersen, J. H., *The Kingdom of Fungi*. Princeton, NJ: Princeton University Press, 2013.

ca. 570 Million v. Chr., Gliederfüßer

Minelli, A. (Hrsg.), et al., *Arthropod Biology and Evolution: Molecules, Development, Morphology*. New York: Springer, 2013.

ca. 530 Million v. Chr., Medulla: Das vitale Gehirn

Kandel, E. R. (Hrsg.), et al., *Principles of Neural Science*. New York: McGraw-Hill Professional, 2012.

ca. 530 Million v. Chr., Fische

Bone, Q., *Biology of Fishes*. New York: Taylor & Francis, 2008.
Helfman, G., et al., *The Diversity of Fishes: Biology, Evolution, and Ecology*. New York: Wiley-Blackwell, 2009.

ca. 450 Million v. Chr., Landpflanzen

Lewis, L. A., et al., *American Journal Botany*. 2004 **91**(10): 1535.

ca. 417 Million v. Chr., Devon

McGhee, G. R., *When the Invasion of Land Failed: The Legacy of the Devonian Extinctions*. New York: Columbia University Press, 2013.

ca. 400 Million v. Chr., Insekten

Daly, H. V., et al., *Introduction to Insect Biology and Diversity*. New York: Oxford University Press, 1998.
Gullan, P. J., *The Insects: An Outline of Entomology*. New York: Wiley-Blackwell, 2010.

ca. 400 Million v. Chr., Wie sich Pflanzen vor Pflanzenfressern schützen

Howe, H. F., *Ecological Relationships of Plants and Animals*. New York: Oxford University Press, 1988.

ca. 360 Million v. Chr., Amphibien

Duellman W. E., et al., *Biology of Amphibians*. Baltimore: Johns Hopkins University Press, 1994.
Wells, K. D., *The Ecology and Behavior of Amphibians*. Chicago: University of Chicago Press, 2007.

ca. 350 Million v. Chr., Samen

Bewley, J. D., et al., *Seeds: Physiology of Development, Germination and Dormancy*. New York: Springer, 2012.

ca. 320 Million v. Chr., Reptilien

Vitt, L. J., et al., *Herpetology: An Introductory Biology of Amphibians and Reptiles*. New York: Academic Press, 2013

ca. 300 Million v. Chr., Nacktsamer
Bhatnagar, S. P., *Gymnosperms*. New Delhi: New Age International, 1996.

ca. 230 Million v. Chr., Dinosaurier
Fastovsky, D. E., et al., *Dinosaurs: A Concise Natural History*. New York: Cambridge University Press, 2012.
Samson, S. D., *Dinosaur Odyssey: Fossil Threads in the Web of Life*, Berkeley, CA: University of California Press, 2009.

ca. 200 Million v. Chr., Säugetiere
Attenborough, D., *The Life of Mammals*. Princeton, NJ: Princeton University Press, 2002.
Macdonald, D. W., *The Princeton Encyclopedia of Mammals*. Princeton, NJ: Princeton University Press, 2009.

ca. 150 Million v. Chr., Vögel
Cornell Laboratory of Ornithology, *Cornell Laboratory of Ornithology Handbook of Bird Biology*. Princeton, NJ: Princeton University Press, 2004.

ca. 125 Million v. Chr., Bedecktsamer
Soltis, P.S., et al., *Phylogeny and Evolution of Angiosperms*. Sunderland, MA: Sinauer, 2005.

ca. 65 Million v. Chr., Primaten
Fleagle, J. G., *Primate Adaption and Evolution*. New York: Academic Press, 2013.
Nystrom, P., et al., *The Life of Primates*. Cambridge, UK: Pearson, 2008.

ca. 55 Million v. Chr., Amazonas-Regenwald
Morgan, B., *Rainforest*. London: DK, 2006.

ca. 350 000 v. Chr., Neandertaler
Papagianni, D., et al., *The Neanderthals Rediscovered: How Modern Science is Rewriting Their History*. London: Thames & Hudson, 2013.

ca. 200 000 v. Chr., Anatomisch moderne Menschen
Lieberman, D., *The Story of the Human Body: Evolution, Health, and Disease*. New York: Pantheon, 2013.
Smith, F. H., et al., *The Origins of Modern Humans: Biology ReconsiderHrsg.* New York: Wiley-Blackwell, 2013.

ca. 60 000 v. Chr., Heilpflanzen
Gerald, M. CA., *The Drug Book: From Arsenic to Xanax, 250 Milestones in the History of Drugs*. New York: Sterling, 2013.
Pendleton, J., *Plants as Medicine: Healing Compounds Derived from Medicinal Herbs*. Traditional Healing Press, 2013.

ca. 11 000 v. Chr., Weizen: das tägliche Brot
Kirby, E. J. M., Food and Agricultural Organization of the United Nations—Botany of the Wheat Plant.

ca. 10 000 v. Chr., Ackerbau
Denison, R. F., *Darwinian Agriculture:How Understanding Evolution Can Improve Agriculture*. Princeton, NJ: Princeton University Press, 2012.

ca. 10 000 v. Chr., Domestizierung von Tieren
Manning, A., et al., *Animals and Human Society: Changing Perspectives*. New York: Routledge, 1994.

ca. 8000 v. Chr., Korallenriffe
Sheppard, CA. R. CA., et al., *The Biology of Coral Reefs (Biology of Habitats)*. New York: Oxford University Press, 2009.

ca. 7000 v. Chr., Reisanbau
Tsunoda, S. (Hrsg.), *Biology of Rice*. New York: Elsevier Science (1984).

ca. 2600 v. Chr., Mumifizierung
Aufderheide, A. CA., *The Scientific Study of Mummies*. New York: Cambridge University Press, 2011.

ca. 2350 v. Chr., Tierische Navigation
Gould, J. L., et al., *Nature's Compass: The Mystery of Animal Navigation*. Princeton, NJ: Princeton University Press, 2012.

ca. 400 v. Chr., Humoralpathologie – die Vier Säfte
paei.wikidot.com/Hippocrates-galen-thefour-humors

ca. 330 v. Chr., Aristoteles' *Historia animalium*
Lennox, J. G., *Aristotle's Philosophy of Biology: Studies in the Origins of Life Science*. Cambridge, MA: Cambridge University Press, 2000.

ca. 330 v. Chr., Tierwanderungen
Milner-Guilland, et al., *Animal Migration: A Synthesis*. New York: Oxford University Press, 2011.
Ueda, H. (Hrsg.), *Physiology and Ecology of Fish Migration*. Boca Raton, FL: CRC Press, 2013.

ca. 320 v. Chr., Pflanzenkunde
Evert, R. F. et al., *Raven Biology of Plants*. New York: W.H. Freeman, 2012.
Taiz, L. et al., *Plant Physiology*. Sunderland, MA: Sinauer Associates, 2010.

77, Plinius' *Naturalis historia*
Galus Plinius Secundus (Pliny the Elder), *Natural History: A Selection*. New York: Penguin Classics, 1991.

ca. 180, Das Skelettsystem
Kardong, K., *Vertebrates: Comparative Anatomy, Function, Evolution*. New York: McGraw-Hill Science, 2014.

1242, Lungenzirkulation
Peacock, A. J., et al., *Pulmonary Circulation*. Boca Raton, FL: CRC Press, 2011.

1489, Da Vincis menschliche Anatomie
O'Malley CA. D., et al., *Leonardo da Vinci on the Human Body: The Anatomical, Physiological, and Embryological Drawings of Leonardo da Vinci*. New York: Gramercy, 2003.

1521, Hörsinn
Webster, D. B., et al., *The Evolutionary Biology of Hearing*. New York: Springer, 1991.

1543, Vesalius' *De humani corporisfabrica*
Vesalius, A, et al., *On the Fabric of the Human Body: A Translation of De Humani Corporis Fabrica Libri Septem*. Boston: Jeremy Norman Co., 2003.

1611, Tabak
Gately, I., *Tobacco: A Cultural History of How an Exotic Plant Seduced Civilization*. New York: Grove Press, 2002.

1614, Stoffwechsel
Salway, J. G., *Metabolism at a Glance*. New York: Wiley-Blackwell, 2004.
Stipanuk, et al., *Biochemical, Physiological, and Molecular Aspects of Human Nutrition*. St. Louis, MO: Saunders, 2012.

1620, Die wissenschaftliche Methode
Beveridge, W. I. B., *The Art of Scientific Investigation*. Caldwell, NJ: Blackburn, 2004.
Wilson, Jr., E. B., *An Introduction to Scientific Research*. Mineola, NY: Dover, 1991.

1628, Harveys *De motu cordis*
Mohman, D., et al., *Cardiovascular Physiology*. New York: McGraw-Hill Professional, 2013.

1637, Descartes‘ mechanisches Weltbild
Slowik, E., *Descartes' Physics* http://plato.stanford.edu/archives/fall2013/entries/descartes-physics/>

1651, Die Plazenta
Power, M. L., et al., *The Evolution of the Human Placenta*. Baltimore: Johns Hopkins Press, 2012.

1652, Lymphatisches System
Buckley, V., *Christina, Queen of Sweden: The Restless Life of a European Eccentrica*. New York: Harper Perennial (2005).
Sabin, F. R., *The Origin and Development of the Lymphatic System (Classic reprint)*. Forgotten Books, 2012.

1658, Blutzellen
Kaushansky, K., et al., *Williams Hematology*. New York: McGraw-Hill Professional, 2010.

1668, Widerlegung der Theorie der Spontanzeugung
Farley, J., *The Spontaneous Generation Controversy From Descartes to Oparin*. Baltimore: The Johns Hopkins Press, 1977.

1669, Phosphorzyklus
Emsley, J., *The 13th Element: The Sordid Tale of Murder, Fire, and Phosphorus*. New York: Wiley, 20002.

1670, Ergotismus und Hexenrei
Kors, A. CA. (Hrsg.), et al., *Witchcraft in Europe, 400–1700: A Documentary History*. Philadelphia: University of Pennsylvania Press, 2000.

1674, Van Leeuwenhoeks mikroskopische Welt
de Kruif, P., *Microbe Hunters*. New York: Mariner Books, 2002.

1677, Spermatozoen
De Jonge, CA. J., et al., *The Sperm Cell*. New York: Cambridge University Press. 2006.

1717, Miasmentheorie
Litsios, S., *Plague Legends: From the Miasmas of Hippocrates to the Microbes of Pasteur*. Ballwin, MO: Science & Humanities Press, 2001.

1729, Zirkadiane Rhythmen
Foster, R. G., *Rhythms of Life: The Biological Clocks that Control the Daily Lives of Every Living Thing*. New Haven, CT: Yale University Press, 2005.

1733, Blutdruck
Naqvi, N. H., et al., *Blood Pressure Measurement: An Illustrated History*. Boca Raton, FL: CRC Press, 1998.

1735, Linnésche Klassifizierung der Arten
Blunt, W., et al., *Linnaeus: The Compleat Naturalist*. Princeton, NJ: Princeton University Press, 2002.

ca. 1741, Gehirnflüssigkeit
Davson, H., et al., *Physiology of the CSF and Blood-Brain Barriers*. Boca Raton, FL: CRC Press, 1996.

1744, Regeneration
Carlson, B. M. (Hrsg.), *Principles of Regenerative Medicine*. New York: Academic Press, 2007.
Lenhoff, S. G., et al., *Hydra and the Birth of Experimental Biology, 1744: Abraham Trembley's Memoires Concerning the Polyps*. Pacific Grove, CA: Boxwood Press, 1986.

1759, Theorie der Keimung
Bewley, J. D., et al., *Seeds: Physiology of Development, Germination and Dormancy*. New York: Springer, 2012.

1760, Künstliche Selektion (Selektive Züchtung)
Wood, R. J., et al., *Genetic Prehistory in Selective Breeding: A Prelude to Mendel*. New York: Oxford University Press, 2001.

1786, Tierische Elektrizität
Plonsey, R., et al., *Bioelectricity: A Quantitative Approach*. New York: Springer, 2007.

1789, Gasaustausch
Dejours, P. J., *Respiration in Water and Air: Adaptions Regulations Evolution*. New York: Elsevier Science Ltd, 1988.

1791, Kommunikation des Nervensystems
LeDoux, J., *Synaptic Self: How Our Brains Become Who We Are*. New York: Viking, 2002.
Squire, L. (ed), et al., *Fundamental Neuroscience*. New York: Academic Press, 2012.

1796, Paläontologie
Foote, M., et al., *Principles of Paleontology*. New York: W.H. Freeman, 2006.

1798, Bevölkerungswachstum und Nahrungsversorgung
Malthus, T, *An Essay on the Principle of Population. New York: Oxford University Press*, 2008.
Weeks, J. R., *Population: An Introduction to Concepts and Issues*. Independence, KY: Cengage Learning, 2011.

1809, Erblichkeit nach Lamarck
Honeywell, R., *Lamarck's Evolution: Two Centuries of Genius and Jealousy*. London: Murdock Books, 2008.

1828, Keimblatttheorie
Gilbert, S., *Developmental Biology*. Sunderland, MA: Sinauer Associates, 2013.
McGeady, T. A., et al., *Veterinary Embryology*. Oxford, UK: Blackwell, 2006.

1831, Zellkern
Misteli, T. et al., *The Nucleus*. Cold Spring Harbor, NY: Cold Spring Harbor Laboratory Press, 2010.

1831, Darwin und die Reise mit der *Beagle*
Darwin, CA., *The Voyage of the Beagle* (many editions)
Moorehead, A., *Darwin and the Beagle: Charles Darwin as Naturalist on the HMS Beagle Voyage*. New York: Harper & Row, 1970.

1832, Anatomiegesetz von 1832
Abbott, G., *Grave Disturbances: A History of the Body Snatchers*. Cardiff, Wales: Eric Dobby Publishing, 2006.
Fido, M., *Bodysnatchers: A History of the Resurrectionists*. Chicago: Academy Chicago Pub (1992).

1833, Menschliche Verdauung
Chivers, D. J. (Hrsg.), et al., *The Digestive System in Mammals: Food Form and Function*. New York: Cambridge University Press, 1994.
Karlawish, J., *Open Wound: The Tragic Obsession of Dr. William Beaumont*. Ann Arbor, MI: University of Michigan Press, 2011.

1836, Fossilien und Evolution
Switek, B., *Written in Stone: Evolution, the Fossil Record, and Our Place in Nature*. New York: Bellevue Literary Press, 2010.
Taylor, T. N, et al., *Paleobotany: The Biology and Evolution of Fossil Plants*. New York: Academic Press, 2008.

1837, Stickstoffzyklus und Pflanzenchemie
Stevenson, F. J., et al., *Cycles of Soil: Carbon, Nitrogen, Phosphorus, Sulfur, Micronutrients*. New York: Wiley, 1999.

1838, Zelltheorie
Alberts, B., et al., *Molecular Biology of the Cell*. New York: Garland Science, 2007.
Karp, G., *Cell and Molecular Biology: Concepts and Experiments*. New York, Wiley, 2013.

1840, Nahrung für Pflanzen
Mendel, K., et al., *Principles of Plant Nutrition*. New York, Springer, 2001.
Stevenson, F. J., et al., *Cycles of Soil: Carbon, Nitrogen, Phosphorus, Sulfur, Micronutrients*. New York: Wiley, 1999.

1842, Urinbildung
Eaton, D., *Vanders Renal Physiology*. New York: McGraw-Hill Medical, 2013.

1842, Apoptose (programmierter Zelltod)
Green, D. R., *Apoptosis: Physiology and Pathology*. New York: Cambridge University Press, 2011.

1843, Gifte
Gjersoe, J., et al., *Venoms: Sources, Toxicity and Therapeutic Uses*. Hauppauge, NY: Nova Science Publishers, 2010.
White, J., et al., *Handbook of Clinical Toxicology of Animal Venoms and Poisons*. Boca Raton, FL: CRC Press, 1995.

1843, Homologie oder Analogie
Kardong, K., *Vertebrates: Comparative Anatomy, Function, Evolution*. New York: McGraw-Hill Science, 2014.

1845, Photosynthese
Eaton-Rye, J. J. (ed), et al., *Photosynthesis: Plastid Biology, Energy Conversion and Respiration*. New York, Springer, 2011.
Hall, D. O., et al., *Photosynthesis (Studies in Biology)*. New York: Cambridge University Press, 1999.

1848, Optische Isomere
chemistry.tutorvista.com>Organic Chemistry nomenclature, Isomers.

1849, Testosteron
Nieschlag, E. (Hrsg.) et al., *Testosterone: Action, Deficiency, Substitution*. New York: Cambridge University Press, 2012.
Smith, L. B., et al., *Testosterone: From Basic Research to Clinical Applications*. New York: Springer, 2013.

1850, Trichromatisches Farbensehen
Land, M. F., et al., *Animal Eyes*. New York: Oxford University Press, 2012.
Lazareva, O. F., *How Animals See the World: Comparative Behavior, Biology, and Evolution of Vision*. New York: Oxford University Press, 2012.

1854, Homöostase
Bernard, CA., *An Introduction to the Study of Experimental Medicine*. Mineola, NY: Dover Publications, 1957.
Cannon, W. B., *The Wisdom of the Body*. New York: W.W. Norton, 1963.

1856, Leber- und Glukosestoffwechsel
Berg, J. M., et al., *Biochemistry*. New York: W.H. Freeman, 2010.
Nelson, D. L., et al., *Lehninger Principles of Biochemistry*. New York: W.H. Freeman, 2012.

1857, Mikrobielle Fermentation
El-Mansi, E. M. T. (ed), et al., *Fermentation Microbiology and Biotechnology*. Boca Raton, FL: CRC Press, 2006.

1859, Darwins Theorie der natürlichen Selektion
Darwin, CA., *The Origin of Species by Means of Natural Selection* (many editions)
Quammen, D., *The Reluctant Mr. Darwin: An Intimate Portrait of Charles Darwin and the Making of His Theory of Evolution*. New York: W.H. Norton, 2007.
Ridley, M. *Evolution*. New York: Wiley-Blackwell, 2003.

1859, Ökologische Interaktionen
Howe, H. F., *Ecological Relationships of Plants and Animals*. New York: Oxford University Press, 1988.
Schoonhoven, L. M., et al., *Insect-Plant Biology*. New York: Oxford University Press, 2006.

1859, Invasive Arten
Elton, CA. S., *Ecology of Invasions by Animals and Plants*. Chicago: University of Chicago Press, 2000.

1861, Lokalisierung von Gehirnfunktionen
Pelton, R.W., *The Age Old Science of Phrenology: An Age Old Science Developed by Franz Joseph Gall, M.D. of Vienna*. CreateSpace Independent Publishing Platform, 2012.

1862, Biologische Mimikry

Brower, L. P., *Mimicry and the Evolutionary Process*. Chicago: University of Chicago Press, 1989.
Wickler, W., *Mimicry in Plants and Animals*. New York: McGraw-Hill, 1968.

1866, Mendelsche Regeln

Edelson, E., *Gregor Mendel: And the Roots of Genetics*. New York: Oxford University Press, 1999.

1866, Rekapitulationstheorie

Gould, S. J., *Ontogeny and Phylogeny*. Cambridge, MA: Harvard University Press, 1977.
Haeckel, E., et al., *Art Forms in Nature: The Prints of Ernst Haeckel*. New York: Prestel, 2008.

1866, Hämoglobin und Hämocyanin

Weatherall, D. (ed). et al., *Hemoglobin and its Diseases (Cold Spring Harbor Perspectives in Medicine)*. Cold Spring Harbor, NY: Cold Spring Harbor Laboratory Press, 2013.

1869, Desoxyribonukleinsäure (DNA)

Portugal, F. H., et al., *A Century of DNA: A History of the Discovery of the Structure and Function of the Genetic Substance*. Cambridge, MA: MIT Press, 1977.

1871, Sexuelle Selektion

Campbell, B. (Hrsg.), *Sexual Selection and the Descent of Man: The Darwinian Pivot*. Piscataway, NJ: Transaction Publishers, 2006.
Dixson, A. F., *Sexual Selection and the Origins of Human Mating Systems*. New York: Oxford University Press, 2009.

1873, Koevolution

Thompson, J. N., *The Geographic Mosaic of Coevolution*. Chicago: The University of Chicago Press, 2005.

1874, Angeboren oder anerzogen?

Gould, S. J., *The Mismeasure of Man*. New York: W.W. Norton, 1996.

1875, Biosphäre

Vernadsky, V. I., *The Biosphere: Complete Annotated Edition*. Göttingen, Germany: Copernicus, 1998.

1876, Meiose

John, B., *Meiosis (Developmental and Cell Biology Series)*. New York: Cambridge University Press, 2005.

1876, Biogeographie

Lomolino, M. V., et al., *Biogeography*. Sunderland, MA: Sinauer Associates, 2010.
Slotten, R.A., *The Heretic in Darwin's Court: The Life of Alfred Russel Wallace*. New York: Columbia University Press, 2004.

1877, Meeresbiologie

Castro, P., et al., *Marine Biology*. New York: McGraw-Hill Science, 2012.

1878, Enzyme

Berg, J. M., et al., *Biochemistry*. New York: W.H. Freeman, 2010.
Nelson, D. L., et al., *Lehninger Principles of Biochemistry*. New York: W.H. Freeman, 2012.

1880, Phototropismus

Davies, P., *Plant Hormones and Their Role in Plant Growth and Development*. Boston: Martinus Nijhoff, 2013.

1882, Mitose

Murray, A., et al., *The Cell Cycle: An Introduction*. New York: Oxford University Press, 1993.

ca. 1882, Thermorezeption

Braun, H. A. (Hrsg.), et al., *Thermoreception and Temperature Regulation*. New York: Springer, 1990.

1882, Angeborene Abwehr

Parham, P., *The Immune System*. New York: Garland Science, 2009.

1883, Keimplasmatheorie

Gilbert, S., *Developmental Biology*. Sunderland, MA: Sinauer Associates, 2013.

1883, Eugenik

Kevles, D., *In the Name of Eugenics: Genetics and the Uses of Human Heredity*. New York: Knopf, 2013.

1884, Gram-Färbung

Tortora, G. J., et al., *Microbiology: An Introduction*. San Francisco: Benjamin Cummings, 2012.

1885, Negatives Feedback

Cosentino, CA., et al., *Feedback Control in Systems Biology*. Boca Raton, FL: CRC Press, 2011.

1890, Keimtheorie der Krankheit

Waller, J. *The Discovery of the Germ: Twenty Years That Transformed the Way We Think About Disease*. New York: Columbia University Press, 2003.

1890, Tierfarben

Diamond, J., et al., *Concealing Coloration in Animals*. Cambridge, MA: Belknap Press, 2013.

1891, Neuronendoktrin

Shepherd, G. M., *Foundations of the Neuron Doctrine*. New York: Oxford University Press, 1991.

1892, Endotoxine

Chaudhuri, K., et al., *Cholera Toxins*. New York: Springer, 2009.

1896, Erderwärmung

Weart, S. R., *The Discovery of Global Warming: Revised and Expanded Edition*. Cambridge, MA: Harvard University Press, 2008.

1897, Erworbene Abwehr

Parham, P., *The Immune System*. New York: Garland Science, 2009.

1897, Assoziatives Lernen

Gluck, M. A., et al., *Learning and Memory: From Brain to Behavior*. Richmond, UK: Worth, 2007.

1897, Ehrlichs Seitenkettentheorie

Silverstein, A. M., *Paul Ehrlich's Receptor Immunology: The Magnificent Obsession*. New York: Academic Press, 2001.

1898, Malaria verursachender Parasit

Shah, S., *The Fever: How Malaria Has Ruled Humankind for 500 000 Years*. New York: Sarah Crichton Books, 2010.

1898, Viren

Scholthof, K.-B. (Hrsg.), et al., *Tobacco Mosaic Virus: One Hundred Years of Contributions to Virology*. St. Paul, MN: Amer Phytopathological Society, 1999.

1899, Ökologische Sukzession
Walker, L. R., (Hrsg.), et al., *Linking Restoration and Ecological Succession*. New York: Springer, 2007.

1899, Fortbewegung bei Tieren
Alexander, R. M., *Principles of Animal Locomotion*. Princeton, NJ: Princeton University Press, 2002.

1900, Wiederentdeckung der Genetik
Stubbe, H., *History of Genetics: From Prehistoric Times to the Rediscovery of Mendel's Laws*. Cambridge, MA: MIT Press, 1973.

1900, Eierstöcke und weibliche Fortpflanzung
Haterius, H. O., *Ohio Journal of Science* 1937, 37 (6): 394.

1901, Blutgruppen
Kaushansky, K., et al., *Williams Hematology*. New York: McGraw-Hill, 2010.

1902, Gewebekultur
Neumann, K-H, et al., *Plant Cell and Tissue Culture—A Tool in Biotechnology: Basics and Application (Principles and Practice)*. New York: Springer, 2009.

1902, Sekretin: das erste Hormon
Norris, D. O., et al., *Vertebrate Endocrinology*. New York: Academic Press, 2013.

1904, Dendrochronologie
Stokes, M. A., et al., *An Introduction to Tree-Ring Dating*. Tucson: University of Arizona Press, 1996.

1905, Blutgerinnung
Doolittle, R. F., *The Evolution of Vertebrate Blood Clotting*. University Science Books, 2012.

1907, Radiometrische Datierung
Macdougall, D., *Nature's Clocks: How Scientists Measure the Age of Almost Everything*. Berkeley, CA: University of California Press, 2008.

1907, Probiotika
Tannock, G. W., *Probiotics and Prebiotics: Scientific Aspects*. Poole, UK: Caister Academic Press, 2005.

1907, Warum schlägt das Herz?
Silverman, M. E., et al., *Circulation*. 2006, 113: 2775.

1908, Hardy-Weinberg-Gleichgewicht
Hardy-Weinberg Equilibrium Model, anthro.palomar.edu/synthetic/synth_2

1910, Gene auf Chromosomen
Kohler, R. E., *Lords of the Fly: Drosophila Genetics and the Experimental Life*. Chicago: University of Chicago Press, 1994.
Sturtevant, A. H., *A History of Genetics*. Cold Spring Harbor, NY: Cold Spring Harbor Laboratory Press, 2001.

1911, Krebserregende Viren
Rockefeller University Press, *A notable career in finding out. Peyton Rous, 1879-1970*. New York: Rockefeller University Press, 1971.

1912, Kontinentaldrift
Colbert, E. H., *Wandering Lands and Animals: The Story of Continental Drift and Animal Populations*, Mineola, NY: Dover Publications, 1985.

1912, Vitamine und Beriberi
McDowell, L. R., *Vitamin History, The Early Years*. First Edition Design Publishing, 2013.

1912, Schilddrüse und Metamorphose
Ain, K., et al., *The Complete Thyroid Book*. New York: McGraw-Hill, 2010.

1912, Röntgenstrukturanalyse
Authier, A., *Early Days of X-ray Crystallography*. New York: Oxford University Press, 2013.

1917, Bakteriophagen
Kuchment, A., *The Forgotten Cure: The Past and Future of Phage Therapy*. New York: Springer, 2011.

1919, Biotechnologie
Slater, A., et al., *Plant Biotechnology: The Genetic Manipulation of Plants*. New York: Oxford University Press, 2008.
Thieman, W. J., et al., *Introduction to Biotechnology*. San Francisco: Benjamin Cummings, 2012.

1920, Neurotransmitter
Iverson, L., et al., *Introduction to Neuropharmacology*. New York: Oxford University Press, 2008.

1921, Insulin
Bliss, M., *The Discovery of Insulin: Twenty-fifth Anniversary Edition*. Chicago: University of Chicago Press, 2007.

1923, Angeborene Stoffwechselstörungen
Saudubray, J-M (Hrsg.), et al., *Inborn Metabolic Diseases: Diagnosis and Treatment*. New York: Springer, 2012.

1924, Embryogenese
Gilbert, S. F. et al., *Developmental Biology*. Sunderland, MA: Sinauer Associates, 2006.

1924, Fruchtbarkeitsbestimmung
Gilbert, S. F., et al., *Developmental Biology*. Sunderland, MA: Sinauer Associates, 2006.

1925, Mitochondrien und Zellatmung
Day, D. (Hrsg.), et al., *Plant Mitochondria: From Genome to Function*. New York: Springer, 2004.
Jacobs, J., *Metabolism Basics: A Walkthrough Guide to Fermentation and Cellular Respiration*. Seattle, WA: Amazon Digital Services, 2012.

1925, Scopes Affenprozess
Larson, E. J., *Summer for the Gods: The Scopes Trial and America's Continuing Debate Over Science and Religion*. New York: Basic Books, 1997.

1925, Populationsökologie
Begon, M., et al., *Population Ecology: A Unified Study of Animals and Plants*. New York: Wiley-Blackwell, 1996.

1927, Nahrungsnetze
Polis, G. A., et al., *Food Webs*. New York: Springer, 1995.

1927, Bienentanz
Stearcy, W. A., et al., *The Evolution of Animal Communication: Reliability and Deception in Signaling Systems*. Princeton, NJ: Princeton University Press, 2005.

1928, Antibiotika
Lax, E., *The Mold in Dr. Florey's Coat: The Story of the Penicillin Miracle*. New York: Henry Holt and Co., 2004.

1929, Progesteron
Avise, J. CA., *Evolutionary Perspectives on Pregnancy*. New York: Columbia University Press, 2013.

1930, Osmoregulation in Süß- und Salzwasserfischen
Bradley, T., *Animal Osmoregulation*. New York: Oxford University Press, 2009.

1931, Elektronenmikroskop
Bozzola, J. J., et al., *Electron Microscopy*. Burlington, MA: Jones & Bartlett, 1998.

1935, Prägung
Burkhardt, Jr, R. W., *Patterns of Behavior: Konrad Lorenz, Niko Tinbergen, and the Founding of Ethology*. Chicago: University of Chicago Press, 2005.

1935, Einflussfaktoren auf das Bevölkerungswachstum
Weeks, J. R., *Population: An Introduction to Concepts and Issues*. Independence, KY: Cengage Learning, 2011.

1936, Stress
Seyle, H., *The Stress of Life*. New York: McGraw-Hill, 1978.

1936, Allometrie
Reiss, M. J., *The Allometry of Growth and Reproduction*. New York: Cambridge University Press, 1991.

1937, Evolutionsgenetik
Smith, J. M., *Evolutionary Genetics*. New York: Oxford University Press, 1998.

1938, Quastenflosser: „Das lebende Fossil"
Werner, CA., et al., *Evolution: The Grand Experiment: Vol. 2- Living Fossils*. Green Fossil, AR: New Leaf Press, 2009.

1939, Aktionspotenzial
Kandel, E. R. (Hrsg.), et al., *Principles of Neural Science*. New York: McGraw-Hill Professional, 2012.

1941, Ein-Gen-ein-Enzym-Hypothese
Pierce, B. A., *Genetics: A Conceptual Approach*. New York: W.H. Freeman, 2010.

1942, Biologisches Artkonzept und reproduktive Isolation
Grant, P. R., et al., *How and Why Species Multiply: The Radiation of Darwin's Finches*. Princeton, NJ: Princeton University Press, 2011.

1943, Arabidopsis: eine Modellpflanze
Koornneef, M., *Plant Journal*, 2010 **61** (6): 909

1944, DNA als Träger genetischer Informationen
Portugal, F. H., et al., *A Century of DNA: A History of the Discovery of the Structure and Function of the Genetic Substance*. Cambridge, MA: MIT Press, 1977.

1945, Grüne Revolution
Brown, L. R., *Full Planet, Empty Plates: The New Politics of Food Scarcity*. New York: W.W. Norton, 2012.

1946, Bakteriengenetik
Snyder, W. et al., *Molecular Genetics of Bacteria*. Washington, DC: ASM Press, 2013.

1949, Retikuläres Aktivierungssystem
Reticular Activating System: reticularactivatingsystem.org

1950, Phylogenetische Systematik
Wiley, E. O.,et al., *Phylogenetics: Theory and Practice of Phylogenetic Systematics*. New York: Wiley-Blackwell, 2011

1951, Die unsterblichen HeLa-Zellen
Skloot, R. *The Immortal Life of Henrietta Lacks*. New York: Crown, 2010.

1952, Klonen (Zellkerntransfer)
Cibelli, J. (Hrsg.), et al., *Principles of Cloning*. New York: Academic Press, 2013.

1952, Aminosäurefrequenz von Insulin
Stretton, A.O.W., *Genetics* 2002 **182**(2): 527.

1952, Musterbildung in der Natur
Ball, P., *The Self-Made Tapestry: Pattern Formation in Nature*. New York: Oxford University Press, 1999.

1952, Plasmide
Pierce, B. A., *Genetics: A Conceptual Approach*. New York: W.H. Freeman, 2010.

1952, Nervenwachstumsfaktor
Habenicht, A. (Hrsg.), *Growth Factors, Differentiation Factors, and Cytokines*. New York: Springer, 2011.

1953, Miller-Urey-Experiment
Wikipedia: en.wikipedia.org/wiki/Miller-Urey Experiment

1953, Doppelhelix
Judson, H. F., *The Eighth Day of Creation: Makers of the Revolution in Biology*. Cold Spring Harbor, NY: Cold Spring Harbor Laboratory Press, 1996.
Watson, J. D., *The Double Helix: A Personal Account of the Discovery of the Structure of DNA*. New York: Touchstone, 2001.

1953, REM-Schlaf
Siegel, J. M., *Sleep Medicine Reviews. 2011* **(15)**3: *139*.
National Institute of Neurological Disorders and Stroke: www.ninds.nih.gov/disorders/brain_basics/understanding_sleep/condition_information

1953, Erworbene Immuntoleranz und Organtransplantation
Hamilton, D., *A History of Organ Transplantation: Ancient Legends to Modern Practice*. Pittsburgh: University of Pittsburgh Press, 2012.

1954, Gleitfilament-Theorie der Muskelkontraktion
MacIntosh, B., et al., *Skeletal Muscle: Form and Function*. Champaign, IL: Human Kinetics, 2005.

1955, Ribosomen
Garrett, R. A., et al., (Hrsg.), *The Ribosome: Structure, Function, Antibiotics, and Cellular Interactions*. Washington, DC: American Society Microbiology 2000.

1955, Lysosomen
British Society for Cell Biology: bscb.org/learning-resources/softcell-e-learning/lysosome/

1956, Pränatale Diagnostik
Stanford Children's Health: lpch.org/DiseaseHealthInfo/HealthLibrary/pregnant/tests.html

1956, DNA-Polymerase
Lehman, I. R., *Journal Biological Chemistry* 2005 **280**: 42477

1956, Sekundäre Botenstoffe
Lodish, H., et al., *Molecular Cell Biology*. New York: W.H. Freeman, 2000, Sect. 20.6.

1957, Eiweißstrukturen und Eiweißfaltung
Reynaud E., *Nature Education* 2010 **3**(9): 28.

1957, Bioenergetik
Nicholls, D. G., et al., *Bioenergetics*. New York: Academic Press, 2013.

1958, Zentrales Dogma der Molekularbiologie
Ridley, M., *Francis Crick: Discoverer of the Genetic Code*. New York: Eminent Lives, 2006.

1958, Bionik und Cyborgs
Fischman, J., *National Geographic Magazine* (1) 2010.

1959, Pheromone
Wyatt, T. D., *Pheromones and Animal Behaviour: Communication by Smell and Taste*, New York: Cambridge University Press, 2003.

1960, Energiehaushalt
Body Recomposition: bodyrecomposition.com/fat-loss-the-energy-balanceequation.html

1960, Werkzeuggebrauch bei Schimpansen
Sanz, CA. (Hrsg.), et al., *Tool Use in Animals: Cognition and Ecology*. New York: Cambridge University Press, 2013.

1961, Zellalterung
Burton, D. G. A., *Age* 2009; **31**(1): 1

1961, Entschlüsselung des genetischen Codes der Eiweißsynthese
Alberts, B., et al., *Molecular Biology of the Cell*. New York: Garland Science, 2007.

1961, Operon-Modell der Genregulation
Müller-Hill, B., *The Lac Operon: A Short History of a Genetic Paradigm*. Berlin: de Gruyter, 1996.

1962, Hypothese der sparsamen Gene
Speakman, J.R., *International Journal Obesity* 2008 **32**: 1611.

1962, *Der stumme Frühling*
Carson, R., *Silent Spring*. New York: Houghton Mifflin, 1962.

1963, Hybride und Hybridzonen
Price, J. (Hrsg.), *Hybrid Zones and the Evolutionary Process*. New York: Oxford University Press, 1993.

1964, Lateralisation des Gehirns
Schwartz, J. M., et al., *The Mind and the Brain: Neuroplasticity and the Power of Mental Force*. New York: Regan Books, 2003.

1964, Altruismus bei Tieren
Dawkins, R., *The Selfish Gene*. New York: Oxford University Press, 2006.

1966, Theorie der optimalen Nahrungssuche
Stephens, D. W., *Foraging Theory*. Princeton, NJ: Princeton University Press, 1986.

1967, Bakterielle Resistenz gegen Antibiotika
Drlica, K. S., et al., *Antibiotic Resistance: Understanding and Responding to an Emerging Crisis*. Upper Saddle River, NJ: FT Press, 2011.

1967, Endosymbiontentheorie
Kozo-Polyansky, B. M., et al., *Symbiogenesis: A New Principle of Evolution*. Cambridge, MA: Harvard University Press, 2010.

1968, Multispeichermodell des Gedächtnisses
Gluck, M. A., et al., *Learning and Memory: From Brain to Behavior*. Richmond, UK: Worth, 2007.

Rudy, J. W., *The Neurobiology of Learning and Memory*. Sunderland, MA: Sinauer Associates, 2013.

1968, Hypothalamus-Hypophysen-Nebennierenrinden-Achse
Norris, D. O., et al., *Vertebrate Endocrinology*. New York: Academic Press, 2013.

1968, Systembiologie
Voit, E., *A First Course in Systems Biology*. New York: Garland Science, 2012.

1969, Zelldetermination
Kenyon College Biology Department: biology.kenyon.edu/courses/biol114/Chap11/Chapter_11.html

1970, Zellzyklus-Kontrollpunkte
Murray, A., et al., *The Cell Cycle: An Introduction*. New York: Oxford University Press, 1993.

1972, Punktualismus
Gould, S. J., *The Structure of Evolutionary Theory*. Cambridge, MA: Belnap Press, 2002.

1972, Nachhaltige Entwicklung
Rogers, P., et al., *An Introduction to Sustainable Development*. New York: Routledge, 2007.

1972, Elterliche Investition und sexuelle Selektion
Low, B. S., *Why Sex Matters: A Darwinian Look at Human Behavior*. Princeton, NJ: Princeton University Press, 2001.

1974, Lucy
Jurmain, R., et al., *Introduction to Physical Anthropology, 2013-2014 Edition*. Independence, KY: Cengage Learning, 2013.

1974, Cholesterinstoffwechsel
Goldstein, J. L., *Arteriosceros is Thrombosis Vascular Biolology.* 2009 **29**(4): 431.

1974, Geschmackssinn
Finger, T. E. (Hrsg.), et al., *The Neurobiology of Taste and Smell.* New York: Wiley-Liss, 2009.

1975, Monoklonale Antikörper
Wikipedia: www.wikidoca.org/index.php / Monoclonal_antibodies

1975, Soziobiologie
Wilson, E. O., *Sociobiology: The Abridged Edition.* Cambridge, MA: Belknap Press, 1980.

1976, Krebserregende Gene
Cooper, G. M., *Oncogenes.* Burlington, MA: Jones & Bartlett Learning, 1995.

1977, Bioinformatik
Haddock, S., *Practical Computing for Biologists.* Sunderland, MA: Sinauer Associates, 2010.

1978, In-Vitro-Fertilisation (IVF)
Elder, K., et al., *In-Vitro Fertilization.* New York: Cambridge University Press, 2011.

1979, Biomagnifikation
biologicalmagnification.org/ understanding-biological-magnification

1980, Können lebende Organismen patentiert werden?
Wikipedia: En.wikipedia.org/wiki/ Biological_patent

1982, Gentechnisch veränderte Nutzpflanzen
Halford, N. G., *Genetically Modified Crops.* London: Imperial College Press, 2011.

1983, HIV und AIDS
Kallen, S. A., *The Race to Discover the AIDS Virus: Luc Montagnier Vs Robert Gallo.* Springfield, MO: 21st Century, 2012.

1983, Polymerase-Kettenreaktion
Rabinow, P., *Making PCR: A Story of Biotechnology.* Chicago: University of Chicago Press, 1996.

1984, Genetischer Fingerabdruck
Rudin, N., et al., *An Introduction to Forensic DNA Analysis.* Boca Raton, FL: CRC Press, 2001.

1986, Genomik
Ridley, M., *Genome: The Autobiography of a Species in 23 Chapters.* New York: Harper Collins, 2006.

1987, Mitochondriale Eva
Sykes, B., *The Seven Daughters of Eve: The Science That Reveals Our Genetic Ancestry.* New York: W.W. Norton, 2002.

1987, Abbau der Ozonschicht
Parson, E. A., *Protecting the Ozone Layer: Science and Strategy.* New York: Oxford University Press, 2003.

1990, Domänen des Lebens
Margulis, L., et al., *Kingdoms and Domains: An iIllustrated Guide to the Phyla of Life on Earth.* New York: Academic Press, 2009.

1991, Geruchssinn
Finger, T. E.(Hrsg.), et al., *The Neurobiology of Taste and Smell.* New York: Wiley-Liss, 2009.

1994, Leptin: das „Schlankheitshormon"
Akaba, S., et al., *Textbook of Obesity, Biological, Psychological and Cultural Influences.* New York: Wiley-Blackwell, 2012.

2000, Hautfarbe
Jablonski, N. G., *Living Color: The Biological and Social Meaning of Skin Color.* Berkeley, CA: University of California Press, 2012.

2003, Humangenomprojekt
Ridley, M., *Genome: The Autobiography of the Species in 23 Chapters.* New York: Harper Collins, 2006.

2005, Taxonomie von Protisten
Reece, J. B., et al., *Campbell Biology.* San Francisco: Benjamin Cummings, 2013.

2006, Induzierte pluripotente Stammzellen
Lanza, R. (Hrsg.), et al., *Essentials of Stem Cell Biology.* New York: Academic Press, 2009.

2009, Virusmutationen und Pandemien
Kolata, G., *Flu: The Story of the Great Influenza Pandemic of 1918 and the Search for the Virus that Caused It.* New York: Touchstone, 2001.

2010, Deepwater Horizon (BP) Ölkatastrophe
Steffy, L. CA., *Drowning in Oil: BP & the Reckless Pursuit of Profit.* New York: McGraw-Hill 2010.

2011, Translationale biomedizinische Forschung
Srivastava, R. (Hrsg.), et al., *Lost in Translation: Barriers to Incentives for Translational Research in Medical Sciences.* London: World Scientific Publishing Co., 2013.

2011, Albumin aus Reis
Evans, T. W., *Alimentary Pharmacology & Therapeutics* 2002 **16** (Suppl. 5): 6. Yang He, et. al,, *Proceedings of the National Academy of Sciences USA* 2011 **108**(47): 19078.

2012, Human Microbiome Project
Hooper, L. V., *Science* 2001 **292**: 1115.

2012, Epigenetik
Francis, R. CA., *Epigenetics: The Ultimate Mystery of Inheritance.* New York: W.W. Norton, 2011.

2013, Kastanienrindenkrebs
Freinkel, S., *American Chestnut: The Life, Death, and Rebirth of a Perfect Tree.* Berkeley, CA: University of California Press, 2007.

2013, De-Extinktion
MacLeod, N., *The Great Extinctions: What Caused Them and How They Shape Life.* Richmond Hill, ON: Firefly Books, 2013.

2013, Die älteste DNA und menschliche Evolution
Jurmain, R., et al., *Introduction to Physical Anthropology, 2013–2014 Edition.* Independence, KY: Cengage Learning, 2013.

Register

A

B

C

D

E

Bildnachweis

Mit freundlicher Genehmigung der National Archives and Records Administration: 29, 119, 167, 357, 497

Mit freundlicher Genehmigung der National Institutes of Health: S. 191 National Cancer Institute; S. 255 NIAID; S. 293 National Cancer Institute/Jane Hurd; S. 333 CDC/Janice Haney Carr; S. 373 NLM; S. 459 National Cancer Institute/Matthew Septimus

Mit freundlicher Genehmigung der Prints and Photographs Division, Library of Congress: S. 51 LCUSZC2-5325; S. 69 LC-DIG-ppmsca-02956; S. 117 LC-DIG-ggbain-14544; S. 267 LCDIG-ppmsca-05949; S. 439 LC-USZC2-3963

Unter Lizenz von iStockphoto.com: S. 39 © Scott Morgan; S. 41 © Gecko Custom Lab & Photography, Inc.; S. 45 © Am Wu; S. 59 © Stuartb; S. 123 © Ken Brown; S. 141 © Gannet77; S. 231 © MsLexx; S. 235 © GoodOlga; S. 261 © AlexanderZam; S. 263 © Theasis; S. 291 © somersault18:24; S. 29 © Life on White; S. 355 © Henrick Jonsson Graphic Design; S. 377 © soubrette; S. 389 © AlexanderZam; S. 415 © sciepro; S. 443 © andylid; S. 451 © Eduard Harkonen; S. 465 © roadrunnerdeluxe; S. 467 © Coast-to-Coast; S. 491 © dra_schwartz

Unter Lizenz von Shutterstock.com: S. 15 © Dariush M; S. 19 © Mopic; S. 21 © Sergejus Lamanosovas; S. 23 © iko; S. 25 © TeeraPhoto; S. 33 © Marbury; S. 43 © Trevor Kelly; S. 47 © Heather Nicaise; S. 49 © DM7; S. 57 © Christopher Poe; S. 67 © wong yu liang; S. 71 © mylifeiscamp; S. 73 © Willyam Bradberry; S. 75 © Ekapong; S. 77 © Federico Rostagno; S. 79 © Wyatt Rivard; S. 83 © marekuliasz; S. 85 © Denis and Yulia Pogostins; S. 87 © Baloncici; S. 95 © Reeed; S. 97 © Nyvlt-art; S. 101 © AlenKadr; S. 103 © molekuul.be; S. 109 © Andreas Meyer; S. 111 © Morphart Creation; S. 129 © David Woolfenden; S. 131 © Sebastian Kaulitzki; S. 135 © Iaroslav Neliubov; S. 145 © Vangert; S. 147 © nobeastsofierce; S. 153 © E. O.; S. 155 © Anneka; S. 157 © Sebastian Kaulitzki; S. 163 © Lightspring; S. 165 © slava17; S. 173 © Alex Luengo; S. 175 © knorre; S. 179 © yevgeniy11; S. 181 © elenamiv; S. 183 © bluecrayola; S. 187 © Eric Isselee; S. 189 © Mircea BEZERGHEANU; S. 193 © Bertl123; S. 197 © Soren Egeberg Photography; S. 199 © Carlos Neto; S. 209 © Leonid Andronov; S. 211 © Ron and Joe; S. 215 © Reinhold Leitner; S. 217 © Christian Darkin; S. 221 © Michael Taylor; S. 223 © Alistair Scott; S. 233 © Michael Mitchell; S. 239 © sfam_photo; S. 243 © Maisei Raman; S. 245 © Promotive; S. 249 © Astronoman; S. 253 © Galyna Andrushko; S. 259 © Adam Vilimek; S. 269 © life_in_a_pixel; S. 271 © Valentin NOVIK; S. 273 © Africa Studio; S. 275 © Lawrence Wee; S. 277 © Alex Luengo; S. 283 © Zoltan Pataki; S. 285 © kocetoiliev; S. 287 © Miissa; S. 295 © Designua; S. 297 © kazoka; S. 303 © Sebastian Kaulitzki; S. 307, 309 © Jubal Harshaw; S. 311 © Susan Flashman; S. 313 © Aptyp_koK; S. 315 © Sebastian Kaulitzki; S. 317 © Michael Taylor; S. 321 © Gleb Tarro; S. 323 © Scubaluna; S. 331 © Catmando; S. 335 © aceshot1; S. 337 © George Nazmi Bebawi; S. 343 © Anna Jurkovska; S. 347 © FILATOV ALEXEY; S. 351 © sanddebeautheil; S. 361 © velirina; S. 365 © Loren Rodgers; S. 367 © Chris Harvey; S. 369 © petarg; S. 371 © Krzysztof Wiktor; S. 375 © dmitry yashkin; S. 385 © Mic hael; S. 389 © Designua; S. 391 © Mary E. Cioffi; S. 393 © MichaelTaylor3d; S. 395 © Johan Swanepoel; S. 397 © molekuul.be; S. 401 © Alila Medical Media; S. 403 © Sarah Holmlund; S. 409 © Kletr; S. 419 © Inna_77; S. 421 © Ipatov; S. 423 © albund; S. 425 © gigglinggoat; S. 427 © Tom Reichner; S. 429 © MichaelTaylor3d; S. 431 © jps; S. 433 © Willyam Bradberry; S. 435 © Alila Medical Media; S. 445 © dutourdumonde photography; S. 447 © Dennis Donohue; S. 453 © Lena Garbilovich; S. 455 © molekuul.be; S. 457 © Josh Anon; S. 461 © Adam Middleton; S. 463 © Andrea Danti; S. 469 © Yu Lan; S. 471 © Sgame; S. 473 © Paul Cowan; S. 475 © Alila Medical Media; S. 485 © Erik Lam; S. 489 © VR Photos; S. 493 © Olin Feuerbacher; S. 495 © creations; S. 499 © think4photop; S. 503 © Bule Sky Studio; S. 505 © MichaelTaylor3d; S. 507 © Eric Isselee; S. 509 © Michael Zmasser-Drexler; S. 528 © Tiago Sá Brito

Andere Abbildungen und Fotos: S. 17 Urek Meniashvili/Wikimedia; S. 31 Environmental Protection Agency Great Lakes National Program; S. 37 University of Toronto Wenceslas Hollar Digital Collection; S. 53 Thermos/Wikimedia; S. 55 Davids Samling/Wikimedia; S. 61 Željko Filipin/Wikimedia; S. 63 Laténium/Wikimedia; S. 81 David Jackson/Wikimedia; S. 89 JoJan/Wikimedia; S. 93 Patrick Correia/Flickr; S. 105 University of Toronto Wenceslas Hollar Digital Collection; S. 107 © Steven Wynn/Thinkstock; p 115 Photo by Adam Jones (adamjones.freeservers.com); S. 125 Michel wal/Wikimedia; S. 133 Uppsala University/Wikimedia; S. 139 Ed Uthman/Flickr; S. 143 University of Toronto - Robarts Library; S. 149 dw_ross/Flickr; S. 159 Eric Gaba/derivative work by Matthew Stevens/Wikimedia; S. 161 Kim Traynor/Wikimedia; S. 169 Polle Pot/Wikimedia; S. 201 Bullenwachter/Wikimedia; S. 203 © Axel Meyer; S. 205 Madeleine Price Ball/Wikimedia; S. 219 Airforce/NASA; S. 225 Frederick Hodgeson/National Library of New Zealand; S. 227 NASA; S. 241 Bibliomaniac15/Wikimedia; S. 247 Michael Maggs/Wikimedia; S. 265 © Jose Castillo (Zé Castle Photography); S. 279 Michael Gabler/Wikimedia; S. 281 Didier Descouens/Wikimedia; S. 289 Debivort/Wikimedia; S. 301 Ben Mills/Wikimedia; S. 325 Apple2000/Wikimedia; S. 327 H.D. Gridwood, Geoffrey Malins, Royal Engineers No.1 Printing Company/derivative work by Rupertsciamenna/Wikimedia; S. 345 © OpenCage/Wikimedia; S. 349 Lamiot/Wikimedia; S. 353 © Marie-Lan Nguyen/Wikimedia; S. 359 Jean Guard/USDA; S. 363 David Eccles/Wikimedia; S. 379 Damien/Wikimedia; S. 387 Fvoigtsh/Wikimedia; S. 399 Bin im Garten/Wikimedia; S. 407 Dr. Mirko Junge/Wikimedia; S. 413 Abgent/Kosi Gramatikoff/Edited by Seth Miller/Wikimedia; S. 437 ESO/R. Gendler & R.M. Hannahoe; S. 441 Richard Wheeler/Wikimedia; S. 449 Nachosan/Wikimedia; S. 477 Madeleine Price Ball/Wikimedia; S. 481 NASA; S. 483 Clement Bardot/Wikimedia; S. 511 Biodiversity Heritage Library; S. 513 Gerbil/Wikimedia

„So folgt aus dem Krieg der Natur, aus Hungersnot und Tod, direkt der herrlichste Gegenstand, den wir zu erkennen vermögen, nämlich die Hervorbringung höherer Tiere. Es steckt etwas Erhabenes in dieser Sicht des Lebens mit seinen verschiedenen Mächten, das der Schöpfer ursprünglich in einigen wenigen oder einer Form geschaffen hat. Und es ist etwas Erhabenes, dass sich – während sich der Planet nach den fernsten Gesetzen der Schwerkraft immer weiter drehte – aus so einfachen Anfängen unaufhörlich die schönsten und wundervollsten Formen bildeten und entwickelte.“

– Charles Darwin, *Über die Entstehung der Arten* (1859)